化学分析技术

李会 郭利 主编

本书以典型化工产品的检验项目为载体，以工作过程为导向，把化工产品检验的理论与实践有机结合，贯穿实际化工产品化验分析的全过程。本书为校企合作编写的项目化教材，内容包括10个学习项目：实验室基础知识，检测分析基本操作技术，工业烧碱中氢氧化钠、碳酸钠的质量检测，化学试剂盐酸中氯化氢含量的质量检测，工业用水总硬度的质量检测，硫酸镍中镍含量的质量检测，工业废水中化学耗氧量的质量检测，工业过氧化氢含量的质量检测，工业盐中氯离子的质量检测，食品添加剂硫酸钠的质量检测。

本书可供职业教育化工相关专业教学、培训及技能大赛训练使用，也可供石油化工、化工企业分析检验技术人员学习、培训和参考使用。

图书在版编目（CIP）数据

化学分析技术/李会，郭利主编．—北京：化学工业出版社，2015.10（2024.8重印）
ISBN 978-7-122-25177-0

Ⅰ.①化⋯　Ⅱ.①李⋯②郭⋯　Ⅲ.①化学分析　Ⅳ.①O652

中国版本图书馆CIP数据核字（2015）第218778号

责任编辑：李玉晖
责任校对：边　涛　　　　　　　　　　　　　装帧设计：韩　飞

出版发行：化学工业出版社（北京市东城区青年湖南街13号　邮政编码100011）
印　　装：北京科印技术咨询服务有限公司数码印刷分部
787mm×1092mm　1/16　印张16½　字数423千字　2024年8月北京第1版第5次印刷

购书咨询：010-64518888　　　　　　　　　　售后服务：010-64518899
网　　址：http://www.cip.com.cn
凡购买本书，如有缺损质量问题，本社销售中心负责调换。

定　　价：59.00元　　　　　　　　　　　　　　　　　版权所有　违者必究

前 言

我国化工行业正进入高质量发展时期，质量发展是强国之基、立业之本和转型之要。产品质量成为企业生存与发展的关键，对产品的质量监控已经成为评价企业信誉的标志。目前，化工企业需要大量从事化学分析与检验的专业人才。本书主要阐述了化工企业化学检验岗位所需的专业理论知识和技能。本书可作为高职院校化工类专业的教材，也可作为从事化工行业企业的专业技术人员的参考资料。

本书内容的选取以典型化工产品为载体，以工作过程为导向，把酸碱滴定法、配位滴定法、氧化还原滴定法、沉淀滴定法及重量分析法的原理知识与检测产品质量的新标准有机结合，融入岗位成果表现形式（即原始记录表、质量检验结果报告单和考核评价），贯穿化工产品质量检测的全过程。本书编排实现了学习项目与工作任务、检测标准与工作标准、任务流程与工作过程的三方面统一，学生所学即企业生产所做。

教材内容汲取和参考了国内外优秀教材、著作和新标准的精华，对此向同行表示谢意。由于编者的能力所限，书中难免有不足之处，敬请专家和读者批评指正。

编者

目 录

项目1 实验室基础知识 … 1

【任务引导】 … 1

子项目1-1 实验室安全知识 … 4
- 任务1 课程介绍 … 4
- 任务2 实验室安全规则 … 6
- 任务3 实验室用水制备及规格 … 9
- 任务4 化学试剂的分类及规格 … 11
- 任务5 实验室简单"三废处理" … 13

子项目1-2 原始记录表、质检报告单的填写要求 … 15
- 任务1 定量分析概述 … 15
- 任务2 滴定分析专业术语 … 19
- 任务3 分析误差 … 28
- 任务4 有效数字及运算规则 … 33
- 任务5 实验报告的书写 … 39

【职业技能鉴定模拟题（一）】 … 42

项目2 检测分析基本操作技术 … 44

【任务引导】 … 44
- 任务1 电子天平的使用 … 46
- 任务2 容量仪器的校正 … 47
- 任务3 滴定管的使用 … 51
- 任务4 吸量管和移液管的使用 … 54
- 任务5 容量瓶的使用 … 56
- 任务6 滴定操作综合练习 … 57

【职业技能鉴定模拟题（二）】 … 60

项目3　工业烧碱中氢氧化钠、碳酸钠的质量检测 ················· 63

【任务引导】 ··· 63
任务1　酸碱滴定法的应用 ·· 64
　　子任务1-1　酸碱平衡的理论基础 ···························· 65
　　子任务1-2　酸碱溶液pH值的计算 ·························· 67
　　子任务1-3　酸碱缓冲溶液及应用 ···························· 72
　　子任务1-4　酸碱指示剂的选择及应用 ······················· 73
　　子任务1-5　酸碱滴定曲线的绘制及应用 ···················· 77
　　子任务1-6　酸碱滴定法的应用示例 ·························· 88
　　子任务1-7　非水溶液中的酸碱滴定 ·························· 94
任务2　工业烧碱的采样 ·· 97
　　子任务2-1　采样操作 ·· 97
　　子任务2-2　采样记录表 ····································· 98
任务3　盐酸标准溶液的制备 ····································· 98
　　子任务3-1　盐酸标准溶液的配制 ···························· 98
　　子任务3-2　盐酸标准溶液的标定 ···························· 99
　　子任务3-3　盐酸标准溶液标定的原始记录表 ··············· 100
任务4　氢氧化钠、碳酸钠含量的检测及分析 ··················· 100
　　子任务4-1　氢氧化钠、碳酸钠含量的测定 ·················· 100
　　子任务4-2　氢氧化钠、碳酸钠的原始记录表 ··············· 102
任务5　工业烧碱的质检报告单 ·································· 104
【项目考核】 ·· 105
【职业技能鉴定模拟题（三）】 ··································· 109

项目4　化学试剂盐酸中氯化氢含量的质量检测 ················ 112

【任务引导】 ·· 112
任务1　化学试剂盐酸的采样 ···································· 113
　　子任务1-1　采样操作 ······································· 114
　　子任务1-2　采样记录表 ···································· 114
任务2　氢氧化钠标准溶液的制备 ································ 114
　　子任务2-1　氢氧化钠标准溶液的配制 ······················ 115
　　子任务2-2　氢氧化钠标准溶液的标定 ······················ 115
　　子任务2-3　氢氧化钠标准溶液的原始记录表 ··············· 116
任务3　氯化氢含量的测定 ······································· 117
　　子任务3-1　氯化氢含量测定的操作流程 ··················· 117
　　子任务3-2　氯化氢含量测定的原始记录表 ················· 117
任务4　化学试剂盐酸的质量检验结果报告单 ···················· 118
【项目考核】 ·· 118
【职业技能鉴定模拟题（四）】 ··································· 123

项目5　工业用水总硬度的质量检测　125

【任务引导】　125
任务1　配位滴定法的应用　126
　　子任务1-1　配位滴定的方法简介　127
　　子任务1-2　配位平衡及影响因素　129
　　子任务1-3　金属指示剂选择及应用　136
　　子任务1-4　配位滴定曲线的绘制及应用　139
　　子任务1-5　配位滴定方式及应用　145
任务2　工业用水的采样　148
任务3　EDTA标准溶液的制备　148
　　子任务3-1　EDTA标准溶液的配制　149
　　子任务3-2　EDTA（0.01mol/L）标准溶液的标定　149
　　子任务3-3　EDTA（0.01mol/L）标准溶液标定的原始记录表　150
任务4　工业用水总硬度的测定　150
　　子任务4-1　工业用水总硬度测定的操作流程　151
　　子任务4-2　工业用水总硬度的原始记录表　152
任务5　工业用水的质量检验结果报告单　152
【项目考核】　153
【职业技能鉴定模拟题（五）】　156

项目6　硫酸镍中镍含量的质量检测　158

【任务引导】　158
任务1　EDTA标准溶液的制备　159
　　子任务1-1　EDTA（0.05mol/L）标准溶液的配制　160
　　子任务1-2　EDTA（0.05mol/L）标准溶液的标定　160
　　子任务1-3　EDTA（0.05mol/L）标准溶液标定的原始记录表　161
任务2　镍含量的测定　161
　　子任务2-1　镍含量测定的操作流程　161
　　子任务2-2　镍含量测定的原始记录表　162
任务3　硫酸镍的质量检验结果报告单　162
【项目考核】　163
【职业技能鉴定模拟题（六）】　166

项目7　工业废水中化学需氧量的质量检测　169

【任务引导】　169
任务1　氧化还原滴定法的应用　171
　　子任务1-1　氧化还原滴定法中电极电势的应用　171
　　子任务1-2　氧化还原滴定曲线的绘制及应用　176

        子任务1-3 常用的氧化还原滴定法 …………………………………… 180
    任务2 工业废水的采样 ……………………………………………… 191
    任务3 高锰酸钾标准溶液的制备 …………………………………… 191
        子任务3-1 高锰酸钾（0.1mol/L）标准溶液的配制 …………… 191
        子任务3-2 高锰酸钾（0.1mol/L）标准溶液的标定 …………… 192
        子任务3-3 高锰酸钾（0.01mol/L）标准溶液的原始
                  记录表 …………………………………………………… 192
    任务4 工业废水中化学需氧量的测定 ……………………………… 193
        子任务4-1 工业废水中化学需氧量测定的操作流程 ………… 193
        子任务4-2 工业废水中化学需氧量的原始记录表 …………… 194
    任务5 工业废水的质量检验结果报告单 …………………………… 195
    【项目考核】………………………………………………………………… 195
    【职业技能鉴定模拟题（七）】…………………………………………… 198

项目8 工业过氧化氢含量的质量检测 ………………………… 201

    【任务引导】………………………………………………………………… 201
    任务1 工业过氧化氢的采样 ………………………………………… 202
        子任务1-1 采样操作 …………………………………………… 203
        子任务1-2 采样记录表 ………………………………………… 204
    任务2 准备高锰酸钾（0.1mol/L）标准溶液 ……………………… 204
    任务3 H_2O_2含量的测定 ………………………………………… 204
        子任务3-1 H_2O_2含量测定的操作流程 …………………… 204
        子任务3-2 H_2O_2含量测定的原始记录表 ………………… 205
    任务4 过氧化氢的质量检验结果报告单 …………………………… 206
    【项目考核】………………………………………………………………… 206
    【职业技能鉴定模拟题（八）】…………………………………………… 209

项目9 工业盐中氯离子的质量检测 …………………………… 212

    【任务引导】………………………………………………………………… 212
    任务1 沉淀滴定法的应用 …………………………………………… 213
        子任务1-1 沉淀滴定法的原理 ………………………………… 214
        子任务1-2 常用的银量法 ……………………………………… 215
    任务2 工业盐的采样 ………………………………………………… 219
    任务3 硝酸银标准溶液的制备 ……………………………………… 219
        子任务3-1 硝酸银（0.1mol/L）标准溶液的配制 …………… 219
        子任务3-2 硝酸银（0.1mol/L）标准溶液的标定 …………… 219
        子任务3-3 硝酸银标准溶液的原始记录表 …………………… 220
    任务4 氯离子含量的测定 …………………………………………… 221
        子任务4-1 氯离子含量测定的操作流程 ……………………… 221
        子任务4-2 氯离子含量测定的原始记录表 …………………… 222

任务5　工业盐的质量检验结果报告单 …………………………………… 222

【项目考核】 …………………………………………………………………… 223

【职业技能鉴定模拟题（九）】 ……………………………………………… 226

项目10　食品添加剂硫酸钠的质量检测 …………………………… 229

【任务引导】 …………………………………………………………………… 229

任务1　重量分析法的应用 …………………………………………………… 230

　　子任务1-1　重量分析法的分类和特点 ………………………………… 230

　　子任务1-2　沉淀的形成及应用 ………………………………………… 232

任务2　硫酸钠的采样 ………………………………………………………… 241

　　子任务2-1　采样操作 …………………………………………………… 242

　　子任务2-2　采样记录表 ………………………………………………… 242

任务3　硫酸钠含量的测定 …………………………………………………… 242

　　子任务3-1　硫酸钠含量测定的操作流程 ……………………………… 243

　　子任务3-2　硫酸钠含量测定的原始记录表 …………………………… 243

任务4　硫酸钠质量检验结果报告单 ………………………………………… 244

【项目考核】 …………………………………………………………………… 244

【职业技能鉴定模拟题（十）】 ……………………………………………… 246

附录 ………………………………………………………………………… 248

附录1　标准电极电位（18～25℃） ………………………………………… 248

附录2　一些氧化还原电对的条件电极电位 ………………………………… 249

附录3　职业技能鉴定模拟题参考答案 ……………………………………… 250

参考文献 …………………………………………………………………… 253

项目 1

实验室基础知识

【任务引导】

任务要求	提出任务	在石油化工、盐化工企业的化验车间(也称质检部),检验员(也称质检员)的工作任务就是对原料、产品、中控产品、辅助物料等的质量指标进行检测分析,并出具合格的原始记录表和质量检验结果报告单(简称质检报告单)。质检报告单是检验员呈交的最终结果,而原始记录表是完成质检报告单若干项目检测时所记录的数据处理过程。若质检报告单检测结果不合格,可对原始记录表进行重新审核,通常情况下原始记录表要保存3年。 进入实验室之前,我们先了解一下实验室的基础知识。实验安全是头等大事,首先,我们需要学习一下实验室中常规的安全知识。另外,不同的产品在填写原始记录表和质检报告单时,所用的基础知识是类似的,所以我们需要知道如何规范地填写原始记录表和质检报告单
	明确任务	检验员呈交的化学试剂盐酸质量检验结果报告单如下: 某有限公司 化学试剂盐酸质量检验结果报告单

产品型号	罐号	数量( )	取样时间	采用标准
				GB/T 622
检 验 内 容					
检验项目	指标			检验结果	单项判定
	优级纯	分析纯	化学纯		
HCl含量(质量分数)/%	36.0~38.0	36.0~38.0	36.0~38.0		
色度/黑曾单位	≤5	≤10	≤10		
灼烧残渣(以硫酸盐计)含量(质量分数)/%	≤0.0005	≤0.0005	≤0.002		
游离氯(Cl)含量(质量分数)/%	≤0.00005	≤0.0001	≤0.0002		
硫酸盐(SO_4)含量(质量分数)/%	≤0.0001	≤0.0002	≤0.0005		
亚硫酸盐(SO_3)含量(质量分数)/%	≤0.00001	≤0.0002	≤0.001		
铁(Fe)含量(质量分数)/%	≤0.00001	≤0.00005	≤0.0001		
铜(Cu)含量(质量分数)/%	≤0.00001	≤0.00001	≤0.0001		
砷(As)含量(质量分数)/%	≤0.000003	≤0.000005	≤0.00001		
锡(Sn)含量(质量分数)/%	≤0.0001	≤0.0002	≤0.0005		
铅(Pb)含量(质量分数)/%	≤0.00002	≤0.00002	≤0.00005		
检验结论				年 月 日	
备注					
检验员:			审核:		

续表

任务要求	明确任务	检验员存档的化学试剂盐酸中 HCl 的质量检测所用的原始记录表如下。

检验员存档的化学试剂盐酸中 HCl 的质量检测所用的原始记录表如下。

氢氧化钠标准溶液标定的原始记录表

项目		次数	1	2	3	4	备注
基准物称量	称量瓶＋$KHC_8H_4O_4$（倾样前）/g						
	称量瓶＋$KHC_8H_4O_4$（倾样后）/g						
	$m(KHC_8H_4O_4)$/g						
滴定管初读数/mL							
滴定管终读数/mL							
滴定消耗 NaOH 体积/mL							
体积校正值/mL							
溶液温度/℃							
温度补正值/(mL/L)							
溶液温度校正值/mL							
实际消耗 NaOH 体积/mL							
V(空白)/mL							
c(NaOH)/(mol/L)							
$\bar{c}$(NaOH)/(mol/L)							
相对极差/%							

检验员：　　　　　　　　　　　　　　　　　　审核：

化学试剂盐酸中 HCl 含量测定的原始记录表

项目	次数	1	2	3	备注
称量瓶/g					
称量瓶＋样品（倾样后）/g					
m(样品)/g					
滴定消耗 NaOH 体积/mL					
体积校正值/mL					
溶液温度/℃					
温度补正值/(mL/L)					
溶液温度校正值/mL					
实际消耗 NaOH 体积/mL					
V(空白)/mL					
c(NaOH)/(mol/L)					
w(HCl)/%					
$\bar{w}$(HCl)/%					
相对极差/%					

检验员：　　　　　　　　　　　　　　　　　　审核：

续表

项目目标	能力目标	1. 能正确存放试剂、药品 2. 能正确处理常见的实验室安全事故 3. 能按照要求规范的处理实验室"三废"
	知识目标	1. 掌握实验室用水规格 2. 掌握有效数字的修约及运算规则 3. 掌握定量分析误差的相关重要公式 4. 了解实验报告书写的要求 5. 熟悉实验室常见的安全事故及处理方法 6. 掌握实验室 6S 管理的内容
	素质目标	1. 养成良好"6S 管理"的职业素养习惯 2. 认真负责,实事求是,坚持原则,一丝不苟地依据标准进行检验和判定
明确任务	任务流程	子项目 1-1　实验室安全知识
	任务 1	安全实验是头等大事。若药品接触身体时,记住"水是生命之源";若出现不安全因素时,及时告知同学老师,记住"快速撤离"
	任务 2	了解安全实验的规则,当危险出现时能及时、正确地保护好自己和同学
	任务 3	根据"分析实验室用水规格和实验方法 GB/T 6682—2008"中要求,在实际工作中,要根据具体工作的不同要求选用不同等级的水。对有特殊要求的实验用水,需要增加相应的技术条件和检验方法
	任务 4	能依据药品性质正确存放药品、试剂,才能保证药品、试剂不被污染
	任务 5	日常养成环保的习惯,能正确处理和排放实验中常用的废液、废气和废渣
	任务流程	子项目 1-2　原始记录表、质检报告单的填写要求
	任务 1	我们大家通过学习《化学分析技术》这门课程,具备独立胜任企业化验分析岗位的基本操作技能的能力,首先需要了解这门课程的知识概况
	任务 2	作为检验员(也称质检员),我们理应掌握在化验分析工作中用到的常用专业术语
	任务 3	质检报告单和原始记录表是否合格,我们需要运用误差和偏差的相关公式来判断检测结果是否有效,因此要掌握误差和偏差中的重要公式
	任务 4	企业的质检员要出具合格的质检报告单,就要学会按照要求填写数据和计算,这就是化验分析专业的基础知识"有效数字的应用"。我们要掌握有效数字修约规则及运算规则,才能正确地填写原始记录表和质检报告单
	任务 5	具备按要求规范填写原始记录表和质检报告单书的能力
参照资料	参照教材	1. 顾明华主编. 无机物定量分析基础. 北京:化学工业出版社,2002 2. 邓勃主编. 分析化学辞典. 北京:化学工业出版社,2003 3. 彭崇慧等编. 定量化学分析简明教程. 北京:北京大学出版社,1997 4. 刘珍主编. 化验员读本(第四版). 北京:化学工业出版社,2004 5. "化学检验工、化工分析工(高级)"国家职业资格标准题库
	检测标准	1. 分析实验室用水规格和实验方法 GB/T 6682—2008 2. 数值修约规则与极限数值的表示和判定 GBT 8170—2008
课外任务		网络查询或到图书馆查阅资料,了解石油化工、盐化工企业生产的典型产品及目前典型产品质量检测所用的仪器设备

子项目 1-1　实验室安全知识

任务 1　课程介绍

随着社会的发展和科技的进步，高职教育进一步倡导职业性、实践性的特点，所以实践教学是高职教育的重要环节。在《化学分析技术》课程的教学内容中，原理知识以"实用"为主，突出实践教学，注重原理知识有机融入技能操作中，通过具体的实践活动，提高学生动手操作能力和解决实际问题的能力。

一、课程培养目标

主要面向石油化工、盐化工等行业企业，培养拥护党的基本路线，掌握化学分析法的原理知识，具备对原料、产品、中间产品、辅助物料的质量指标进行检测分析的能力，具有良好职业道德和职业生涯发展基础，在行业企业生产、服务第一线能从事化验分析、实验室管理岗位等工作的高素质技术技能型人才。

二、就业面向与职业资格证书

1. 岗位面向

（1）初始岗位：检验员（也称化验员或质检员）、实验室管理员。

（2）发展岗位群：主要发展岗位为技术员（2～3年）、工段长（5年左右）；本专业的学生毕业后还可从事安全员、检修员等工作。

2. 职业资格证

化学检验工（三级/高级技能）、化学分析工（三级/高级技能）。

三、课程的作用及地位

企业生产的产品推向市场必须符合国家标准，产品质量已成为企业生存与发展的关键，对产品的质量监控已成为评价企业信誉的标志。从工业生产中原料的选择、流程控制、新产品试制、产品检验、三废处理及利用等都必须依赖分析结果作依据。用于指导和控制生产过程，起到"把关"的作用，被誉为"工业眼睛"之称。

目前，高职院校化工专业的学生就业主要面向企业，因此该课程知识内容与企业生产密切衔接，突出职业性特点，主要对石油化工、盐化工企业生产过程中的原料、产品、中间产品、辅助物料的技术指标进行检测分析，用以评定原料、产品、中间产品、辅助物料的质量是否符合生产要求，做到及时消除生产过程中的缺陷，减少废品，提高产品质量。

该课程在化工类专业的人才培养方案中通常作为"专业核心课程"来定位。

四、课程的知识目标、能力目标及项目内容

知识目标：该课程对接石油化工、盐化工等行业企业化验分析岗位。培养学生具备高度的责任心和良好的职业道德，掌握酸碱滴定法、配位滴定法、氧化还原滴定法、沉淀滴定法、重量分析法的原理知识，掌握滴定分析常用的玻璃仪器及相关检测分析仪器设备的使用方法，掌握典型的化工原料、中间产品和产品的质量检测标准。

能力目标：具备对常用的化学试剂、药品的使用和保管能力；具备规范、娴熟的使用滴定分析的玻璃仪器及相关检测分析仪器设备的技能操作能力；具备按检测标准要求规范完成操作流程，并出具正确的原始记录表和质检报告单的能力；具备设计原始记录表的能力；具

备正确处理常用仪器设备常见故障和实验室常见安全事故的能力。

项目内容：项目1实验室基础知识，项目2检测分析基本操作技术，项目3工业烧碱中氢氧化钠、碳酸钠的质量检测，项目4化学试剂盐酸中氯化氢含量的质量检测，项目5工业用水总硬度的质量检测，项目6硫酸镍中镍含量的质量检测，项目7工业废水中化学耗氧量的质量检测，项目8工业过氧化氢含量的质量检测，项目9工业盐中氯离子的质量检测，项目10工业盐中硫酸根的质量检测。

学习过程中以项目导向、任务驱动、录像演示、小组讨论等形式来组织教学。

五、实训课的管理要求

实训课的管理原则：6S管理。

（一）6S管理的内容及作用

6S管理就是整理（SEIRI）、整顿（SEITON）、清扫（SEISO）、清洁（SEIKETU）、素养（SHITSUKE）、安全（SECURITY）六个项目，因均以"S"开头而被简称为6S管理。

1. 6S管理的基本内容

（1）整理　整理就是将工作场所任何东西区分为有必要的与不必要的；把必要的物品与不必要的物品明确、严格地区分开来；不必要的物品要尽快处理掉。整理的目的是腾出空间，活用空间，防止误用、误送，将物品送到清爽的工作场所。

（2）整顿　整顿是对整理之后留在现场的必要物品分门别类放置，排列整齐。明确数量，有效标识。整顿的目的是使工作场所一目了然，营造整整齐齐的工作环境，消除寻找物品的时间，消除过多的积压物品。

场所、方法、标识是整顿的"三要素"：①物品的放置场所原则上要百分之百设定；②物品的保管要定点、定容、定量，工作区域只能放真正需要的物品，物品放置要易取、不超出所规定的范围；③放置场所和物品原则上一对一表示。物品的表示、放置场所的表示或某些表示方法要统一。

定点、定容、定量是整顿的三定原则：①定点——放在哪里合适；②定容——用什么容积的容器；③定量——规定合适的数量。

经过整顿要任何人都能立即取出所需要的物品进行使用，使用后能容易恢复到原位，或误放时能马上知道。

（3）清扫　清扫是将工作场所清扫干净。清扫的目的是消除脏污，保持工作场所干净、明亮，稳定品质，减少工业伤害。

（4）清洁　清洁就是将上面的3S实施做法制度化、规范化，清洁的目的是维持上面3S的成果。

（5）素养　素养是指在以上4S活动之后，使其他成员一起遵守制度，养成良好的习惯。素养的目的是培养主动积极向上的精神，营造团队精神，改善人性，提高道德品质（人心美化）。素养是6S的重心。

（6）安全　重视全员安全教育，每时每刻都有安全第一的观念，防患于未然，目的是建立起安全生产的环境。所有的工作应建立在安全的前提下。

2. 6S管理的作用

提高效率，保证质量，使工作环境整洁有序，预防为主，保证安全。强调纪律性。想到做到，做到做好。

（二）实验课上执行6S管理的规范要求

6S彼此关联，整理、整顿、清扫是具体内容；清洁是制度化，规范化，是指保持3S水平；素养是遵守纪律、规则，严谨认真，养成良好的习惯；安全是基础，杜绝事故发生。

整理：区分要与不要，实验现场只适量留下需要的仪器设备及药品试剂，不用的仪器设备、药品试剂放回指定位置，清理掉废弃的药品、试剂，节约空间。

整顿：对要的东西依据规定位置摆放，摆放要整齐，仪器、设备定点摆放，药品、试剂分类摆放。实验结束后，要做到仪器设备、药品试剂归位，清洗干净所用玻璃仪器，按要求处理好"三废"，废纸、废液不乱扔乱倒。

清扫：实验结束后把自己所在的实验台擦拭干净，并对所用的仪器设备点检、保养。安排好值日，值日生分工明确，主是负责清除实验室地面、墙壁脏污，检查门窗是否关好、电源是否关闭，排查是否存在安全隐患，保持工作场所干净、安全。

清洁：将 3S 工作标准化、制度化，并保持成果，持之以恒。

素养：人人养成依规定行事的好习惯，形成良好的职业素养。

安全：严禁违规操作，杜绝事故发生，保障实验安全。

任务2 实验室安全规则

当我们走进工厂时，就可以看到"安全生产"这一醒目的标牌，它时刻提醒着人们，起到警钟长鸣的作用。在实验中，要使用有腐蚀性、有毒、易燃、易爆的各类试剂，使用易破损的玻璃仪器，各种电器设备及煤气等。为保证分析人员的人身安全和实验操作的正常进行，必须了解和遵守下列实验安全守则。

一、实验前应做好准备

1) 必须对所用药品与设备性能有充分的了解，熟悉具体操作中的安全注意事项。

2) 实验前必须熟悉实验室及其周围的环境和水龙头、电闸门的位置。

3) 实验时应保持安静，思想要集中，遵守操作规程，切勿粗心大意、马马虎虎，更不准在实验室内打闹。

4) 严禁在实验室内饮食或煮食，或把食具带进实验室。

5) 每次实验完毕后应把手洗净，并检查水、电、气等安全措施完善后才能离开实验室。

6) 每个实验室都必须备有灭火器或砂土，并尽可能放在显眼的地方，能同时备有消防用的消火栓或水缸则更好。

7) 实验室应保持空气流通，并设有专用的卫生箱，以供及时治疗的需要。常备药品有：①红汞药水，供一般破伤使用。②酒精，轻微的灼烧伤可用浸过酒精的脱脂棉擦拭。③5%硼酸氢钠溶液，受酸性物灼伤可用作冲洗。④3%硼酸溶液，受碱性物灼伤可用作冲洗。⑤碘酒、紫药水及绷带和药棉。

二、火和电的安全预防

1) 在使用电气动力时，必须事先检查电开关，电机以及机械设备各部分是否安置妥善。

2) 开始工作时和停止工作时，必须将开关彻底扣严和拉下。

3) 在更换保险丝时，要按负荷量，不得加大或以铜丝代替使用。

4) 严禁用湿手、湿布或铁柄毛刷等去清扫和擦拭电闸刀、电插销等，防止触电。

5) 凡电气动力设备过热时，应立即停止运转。

6) 禁止洒水在电气设备和线路上，以免漏电。

7) 凡使用110V以上电源装置，仪器的金属部分必须安装地线。

8) 电热设备，例如马弗炉、烘箱、电热恒温干燥箱、水浴锅、电炉和电热板等，所用电源的导线应经常注意检查其各接触处是否妥当、导线有无损坏和被腐蚀等，以免发生触电事故。

9）马弗炉、烘箱等用电设备，使用时必须要有人负责照管，以防发生事故。

10）马弗炉需放在水泥等不怕燃物砌成的坚固台子上，不要靠近木板墙或木质门窗。

11）使用易燃物时，必须在距离火源较远的地方进行，绝不可靠近火源。尤其是乙醚着火的危险性极大，用时必须小心，用完后剩余部分应及时地存放到专门的安全地方。

12）绝不可以将氧气钢瓶存放在靠近电源的地方，并需防止强烈震动。气体出口阀门处绝不可涂油和与有机物接触，避免发生爆炸的危险。

三、化学药品的安全预防

1）剧毒性的药品，例如 KCN、As_2O_3 等，必须制订保管使用规则，并严格遵守。这类药品不能与一般药品同样地存放和任意使用，即使用过后的余量已很少也应及时送保管员及是时查收，不应任意放在工作台上。

2）内服有毒的药品，如氰化物、铅化物、汞及汞化物、铬酸盐、氧化砷钡盐等，应装在坚固的瓶中保管，禁止入口，与手接触用后要及时洗手。

3）接触皮肤有毒的药品，例如氰化物、氟氢酸、溴水、过氯酸等，要装在严密坚固的瓶中保管，使用时要特别小心，不得与皮肤接触。

4）呼吸有毒的药品（即有毒气体和蒸气），如氰化氢、氮的氧化物、氯化氢、硫化氢、溴、汞、磷和砷等，要装在严密紧固的瓶中保管，并放在不易碰到的低处，使用时必须在通风橱内进行操作或开窗流通空气，以驱逐有害气体。

5）易燃类药品，如低沸点的乙醚、二硫化碳、酒精等，要装在严密坚固的瓶中，放在低温地方，使用时必须离开火源。

6）爆炸类药品，如苦味酸、过氧化氢、高压气体等，应放在低温处保管，不得与其它易燃物放地一起，移动或启用时不得剧烈振动，高压气体的出口不准对着人。室温过高，起用易挥发物时需设法冷却。

7）腐蚀类药品，如强酸、强碱、浓氨水、浓过氧化氢和冰醋酸等，应分装小瓶保管，切勿溅入眼中或身上。

8）氰化物废液决不能任意倒入水槽，必须收集在专用的废液缸或瓶内，收集一定数量后，加入少量铁盐溶液处理后，埋在山上（人畜不到的地方）土层内。

9）汞（水银）掉落在地上时，除把大粒水银珠用吸管吸起回收贮于水中外，要用细的硫黄粉撒在地面上，防止水银蒸气挥发。

10）银氨溶液久置后易发生爆炸，用后不要将其保存，应倾入水槽中。

11）活泼金属钾、钠等不要与水接触或暴露在空气中，应保存在煤油内，并在煤油内对其进行切割，取用时要用钳子。

四、安全操作技术

1）化验时务必注意避免反应进行得过分激烈，以免引起难以预测的事故。

2）在实验室中，任何物质均不可尝其味，不要直接俯向容器去嗅放出的气体，应离较远，慢慢摇动手掌，将气体引向鼻孔。

3）在稀释浓酸时，必须一面搅拌冷水，一面把浓酸徐徐以细流状注入，切勿将水倒入酸中，以免溅出甚至发生爆炸。配制时所用容器应是耐热的，不要直接在试剂瓶中配制，以免试剂瓶破裂。

4）任何化学药品，一经放置于容器后，必须立即贴上标签或记号，取药品时同样要仔细查看标签，如有怀疑要查问清楚或进行检验。一经取出后用剩的药品，不可再倒回原瓶中。为避免浪费,可集中于另一瓶中以作它用。

5) 实验台和工作范围以内,不应放置任何暂时还不需要的东西,尤其是放置盛有浓酸、浓碱、易燃或易爆的容器,同时保持实验台清洁,器具排列有条不紊。这样会减少事故发生。

6) 绝不可在不清洁的容器中进行任何实验,因为不清洁物很可能与加入试剂引起反应造成事故。化验完后应立即洗涤容器。

7) 溅泼出来、倒翻或散落在实验台上或地板上的化学药品,都应立即清除干净,切不可将其扫回原容器中。

8) 盛有在室温有较高蒸气压的液体:乙醚、酒精、丙酮、汽油、苯、溴、氨水、四氯化碳、硝酸、盐酸或过氧化氢的瓶子,不可以完全充满,或暴露在日光下,或贮存在温暖的地方,否则会发生爆炸。开启这类瓶子时,更要谨慎小心,勿使瓶口对着自己或别人,以防开启时发生意外的溅泼。

9) 开启大瓶液体药品时,须用锯将石膏锯开,禁止用重物敲打,以免瓶子破裂。

10) 为了冷却、冷凝而使用自来水时,必须注意橡皮管水龙头是否套牢,特别是夜间自来水压力骤增,很容易使橡皮管滑落水龙头,以致水流满地,而且还会引起严重事故(如碰到金属钠或浓硫酸产生爆炸)。

11) 发现临时停水、停电时,要立即拧紧水龙头和拉下电闸,以免恢复供应时带来严重事故。

12) 不用的浓酸、浓碱废液,必须先将水龙头旋开、方可倒入水槽。

13) 一切发生有毒气体的操作,必须在通风橱内进行。

14) 易发生爆炸的操作,不得对着人进行,例如 Na_2O_2 熔融时,坩埚口不得对着人,并应事先避免可能发生的伤害。必要时应戴防护镜或防护挡板。

15) 一切固体不溶物及浓酸不得倒入水槽,以防堵塞和腐蚀水道。

16) 身上或手上沾有易燃物时,应立即清洗干净,不得靠近灯火,以防着火。

17) 加热是化学分析基本操作之一,不同的被加热物体有不同的加热方法,应加以注意:

① 进行加热操作前,应先注意附近有无易燃性的物质进行实验,如有应当远离。

② 在容器中加热时,要煮沸物料或向其中倾注其他药品时,切勿俯视容器,以免内容物溅泼在脸上或衣服上。

③ 加热设备和高温物体要放置在离墙或木板架较远的地方,因长期使用电器加热时,加热品会严重烤热墙壁、木架及工作台表面。因此,必须用石棉板或其它绝缘物使之绝缘。高温物体(例如灼热的坩埚、磁盘等)要放于不能引起火灾的安全地方。

④ 必须注意避免局部过热,使玻璃容器骤然破裂,引起事故。可在加热中加以瓷片、沸石避免。但必须在液体未达沸腾时预先加入沸石,不能在液体正沸腾时加入。

⑤ 取下正在沸腾的水或溶液时,须先用烧杯夹摇动后才能取下使用,以免使用时突然沸腾溅出伤人。

⑥ 加热易挥发性易燃液体时,应尽可能避免直火加热,中途需要添加液体时,必须先熄火,后打开容器,再添加液体。

⑦ 使用玻质、磁质容器进行加热时,必须注意勿使温度变化过于剧烈,以免使容器骤冷骤热,引起破裂。并且注意容器外壁的水珠必须擦干,否则容易引起容器破裂。

五、实验室可能发生的事故及处理

实训过程中按照规定进行操作,以防为主。如不慎发生了意外事故要沉着冷静,及时采取救护措施。

(1) 玻璃割伤　若伤口内有玻璃碎片，应先取出，再用消毒棉棒擦净伤口，涂上红药水或紫药水，必要时撒上消炎粉或敷上消炎膏，用创可贴包好，严禁着水，如伤口较大，应立即就医。

(2) 酸（或碱）腐伤　酸（或碱）溅到皮肤上时，应立即用大量的水冲洗，再用饱和碳酸氢钠溶液（或2%醋酸溶液）冲洗，然后用水冲洗，最后涂敷氧化锌软膏（或硼酸软膏），用纱布包好。酸（或碱）溅到眼内，应立即用大量洁净的冷水冲洗，然后送医院。

(3) 受溴腐蚀致伤　被溴烧伤处用氨水、松节油与酒精（1:1:10）混合液涂抹，或用苯和甘油洗后再用水洗。

(4) 受磷灼伤　用1%硝酸银、5%硫酸铜或浓高锰酸钾溶液洗濯伤口，然后包扎。

(5) 烫伤　要及时用冷水或冰块局部降温，不要急于脱掉烫伤处覆盖的衣服，以免皮肤脱落。应及时就医。若伤处皮肤未破，可涂擦饱和碳酸氢钠溶液或用碳酸氢钠粉调成糊状敷于伤处，也可抹獾油或烫伤膏。

(6) 吸入刺激性或有毒气体　吸入氯气、氯化氢气体时，可吸入少量酒精和乙醚的混合蒸气使之解毒。吸入硫化氢或一氧化碳气体而感不适时，应立即到室外呼吸新鲜空气。但应注意氯气、溴中毒不可进行人工呼吸，立即送医院。

(7) 误食毒物　将5～10mL稀硫酸铜溶液加入一杯温水中，内服后，用手指伸入咽喉部，促使呕吐，吐出毒物，然后立即送医院。

(8) 触电　首先切断电源，必要时进行人工呼吸。

(9) 火灾　根据起火原因立即采取相应的灭火措施。学会使用灭火器。

任务3　实验室用水制备及规格

国家标准（GB/T 6682）中规定了分析实验室用水规格和试验方法。

一、实验用水规格

分析实验室用水共分三个级别：一级水、二级水和三级水。

(1) 一级水　基本上不含有溶解或胶态离子杂质及有机物。它可以用二级水经过石英设备蒸馏或离子交换混合床处理后，再经过0.2μm微孔滤膜过滤来制取。一级水用于有严格要求的分析试验，包括对颗粒有要求的试验，如高压液相色谱用水。

(2) 二级水　可含有微量的无机、有机或胶态杂质。可用多次蒸馏或离子交换等方法制取。二级水用于无机痕量分析等试验，如原子吸收光谱分析用水。

(3) 三级水　适用于一般化学分析试验，它可以采用蒸馏或离子交换等方法制备。

实际工作中，要根据具体工作的不同要求选用不同等级的水。对特殊要求的实验室用水，需增加相应的技术条件和检验方法。分析实验室用水规格如表1-1。

表1-1　分析实验室用水的规格

指标名称	一级水	二级水	三级水
pH值范围(25℃)	—	—	5.0～7.5
电导率(25℃)/(mS/m)	≤0.01	≤0.10	≤0.50
可氧化物质(以O计)/(mg/L)	—	≤0.08	≤0.4
吸光度(254nm,1cm 光程)	≤0.001	≤0.01	—

续表

指标名称	一级水	二级水	三级水
蒸发残渣（105℃±2℃）/(mg/L)	—	≤1.0	≤2.0
可溶性硅（以 SiO_2 计）/(mg/L)	≤0.01	≤0.02	—

二、实验用水的制备

制备实验室用水，应选用饮用水或其他比较纯净的水做原料。

1. 蒸馏法制备纯水

蒸馏法是目前实验室中广泛采用的制备实验室用水的方法。将原料水用蒸馏器蒸馏就得到蒸馏水。这样制得的蒸馏水中通常含有一些杂质，如：二氧化碳及某些低沸点易挥发物，随着水蒸气进入蒸馏水中；少量液态水呈雾状飞出，直接进入蒸馏水中；微量的冷凝器材料成分也能带入蒸馏水中。因此，一次蒸馏水只能作一般的分析用。

在实验室中制取重蒸馏水的方法是：用硬质玻璃或石英蒸馏器，在每 1L 蒸馏水或去离子水中加入 50mL 碱性高锰酸钾溶液（每 1L 含 8g $KMnO_4$＋300g KOH），重新蒸馏，弃去头和尾各 1/4 容积，收集中段的重蒸馏水，亦称二次蒸馏水，此法去除有机物较好，但不宜作痕量分析用水。也可以直接在二次蒸馏水器中制备，第二个蒸馏瓶中不加 $KMnO_4$。亦可使用市售的"双自动重蒸馏水器"制取重蒸馏水。

制备 pH＝7 的高纯水时，第一次蒸馏可加入氢氧化钠与高锰酸钾；第二次蒸馏加入磷酸（除 NH_3）；第三次用石英蒸馏器蒸馏（除去痕量的碱金属杂质）。在整个蒸馏过程中，要避免水与空气的直接接触。

制备不含 CO_2 的蒸馏水，可将新蒸或近期蒸馏水加热煮沸 30min 即可。制得的蒸馏水要注意密封保存，勿与空气接触。此种蒸馏水适合配制 pH 试液。

制备不含酚、亚硝酸和碘的蒸馏水，可在蒸馏水中加入氢氧化钠，使其呈碱性，再次蒸馏即可。

制备不含氯的蒸馏水，是将一次蒸馏水在玻璃蒸馏器中先煮沸再进行蒸馏。收集中间馏出部分即可。

制备不含氧的蒸馏水，可将蒸馏水煮沸后随即通过玻璃磨口导管与盛有焦性没食子酸碱性溶液的吸收瓶连接起来，冷却后可使用。

实验室使用的蒸馏水多用硬质玻璃或石英蒸馏器以及电热蒸馏器。某些特殊用途的水可用银、铂、金、聚四氟乙烯蒸馏器。制取蒸馏水的流速不易过快，初馏出液应弃去（至少 200mL），当蒸馏器中的水只剩原体积为 1/4 时停止蒸馏。盛装蒸馏水的容器有硬质玻璃和石英容器中。

2. 离子交换法制备纯水

用离子交换法制备的纯水通常称作"去离子水"或"无离子水"。在一般化学分析工作中，离子交换制取的纯水是完全能满足需要的。由于它操作技术易掌握，设备可大可小，比蒸馏法成本低，因此是目前各类实验室最常用的方法。

（1）基本原理　制备去离子水所用的离子交换树脂是一种不溶于水、酸、碱和一般有机溶剂，化学稳定性好的高分子聚合物。它具有交换容量高，机械强度好，耐磨性大，膨胀性小，可以长时间使用等特点。它由交联结构的骨架和带有活性离子的交换基因两部分组成。联结在骨架上的交换基因中的活性离子可与溶液中其它同性离子起交换作用，树脂本身的结构并不因此发生变化。当交换基因上的活性离子全部被交换而失去了交换能力后，只要对树脂进行再处理，仍可继续使用。根据活性基团的不同，在阳离子交换树脂中又分为强酸性和弱酸性阳离子交换树脂，在阴离子交换树脂中又分为强碱性和弱碱性阴离子交换树脂。市售的树脂一般为钠型（阳离子树脂）和氯型（阴离子树脂），可用酸碱分别处理成氢型和氢氧型，当原水流过树脂时产生下述交换反应。制取纯水一般选用强酸性阳离子交换树脂和强碱性阴离子交换树脂。离子交换树脂的交换机理如下所示。

强酸性阳离子交换树脂 $R-SO_3H+Na^+ \rightleftharpoons R-SO_3Na+H^+$

强碱性阴离子交换树脂 $RN(CH_3)_3OH+Cl^- \rightleftharpoons RN(CH_3)_3Cl+OH^-$

（2）离子交换树脂的选用　离子交换树脂为半透明或不透明的球状物，颜色有浅黄、黄、棕色等，应根据使用目的选择最适当的离子交换树脂。粒子愈小，则其交换速度就愈大，但若粒子太细，则在交换筒中的填空压增大，而且在再生逆洗时，树脂离子与尘埃层悬浮物等的分离会发生困难，所以一般最常选用树脂的粒子为直径为 0.90～0.45mm（20～40 目）。

交联度是离子交换树脂的重要性质之一。树脂的交联度小时，水溶性强。加水后树脂的膨胀性大，网状结构的网眼大，交换反应快，体积大和体积小的离子都容易进入树脂，交换的选择性低；相反树脂交联度大时，则水溶性物加水后树脂的膨胀性小，网眼小，交换慢，体积大的离子不容易进入树脂，因而具有一定的选择性。制备纯水所选用树脂的交联度是 7%～12%。

制取纯水一般选用强酸性阳离子交换树脂和强碱性阴离子交换树脂，选择时需注意树脂的密度。因为混合床式离子交换树脂在使用后，树脂吸附离子达到饱和状态，在再生时需要利用两种树脂的密度差别，以逆洗的方式把两种树脂分开。如果树脂的密度太接近，分离就十分困难。

如果购来的阳离子交换树脂是氢型，阴离子交换树脂是氢氧型，只要把树脂经反复漂洗，在除去其中水溶性杂质、灰尘等后装入交换柱即可使用。如果分别为钠型和氯型，应加以处理转为氢型和氢氧型后才能使用。失效后的树脂即变为钠型和氯型，分别用酸和碱处理，交换反应向相反方进行，树脂又转变为氢型和氢氧型。这叫做离子交换树脂的再生。

在耐热方面一般阴离子交换树脂比阳离子交换树脂差。阳离子树脂钠型在 100～120℃、氢型在 80～100℃稳定。阳离子树脂氯型在 80～100℃，氢氧型在低于 50℃稳定。当温度低于 0℃时树脂易冻结破裂。

三、蒸馏水和去离子水的保存

蒸馏水和去离子水存于塞子密封性好的硼硅酸盐玻璃器皿内。聚乙烯容器一般对所有用途的水都适合，尤其是分析钠和硅酸盐类物质时，它比玻璃容器还要可取。但是从这类容器上可浸析下来有机物质，所以研究有机物质最好用硬质玻璃容器。

蒸馏水和去离子水在制备后需尽快使用，久贮或存放不妥会造成污染，尤其是高纯水最容易污染。用于痕量分析的纯化水最多也只能贮存一星期。到期未用的水，可用于要求不高的一般实验。纯化后的水贮存在聚乙烯瓶或聚丙烯瓶等容器中贮藏 30 天，某些痕量元素和杂质的含量增加 5～10 倍。如果用硼硅玻璃贮藏纯化水，水中杂质如铝、铜、铁、铅和锌的浓度要比用聚乙烯或聚丙烯瓶贮藏的高得多。

纯水贮放于硬质或涂石蜡的瓶都会使金属离子含量增加，故宜贮藏于不受离子沾污的容器，如有机玻璃、聚乙烯容器中为妥，如果有条件最好贮于石英容器中。

任务 4　化学试剂的分类及规格

一、化学试剂规格的划分

分析工作者每天都离不开试剂和溶液，经常要用化学试剂配制各种不同规格的溶液，因此，只有很好地掌握了试剂的性质和用途，才能正确地使用试剂，不致因选用不当，影响分析结果的准确度或产生一些不应有的误差，造成浪费。国家标准中对化学试剂的等级及标志也作了明确规定，见表1-2。

表1-2 化学试剂的等级和标志

指标	一级品	二级品	三级品	四级品
纯度分类	优级纯	分析纯	化学纯	实验试剂
代号	GR	AR	CP	LR
标签颜色	绿色	红色	蓝色	棕色

（1）**优级纯试剂**　亦称保证试剂，为一级品，纯度高，杂质极少，主要用于精密分析和科学研究，常以 GR 表示。

（2）**分析纯试剂**　亦称分析试剂，为二级品，纯度略低于优级纯，杂质含量略高于优级纯，适用于重要分析和一般性研究工作，常以 AR 表示。

（3）**化学纯试剂**　为三级品，纯度较分析纯差，但高于实验试剂，适用于工厂、学校一般性的分析工作，常以 CP 表示。

（4）**实验试剂**　为四级品，纯度比化学纯差，但比工业品纯度高，主要用于一般化学实验，不能用于分析工作，常以 LR 表示。

以上按试剂纯度的分类法已在我国通用。

二、化学试剂的选用原则

化学试剂的纯度越高，则其生产或提纯过程越复杂且价格越高，如基准试剂和高纯试剂的价格要比普通试剂高数倍乃至数十倍。应根据分析任务、分析方法、分析对象的含量及对分析结果准确度的要求，合理地选用相应级别的试剂。

化学试剂选用的原则是在满足实验要求的前提下，选择试剂的级别应就低而不就高。即不超级别造成浪费，且不能随意降低试剂级别而影响分析结果。试剂的选择要考虑以下几点。

1）滴定分析中常用间接法配制的标准溶液，应选择分析纯试剂配制，再用工作基准试剂标定。在某些情况下，如对分析结果要求不是很高的实验，也可用优级纯或分析纯代替工作基准试剂标定。滴定分析中所用的其他试剂一般为分析纯试剂。

2）在仲裁分析中，一般选择优级纯和分析纯试剂。在进行痕量分析时，应选用优级纯试剂以降低空白值和避免杂质干扰。

3）仪器分析实验中一般选用优级纯或专用试剂，测定微量成分时应选用高纯试剂。

4）试剂的级别高，分析用水的纯度及容器的洁净程度要求也高，必须配合，方能满足实验的要求。

5）在分析方法标准中一般规定，不应选用低于分析纯的试剂。此外，由于进口化学试剂的规格、标志与我国化学试剂现行等级标准不甚相同，使用时应参照有关化学手册加以区分。

三、化学试剂的储存

化学试剂虽然按纯度只分成四级，但若按照组成和性质则可分成许多种，如无机试剂、有机试剂、色谱试剂、生化试剂等。化学试剂品种繁多，性质各异，因此必须分类储存，妥善保管。

1. 无机试剂

（1）盐类及氧化物，按周期表分类存放：钠、钾、铵、镁、钙、锌等的盐及 CaO、

MgO、ZnO 等；
　(2) 碱类：NaOH、KOH、$NH_3·H_2O$ 等；
　(3) 酸类：H_2SO_4、HNO_3、HCl、$HClO_4$ 等。

2. 有机物试剂按官能团分类存放
　(1) 烃类及卤代烃，按碳原子数从小到大排列；
　(2) 醇类和醚类，按碳原子数排列；
　(3) 羧酸及其酯类；
　(4) 芳香族及杂环化合物。

3. 指示剂
酸碱类指示剂、氧化还原指示剂、配位滴定中金属指示剂、荧光指示剂等应分类摆放。在药品柜内摆放试剂时，不要把氧化剂与还原剂放在一起，不许把酸与碱放在一起。

比较大量的化学试剂存放在专用的仓库内，室内应避免阳光直射，温度应保持在 15～20℃，相对湿度最好在 40%～70% 之间。室内通风良好，不许有明火。

有些性质不稳定的化学试剂必须在标签注明的条件如冷藏、充氮的条件下储存。

任务 5　实验室简单"三废处理"

所有化学品都有一定的毒性，有些具有潜在毒性的化学品，十亿分之几的浓度即可对人的健康造成危害。由于实验室排放的化学污染物总量不是很大，一般没有专门的处理设施，而被直接排到生活废物中，往往出现局部浓度过大，导致危害严重的后果。因此，对实验室排放的化学污染物的处理，必须引起高度重视。作为分析人员，除了要了解化学物质的毒性，正确使用和贮存化学试剂外，还要了解对实验室"三废"进行简单无害化处理的方法。

一、废气处理

1) 对一些污染严重的实验应选择微型实验，减少废气的量。
2) 对少量有害的尾气，以润湿相应的试剂的棉花或活性炭或相应的试液吸收。
3) 对有毒气体应改进实验装置，采用闭路、循环操作等避免毒气排放。

以上办法对无机气体制备（如 H_2S、NO_2、NO 等）和性质实验、有机制备等均可采用。

二、废渣处理

对有毒的废渣应及时处理，一般的固体可集中定期处理，有价值的可进行回收处理，少量无价值的可进行焚烧法处理或深埋。

三、废液处理

1. 含酚、氰、汞、铬、砷的废液处理

废液的处理与其性质有关，不同的废液处理方法不同。如废硫酸液可先用废碱液和碱液中和，调制 pH 为 6～8，然后从水道排出。含酚、氰化物、汞、铬、镉的废液经以下处理才能排放，具体办法如下。

　(1) 酚　高浓度的酚可用己酸丁酯萃取，重蒸馏回收。低浓度的酚废液可加入次氯酸钠或漂白粉使酚氧化为二氧化碳和水。

　(2) 氰化物　含有氰化铁溶液中（按质量计算：1 份硫酸亚铁对 1 份氢氧化钠），生成无毒的亚铁氢化钠再排入下水管道。

　(3) 汞　若不小心将金属汞散落在实验室内，必须立即用吸管、毛笔或硝酸汞溶液浸过的薄铜片将所有的汞滴拣起，收集于适当的瓶中，用水覆盖起来。散落过汞的地面应撒入硫磺粉，将洒落区覆盖一段时间，使其生成硫化汞，再设法扫净，也可喷洒20%的三氯化铁溶液，让其自行干燥后再清扫干净。含汞盐的废液，可先调节pH至8~10，加入过量硫化钠，使其生成硫化汞沉淀，再加入硫酸亚铁作为沉淀剂，清液可以排放，残渣可以用焙烧法回收汞，或再制成汞盐。

（4）铬　铬酸洗液如失效变绿，可浓缩冷却后加高锰酸钾粉末氧化，用砂心漏斗滤去二氧化锰后再用。失效的废洗液可用废铁屑还原残留的六价铬，再用废碱液或石灰中和使其生成低毒的氢氧化铬沉淀。

（5）镉　用石灰将废液调到pH为8~10，使废液中铅、镉生成氢氧化物沉淀，加入硫酸亚铁，作为共沉淀剂。

（6）混合废水的处理　实验室的混合废液可用铁粉法处理，此法操作简单，没有相互干扰，效果良好，处理方法是用酸调节废水至pH为3~4，加入铁粉，搅拌0.5h，用碱再调至pH为9左右，继续搅拌10min，再加入高分子混凝剂，进行混凝后沉淀，清液可排放，沉淀物以废渣处理。

2. 一般无机物废液和有机物废液处理

化学实验室剧毒、易爆废液应及时处理，一般废液倒入废液桶，集中量较多时定期处理。一般无机物废液和有机物废液处理办法不同。

（1）无机物废液的处理　一般的酸、碱、盐（不含有重金属离子）废液，以相应的碱、酸中和处理至排放标准。含有氰废液应及时处理，用$KMnO_4$碱性条件氧化分解，或用NaClO使氰化物分解为CO_2和N_2。含Cu、Zn、Cd、Hg、Mn、Bi、Sb、Ni、Ph等重金属离子的废液用碱液沉淀，加絮凝剂使沉淀完全，达标排放。汞洒在地上，应及时用硫黄处理，并深埋地下。

（2）有机物废液的处理　一般分为两大类收集处理：①能被氧化分解的，如酚类、胺类、卤代烃、稠环芳烃、亚硝基化合物、重氮盐、甲苯等，收集后加碱和氧化剂（漂白粉）或O_3-H_2O_2。混合氧化剂可把废液的有机物以及含N、P等物质氧化分解成CO_2、H_2O及含N、P等无害物以达到净化的目的。②难氧化的苯、硝基苯等，可加活性炭吸附。量多及有价值的解吸分离回收使用。无价值的可用焚烧法处理。

思　考　题

1. 6S管理的主要内容是什么？
2. 实验室药品如何分类储存？危险药品储存时有哪些注意事项？
3. 实验室用水分几级？
4. 简述实验室简单的"三废"处理。

阅读材料1-1

分析化学发展简史

分析化学有悠久的历史。在科学史上，分析化学曾经是研究化学的开路先峰，它对元素的发现、原子量的测定、定比定律、倍比定律等化学基本定律的确立，矿产资源的勘察利用等，都曾做出重要的贡献。

进入20世纪，分析化学学科的发展经历了三次巨大的变革。第一次在本世纪初，由于物理化学溶液理论的发展，为分析化学提供了理论基础，建立了溶液四大平衡理论，使分析化学由一种技术发展为一门科学。第二次变革发生在第二次世界大战前后，物理学和电子学的发展,促进了各种仪器分析方法的发展,改变了经典分析化学以化学分析为主的局面。

自20世纪70年代以来,以计算机应用为主要标志的信息时代的到来,促进分析化学进入第三次变革时期。由于生命科学、环境科学、新材料科学发展的需要,基础理论及测试手段的完善,现代分析化学完全可能为各种物质提供组成、含量、结构、分布、形态等全面的信息,使得微区分析、薄层分析、无损分析、瞬时追踪、在线监测及过程控制等过去的难题都迎刃而解。分析化学广泛吸取了当代科学技术的最新成就,成为当代最富活力的学科之一。

摘自武汉大学主编.分析化学.第四版.北京:高等教育出版社,1997.

阅读材料1-2

分析测试的质量控制与保证

分析实验室的建立,标志分析系统的建立,但分析质量并未确定,还要控制分析系统的数据质量、分析方法质量、分析体系质量、分析方法、实验室供应、实验室环境条件、标准物质等参数的误差,以将系统各类误差降到最低,这种为获取可靠分析结果的全部活动,就是分析质量控制与保证。

1. 分析实验室质量控制

一个给定系统对分析测试所得数据质量的要求限度还和其他一些因素有关,如成本费用、安全性、对环境污染的毒性、分析速度等。这个限度就是在一定置信概率下,所得到的数据能达到一定的准确度与精密度,而为达到所要求的限度所采取的减少误差的措施的全部活动就是分析实验室质量控制。

2. 分析实验室质量保证

质量保证的任务就是把所有的误差(其中包括系统误差、随机误差,甚至因疏忽造成的误差)减少到预期水平。

质量保证的核心内容包括两方面:一方面对从取样到分析结果计算的分析全过程采取各种减少误差措施,进行质量控制;另一方面采用行之有效的方法对分析结果进行质量评价,及时发现分析过程中问题,确保分析结果的准确可靠。

质量保证代表了一种新的工作方式,通过编制的大量文件,使实验室管理工作者增加了阅读、评价、归档及作出相应对策等大量日常文书工作,达到了实验室管理工作科学化目标,提高了实验室管理工作水平。

摘自于世林、苗凤琴编.分析化学.北京:化学工业出版社,2001.

子项目1-2 原始记录表、质检报告单的填写要求

任务1 定量分析概述

一、分析化学的任务和作用

分析化学是人们获取物质的化学组成与结构信息的科学,即表征和测量的科学。分析化学的任务是对物质进行组成分析和结构鉴定,研究获取物质化学信息的理论和方法。

物质组成的分析,主要包括定性与定量两个部分。定性分析的任务是确定物质由哪些组分(元素、离子、基团或化合物)组成;定量分析的任务是确定物质中有关组分的含量。结

构分析的任务是确定物质各组分的结合方式及其对物质化学性质的影响。

分析化学在工农业生产及国防建设中更有着重要的作用。工业生产中作为质量管理手段的产品质量检验和工艺流程控制离不开分析化学。所以分析化学被称为工业生产的"眼睛"；在农业生产中的水土成分调查，农药、化肥残留物的影响，农产品的品质检验等方面都需要分析化学；在国防建设中，分析化学对核武器、航天材料以及化学试剂等的研究和生产起着重要的作用；在实行依法治国的基本国策中，分析化学又是执法取证的重要手段。

目前，分析化学正处于发展变革的新时期，现代分析化学不仅仅要解决定性分析和定量分析的问题，而且要提供更多的信息，尤其是物质结构与性能关系的信息，成为参与处理和解决问题的决策者。

通常情况下，在进行检测分析工作时，首先要进行定性确定出物质的成分，然后再进行定量测定出物质的含量。但在企业日常生产中，原料、中间产品和成品的组成多为已知，所以企业的质检部门通常会直接对需要测定的项目进行定量分析，测定出该项目的含量。本书内容只介绍化学分析法的内容。在学习过程中一定要理论联系实际，能把化学分析的基本原理知识与典型化工产品的技能操作有机结合起来，树立准确的"量"的概念；养成严谨的科学态度；提高分析问题和解决问题的能力。

二、定量分析方法

定量分析起源于分析化学的一个分支。根据测定物质中各成分含量的测定原理、分析对象、待测组分含量、试样用量的不同，定量分析方法有不同分类方法。

1. 化学分析法

化学分析法是以物质的化学反应为基础的分析方法。主要有滴定分析法和重量分析法。

(1) 滴定分析法　滴定分析法是通过滴定操作，根据所需滴定剂的体积和浓度，以确定试样中待测组分含量的一种方法。滴定分析法分为酸碱滴定法、沉淀滴定法、配位滴定法和氧化还原滴定法。

(2) 重量分析法　重量分析法是通过称量操作测定试样中待测组分的质量，以确定其含量的一种分析方法。重量分析法分为沉淀重量法、电解重量法和气化法。

2. 仪器分析法

仪器分析法是以物质的物理性质和物理化学性质为基础的分析方法。由于这类分析都要使用特殊的仪器设备，所以一般称为仪器分析法。常用的仪器分析方法有如下几种。

(1) 光学分析法　根据物质的光学性质建立起来的一种分析方法。主要有分子光谱（如比色法、紫外-可见分光光度法、红外光谱法、分子荧光及磷光分析法等），原子光谱法（如原子发射光谱法、原子吸收光谱法等），激光拉曼光谱法，光声光谱法，化学发光分析法等。

(2) 电化学分析法　根据被分析物质溶液的电化学性质建立起来的一种分析方法。主要有电位分析法、电导分析法、电解分析法、极谱法和库仑分析法等。

(3) 色谱分析法　一种分离与分析相结合的方法。主要有气相色谱法，液相色谱法（包括柱色谱、纸色谱、薄层色谱及高效液相色谱），离子色谱法。

随着科学技术的发展，近年来，质谱法、核磁共振波谱法、X射线法、电子显微镜分析法以及毛细管电泳法等大型仪器分析法已成为强大的分析手段。仪器分析具有快速、灵敏、自动化程度高和分析结果信息量大等特点。

3. 无机分析和有机分析

若按物质的属性来分，分析方法主要分为无机分析和有机分析。无机分析的对象是无机化合物；有机分析的对象是有机化合物。另外还有药物分析和生化分析等。

4. 常量分析、半微量分析和微量分析

按被测组分的含量来分，分析方法可分为常量组分（含量＞1%）分析、微量组分（含量为 0.01%～1%）、痕量组分（含量＜0.01%）分析；按所取试样的量来分，分析方法可分为常量试样（固体试样的质量＞0.1g，液体试样体积＞10mL）分析，半微量试样（固体试样的质量在 0.01g～0.1g 之间，液体试样体积为 1～10mL）分析，微量试样（固体试样的质量＜0.01g，液体试样体积＜1mL）分析和超微量试样（固体试样的质量＜0.1mg，液体试样体积＜0.01mL）分析。

常量分析一般采用化学分析法，微量分析一般采用仪器分析法。

5. 例行分析和仲裁分析

（1）例行分析　是指一般化学实验室配合生产的日常分析，也称常规分析。为控制生产正常进行需要迅速报出分析结果，这种例行分析也被称为快速分析或中控分析。

（2）仲裁分析　在不同单位对分析结果有争议时，要求有关单位用指定的方法进行准确的分析，以判断原分析结果的可靠性。这种分析工作被称为仲裁分析或者裁判分析。

为满足当代科学技术的发展的需要，分析化学正朝着从常量分析、微量分析到微粒分析；从总体分析到微区、表面分析；从宏观分析到微观结构分析；从组织分析到形态分析；从静态到快速反应追踪；从破坏试样到无损分析；从离线分析到在线分析；从直接分析到遥控分析；从简单体系分析到复杂体系分析等方面发展和完善。由于分析化学广泛吸取了当代科学技术的最新成就，已成为当今最富活动力的学科之一。

三、定量分析过程

定量分析一般要经过以下几个步骤。

1. 取样

样品或试样是指在分析工作中被采用来进行分析的物质体系，它可以是固体、液体或气体。分析化学要求被分析试样在组成和含量上具有一定的代表性，能代表被分析的总体。否则分析工作将毫无意义，甚至可能导致错误结论，给生产或科研带来很大的损失。

采取有代表性的样品必须用特定的方法或顺序。对不同的分析对象取样方式也不相同。有关的国家标准或行业标准对不同分析对象的取样步骤和细节都有严格的规定，应按规定进行。采样的通常方法是：从大批物料中的不同部分、深度选取多个取样点采样，然后将各点取得的样品粉碎之后混合均匀，再从混合均匀的样品中取少量物质作为分析试样进行分析。

2. 试样的分解

定量分析中，除使用特殊的分析方法可以不需要破坏试样外，大多数分析方法需要将干燥好的试样分解后转入溶液中，然后进行测定。分解试样的方法很多，主要有溶解法和熔融法。实际工作中，应根据试样性质和分析要求选用适当的分解方法。如测定补钙药物中钙含量，试样需要先用酸溶解转变成溶液后再进行；沙子中硅含量的测定，试样则需要先进行碱熔，然后再将其转变成可溶解产物，溶解后进行测定。

3. 消除干扰

复杂物质中常含有多种组分，在测定其中某一组分时，若共存的其他组分对待测组分的测定有干扰，则应设法消除。采用加入试剂（称掩蔽剂）来消除干扰在操作上简便易行。但在多数情况下合适的掩蔽方法不易寻找，此时需要将被测组分与干扰组分进行分离。目前常用的分离方法有沉淀分离、萃取分离、离子交换和色谱法分离等。

4. 测定

各种测定方法在灵敏度、选择性和适用范围等方面有较大的差别，因此应根据被测组分

的性质、含量和对分析结果准确度要求,选择合适的分析方法进行测定。如常量组分通常采用化学分析方法,而微量组分需要使用分析仪器进行测定。

5. 分析结果计算及评价

根据分析过程中有关反应的计量关系及分析测量所得数据,计算试样中有关组分的含量。应用统计学方法对测定结果及其误差分布情况进行评价。

应该指出的是,分析是一个复杂的过程,是从未知、无序走向确定、有序的过程,试样的多样性也使分析过程不可能一成不变,上述的基本步骤,只是各种定量分析过程中的共性部分,只能进行一般性指导。

四、定量分析结果的表示

根据分析实验数据所得的定量分析结果一般用下面方法来表示。

1. 待测组分的化学表示形式

分析结果通常以待测组分的实际存在形式的含量表示。例如测得试样中的含磷量后,根据实际情况以 P、P_2O_5、PO_4^{3-}、HPO_4^{2-}、$H_2PO_4^-$ 等形式的含量来表示分析结果。

如果待测组分的实际存在形式不清楚,则分析结果最好以氧化物或元素形式的含量表示。例如,在矿石分析中,各种元素的含量常以其氧化物形式(如 K_2O、CaO、MgO、Fe_2O_3、Al_2O_3、P_2O_5 和 SiO_2 等)的含量表示;在金属材料和有机分析中常以元素形式(Fe、Al、Cu、Zn、Sn、Cr、W 和 C、H、O、N、S 等)的含量表示。

电解质溶液的分析结果常以所存在的离子的含量表示。

2. 待测组分含量的表示方法

不同状态的试样其待测组分含量的表示方法也有所不同。

(1) **固体试样** 固体试样中待测组分的含量通常以质量分数表示。若试样中含待测组分的质量以 m_B 表示,试样质量以 m_s 表示,它们的比称为物质 B 的质量分数,以符号 w_B 表示,即

$$w_B = \frac{m_B}{m_s} \times 100\%$$

例如测得某水泥试样中 CaO 的质量分数可表示为 $w(CaO) = 59.82\%$。

若待测组分含量很低,可采用 $\mu g/g$(或 10^{-6})、ng/g(或 10^{-9})和 pg/g(或 10^{-12})来表示。

(2) **液体试样** 液体试样中待测组分的含量通常有如下表示方式。

① **物质的量浓度** 待测组分的物质的量 n_B 除以试液的体积 V_s,以符号 c 表示。常用单位为 mol/L。

② **质量分数** 待测组分的质量 m_B 除以试液的质量 m_s,以符号 w 表示。

③ **体积分数** 待测组分的体积 V_B 除以试液的体积 V_s,以符号 φ 表示。

④ **质量浓度** 单位体积试液中被测组分 B 的质量,以符号 ρ 表示,单位为 g/L、mg/L、$\mu g/L$ 或 $\mu g/mL$、ng/mL、pg/mL 等。

(3) **气体试样** 气体试样中的常量或微量组分的含量常以体积分数 φ 表示。

思 考 题

1. 定性分析、定量分析和结构分析的任务是什么?
2. 简述定量分析的过程。

3. 对物质进行定量分析主要有哪些方法？
4. 分别写出物质的量浓度、质量分数、体积分析、质量浓度的公式表示式。
5. 常量分析、半微量分析和微量分析的含量如何划分？
6. 将 10mg NaCl 溶液于 100mL 水中，请用 c、w、ρ 表示溶液中 NaCl 的含量。

任务 2　滴定分析专业术语

一、基本术语

滴定分析是将已知准确浓度的标准溶液滴加到被测物质的溶液中直至所加溶液物质的量按化学计量关系恰好反应完全，然后根据所加标准溶液的浓度和所消耗的体积，计算出被测物质含量的分析方法。由于这种测定方法是以测量溶液体积为基础，故又称为容量分析。

（1）标准滴定溶液　在进行滴定分析过程中，我们将用标准物质标定或直接配制的已知准确浓度的试剂溶液称为"标准滴定溶液"（简称标准溶液）。

（2）滴定　滴定时，将标准滴定溶液装在滴定管中（因而又常称为滴定剂），通过滴定管逐滴加入到盛有一定量被测物溶液（也称为被滴定剂）的锥形瓶（或烧杯）中进行测定，这一操作过程称为"滴定"。

（3）化学计量点　当加入的标准滴定溶液的量与被测物的量恰好符合化学反应式所表示的化学计量关系量时，称反应到达"化学计量点"（简称计量点，以 sp 表示）。

（4）滴定终点　在化学计量点时，反应往往没有易被人察觉的外部特征，因此通常是加入某种试剂，利用该试剂的颜色突变来判断，这种能改变颜色的试剂称为"指示剂"。滴定时，指示剂改变颜色的那一点称为"滴定终点"（简称终点，以 ep 表示）。

（5）终点误差　滴定终点往往与理论上的化学计量点不一致，它们之间存在有很小的差别，由此造成的误差称为"终点误差"。终点误差是滴定分析误差的主要来源之一，其大小决定于化学反应的完全程度和指示剂的选择。另外也可以采用仪器分析法来确定终点。为了准确测量溶液的体积和便于滴定，在实际操作中，滴定分析需要使用滴定管、移液管、容量瓶和电子天平等精密容量仪器，其仪器的使用方法在项目 2 中详细介绍。

二、常用的重要术语

（一）基准物质及其应用

1. 基准物质定义

可用于直接配制标准溶液或标定溶液浓度的物质称为基准物质（也称工作基准试剂）。

2. 基准物质具备的条件

（1）组成恒定并与化学式相符。若含结晶水，如 $H_2C_2O_4 \cdot 2H_2O$、$Na_2B_4O_7 \cdot 10H_2O$ 等，其结晶水的实际含量也应与化学式严格相符。

（2）纯度足够高（达 99.9% 以上），杂质含量应低于分析方法允许的误差限。

（3）性质稳定，不易吸收空气中的水分和 CO_2，不分解，不易被空气所氧化。

（4）有较大的摩尔质量，以减少称量时相对误差。

（5）试剂参加滴定反应时，应严格按反应式定量进行，没有副反应。

常用的基准物质见表 1-3。在使用前必须以适宜方法进行干燥处理并妥善保存，干燥后的基准物质通常存放在干燥器中。

表 1-3　常用基准物质的干燥条件和应用范围

基准物质		干燥条件	标定对象
名称	化学式		
碳酸钠	Na_2CO_3	270~300℃	酸
硼砂	$Na_2B_4O_7 \cdot 10H_2O$	放在含 NaCl 和蔗糖饱和水溶液的干燥器中	酸
二水合草酸	$H_2C_2O_4 \cdot 2H_2O$	室温空气干燥	碱或 $KMnO_4$
邻苯二甲酸氢钾	$KHC_8H_4O_4$	110~120℃	碱
重铬酸钾	$K_2Cr_2O_7$	140~150℃	还原剂
溴酸钾	$KBrO_3$	130℃	还原剂
碘酸钾	KIO_3	130℃	还原剂
金属铜	Cu	室温干燥器中保存	还原剂
三氧化二砷	As_2O_3	室温干燥器中保存	氧化剂
草酸钠	$Na_2C_2O_4$	105~110℃	氧化剂
碳酸钙	$CaCO_3$	110℃	EDTA
金属锌	Zn	室温干燥器中保存	EDTA
氧化锌	ZnO	800~900℃	EDTA
氯化钠	NaCl	500~600℃	$AgNO_3$
氯化钾	KCl	500~600℃	$AgNO_3$
硝酸银	$AgNO_3$	220~250℃	氯化物

3. 基准物质的应用

标准溶液的配制方法有直接法和标定法两种。

(1) 直接法　准确称取一定量的基准物质，经溶解后，定量转移于一定体积容量瓶中，用去离子水（不低于二级实验用水）稀释至刻度。根据溶质的质量和容量瓶的体积，即可计算出该标准溶液的准确浓度。

(2) 间接法（也称标定法）　用来配制标准滴定溶液的物质大多数是不能满足基准物质条件的，如 HCl、NaOH、$KMnO_4$、I_2、$Na_2S_2O_3$ 等试剂，它们不适合用直接法配制成标准溶液，需要采用标定法（又称间接法）。这种方法是：先大致配成所需浓度的溶液，所配溶液的浓度值应在所需浓度值的±5%范围以内，然后用基准物质或另一种标准溶液来确定它的准确浓度。例如，欲配制 0.1mol/L NaOH 标准滴定溶液，先用 NaOH 饱和溶液稀释配制成浓度大约是 0.1mol/L 的稀溶液，然后称取一定量的基准试剂邻苯二甲酸氢钾进行标定，根据基准试剂的质量和待标定标准溶液的消耗体积计算该标准滴定溶液的浓度。

有时可用另一种标准溶液标定，如 NaOH 标准滴定溶液可用已知准确浓度 HCl 标准滴定溶液标定。方法是移取一定体积的已知准确浓度的 HCl 标准滴定溶液，用待定的 NaOH 标准溶液滴定至终点，根据 HCl 标准溶液的浓度和体积以及待定的 NaOH 标准溶液消耗体积计算 NaOH 溶液的浓度。这种方法准确度不及直接用基准物质标定的好。

实际工作中，为消除共存元素对滴定的影响，有时也选用与被分析试样组成相似的"标准试样"来标定标准溶液的浓度。另外，有的工作基准试剂价格高，为降低分析成本也可采用纯度较低的试剂用标定法制备标准溶液。

（二）基本单元

基本单元的选择一般可根据标准溶液在滴定反应中的质子转移数（酸碱反应）、电子得失数（氧化还原反应）或反应的计量关系来确定。如在酸碱反应中常以 NaOH、HCl、$\frac{1}{2}H_2SO_4$ 为基本单元；在氧化还原反应中常以 $\frac{1}{2}I_2$、$Na_2S_2O_3$、$\frac{1}{5}KMnO_4$、$\frac{1}{6}KBrO_3$ 等为基本单元。即物质 B 在反应中的转移质子数或得失电子数为 Z_B 时，基本单元选 $\frac{1}{Z_B}$。显然

$$n\left(\frac{1}{Z_B}B\right) = Z_B n(B) \tag{1-1}$$

因此有
$$c\left(\frac{1}{Z_B}B\right) = Z_B c(B) \tag{1-2}$$

例如某 H_2SO_4 溶液的浓度，当选择 H_2SO_4 为基本单元时，其浓度 $c(H_2SO_4) = 0.1\text{mol/L}$；当选择 $\frac{1}{2}H_2SO_4$ 为基本单元时，则其浓度应为 $c\left(\frac{1}{2}H_2SO_4\right) = 0.2\text{mol/L}$。

（三）滴定度

滴定度是滴定分析中标准溶液使用的浓度表示方法之一，它有两种表示方法。

1. $T_{s/x}$

$T_{s/x}$ 是指 1mL 标准滴定溶液相当于被测物的质量组分的质量（mg 或 g），用符号 $T_{s/x}$ 表示，单位为 mg/mL 或 g/mL，其中 s 代表滴定剂的化学式，x 代表被测物的化学式，滴定剂写在前面，被测物写在后面，中间的斜线表示"相当于"，并不代表分数关系。

如果分析的对象固定，用滴定度计算其含量时，只需将滴定度乘以所消耗标准溶液的体积即可求得被测物的质量，计算十分简便，因此，在化工企业的例行分析中常采用此浓度。如果试样的质量再加以固定，滴定度还可直接用 1mL 标准溶液相当于被测物质的质量分数表示。例如，$T_{KMnO_4/Fe^{2+}} = 0.2345\text{mg/mL} = 0.0002345\text{g/mL}$，表示每毫升 $KMnO_4$ 标准滴定溶液恰好能与 0.2345mg（或 0.0002345g）Fe^{2+} 反应。这样，可预先制成标准溶液体积（mL）及试样含量的表，滴定结束，根据所消耗的标准溶液的体积，不用计算，可直接从表上查得被测组分的含量。

工作中标准溶液常用物质的量浓度表示，若需要转换成滴定度时，可用如下换算式换算。物质的量浓度（c）与滴定度（$T_{s/x}$）的相互换算

$$T_{s/x} = c\frac{M_x}{1000}$$

式中 M_x——被测物的摩尔质量，g/mol。

2. T_s

T_s 是指 1mL 标准溶液中所含滴定剂的质量（g）表示的浓度，用符号 T_s 表示，其中下角 s 代表滴定剂的化学式，单位为 g/mL。例：$T_{HCl} = 0.001012\text{g/mL}$，表示 1mL HCl 溶液含有 0.001012g 纯 HCl，这种滴定度在计算测定结果时不太方便，故使用不多。

如果分析的对象固定，用滴定度计算其含量时，只需将滴定度乘以所消耗标准溶液的体积即可求得被测物的质量，计算十分简便。

三、滴定分析法的分类

滴定分析法以化学反应为基础，根据所利用的化学反应的不同，滴定分析一般可分为四

大类。

1. 酸碱滴定法

它是以酸、碱之间质子传递反应为基础的一种滴定分析法。可用于测定酸、碱和两性物质。其基本反应为

$$H^+ + OH^- = H_2O$$

2. 配位滴定法

它是以配位反应为基础的一种滴定分析法。可用于对金属离子进行测定。若采用EDTA作配位剂，其反应为

$$M^{n+} + Y^{4-} = MY^{(n-4)-}$$

式中 M^{n+} 表示金属离子，Y^{4-} 表示 EDTA 的阴离子。

3. 氧化还原滴定法

它是以氧化还原反应为基础的一种滴定分析法。可用于对具有氧化还原性质的物质或某些不具有氧化还原性质的物质进行测定，如重铬酸钾法测定铁，其反应如下

$$Cr_2O_7^{2-} + 6Fe^{2+} + 14H^+ = 2Cr^{3+} + 6Fe^{3+} + 7H_2O$$

4. 沉淀滴定法

它是以沉淀生成反应为基础的一种滴定分析法。可用于对 Ag^+、CN^-、SCN^- 及类卤素等离子进行测定，如银量法，其反应如下

$$Ag^+ + Cl^- = AgCl\downarrow$$

四、滴定反应的要求和滴定方式

1. 滴定分析法对滴定反应的要求

滴定分析虽然能利用各种类型的反应，但不是所有反应都可以用于滴定分析。适用于滴定分析的化学反应必须具备下列条件。

1）反应要按一定的化学反应式进行，即反应应具有确定的化学计量关系，不发生副反应。

2）反应必须定量进行，通常要求反应完全程度≥99.9%。

3）反应速度要快。对于速度较慢的反应，可以通过加热、增加反应物浓度、加入催化剂等措施来加快。

4）有适当的方法确定滴定的终点。

凡能满足上述要求的反应都可采用直接滴定法。

2. 滴定方式

在进行滴定分析时，滴定的方式主要有如下几种。

（1）直接滴定法　凡能满足滴定分析要求的反应都可用标准滴定溶液直接滴定被测物质。例如用 NaOH 标准滴定溶液可直接滴定 HAc、HCl、H_2SO_4 等试样；用 $KMnO_4$ 标准滴定溶液可直接滴定 $C_2O_4^{2-}$ 等；用 EDTA 标准滴定溶液可直接滴定 Ca^{2+}、Mg^{2+}、Zn^{2+} 等；用 $AgNO_3$ 标准滴定溶液可直接滴定 Cl^- 等。直接滴定法是最常用和最基本的滴定方式，简便、快速，引入的误差较少。

如果反应不能完全符合上述要求，则可选择采用下述方式进行滴定。

（2）返滴定法　返滴定法（又称回滴法）是在待测试液中准确加入适当过量的标准溶液，待反应完全后，再用另一种标准溶液返滴剩余的第一种标准溶液，从而测定待测组分的含量。这种滴定方式主要用于滴定反应速度较慢或反应物是固体，加入符合计量关系的标准滴定溶液后，反应常常不能立即完成的情况。例如，Al^{3+} 与 EDTA（一种配位剂）溶液反

应速度慢，不能直接滴定，可采用返滴定法。即在一定的 pH 条件下，于待测的 Al^{3+} 试液中加入过量的 EDTA 溶液，加热促使反应完全。然后再用另外的标准锌溶液返滴剩余的 EDTA 溶液，从而计算出试样中铝的含量。

有时返滴定法也可用于没有合适指示剂的情况，如用 $AgNO_3$ 标准溶液滴定 Cl^-，缺乏合适指示剂。此时，可加入一定量过量的 $AgNO_3$ 标准溶液使 Cl^- 沉淀完全，再用 NH_4SCN 标准滴定溶液返滴过量的 Ag^+，以 Fe^{3+} 为指示剂，出现 $[Fe(SCN)]^{2+}$ 淡红色为终点。

（3）置换滴定法　置换滴定法是先加入适当的试剂与待测组分定量反应，生成另一种可滴定的物质，再利用标准溶液滴定反应产物，然后由滴定剂的消耗量，反应生成的物质与待测组分等物质的量的关系计算出待测组分的含量。这种滴定方式主要用于因滴定反应没有定量关系或伴有副反应而无法直接滴定的测定。例如，用 $K_2Cr_2O_7$ 标定 $Na_2S_2O_3$ 溶液的浓度时，就是以一定量的 $K_2Cr_2O_7$ 在酸性溶液中与过量的 KI 作用，析出相当量的 I_2，以淀粉为指示剂，用 $Na_2S_2O_3$ 溶液滴定析出的 I_2，进而求得 $Na_2S_2O_3$ 溶液的浓度。

（4）间接滴定法　某些待测组分不能直接与滴定剂反应，但可通过其它的化学反应，间接测定其含量。例如，溶液中 Ca^{2+} 几乎不发生氧化还原反应，但利用它与 $C_2O_4^{2-}$ 作用形成 CaC_2O_4 沉淀，过滤洗净后，加入 H_2SO_4 使其溶解，用 $KMnO_4$ 标准滴定溶液滴定 $C_2O_4^{2-}$，就可间接测定 Ca^{2+} 含量。

由于返滴定法、置换滴定法和间接滴定法的应用，大大扩展了滴定分析的应用范围。滴定分析适用于常量组分的测定。测定准确度较高，一般情况下，测定误差不大于 0.1%，并具有操作简便、快速，所用仪器简单的优点。

五、滴定分析的计算

（一）滴定剂与被滴定剂之间的关系

设滴定剂 A 与被测组分 B 发生下列反应

$$a\text{A} + b\text{B} = c\text{C} + d\text{D}$$

则被测组分 B 的物质的量 n_B 与滴定剂 A 的物质的量 n_A 之间的关系可用两种方式求得。

1. 根据滴定剂 A 与被测组分 B 的化学计量数的比计算

由上述反应式可得　　　　　　　　$n_A : n_B = a : b$

因此有　　　　　　　　$n_A = \dfrac{a}{b} n_B$　或　$n_B = \dfrac{b}{a} n_A$　　　　　　　　(1-3)

$\dfrac{b}{a}$ 或 $\dfrac{a}{b}$ 称为化学计量数比（也称摩尔比），它是该反应的化学计量关系，是滴定分析的定量测定的依据。

例如，用 HCl 标准滴定溶液滴定 Na_2CO_3 时，滴定反应为

$$2\text{HCl} + Na_2CO_3 = 2NaCl + CO_2\uparrow + H_2O$$

可得　　　　　　　　$n(Na_2CO_3) = \dfrac{1}{2} n(HCl)$

又如在酸性溶液中用 $K_2Cr_2O_7$ 标准滴定溶液滴定 Fe^{2+} 时，滴定反应为

$$Cr_2O_7^{2-} + 6Fe^{2+} + 14H^+ = 2Cr^{3+} + 6Fe^{3+} + 7H_2O$$

可得　　　　　　　　$n(Fe) = 6n(K_2Cr_2O_7)$

2. 根据等物质的量规则计算

等物质的量规则是指对于一定的化学反应，如选定适当的基本单元，那么在任何时刻所

消耗的反应物的物质的量均相等。在滴定分析中，若根据滴定反应选取适当的基本单元，则滴定到达化学计量点时，被测组分的物质的量就等于所消耗标准滴定溶液的物质的量。即

$$n\left(\frac{1}{Z_B}B\right)=n\left(\frac{1}{Z_A}A\right) \qquad (1\text{-}4)$$

如上例中 $K_2Cr_2O_7$ 的电子转移数为 6，以 $\frac{1}{6}K_2Cr_2O_7$ 为基本单元；Fe^{2+} 的电子转移数为 1，以 Fe^{2+} 为基本单元，则

$$n\left(\frac{1}{6}K_2Cr_2O_7\right)=n(Fe^{2+})$$

式(1-4)是滴定分析计算的基本关系式，利用它可以导出其他计算关系式。本书主要采用此规则进行计算。

(二) 标准滴定溶液浓度计算

1. 直接配制法

准确称取质量为 m_B（g）的基准物质 B，将其配制成体积为 V_B（L）的标准溶液。已知基准物质 B 的摩尔质量为 M_B（g/mol），由于

$$n\left(\frac{1}{Z_B}B\right)=\frac{m_B}{M\left(\frac{1}{Z_B}B\right)} \qquad (1\text{-}5)$$

$$n\left(\frac{1}{Z_B}B\right)=c\left(\frac{1}{Z_B}B\right)V_B \qquad (1\text{-}6)$$

则该标准溶液的浓度为

$$c\left(\frac{1}{Z_B}B\right)=\frac{n\left(\frac{1}{Z_B}B\right)}{V_B}=\frac{m_B}{V_B M\left(\frac{1}{Z_B}B\right)} \qquad (1\text{-}7)$$

【例 1-1】 准确称取基准物质 $K_2Cr_2O_7$ 1.4710g，溶解后定量转移至 500.0mL 容量瓶中。已知 $M_{K_2Cr_2O_7}=294.2\text{g/mol}$，计算此 $K_2Cr_2O_7$ 溶液的浓度 $c(K_2Cr_2O_7)$ 及 $c\left(\frac{1}{6}K_2Cr_2O_7\right)$。

解 按式(1-7)

$$c(K_2Cr_2O_7)=\frac{1.4710}{0.5000\times 294.2}\text{mol/L}=0.01000\text{mol/L}$$

$$c\left(\frac{1}{6}K_2Cr_2O_7\right)=\frac{1.4710}{0.5000\times\frac{1}{6}\times 294.2}\text{mol/L}=0.06000\text{mol/L}$$

【例 1-2】 欲配制 $c\left(\frac{1}{2}Na_2CO_3\right)=0.1000\text{mol/L}$ 的 Na_2CO_3 标准滴定溶液 250.0mL，问应称取基准试剂 Na_2CO_3 多少克？已知 $M(Na_2CO_3)=106.0\text{g/mol}$。

解 设应称取基准试剂质量为 m（Na_2CO_3），则

$$m(Na_2CO_3)=c\left(\frac{1}{2}Na_2CO_3\right)V(Na_2CO_3)M\left(\frac{1}{2}Na_2CO_3\right)$$

所以 $m(Na_2CO_3)=0.100\times\frac{250.0}{1000}\times 1/2\times 106.0=1.3250$（g）

答：称取基准试剂 Na_2CO_3 1.3250g。

【例 1-3】 欲将 $c(Na_2S_2O_3) = 0.2100 \text{mol/L}$，250.0mL 的 $Na_2S_2O_3$ 溶液稀释成 $c(Na_2S_2O_3) = 0.1000 \text{mol/L}$，需加水多少毫升？

解 设需加水体积为 V mL，根据溶液稀释前后其溶质的物质的量相等的原则得

$$0.2100 \times 250.0 = 0.1000 \times (250.0 + V)$$

$$V = 275.0 \text{mL}$$

答：需加水 275.0mL。

2. 标定法

若以基准物质 B 标定浓度为 c_A 的标准滴定溶液，设所称取的基准物质的质量为 m_B（g），其摩尔质量为 M_B，滴定时消耗待标定标准溶液 A 体积为 V_A（mL），根据等物质的量关系

$$n\left(\frac{1}{Z_B}B\right) = n\left(\frac{1}{Z_A}A\right)$$

则

$$\frac{m_B}{M\left(\frac{1}{Z_B}B\right)} = c\left(\frac{1}{Z_A}A\right)\frac{V_A}{1000} \tag{1-8}$$

因此

$$c\left(\frac{1}{Z_A}A\right) = \frac{1000 m_B}{M\left(\frac{1}{Z_B}B\right)V_A} \tag{1-9}$$

【例 1-4】 称取基准物草酸（$H_2C_2O_4 \cdot 2H_2O$）0.2002g 溶于水中，用 NaOH 溶液滴定，消耗了 NaOH 溶液 28.52mL，计算 NaOH 溶液的浓度。已知 $M(H_2C_2O_4 \cdot 2H_2O)$ 为 126.1g/mol。

解 按题意滴定反应为

$$2NaOH + H_2C_2O_4 == Na_2C_2O_4 + 2H_2O$$

根据质子转移数选 NaOH 为基本单元，则 $H_2C_2O_4$ 的基本单元为 $\frac{1}{2}H_2C_2O_4 \cdot 2H_2O$，按式(1-9)得

$$c(NaOH) = \frac{1000 m(H_2C_2O_4 \cdot 2H_2O)}{M\left(\frac{1}{2}H_2C_2O_4 \cdot 2H_2O\right) V(NaOH)}$$

代入数据得

$$c(NaOH) = \frac{1000 \times 0.2002}{0.5 \times 126.1 \times 28.52} \text{mol/L} = 0.1113 \text{mol/L}$$

答：该 NaOH 溶液的物质的量浓度为 0.1113mol/L。

【例 1-5】 配制 0.1mol/L HCl 溶液用基准试剂 Na_2CO_3 标定其浓度，试计算 Na_2CO_3 的称量范围。

解 用 Na_2CO_3 标定 HCl 溶液浓度的反应为

$$2HCl + Na_2CO_3 == 2NaCl + CO_2 \uparrow + H_2O$$

根据反应式得

$$n\left(\frac{1}{2}Na_2CO_3\right) = n(HCl)$$

则

$$\frac{m(Na_2CO_3)}{M\left(\frac{1}{2}Na_2CO_3\right)} = \frac{c(HCl)V(HCl)}{1000}$$

$$m(\mathrm{Na_2CO_3}) = \frac{c(\mathrm{HCl})V(\mathrm{HCl})M\left(\frac{1}{2}\mathrm{Na_2CO_3}\right)}{1000}$$

为保证标定的准确度，HCl 溶液的消耗体积一般在 30~40mL 之间。

$$m_1 = 0.1 \times (30/1000) \times 53.00 = 0.16 \text{ (g)}$$

$$m_2 = 0.1 \times (40/1000) \times 53.00 = 0.21 \text{ (g)}$$

可见为保证标定的准确度，基准试剂 $\mathrm{Na_2CO_3}$ 的称量范围应在 0.16~0.21g。

3. 滴定度与物质的量浓度之间的换算

设标准溶液浓度为 c_A，滴定度为 $T_{A/B}$，根据等物质的量规则（或化学计量数比）和滴定度定义，它们之间关系应为

$$T_{A/B} = \frac{c\left(\frac{1}{Z_A}A\right)M\left(\frac{1}{Z_B}B\right)}{1000} \tag{1-10}$$

或

$$c\left(\frac{1}{Z_A}A\right) = \frac{T_{A/B} \times 1000}{M\left(\frac{1}{Z_B}B\right)} \tag{1-11}$$

【例 1-6】 计算 $c(\mathrm{HCl}) = 0.1015\mathrm{mol/L}$ 的 HCl 溶液对 $\mathrm{Na_2CO_3}$ 的滴定度。

解 反应式为 $\quad 2\mathrm{HCl} + \mathrm{Na_2CO_3} = 2\mathrm{NaCl} + \mathrm{CO_2}\uparrow + \mathrm{H_2O}$

根据质子转移数，选 HCl、$\frac{1}{2}\mathrm{Na_2CO_3}$ 为基本单元，按式(1-10) 则

$$T(\mathrm{HCl}/\mathrm{Na_2CO_3}) = \frac{c(\mathrm{HCl})M\left(\frac{1}{2}\mathrm{Na_2CO_3}\right)}{1000}$$

代入数据得

$$T(\mathrm{HCl}/\mathrm{Na_2CO_3}) = \frac{0.1015 \times \frac{1}{2} \times 106.0}{1000} \mathrm{g/mL} = 0.005380 \mathrm{g/mL}$$

(三) 待测组分含量计算

完成一个滴定分析的全过程，可以得到三个测量数据，即称取试样的质量 m_S(g)、标准滴定溶液的浓度 $c\left(\frac{1}{Z_A}A\right)$ (mol/L)、滴定至终点时的标准滴定溶液消耗体积 V_A (mL)。若设测得试样中待测组分 B 的质量为 m_B(g)，则待测组分 B 的质量分数 w_B (以%表示)。

$$w_B = \frac{m_B}{m_S} \times 100\% \tag{1-12}$$

根据等物质的量规则，将式(1-8) 代入式(1-12) 得

$$w_B = \frac{c\left(\frac{1}{Z_A}A\right)V_A M\left(\frac{1}{Z_B}B\right)}{m_S \times 1000} \times 100\% \tag{1-13}$$

再利用所获得的三个测量数据，代入式(1-13) 即可求出待测组分含量。

【例 1-7】 用 $c\left(\frac{1}{2}\mathrm{H_2SO_4}\right) = 0.2020\mathrm{mol/L}$ 的硫酸标准滴定溶液测定 $\mathrm{Na_2CO_3}$ 试样的含量时，称取 0.2009g $\mathrm{Na_2CO_3}$ 试样，消耗 18.32mL 硫酸标准滴定溶液，求试样中 $\mathrm{Na_2CO_3}$ 的质量分数。已知 $M(\mathrm{Na_2CO_3}) = 106.0\mathrm{g/mol}$。

解 滴定反应式为
$$H_2SO_4 + Na_2CO_3 = Na_2SO_4 + CO_2\uparrow + H_2O$$

反应式中，Na_2CO_3 和 H_2SO_4 得失质子数分别为 2，因此基本单元分别取 $\frac{1}{2}H_2SO_4$ 和 $\frac{1}{2}Na_2CO_3$。则

$$w(Na_2CO_3) = \frac{c\left(\frac{1}{2}H_2SO_4\right)V(H_2SO_4)M\left(\frac{1}{2}Na_2CO_3\right)}{m_S \times 1000} \times 100\%$$

代入数据，得

$$w(Na_2CO_3) = \frac{0.2020 \times 18.32 \times \frac{1}{2} \times 106.0}{1000 \times 0.2009} \times 100\% = 97.62\%$$

答：试样中 Na_2CO_3 的质量分数为 97.62%。

【例 1-8】 称取铁矿石试样 0.3143g 溶于酸并将 Fe^{3+} 还原为 Fe^{2+}。用 $c\left(\frac{1}{6}K_2Cr_2O_7\right) = 0.1200mol/L$ 的 $K_2Cr_2O_7$ 标准滴定溶液滴定，消耗 $K_2Cr_2O_7$ 溶液 21.30mL。计算试样中 Fe_2O_3 的质量分数。已知 $M(Fe_2O_3) = 159.7g/mol$。

解 滴定反应为
$$Cr_2O_7^{2-} + 6Fe^{2+} + 14H^+ = 2Cr^{3+} + 6Fe^{3+} + 7H_2O$$
$$Cr_2O_7^{2-} \xrightarrow{+6e} 2Cr^{3+} \qquad Fe_2O_3 \xrightarrow{-2e} 2Fe^{2+} \xrightarrow{-e} 2Fe^{3+}$$

按等物质的量规则
$$n\left(\frac{1}{2}Fe_2O_3\right) = n\left(\frac{1}{6}K_2Cr_2O_7\right)$$

则
$$w(Fe_2O_3) = \frac{c\left(\frac{1}{6}K_2Cr_2O_7\right)V(K_2Cr_2O_7)M\left(\frac{1}{2}Fe_2O_3\right)}{m_S \times 1000} \times 100\%$$

代入数据得

$$w(Fe_2O_3) = \frac{0.1200 \times 21.30 \times \frac{1}{2} \times 159.7}{0.3143 \times 1000} \times 100\% = 64.94\%$$

答：试样中 Fe_2O_3 的质量分数为 64.94%

【例 1-9】 将 0.2497g CaO 试样溶于 25.00mL $c(HCl) = 0.2803mol/L$ 的 HCl 溶液中，剩余酸用 $c(NaOH) = 0.2786mol/L$ NaOH 标准滴定溶液返滴定，消耗 11.64mL。求试样中 CaO 的质量分数。已知 $M(CaO) = 54.08g/mol$。

解 测定中涉及的反应式为
$$CaO + 2HCl = CaCl_2 + H_2O$$
$$HCl + NaOH = NaCl + H_2O$$

按题意，CaO 的量是所用 HCl 的总量与返滴定所消耗的 NaOH 的量之差。

即
$$w(CaO) = \frac{[c(HCl)V(HCl) - c(NaOH)V(NaOH)]M\left(\frac{1}{2}CaO\right)}{m_S \times 1000} \times 100\%$$

代入数据得

$$w(CaO) = \frac{(0.2803 \times 25.00 - 0.2786 \times 11.64) \times \frac{1}{2} \times 54.08}{0.2497 \times 1000} \times 100\% = 42.27\%$$

答：试样中 CaO 的质量分数为 42.27%。

思 考 题

1. 什么是滴定分析？
2. 什么是标准滴定溶液？
3. 什么叫化学计量点、滴定终点、终点误差？
4. 滴定分析对化学反应有哪些要求？
5. 常用的滴定方式有哪几种？各在什么情况下采用？
6. 用于直接配制标准溶液的基准物质应符合什么条件？
7. 下列物质中哪些可以用直接法配制标准溶液？哪些只能用标定法配制？
   H_2SO_4、KOH、$KMnO_4$、$K_2Cr_2O_7$、KIO_4、$Na_2S_2O_3 \cdot 5H_2O$
8. 什么叫基本单元？基本单元的转化公式是什么？
9. 什么叫滴定度？举例说明滴定度的意义。
10. 配制 0.2mol/L HCl 溶液，用工作基准试剂 Na_2CO_3 标定其浓度，计算 Na_2CO_3 的称量范围。

任务3 分析误差

准确测定试样中各有关组分的含量是检验员的主要工作任务。不准确的分析结果会导致产品报废，资源浪费，甚至得出在科学上错误的结论。但是在分析过程中，即使技术很熟练的人，用同一种方法对同一试样进行多次分析，也不能得到完全一样的分析结果。这说明，在分析过程中，误差是客观存在的。因此，在定量分析中应该了解产生误差的原因和规律，采取有效措施减小误差，并对分析结果进行评价，判断其准确性，以提高分析结果的可靠程度，使之满足生产与科学研究等方面的要求。

一、准确度与精密度的关系

1. 真实值

某一物质本身具有的客观存在的真实数值，即为该量的真值。一般说来，真值是未知的，但下列情况的真值可以认为是知道的。

(1) 理论真值　如某化合物的理论组成等。

(2) 计量学约定真值　如国际计量大会上确定的长度、质量、物质的量单位等。

(3) 相对真值　认定精度高一个数量级的测定值作为低一级的测量值的真值，这种真值是相对比较而言的。如厂矿实验室中标准试样及管理试样中组分的含量等可视为真值。

2. 准确度

准确度表示分析结果与真实值接近的程度。它们之间差别越小，则分析结果越准确，即准确度高。

3. 精密度

分析工作要求在同一条件下进行多次重复测定，得到一组数值不等的测量结果，测量结果之间接近的程度称为精密度。几次分析结果的数值愈接近，分析结果的精密度就愈高。在分析化学中，有时用重复性和再现性表示不同情况下分析结果的精密度。前者表示同一分析人员在同一条件下所得分析结果的精密度，后者表示不同分析人员或不同实验室之间在各自条件下所得分析结果的精密度。

4. 准确度和精密度两者间的关系

定量分析工作中要求测量值或分析结果应达到一定的准确度与精密度。值得注意的是，并非精密度高者准确度就高。例如，甲、乙、丙三人同时测定一铁矿石中 Fe_2O_3 的含量（真实含量以质量分数表示为 50.36%），各分析四次，测定结果如下。

测定次数	1	2	3	4	平均值
甲	50.30%	50.30%	50.28%	50.29%	50.29%
乙	50.40%	50.30%	50.25%	50.23%	50.30%
丙	50.36%	50.35%	50.34%	50.33%	50.35%

所得分析结果绘于图 1-1 中。

由图 1-1 可见，甲的分析结果的精密度很好，但平均值与真实值相差较大，说明准确度低；乙的分析结果精密度不高，准确度也不高；只有丙的分析结果的精密度和准确度都比较高。所以，精密度高的不一定准确度就高，但准确度高一定要求精密度高，即一组数据精密度很差，自然失去了衡量准确度的前提。

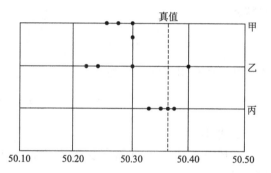

图 1-1 不同人员的分析结果

二、准确度与误差

准确度是指测定值与真实值之间相符合的程度。准确度的高低常以误差的大小来衡量。即误差越小，测定结果准确度越高；误差越大，测定结果准确度越低。

准确度的高低用误差来衡量。误差（E）是指测定值（x）与真实值（x_T）之间的差。误差越小，表示测定结果与真实值越接近，准确度越高；反之，误差越大，准确度越低。误差可用绝对误差（符号 E_a）与相对误差（符号 E_r）两种方法表示。

绝对误差 E_a 表示测定结果（x）与真实值之差，即

$$E_a = x - x_T \tag{1-14}$$

相对误差是指绝对误差 E_a 在真实值中所占的百分率，即

$$E_r = \frac{E_a}{x_T} \times 100\% \tag{1-15}$$

例如：测定某铝合金中铝的质量分数为 81.18%，已知真实值为 81.13%，则其绝对误差为

$$E_a = 81.18\% - 81.13\% = +0.05\%$$

其相对误差为

$$E_r = \frac{E_a}{x_T} \times 100\% = \frac{0.05\%}{81.13\%} \times 100\% = 0.062\%$$

绝对误差和相对误差都有正值和负值。当误差为正值时，表示测定结果偏高；误差为负值时，表示测定结果偏低。相对误差能反映误差在真实结果中所占的比例，这对于比较在各种情况下测定结果的准确度更为方便，因此最常用。但应注意，有时为了说明一些仪器测量的准确度，用绝对误差更清楚。例如分析天平的称量误差是 ±0.0002g，常量滴定管的读数误差是 ±0.02mL 等，这些都是用绝对误差来说明的。

三、精密度与偏差

精密度是指在相同条件下 n 次重复测定结果彼此相符合的程度。精密度的大小用偏差表示，偏差愈小说明精密度愈高。

1. 偏差

精密度的高低常用偏差（d）来衡量。偏差小，测定结果精密度高；偏差大，测定结果精密度低，测定结果不可靠。偏差是指测定值（x）与几次测定结果平均值（$\bar{x}$）的差值。设一组测量值为 x_1、x_2、$\cdots$、x_n，其算术平均值为 $\bar{x}$，对单次测量值 x_i，其偏差可表示为

$$绝对偏差\ d_i = x_i - \bar{x} \tag{1-16}$$

$$相对偏差 = \frac{d_i}{\bar{x}} \times 100\% \tag{1-17}$$

绝对偏差和相对偏差有负有正，有些还可能是零。

为了说明分析结果的精密度，通常以单次测量偏差绝对值的平均值，即平均偏差 $\bar{d}$ 表示其精密度。

$$\bar{d} = \frac{|d_1| + |d_2| + \cdots + |d_n|}{n} = \frac{|x_1 - \bar{x}| + |x_2 - \bar{x}| + \cdots + |x_n - \bar{x}|}{n} \tag{1-18}$$

测量结果的相对平均偏差为

$$相对平均偏差 = \frac{\bar{d}}{\bar{x}} \tag{1-19}$$

2. 极差

一般分析中，平行测定次数不多，常采用极差（R）来说明偏差的范围，极差也称"全距"。

一组测量数据中，最大值（$x_{\max}$）与最小值（$x_{\min}$）之差称为极差，用字母 R 表示。

$$R = x_{\max} - x_{\min} \tag{1-20}$$

用该法表示误差十分简单，适用于少数几次测定中估计误差的范围，它的不足之处是没有利用全部测量数据。

测量结果的相对极差为

$$相对极差 = \frac{R}{\bar{x}} \times 100\% \tag{1-21}$$

3. 公差

公差也称允差，是指某分析方法所允许的平行测定间的绝对偏差，公差的数值是将多次测得的分析数据经过数理统计方法处理而确定的，是生产实践中用以判断分析结果是否合格的依据。若 2 次平行测定的数值之差在规定允差绝对值的 2 倍以内，认为有效，如果测定结果超出允许的公差范围，称为"超差"，就应重做。

例如：重铬酸钾法测定铁矿中铁含量，2 次平行测定结果为 33.18% 和 32.78%，2 次结果之差为 33.18% − 32.78% = 0.40%，生产部门规定铁矿含铁量在 30% ~ 40% 之间，允差为 ±0.30%。

因为 0.40% 小于允差 ±0.30% 的绝对值的 2 倍（即 0.60%），所以测定结果有效。可以用 2 次测定结果的平均值作为分析结果。即

$$w(\text{Fe}) = \frac{33.18\% + 32.78\%}{2} = 32.98\%$$

这里要指出的是，以上公差表示方法只是其中一种，在各种标准分析方法中公差的规定不

尽相同，除上述表示方法外，还有用相对误差表示，或用绝对误差表示。要看公差的具体规定。

四、误差来源与消除方法

我们进行样品分析的目的是为获取准确的分析结果，然而即使我们用最可靠的分析方法，最精密的仪器，熟练细致的操作，所测得的数据也不可能和真实值完全一致。这说明误差是客观存在的。但是如果我们掌握了产生误差的基本规律，就可以将误差减小到允许的范围内。为此必须了解误差的性质和产生的原因以及减免的方法。

(一) 误差的分类和来源

在定量分析中，对于各种原因导致的误差，根据其性质的不同，分为系统误差与随机误差两大类。

1. 系统误差

系统误差是由某种固定的原因所造成的，具有重复性、单向性，即系统误差的大小、正负在理论上是可以测定的，所以又称可测误差。可将其分为以下几类。

（1）仪器误差　由于仪器、量器不准所引起的误差称为仪器误差。例如移液管的刻度不准确、分析天平所用的砝码未经校正等。

（2）试剂误差　由于所使用的试剂纯度不够而引起的误差。例如试剂不纯、蒸馏水中含微量待测组分等。

（3）方法误差　由于分析方法本身的缺陷所引起的误差。例如在滴定分析中，副反应的发生、指示剂确定的滴定终点和化学计量点不符合等，使测定结果偏高或偏低。

（4）操作误差　由于操作者的主观因素造成的误差。例如滴定终点颜色的辨别偏深或过浅。

2. 随机误差

随机误差是由于测量过程中许多因素随机作用而形成的具有抵偿性的误差，它又被称为偶然误差。例如环境温度、压力、湿度、仪器的微小变化、分析人员对各份试样处理时的微小差别等，这些不确定的因素都会引起随机误差。随机误差是不可避免的，即使是一个优秀的分析人员，很仔细地对同一试样进行多次测定，也不可能得到完全一致的分析结果，而是有高有低。随机误差产生不易找出确定的原因，似乎没有规律性，但如果进行多次测定，就会发现测定数据的分布符合一般的统计规律。

随机误差的大小决定分析结果的精密度。在消除了系统误差的前提下，如果严格操作，增加测定次数，分析结果的算术平均值就越趋近于真实值，也就是说，采用"多次测定，取平均值"的方法可以减小随机误差。

在定量分析中，除系统误差和随机误差外，还有一类"过失误差"，是指工作中的差错，一般是因粗枝大叶或违反操作规程所引起的。例如溶液溅失、沉淀穿滤、加错试剂、读错刻度、记录和计算错误等，往往引起分析结果有较大的"误差"。这种"过失误差"不能算作随机误差，如证实是过失引起的，应弃去此结果。

(二) 提高分析结果准确度的方法

前面我们讨论了误差的产生及其有关的基本理论。在此基础上，我们结合实际情况，简要地讨论如何减小分析过程中的误差。

1. 选择合适的分析方法

各种分析方法的准确度和灵敏度是不相同的。例如化学分析法，灵敏度虽不高，但对于高含量组分的测定，能获得比较准确的结果，相对误差一般是千分之几。对于低含量的样品，若用化学分析法就达不到这个要求，则选用仪器分析法，由于仪器的灵敏度高，可以测出低含量组分。因此，在选择分析方法时，主要考虑组分含量及对准确度的要求，在可能的条件下选择最佳分析方法。

2. 减小测量误差

在测定方法选定后,为了保证分析结果的准确度,必须尽量减小测量误差。例如,一般分析天平的称量误差是±0.0001g,用减量法称量两次,可能引起的最大误差是±0.0002g,为了使称量时的相对误差在0.1%以下,试样质量就不能太小,从相对误差的计算中可得到:

$$相对误差 = \frac{绝对误差}{试样质量} \times 100\% \quad (1-22)$$

因此

$$试样质量 = \frac{绝对误差}{相对误差} = \frac{0.0002}{0.001} = 0.2g$$

可见试样质量必须在0.2g以上才能保证称量的相对误差在0.1%以内。

在滴定分析中,滴定管读数常有±0.01mL的误差。在一次滴定中,需要读数两次,这样可能造成±0.01mL的误差。所以,为了使测量时的相对误差小于0.1%,消耗滴定剂体积必须在20mL以上。一般常控制在30~40mL,以保证误差小于0.1%。

3. 增加平行测定次数,减小随机误差

如前所述,在消除系统误差的前提下,平行测定次数愈多,平均值愈接近真实值。因此,增加测定次数可以减小随机误差。但测定次数过多意义不大。一般分析测定,平行测定3~5次即可。

4. 消除测量过程中的系统误差

(1) 对照试验　对照试验是检验系统误差的有效方法。进行对照试验时,常用已知准确结果的标准试样与被测试样一起进行对照试验,或用其他可靠的分析方法进行对照试验,也可由不同人员、不同单位进行对照试验。

在许多生产单位中,为了检查分析人员之间是否存在系统误差和其他问题,常在安排试样分析任务时,将一部分试样重复安排在不同分析人员之间,相互进行对照试验,这种方法称为"内检"。有时又将部分试样送交其他单位进行对照分析,这种方法称为"外检"。

(2) 空白试验　由试剂和器皿带进杂质所造成的系统误差,一般可做空白试验来扣除。所谓空白试验就是在不加试样的情况下,按照试样分析同样的操作手续和条件进行试验。试验所得结果称为空白值。从试样分析结果中扣除空白值后,就得到比较可靠的分析结果。

(3) 校准仪器　分析测定中,具有准确体积和质量的仪器,如分析天平砝码、移液管、吸量管、容量瓶、滴定管,都应进行校准,以消除仪器不准所引起的系统误差。

思　考　题

1. 解释下列名词。
   真值　准确度　精密度　误差　偏差　系统误差　随机误差
2. 准确度与精密度之间有什么关系?
3. 系统误差主要有哪些因素造成的?
4. 系统误差对分析结果有什么样的影响?
5. 随机误差对结果有什么样的影响?
6. 什么叫空白试验?
7. 什么叫对照试验?

任务4 有效数字及运算规则

在定量分析中,为了得到准确的分析结果,不仅要准确地进行各种测量,而且还要正确地记录和计算。分析结果所表达的不仅仅是试样中待测组分的含量,而且还反映了测量的准确程度。因此,在实验数据的记录和结果的计算中,保留几位数字不是任意的,要根据测量仪器、分析方法的准确度来决定,这就涉及有效数字的概念。

一、有效数字

"有效数字"是指在分析工作中实际能够测量得到的数字,在保留的有效数字中,只有最后一位数字是可疑的,其余数字都是准确的。在定量分析中,为得到准确的分析结果,不仅要精确地进行各种测量,还要正确地记录和计算。

有效数字保留的位数,应根据分析方法与仪器的准确度来决定,一般使测得的数值中只有最后一位是可疑的。例如在分析天平上称取试样 0.5000g,这不仅表明试样的质量是 0.5000g,还表示称量的误差在 ±0.0002g 以内。如将其质量记录成 0.50g,则表示该试样是在台秤上称量的,其称量误差为 ±0.02g。因此记录数据的位数不能任意增加或减少。如在上例中,在分析天平上,测得称量瓶的质量为 10.4320g,这个记录说明有 6 位有效数字,最后一位是可疑的。因为分析天平只能称准到 0.0002g,即称量瓶的实际质量应为 (10.4320±0.0002)g。如滴定管读数 25.31mL 中,25.3 是确定的,0.01 是可疑的,可能为 25.31±0.01mL。有效数字的位数由所使用的仪器决定,不能任意增加或减少位数。如前例中滴定管的读数不能写成 25.610mL,因为仪器无法达到这种精度,也不能写成 25.6mL,而降低了仪器的精度。无论计量仪器如何精密,其最后一位数总是估计出来的。因此所谓有效数字就是保留末一位不准确数字,其余数字均为准确数字。同时从上面例子也可以看出有效数字是和仪器的准确程度有关,即有效数字不仅表明数量的大小,而且也反映测量的准确度。

二、有效数字中"0"的意义

"0"在有效数字中有两种意义:一种是作为数字定位,另一种是有效数字。
例如,化学分析中常用的一些数值,有效数字位数如下:

试样质量	0.3687g(分析天平称量)	4 位有效数字
滴定剂体积	33.30mL(滴定管读数)	4 位有效数字
待测试样体积	6.00mL(吸量管读数)	3 位有效数字
待测试样体积	25.00mL(移液管读数)	4 位有效数字
标准溶液浓度	0.05067mol/L	4 位有效数字
体积校正值	0.023(滴定管体积校正表)	2 位有效数字
温度校正值	0.007(滴定管体积校正表)	1 位有效数字
被测含量读数	36.68%	4 位有效数字
解离常数	$K_a = 1.80 \times 10^{-6}$	3 位有效数字
pH 值	4.30,2.08	2 位有效数字
	3600,100	有效数字位数不确定

在以上数据中,数字"0"有不同的意义。在第一个非"0"数字前所有的"0"都不是有效数字,因为它只起定位作用,与精度无关。

综上所述可知,数字之间的"0"和末尾的"0"都是有效数字,而数字前面所有的"0"

只起定位作用。以"0"结尾的正整数，有效数字的位数不确定。pH 是 $[H^+]$ 的负对数，所以其小数部分才为有效数字。如 3600 这个数，就不好确定是几位有效数字，可能为 2 位或 3 位，也可能是 4 位。遇到这种情况，应根据实际有效数字位数书写成：

3.6×10^3　　　　2 位有效数字

3.60×10^3　　　　3 位有效数字

3.600×10^3　　　 4 位有效数字

因此，在记录测量数据和计算结果时，应根据所使用的测量仪器的准确度，使所保留的有效数字中，只有最后一位是估计的"可疑数字"。当有效数字确定后，书写时，一般只保留 1 位可疑数字，多余的数字按数字修约规则处理。对于滴定管、移液管和吸量管，它们都能准确测量溶液体积到 0.01mL。所以当用 50mL 滴定管测量溶液体积时，如测量体积大于 10mL 小于 50mL，应记录为 4 位有效数字，例如写成 24.22mL；如测量体积小于 10mL，应记录为 3 位有效数字，例如写成 8.13mL。当用 25mL 移液管移取溶液时，应记录为 25.00mL；当用 5mL 的吸量管吸取溶液时，应记录为 5.00mL。当用 250mL 容量瓶配制溶液时，若表示为（250±0.1）mL，则所配制溶液的体积应记录为 250.0mL；当用 50mL 容量瓶配制溶液时，若表示为（50±0.01）mL，则应记录为 50.00mL。总而言之，测量结果所记录的数字，应与所用仪器测量的准确度相适应。检测分析中还会遇到 pH、lg$K$ 等对数值，其有效数字位数仅决定于小数部分的数字位数。

三、有效数字修约规则

在处理数据过程中，涉及的各测量值的有效数字位数可能不同，因此需要按下面所述的计算规则确定各测量值的有效数字位数。各测量值的有效数字位数确定后，就要将它后面多余的数字舍弃。舍弃多余的数字的过程称为"数字修约"，它所遵循的规则称为"数值修约规则"。数字修约时，应按中华人民共和国标准 GB/T 8170—2008 进行，通常称为"四舍六入五成双"法则。可归纳如下口诀："四舍六入五成双；五后非零就进一，五后皆零视奇偶，五前为偶应舍去，五前为奇则进一"。

例如，将下列数据修约到保留两位有效数字

1.43426、1.4631、1.4507、1.4500、1.3500

解：按上述修约规则：

（1）1.43426 修约为 1.4

保留两位有效数字，第三位小于等于 4 时舍去。

（2）1.4631 修约为 1.5

第三位大于等于 6 时进 1。

（3）1.4507 修约为 1.5

第三位为 5，但其后面并非全部为 0 应进 1。

（4）1.4500 修约为 1.4

　　　1.3500 修约为 1.4

第三位为 5，并且后面数字皆为零，则视其左面一位，若为偶数则舍去，若为奇数则进 1。

这一法则的具体运用总结如下：

（1）若被舍弃的第一位数字大于 5，则其前一位数字加 1。如 28.2645 只取 3 位有效数字时，其被舍弃的第一位数字为 6，大于 5，则有效数字应为 28.3。

（2）若被舍弃的第一位数字等于 5，而其后数字全部为零，则视被保留的末位数字为奇数或偶数（零视为偶数），而定进或舍，末位是奇数时进1、末位为偶数不加1。如28.350，28.250，28.050只取3位有效数字时，分别应为28.4，28.2及28.0。

（3）若被舍弃的第一位数字为5，而其后面的数字并非全部为零，则进1。如28.2501，只取3位有效数字时，则进1，成为28.3。

（4）不能分次修约，应按规则一次修约到位。例如将2.5491修约为2位有效数字，不能先修约为2.55，再修约为2.6，而应一次修约到位即2.5。在用计数器（或计算机）处理数据时，对于运算结果，亦应按照有效数字的计算规则进行修约。

四、有效数字运算规则

在分析测定过程中，往往要经过几个不同的测量环节，例如先用减量法称取试样，试样经过处理后进行滴定。在此过程中有多个测量数据，如试样质量，滴定管初、终读数等，在分析结果的计算中，每个测量值的误差都要传递到结果里，因此，在进行结果运算时，应遵循下列规则。

（1）加减法。

几个数据的加减时，保留有效数字的位数，以小数点后位数最少的数据为准，将各数据多余的数字修约后再进行加减运算。例如

$$0.0121+25.64+1.05782=0.01+25.64+1.06=26.71$$

（2）乘除法。

几个数据相乘或相除时，它们的积或商的有效数字位数的保留必须以各数据中有效数字位数最少的数据为准。例如

$$1.54\times31.76=1.54\times31.8=48.972\approx49.0$$

（3）乘方和开方。

对数据进行乘方或开方时，所得结果的有效数字位数保留应与原数据相同。例如

$6.72^2=45.1584$　　保留3位有效数字则为45.2

$\sqrt{9.65}=3.10644$　　保留3位有效数字则为3.11

（4）对数计算。

所取对数的小数点后的位数（不包括整数部分）应与原数据的有效数字的位数相等。例如

$\lg 9.6=0.9823$　　保留2位有效数字则为0.98

$\lg 2=0.3010$　　保留1位有效数字则为0.3

（5）在计算中常遇到分数、倍数等，可视为多位有效数字。

（6）在乘除运算过程中，首位数为"8"或"9"的数据，有效数字位数可以多取一位。

（7）在混合计算中，有效数字的保留以最后一步计算的规则执行。

（8）表示分析方法的精密度和准确度时，大多数取1~2位有效数字。

五、有效数字运算规则在分析测试中的应用

在分析化学中，常涉及到大量数据的处理及计算工作。下面是分析化学中记录数据及计算分析结果的基本规则。

（1）记录测定结果时，只应保留一位可疑数字。在分析测试过程中，几个重要物理量的测量误差一般为：

质量，$\pm 0.000x$ g；容积，$\pm 0.0x$ mL；pH，$\pm 0.0x$ 单位；电位，$\pm 0.000x$ V；吸光度，$\pm 0.00x$ 单位等。由于测量仪器不同，测量误差可能不同，因此，应根据具体试验情况正确记录测量数据。

(2) 有效数字位数确定以后，按有效数字修约规则进行修约。

(3) 在计算过程中，为了提高计算结果的可靠性，可以暂时多保留一位数字。再多保留就完全没有必要了。但是，在得到最后结果时，应注意正确保留最后计算结果的有效数字位数，应根据有效数字修约规则决定取舍，弃去多余的数字。

(4) 对于高含量组分（例如>10%）的测定，一般要求分析结果有 4 位有效数字；对于中含量组分（例如 1%～10%），一般要求 3 位有效数字；对于微量组分（<1%），一般只要求 2 位有效数字。通常以此为标准，报出分析结果。

(5) 在分析化学的许多计算中，当涉及到各种常数时，一般视为准确的，不考虑其有效数字的位数。对于各种误差的计算，一般只要求 2 位有效数字。对于各种化学平衡的计算（如计算平衡时某离子的浓度），根据具体情况，保留 2 位或 3 位有效数字，对于 pH 值的计算，通常只取 1 位或 2 位有效数字即可，如 pH 值为 3.6、8.9、10.23。

六、异常值的检验与取舍

在定量分析中，得到一组数据后，往往有个别数据与其它数据相差较远，这一数据称为异常值，又称可疑值或极端值。如果在重复测定中发现某次测定有失常情况，如在溶解样品时有溶液溅出，滴定时不慎加入过量滴定剂等，这次测定值必须舍去。若是测定并无失误而结果又与其他值差异较大，则对于该异常值是保留还是舍去，应按一定的统计学方法进行处理。统计学处理异常值的方法有好几种，下面重点介绍 $4\bar{d}$ 法、Q 检验法、格鲁布斯（Grubbs）法。

1. $4\bar{d}$ 法（即四倍平均偏差法）

此方法比较简单，但只适用于 4～8 个数据检验。下面通过例题说明其检验步骤。

【例 1-10】 下面所列一组分析结果，测定值为 30.18、30.23、30.32、30.35、30.56。检验 30.56 是否为异常值？

(1) 去掉可疑值（30.56），求其余数据的平均值。其余数据的平均值=30.27。

(2) 求其余数据的平均偏差。其余数据的平均偏差=0.065。

(3) 求可疑值与平均值的差值。30.56−30.27=0.29。

(4) 将此差值与四倍平均偏差比较，若差值大于或等于四倍平均偏差则舍去，若小于四倍平均偏差则保留。

$$4\times 0.065=0.26 \qquad 0.29>0.26$$

此数据应舍去。

2. Q 检验法

Q 检验法适用于 3～10 个数据的检验，常用于检验一组测定值的一致性，剔除可疑值。其具体步骤如下：

(1) 将测定结果按从小到大的顺序排列：x_1、x_2、…、x_n。

(2) 根据测定次数 n 按表 1-4 中的计算公式计算 Q。

表 1-4 Q 检验的统计量与临界值

统计量	n	显著性水平 a	
		0.01	0.05
$Q=\dfrac{x_n-x_{n-1}}{x_n-x_1}$（检验 x_n）	3	0.988	0.941
	4	0.889	0.765
	5	0.780	0.642
$Q=\dfrac{x_2-x_1}{x_n-x_1}$（检验 x_1）	6	0.698	0.560
	7	0.637	0.507

续表

统计量	n	显著性水平 a	
		0.01	0.05
$Q=\dfrac{x_n-x_{n-1}}{x_n-x_2}$（检验 x_n） $Q=\dfrac{x_2-x_1}{x_{n-1}-x_1}$（检验 x_1）	8	0.683	0.554
	9	0.635	0.512
	10	0.597	0.477
$Q=\dfrac{x_n-x_{n-2}}{x_n-x_2}$（检验 x_n） $Q=\dfrac{x_3-x_1}{x_{n-1}-x_1}$（检验 x_1）	11	0.679	0.576
	12	0.642	0.546
	13	0.615	0.521
$Q=\dfrac{x_n-x_{n-2}}{x_n-x_3}$（检验 x_n） $Q=\dfrac{x_3-x_1}{x_{n-2}-x_1}$（检验 x_1）	14	0.641	0.546
	15	0.616	0.525
	16	0.595	0.507
	17	0.577	0.490
	18	0.561	0.475
	19	0.547	0.462
	20	0.535	0.450
	21	0.524	0.440
	22	0.514	0.430
	23	0.505	0.421
	24	0.497	0.413
	25	0.489	0.406

（3）再在表 1-4 中查得临界值（Q_x），临界值指在特定的条件下，允许达到的最大值或最小值。

（4）将计算值 Q 与临界值 Q_x 比较，若 $Q \leqslant Q_{0.05}$ 则可疑值为正常值，应保留。$Q_{0.05} < Q \leqslant Q_{0.01}$，则可疑值为偏离值，可以保留；当 $Q > Q_{0.01}$，则可疑值应予剔除。

【例 1-11】 某一试验的 5 次测量值分别为 2.63、2.50、2.65、2.63、2.65，试用 Q 检验法检验测定值 2.50 是否为离群值？

解 以表 1-4 中可知，当 $n=5$ 时，用下式计算

$$Q=\frac{x_2-x_1}{x_n-x_1}=\frac{2.63-2.50}{2.65-2.50}=0.867$$

查表 1-4，$n=5$，$a=0.05$、0.01 时，$Q_{(5,0.05)}=0.642$；$Q_{(5,0.01)}=0.780$，$Q>Q_{(5,0.01)}$，故 2.50 应予舍弃。

Q 检验的缺点是，没有充分利用测定数据，仅将可疑值与相邻数据比较，可靠性差。

在测定次数少时，如 3～5 次测定，误将可疑值判为正常值的可能性较大。Q 检验可以重复检验至无其它可疑值为止。但要注意 Q 检验法检验公式，随 n 不同略有差异，在使用时应予注意。

3. 格鲁布斯（Grubbs）法

格鲁布斯法常用于检验多组测定值的平均值的一致性，也可以用它来检验同组测定中各测定值的一致性。下面我们以同一组测定值中数据一致性的检验为例，来看它的检验步骤。

（1）将各数据按从大到小顺序排列：x_1、x_2、…、x_n，求出算术平均值 $\overline{x}$ 和标准偏差 s。

（2）确定检验 x_1 或 x_n 或两个都作检验。

（3）若设 x_1 为可疑值，根据公式(1-23)计算 T 值；若设 x_n 为可疑值，根据公式(1-24)计算 T 值。

$$T = \frac{\overline{x} - x_1}{s} \tag{1-23}$$

$$T = \frac{x_n - \overline{x}}{s} \tag{1-24}$$

(4) 查表1-5格鲁布斯检验临界值表（不做特别说明，a 取0.05）得 T 的临界值 $T_{(a,n)}$。

表1-5 格鲁布斯检验临界值表

次数 n 组数 1	自由度 f	显著性水平 a		次数 n 组数 1	自由度 f	显著性水平 a	
		0.05	0.01			0.05	0.01
3	2	1.153	1.155	14	13	2.371	2.659
4	3	1.463	1.492	15	14	2.409	2.705
5	4	1.672	1.749	16	15	2.443	2.747
6	5	1.822	1.944	17	16	2.475	2.785
7	6	1.938	2.097	18	17	2.504	2.821
8	7	2.032	2.221	19	18	2.532	2.854
9	8	2.110	2.323	20	19	2.557	2.884
10	9	2.176	2.410	21	20	2.580	2.912
11	10	2.234	2.485	31	30	2.759	3.119
12	11	2.285	2.550	51	50	2.963	3.344
13	12	2.331	2.607	101	100	3.211	3.604

(5) 将 T 与 $T_{(a,n)}$ 表值作比较，如果 $T \geqslant T_{(a,n)}$ 则所怀疑的数据 x_1 或 x_n 是异常的，应予剔除；反之应予保留；

(6) 在第一个异常数据剔除舍弃后，如果仍有可疑数据需要判别时，则应重新计算 $\overline{x}$ 和 s，求出新的 T 值，再次检验，依次类推，直到无异常的数据为止。

当然，对多组测定值的检验，只要把平均值作为一个数据用以上相同步骤进行计算与检验。

【例1-12】 各实验室分析同一样品，各实验室测定的平均值按大小顺序为4.41、4.49、4.50、4.51、4.64、4.75、4.81、4.95、5.01、5.39，用格鲁布斯法检验最大均值5.39，是否应该被删除？

解
$$\overline{x} = \frac{1}{10} \sum_{i=1}^{10} \overline{x_i} = 4.746$$

$$s = \sqrt{\frac{1}{10-1} \sum_{i=1}^{10} (\overline{x_i} - \overline{x})^2} = 0.305$$

$$x_{\max} = 5.39$$

根据式(1-24)
$$T = \frac{x_{\max} - \overline{x}}{s_{\overline{x}}}$$

所以
$$T = \frac{5.39 - 4.746}{0.305} = 2.11$$

当 $n=10$，显著性水平 $a=0.05$ 时，临界值 $T_{(0.05,10)} = 2.176$，因 $T < T_{(0.05,10)}$，故 5.39 为正常均值，即平均值为 5.39 的一组测定值为正常数据。

思 考 题

1. 什么是有效数字？有效数字的修约规则如何？
2. 指出下列数据的有效数字位数。
   1.8904   3.500   0.004583   0.8700 $4.98×10^4$ pH=4.56
3. 把下列有效数字修约成2位。
   2.550   2.450   3.6501   1.76   1.483   0.235   4.997
4. 有效数字的运算应遵循怎样的运算规则？

任务5 实验报告的书写

一、实验数据的记录

学生应有专门的实验记录本，并标上页码数，不得撕去其中任何一页。也不允许将数据记在单页纸片上，或随意记在其他地方。

1) 实验记录上要写明日期、实验名称、测定次数、实验数据及检验人。

2) 记录应及时，准确清楚。记录数据时，要实事求是。要有严谨的科学态度，切忌夹杂主观因素，决不能随意拼凑和伪造数据。

3) 实验过程中涉及特殊仪器的型号和标准溶液的浓度、室温等，也应及时准确地记录下来。

4) 实验过程中记录测量数据时，其数字的准确度应与分析仪器的准确度相一致。如用万分之一分析天平称量时，要求记录至0.0001g；常量滴定管和吸量管的读数应记录至0.01mL。

5) 实验记录上的每一个数据都是测量结果。平行测定时，即使得到完全相同的数据也应如实记录下来。

6) 在实验过程中，如发现数据中有记错、测错或读错而需要改动之处，可将要改动的数据用一横线划去，并在其上方写出正确的数字。

7) 实验结束后，应该对记录是否正确、合理、齐全，平行测定结果是否超差，是否需要重新测定等进行核对。

二、实验报告的书写要求

实验报告是总结实验情况，分析实验中出现的问题，归纳总结实验结果，提高学习能力不可缺少的环节。

独立地书写完整、规范的实验报告，是一名分析人员必须具有的能力和基本功，是化验分析综合能力的表现。因此，实验结束后，要及时地按要求完成实验报告，并注意不断总结，提高标准。书写实验报告的用语要科学规范、表达简明、字迹清晰、报告整洁。实验原理部分既要简捷又不能遗漏。实验报告的内容如下。

1) 实验名称、实验日期。
2) 实验目的。
3) 实验原理。例如滴定分析实验应包括滴定反应式、测定条件、指示剂的选择、终点现象。
4) 试剂及仪器。包括特殊仪器的型号，药品和试剂的等级或浓度等。
5) 实验步骤。操作流程的描述，要按操作的先后顺序，用箭头流程法简单表示。
6) 原始记录表和质量检验结果报告单。滴定法和称量分析法常用原始记录表处理实验数据，表格表示更为清晰、规范，涉及的实验数据应根据原始记录表的要求为准。在填写质量检验结果报告单时，数据记录要规范，语言表述要准确。

7）实验误差分析。分析误差产生的原因，实验中应注意的问题及某些改进措施。

8）体会及对实验的感受。

9）实验讨论。为促进学生对实验原理知识和操作流程的掌握，培养其分析问题和解决问题的能力，对实验过程中出现的问题及解决办法，一并做出回答，写入实验报告中。同时便于教师对学生学习情况的了解，及时解决学习中出现的问题。

三、原始记录表的填写要求

以 EDTA 标准溶液标定的原始记录表和硫酸镍中镍含量测定的原始记录表为例，原始记录表中实验数据的填写要求，见表 1-6 和表 1-7。

表 1-6　EDTA 标准溶液标定的原始记录表

次数 \ 项目		1	2	3	4	备用
基准物的称量	m(倾样前)/g	15.6025	14.1011	12.6001	11.1001	
	m(倾样后)/g	14.1011	12.6001	11.1001	9.5992	
	m(氧化锌)/g	1.5014	1.5010	1.5000	1.5009	
移取试液体积/mL		25.00	25.00	25.00	25.00	
滴定管初读数/mL		0.00	0.00	0.00	0.00	
滴定管终读数/mL		36.25	36.20	36.16	36.18	
滴定消耗 EDTA 体积/mL		36.25	36.20	36.16	36.18	
体积校正值/mL		−0.010	−0.010	−0.010	−0.010	
溶液温度/℃		20	20	20	20	
温度补正值		0.00	0.00	0.00	0.00	
溶液温度校正值/mL		0.000	0.000	0.000	0.000	
实际消耗 EDTA 体积/mL		36.24	36.19	36.15	36.17	
V(空白)/mL		0.02				
c/(mol/L)		0.050930	0.050959	0.050981	0.050984	
$\bar{c}$/(mol/L)		0.05096				
相对极差/%		0.10				

表 1-7　硫酸镍中镍含量测定的原始记录表

次数 \ 项目		1	2	3	备用
试样的称量	m(倾样前)/g	15.4025	12.2000	8.9971	
	m(倾样后)/g	12.2000	8.9971	5.7944	
	m(硫酸镍溶液)/g	3.2025	3.2029	3.2027	
滴定管初读数/mL		0.00	0.00	0.00	
滴定管终读数/mL		33.25	33.30	33.28	
滴定消耗 EDTA 体积/mL		33.25	33.30	33.28	
体积校正值/mL		−0.010	−0.010	−0.010	
溶液温度/℃		20	20	20	
温度补正值		0.00	0.00	0.00	

续表

次数 \ 项目	1	2	3	备用
溶液温度校正值/mL	0.000	0.000	0.000	
实际消耗EDTA体积/mL	33.24	33.29	33.27	
c(EDTA)/mol/L	0.05096			
w(Ni)/(g/kg)	31.045	31.088	31.071	
$\overline{w}$(Ni)/(g/kg)	31.07			
相对极差/%	0.14			

阅读材料 1-3

化学计量学简介

化学计量学（chemometrics）是当代化学与分析化学的重要发展前沿。能容易地获得大量化学测量数据的现代分析仪器的涌现以及对这些化学测量数据进行适当处理，并从中最大限度地提取有用化学信息是促进化学计量学进一步发展的推动力。化学计量学的主要特征是：运用最新数学、统计学、计算机科学的成果或发展新的数学、计算机方法以解决化学研究的难题。化学计量学为化学量测提供基础理论和方法，优化化学量测过程，并从化学量测数据中最大限度地提取有用的化学信息，它的出现显示了现代分析化学的发展潮流。

作为化学量测的基础理论和方法学，化学计量学的基本内容包括化学采样、化学试验设计、化学信号预处理、定性定量分析的多元校正和多元分辨、化学模式识别、化学构效关系以及人工智能和化学专家系统等。

化学计量学应用领域十分广阔，涉及环境化学、食品化学、农业化学、医学化学、石油化学、材料化学、化学工程等。如环境化学中的污染源识别、环境质量预测，食品、农业化学中的试验设计和复杂样品分析，医药化学中的分子设计、新药发现及结构性能关系研究，石油化学中的化学模式识别、波谱与物质特性的关系，化学工程科学中的过程分析、工艺过程诊断、控制和优化等。

化学计量学是现代分析化学的前沿领域之一。化学计量学与分析化学的信息化有着密切关联。它的发展将为现代智能化分析仪器的构建提供了各种依据，也可为复杂多组分体系的定性定量分析及其结构解析提供重要的方法和手段。

阅读材料 1-4

滴定分析法的起源

19世纪中期，滴定分析中的酸碱滴定法、沉淀滴定法和氧化还原滴定法盛行起来。但其起源可上溯到18世纪。法国人日鲁瓦（C. J. Geoffroy）在1729年为测醋酸浓度，以碳酸钾为标准物，用待测定浓度的醋酸滴到碳酸钾中去，以发生气泡停止作为滴定终点。以耗去碳酸钾量的多少衡量醋酸的相对浓度。这是第一次把中和反应用于分析化学。这种滴定的方法以后不断地发展、改进。1750年法国人弗朗索（V. G. Fra-neois），在用硫酸滴定矿泉水的含碱量时，为了使终点有明显的标志，取紫罗兰浸液作为指示剂，当滴定到终点时溶液开始变红。然后以雪水作对照滴定，以判断矿泉水的含碱量。弗朗索选用指示剂是一大贡献，对于提高滴定的准确性有很大的改进。

酸碱滴定改用滴定管，首推法国人德克劳西（H. Descroi-zilles）于1786年发明

"碱量计",以后改进为滴定管。这样在18世纪末,酸碱滴定的基本形式和原则已经确定。但发展不快,直到19世纪70年代以后,在人工合成指示剂出现以后,酸碱滴定法获得较大的应用价值,扩大了应用范围。

【职业技能鉴定模拟题(一)】

一、单选题

1. 按被测组分含量来分,分析方法中常量组分分析指含量(   )。
   A. <0.1%   B. >0.1%   C. <1%   D. >1%

2. 在国家标准、行业标准的代号与编号 GB/T 18883—2002 中 GB/T 是指(   )。
   A. 强制性国家标准   B. 推荐性国家标准
   C. 推荐性化工部标准   D. 强制性化工部标准

3. 国家标准规定的实验室用水分为(   )级。
   A. 4   B. 5   C. 3   D. 2

4. 分析工作中实际能够测量到的数字称为(   )。
   A. 精密数字   B. 准确数字   C. 可靠数字   D. 有效数字

5. 1.34×10^{-3} % 有效数字是(   )位。
   A. 6   B. 5   C. 3   D. 8

6. 可用下述那种方法减少滴定过程中的偶然误差(   )。
   A. 进行对照试验   B. 进行空白试验   C. 进行仪器校准   D. 进行分析结果校正

7. 贮存易燃易爆、强氧化性物质时,最高温度不能高于(   )。
   A. 20℃   B. 10℃   C. 30℃   D. 0℃

8. 若电器仪器着火不宜选用(   )灭火。
   A. 1211灭火器   B. 泡沫灭火器   C. 二氧化碳灭器   D. 干粉灭火器

9. 有关汞的处理错误的是(   )。
   A. 汞盐废液先调节 pH 值至 8~10 加入过量 Na_2S 后再加入 $FeSO_4$ 生成 HgS、FeS 共沉淀再做回收处理
   B. 洒落在地上的汞可用硫黄粉盖上,干后清扫
   C. 实验台上的汞可采用适当措施收集在有水的烧杯
   D. 散落过汞的地面可喷洒 20% $FeCl_2$ 水溶液,干后清扫

10. 将置于普通干燥器中保存的 $Na_2B_4O_7 \cdot 10H_2O$ 作为基准物质用于标定盐酸,则盐酸的浓度将(   )。
    A. 偏高   B. 偏低   C. 无影响   D. 不能确定

二、多选题

1. 准确度和精密度关系为(   )。
   A. 准确度高,精密度一定高   B. 准确度高,精密度不一定高
   C. 精密度高,准确度一定高   D. 精密度高,准确度不一定高

2. 在滴定分析法测定中出现的下列情况,哪些是系统误差(   )。
   A. 试样未经充分混匀   B. 滴定管的读数读错
   C. 所用试剂不纯   D. 砝码未经校正

3. 实验室中皮肤溅上浓碱时立即用大量水冲洗,然后用(   )处理。
   A. 5%硼酸溶液   B. 5%小苏打溶液

C. 2％的乙酸溶液　　　　　　　　　D. 0.01％高锰酸钾溶液
4. 基准物质应具备下列哪些条件
   A. 稳定　　　　　　　　　　　　　B. 必须具有足够的纯度
   C. 易溶解　　　　　　　　　　　　D. 最好具有较大的摩尔质量
5. 滴定分析法对化学反应的要求是（　　）。
   A. 反应必须按化学计量关系进行完全（达99.9％）以上，没有副反应
   B. 反应速度迅速
   C. 有适当的方法确定滴定终点
   D. 反应必须有颜色变化
6. 系统误差包括（　　）。
   A. 方法误差　　　B. 环境温度变化　　C. 操作失误　　D. 试剂误差
7. 实验室检验质量保证体系的基本要素包括（　　）。
   A. 检验过程质量保证　　　　　　　B. 检验人员素质保证
   C. 检验仪器、设备、环境保证　　　D. 检验质量申诉和检验事故处理
8. 利用某鉴定反应鉴定某离子时，刚能辨认，现象不够明显，应用何种试验后才能下结论（　　）。
   A. 对照试验　　　B. 空白试验　　　C. 加掩蔽试验　　D. 改变反应条件
9. 测定中出现下列情况，属于偶然误差的是（　　）。
   A. 滴定时所加试剂中含有微量的被测物质
   B. 某分析人员几次读同一滴定管的读数不能取得一致
   C. 滴定时发现有少量溶液溅出
   D. 某人用同样的方法测定，但结果总不能一致
10. 我国企业产品质量检验可以采取下列哪些标准（　　）。
    A. 国家标准和行业标准　　　　　　B. 国际标准
    C. 合同双方当事人约定的标准　　　D. 企业自行制定的标准

三、判断题

（　）1. 企业可以根据其具体情况和产品的质量情况制订适当低于国家或行业同种产品标准的企业标准。

（　）2. 测定的精密度好，但准确度不一定好，消除了系统误差后，精密度好的，结果准确度就好。

（　）3. 所谓终点误差是由于操作者终点判断失误或操作不熟练而引起的。

（　）4. 滴定分析的相对误差一般要求为小于0.1％，滴定时消耗的标准溶液体积应控制在10～15mL。

（　）5. 实验室所用水为三级水用于一般化学分析试验，可以用蒸馏、离子交换等方法制取。

（　）6. 配制硫酸、盐酸和硝酸溶液时都应将酸注入水中。

（　）7. Q检验法适用于测定次数为$3 \leq n \leq 10$时的测试。

（　）8. 两位分析者同时测定某一试样中硫的质量分数，称取试样均为3.5g，分别报告结果如下：甲 0.042％，0.041％；乙 0.04099％，0.04201％。甲的报告是合理的。

（　）9. 在没有系统误差的前提条件下，总体平均值就是真实值。

（　）10. 用浓溶液配制稀溶液的计算依据是稀释前后溶质的物质的量不变。

项目 2

检测分析基本操作技术

【任务引导】

任务要求	提出任务	在石油化工、盐化工企业的化验分析岗位上，检验员要运用化学分析法对原料、中间产品、产品等的检验项目的含量进行检测分析，就要用到一般化学仪器、滴定分析玻璃仪器、电子天平、加热设备等常规仪器设备，检测结果的准确性与规范的使用这些仪器设备至关重要。下面通过展示"化学试剂盐酸质量检验结果报告单"的检验项目为例来了解一下哪些检验项目需借助化学分析法完成，化学分析法中滴定分析玻璃仪器、电子天平等仪器设备如何正确使用
	明确任务	检验员完成化学试剂盐酸质量检验结果报告单中的检验项目所用的主要仪器设备如下： 某有限公司 化学试剂盐酸质量检验结果报告单

<table>
<tr><td>产品型号</td><td colspan="2">罐号</td><td>数量</td><td>取样时间</td><td>采用标准
GB/T 622—2006</td></tr>
<tr><td colspan="6">检 验 内 容</td></tr>
<tr><td rowspan="2">检验项目</td><td colspan="3">指 标</td><td rowspan="2">分析
方法</td><td rowspan="2">主要
仪器设备</td></tr>
<tr><td>优级纯</td><td>分析纯</td><td>化学纯</td></tr>
<tr><td>HCl 含量（质量分数）/%</td><td>36.0～38.0</td><td>36.0～38.0</td><td>36.03～8.0</td><td>化学
分析法</td><td>电子天平，
滴定分析
玻璃仪器</td></tr>
<tr><td>色度/黑曾单位</td><td>≤5</td><td>≤10</td><td>≤10</td><td>仪器
分析法</td><td>专用仪器</td></tr>
<tr><td>灼烧残渣（以硫酸盐计）含量
（质量分数）/%</td><td>≤0.0005</td><td>≤0.0005</td><td>≤0.002</td><td>重量
分析法</td><td>一般化学
仪器</td></tr>
<tr><td>游离氯（Cl）含量（质量分
数）/%</td><td>≤0.00005</td><td>≤0.0001</td><td>≤0.0002</td><td>仪器
分析法</td><td>专用仪器</td></tr>
<tr><td>硫酸盐（SO_4）含量（质量分
数）/%</td><td>≤0.0001</td><td>≤0.0002</td><td>≤0.0005</td><td>重量
分析法</td><td>一般化学
仪器</td></tr>
<tr><td>亚硫酸盐（SO_3）含量（质量分
数）/%</td><td>≤0.00001</td><td>≤0.0002</td><td>≤0.001</td><td>重量
分析法</td><td>一般化学
仪器</td></tr>
<tr><td>铁（Fe）含量（质量分数）/%</td><td>≤0.00001</td><td>≤0.00005</td><td>≤0.0001</td><td>仪器
分析法</td><td>专用仪器</td></tr>
<tr><td>铜（Cu）含量（质量分数）/%</td><td>≤0.00001</td><td>≤0.00001</td><td>≤0.0001</td><td>仪器
分析法</td><td>专用仪器</td></tr>
<tr><td>砷（As）含量（质量分数）/%</td><td>≤0.000003</td><td>≤0.000005</td><td>≤0.00001</td><td>仪器
分析法</td><td>专用仪器</td></tr>
<tr><td>锡（Sn）含量（质量分数）/%</td><td>≤0.0001</td><td>≤0.0002</td><td>≤0.0005</td><td>仪器
分析法</td><td>专用仪器</td></tr>
<tr><td>铅（Pb）含量（质量分数）/%</td><td>≤0.00002</td><td>≤0.00002</td><td>≤0.00005</td><td>仪器
分析法</td><td>专用仪器</td></tr>
<tr><td>检验结论</td><td colspan="5">年　　　月　　　日</td></tr>
<tr><td>备　注</td><td colspan="5"></td></tr>
<tr><td colspan="3">检验员：</td><td colspan="3">审核：</td></tr>
</table>

续表

任务要求	明确任务	检验员完成氢氧化钠标准溶液标定的原始记录表所用的主要滴定分析仪器设备如下。 氢氧化钠标准溶液标定的原始记录表					
		项目＼次数	1	2	3	4	主要仪器设备
		基准物的称量：称量瓶＋KHC$_8$H$_4$O$_4$（倾样前）/g					电子天平、称量瓶、锥形瓶、药匙、电热干燥箱、干燥器等
		称量瓶＋KHC$_8$H$_4$O$_4$（倾样后）/g					
		m(KHC$_8$H$_4$O$_4$)/g					
		滴定管初读数/mL					碱式滴定管（或酸碱两用滴定管）
		滴定管终读数/mL					
		滴定消耗 NaOH 体积/mL					
		体积校正值/mL					体积校正表
		溶液温度/℃					温度计
		温度补正值/(mL/L)					温度补正表
		溶液温度校正值/mL					
		实际消耗 NaOH 体积/mL					
		V(空白)/mL					锥形瓶、量筒等
		c(NaOH)/(mol/L)					
		$\bar{c}$(NaOH)/(mol/L)					
		相对极差/%					
		检验员： 审核：					

项目目标	能力目标	1. 能正确娴熟地使用电子天平、容量瓶、移液管、吸量管、酸碱滴定管等化学分析常用仪器设备 2. 能正确对电子天平、容量瓶、移液管、吸量管、酸碱滴定管进行校准 3. 能正确处理仪器设备在使用过程中出现的常见事故
	知识目标	1. 掌握化学分析法中常用仪器设备的保养、维护及注意事项 2. 掌握电子天平、容量瓶、移液管、吸量管、酸碱滴定管的校准方法 3. 掌握标准溶液体积校准的计算公式
	素质目标	1. 团结协作，执行 6S 管理，形成良好的职业素养 2. 具有较强的颜色辨别能力

明确任务	任务1	电子天平（读数精度 0.0001g）是化学分析中常用的称量仪器。称量的主要方法有直接称量法、固定质量称量法和减量称量法，在滴定分析中基准物和待测物质在称量时通常选择减量称量法
	任务2	滴定分析中常用的电子天平、容量瓶、吸量管、移液管、酸碱滴定管等精密仪器要经过校准才能使用，仪器精准是检测结果是否准确的关键因素
	任务3	酸碱滴定管的使用注意事项：(1)洗涤要干净，内壁不挂水珠；(2)能使用滴定管进行连滴、一滴、半滴的操作；(3)不同类型滴定管的读数，同种类型深浅溶液的读数
	任务4	移液管和吸量管的使用注意事项：(1)是否在管的上端标有"吹"字；(2)移取液体时要垂直
	任务5	容量瓶的使用注意事项：(1)为保证溶液均匀，要做 2/3 处摇和调好刻线后的上下摇匀操作；(2)容量瓶应在重心垂直状态下调刻线
	任务6	能娴熟地完成滴定分析常用玻璃仪器的配套性操作，能熟练地控制好滴定终点

参照资料	参照教材	1. 刘珍主编．化验员读本（上册）．第四版．北京：化学工业出版社，2004 2. "化学检验工、化工分析工（高级）"职业资格技能鉴定题库 3. 中国石油化工集团公司职业技能鉴定指导中心编．化工分析工．北京：中国石化出版社，2006
	检测标准	实验室玻璃仪器 滴定管 GB/T 12805；实验室玻璃仪器 单标线吸量管 GB 12808；实验室玻璃仪器 分度吸量管 GB 12807；实验室玻璃仪器 单标线容量瓶 GB/T 12806
课外任务		通过网络查阅资料：滴定管 GB/T 12805；单标线吸量管 GB 12808；分度吸量管 GB 12807；单标线容量瓶 GB/T 12806

任务 1　电子天平的使用

一、实验目的

1）掌握电子天平（读数精度：0.0001g）的正确使用方法及注意事项。
2）能熟练运用直接称量法、固定质量称量法和减量称量法称量试样。
3）了解电子天平的结构及原理。

二、基本原理

电子天平是采用电磁力平衡的原理，应用现代电子技术设计而成的。它是将称盘与通电线圈相连接，置于磁场中，当被称物置于称盘后，因重力向下，线圈上就会产生一个电磁力，与重力大小相等方向相反。这时传感器输出电信号，经整流放大，改变线圈上的电流，直至线圈回位，其电流强度与被称物体的重力成正比。而这个重力正是物质的质量所产生的，由此产生的电信号通过模拟系统后，将被称物品的质量显示出来。

三、仪器及试剂

1. 仪器

电子天平，称量瓶，干燥器，50mL 烧杯，药匙（也称牛角匙）等。

2. 试剂

食盐，无腐蚀性的固体粉末（仅供称量练习用）。

四、操作步骤

1. 直接称量法

此法是将称量物直接放在天平盘上直接称量物体的质量。例如称量小烧杯的质量、容量器皿校正中称量某容量瓶的质量、重量分析实验中称量某坩埚的质量等，都使用这种称量法。

2. 固定质量称量法

此法又称增量法，此法用于称量某一固定质量的试剂（如基准物质）或试样。这种称量操作的速度很慢，适于称量不易吸潮、在空气中能稳定存在的粉末状或小颗粒样品。固定质量称量法如图 2-1 所示。

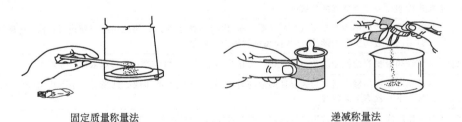

固定质量称量法　　　　　　　　递减称量法

图 2-1　称量方法

注意：若不慎加入试剂超过指定质量，应先关闭开关，然后用牛角匙取出多余试剂。重复上述操作，直至试剂质量符合指定要求为止。取出的多余试剂应弃去，不要放回原试剂瓶中。

3. 减量称量法（也称递减称量法）

从干燥器中用纸带（或纸片）夹住称量瓶后取出称量瓶（注意：不要让手指直接触及称

瓶和瓶盖），用纸片夹住称量瓶盖柄，打开瓶盖，用牛角匙加入适量试样，盖上瓶盖。称出称量瓶加试样后的准确质量。将称量瓶从天平上取出，在接收容器的上方倾斜瓶身，用称量瓶盖轻敲瓶口上部使试样慢慢落入容器中，瓶盖始终不要离开接受器上方。当倾出的试样接近所需量（可从体积上估计或试重得知）时，一边继续用瓶盖轻敲瓶口，一边逐渐将瓶身竖直，使粘附在瓶口上的试样落回称量瓶，然后盖好瓶盖，准确称其质量。两次质量之差，即为试样的质量。按上述方法连续递减，可称量多份试样。通常一次很难得到合乎质量范围要求的试样，可重复上述称量操作几次。递减称量法如图 2-1 所示。

五、注意事项

1) 不能随意移动电子天平。
2) 戴手套取用称量瓶。
3) 用药匙加样到称量瓶中时，注意不要撒样在电子天平盘上。
4) 敲样品时称量瓶要靠近锥形瓶口，瓶盖轻敲称量瓶瓶口上缘，边敲边倾斜瓶身，注意不要洒到瓶外；敲完后，要边敲边慢慢直立瓶身。
5) 关好天平门，数字稳定后才读数。
6) 实验完毕，整理天平，回收样品，洗干净所用称量瓶，登记使用记录本，教师签名。

六、任务考核

减量法称量操作的评分细则

序号	考核内容	考核要点	配分	评分标准	得分	备注
1		天平使用	15	没有检查水平扣 5 分		
				称量时不戴手套扣 5 分		
				没检查天平托盘是否干净扣 5 分		
2	减量法称量操作	药品称量	60	应在规定量±5%～±10%内，每错一个扣 20 分		
				取出的药品放回原试剂瓶扣 10 分		
				称一份样，加减样品超过 4 次以上扣 5 分		
				取、称药品动作不规范扣 5 分		
				药品散失扣 10 分		
				读取数据时，没关好两边侧门扣 10 分		
3	其他操作	称量结束后操作	15	称量结束没复原扣 5 分		
				称量结束，称量瓶没及时放回干燥器内扣 5 分		
				称量结束没有关闭天平扣 5 分		
4	整理实验台		10	台面不整洁，扣 5 分		
				散落的药品没清理到指定位置，扣 5 分		
总分			100			

得分总计：
日期：

任务 2　容量仪器的校正

分析实验室常用的玻璃容量仪器如容量瓶、滴定管、移液管、吸量管等，都具有刻度，但容积并不一定与它标出的大小完全符合。合格产品的容量误差应小于或等于国家标准规定的容量允差,但也有不合格的产品流入市场,若预先不进行容量校正就会引起分析结果的系统误差。进行实验前,应使用经过校正的仪器,使其测量的精度能满足结果准确度的要求。

一、实验目的

1) 理解容量瓶、滴定管、移液管、吸量管的称量校正法原理和相对校正法原理。
2) 能完成容量瓶、滴定管、吸量管、移液管的称量校正法和相对校正法的操作流程。
3) 掌握标准溶液体积校准的公式计算。

二、实验原理

校准的方法有称量法(也称绝对校正法、衡量法)和相对校正法。

称量法校正法的原理是:用电子天平称量被校量器中量入和量出的纯水的质量 m,再根据纯水的密度 ρ 计算出被校量器在 20℃ 的实际容量。

三、试剂和仪器

电子天平(读数精度 0.001g),滴定管(50mL),容量瓶(100mL),移液管(25mL),吸量管(10mL),锥形瓶(50mL),坐标纸,温度计等。

四、校准方法及操作流程

(一)称量校正法

1. 称量校正法

测量液体体积的基本单位是升(L)。1L 是指在真空中,1kg 的水在最大密度时(3.98℃)所占的体积。换句话说,就是在 3.98℃ 和真空中称量所得的水的质量,在数值上就等于它以毫升表示的体积。

由于玻璃仪器的热胀冷缩,所以在不同温度下,容器的容积也不同。因此,规定使用玻璃量器的标准温度为 20℃。各种量器上标出的刻度和容量,称为在标准温度 20℃ 时量器的实际容量。但是,在实际校准工作中,容器中水的质量是在室温下和空气中称量的。因此必须考虑如下三方面的影响:①由于空气浮力使质量改变的校正;②由于水的密度随温度而改变的校正;③由于玻璃容器本身容积随温度而改变的校正。

考虑了上述的影响,可得出 20℃ 容量为 1L 的玻璃容器,在不同温度时所盛水的质量,见表 2-1。据此计算量器的校正值十分方便。

表 2-1 20℃ 时体积为 1L 的水在不同温度时的质量

t/℃	m/g	t/℃	m/g	t/℃	m/g	t/℃	m/g
10	998.39	16	997.80	22	996.81	28	995.44
11	998.32	17	997.66	23	996.60	29	995.18
12	998.23	18	997.51	24	996.39	30	994.92
13	998.14	19	997.35	25	996.17	31	994.64
14	998.04	20	997.18	26	996.94	32	994.34
15	998.93	21	997.00	27	996.69	33	994.06

2. 操作步骤

(1)移液管、容量瓶校准 移液管和容量瓶也可用称量法进行校准。校准容量瓶时,当然不必用锥形瓶,且直接称准至0.001g即可。

如某支25mL移液管(或体积为25mL的容量瓶)在25℃放出的纯水的质量为24.921g;密度为0.99617g/mL,计算移液管(或容量瓶)在20℃时的实际容积。

$$V=\frac{24.921\text{g}}{0.99617\text{g/mL}}=25.02\text{mL}$$

则这支移液管的校正值为25.02mL−25.00mL=0.02mL。

(2)滴定管校准

1)将已洗净且外表干燥的带磨口玻璃塞的锥形瓶,放在电子天平上称量,得空瓶质量$m_{瓶}$,记录至0.001g。

2)再将已洗净的滴定管盛满纯水,调至0.00mL刻度处,从滴定管中放出一定体积(记为V_0),如放出5mL的纯水于已称量的锥形瓶中,塞紧塞子,称出"瓶+水"的质量$m_{水}+m_{瓶}$,两次质量之差即为放出之水的质量$m_{水}$。

3)用同法称量滴定管从0到10mL,0到15mL,0到20mL,0到25mL,等刻度间的$m_{水}$,用实验水温时水的密度来除$m_{水}$,即可得到滴定管各部分的实际容量V_{20}。重复校准一次,两次相应区间的水质量相差应小于0.02g,求出平均值,并计算校准值ΔV($V_{20}-V_0$)。完成滴定管衡量法检定记录表,见表2-2。

表2-2 滴定管衡量法检定记录表

鉴定点/mL	空瓶质量/g	瓶+水/g	水的质量/g	水温/℃	纯水的密度/(g/mL)	流出时间/s	等待时间/s	滴定管读数/mL	实际容积/mL	ΔV/mL
10							30			
10							30			
20							30			
20							30			
30							30			
30							30			
40							30			
40							30			
50							30			
50							30			

4)以V_0为横坐标,ΔV为纵坐标,在坐标纸上绘制出滴定管的校准曲线。

需要特别指出的是:凡是使用校准值的,其校准次数不应少于两次,且两次校准数据的偏差应不超过该量器容量允许的1/4,并取其平均值作为校准值。

注:吸量管的校准方法类同滴定管的校准方法。

(二)相对校正法

有时,只要求两种容器之间有一定的比例关系,而无需知道他们各自的准确体积,这时可用容量相对校正法,经常配套使用的移液管和容量瓶,采用相对校正法更为重要。

例如,用25mL移液管移取蒸馏水于干净且倒立晾干的100mL容量瓶中,到第4次重复操作后,观察瓶颈处水的弯月面下缘是否刚好与标线上缘相切。若不相切,应重新做一记号为标线,以后此移液管和容量瓶配套使用时就用校准的标线。标线的做法如下:①在水的弯月面最下缘与透明胶上缘相切；②用红色或黑色油性笔在透明胶的相切处做一圈标记。

（三）标准溶液体积的校准

在滴定分析中，除了玻璃仪器的容积随着温度发生变化外，标准滴定溶液的体积也随温度的变化而变化。如果标准滴定溶液使用时的温度不是20℃，则需要校准，见表2-3。要求温度计分度值为0.1℃，并符合JJG 130的规定。例如，在25℃时滴定用去硫酸标准滴定溶液$\left[c\left(\frac{1}{2}H_2SO_4\right)=1.0\text{mol/L}\right]$40.00mL，换算为20℃时溶液的体积为

$$V_{20}=40.00-\frac{1.5}{1000}\times 40.00=39.94(\text{mL})$$

表2-3 不同温度下标准滴定溶液体积的补正值

温度/℃	水和0.05mol/L以下的各种水溶液	0.1mol/L和0.2mol/L各种水溶液	盐酸溶液$c(\text{HCl})=$0.5mol/L	盐酸溶液$c(\text{HCl})=$1.0mol/L	硫酸溶液$c\left(\frac{1}{2}H_2SO_4\right)=$0.5mol/L；氢氧化钠溶液$c(\text{NaOH})=$0.5mol/L	硫酸溶液$c\left(\frac{1}{2}H_2SO_4\right)=$1.0mol/L；氢氧化钠溶液$c(\text{NaOH})=$1.0mol/L	碳酸钠溶液$c\left(\frac{1}{2}Na_2CO_3\right)=$1.0mol/L	氢氧化钾-乙醇$c(\text{KOH})=$0.1mol/L
5	+1.38	+1.7	+1.9	+2.3	+2.4	+3.6	+3.3	—
6	+1.38	+1.7	+1.9	+2.2	+2.3	+3.4	+3.2	—
7	+1.36	+1.6	+1.8	+2.2	+2.2	+3.2	+3.0	—
8	+1.33	+1.6	+1.8	+2.1	+2.2	+3.0	+2.8	—
9	+1.29	+1.5	+1.7	+2.0	+2.1	+2.7	+2.6	—
10	+1.23	+1.5	+1.6	+1.9	+2.0	+2.5	+2.4	+10.8
11	+1.17	+1.4	+1.5	+1.8	+1.8	+2.3	+2.2	+9.6
12	+1.10	+1.3	+1.4	+1.6	+1.7	+2.0	+2.0	+8.5
13	+0.99	+1.1	+1.2	+1.4	+1.5	+1.8	+1.8	+7.4
14	+0.88	+1.0	+1.1	+1.2	+1.3	+1.6	+1.5	+6.5
15	+0.77	+0.9	+0.9	+1.0	+1.1	+1.3	+1.3	+5.2
16	+0.64	+0.7	+0.8	+0.8	+0.9	+1.1	+1.1	+4.2
17	+0.50	+0.6	+0.6	+0.6	+0.7	+0.8	+0.8	+3.1
18	+0.34	+0.4	+0.4	+0.4	+0.5	+0.6	0.6	+2.1
19	+0.18	+0.2	+0.2	+0.2	+0.2	+0.2	+0.3	+1.1
20	0.00	0.00	0.00	0.00	0.00	0.00	0.0	0.0
21	−0.18	−0.2	−0.2	−0.2	−0.2	−0.3	−0.3	−1.1
22	−0.38	−0.4	−0.4	−0.5	−0.5	−0.6	−0.6	−2.2
23	−0.58	−0.6	−0.7	−0.7	−0.8	−0.9	−0.9	−3.3
24	−0.80	−0.9	−0.9	−1.0	−1.0	−1.2	−1.2	−4.2
25	−1.03	−1.1	−1.1	−1.2	−1.3	−1.5	−1.5	−5.3
26	−1.26	−1.4	−1.4	−1.4	−1.5	−1.8	−1.8	−6.4
27	−1.51	−1.7	−1.7	−1.7	−1.8	−2.1	−2.1	−7.5
28	−1.76	−2.0	−2.0	−2.0	−2.1	−2.4	−2.4	−8.5

续表

温度/℃	水和0.05mol/L以下的各种水溶液	0.1mol/L和0.2mol/L各种水溶液	盐酸溶液$c(HCl)=$0.5mol/L	盐酸溶液$c(HCl)=$1.0mol/L	硫酸溶液$c(\frac{1}{2}H_2SO_4)=$0.5mol/L;氢氧化钠溶液$c(NaOH)=$0.5mol/L	硫酸溶液$c(\frac{1}{2}H_2SO_4)=$1.0mol/L;氢氧化钠溶液$c(NaOH)=$1.0mol/L	碳酸钠溶液$c(\frac{1}{2}Na_2CO_3)=$1.0mol/L	氢氧化钾-乙醇$c(KOH)=$0.1mol/L
29	−2.01	−2.3	−2.3	−2.3	−2.4	−2.8	−2.8	−9.6
30	−2.30	−2.5	−2.5	−2.6	−2.8	−3.2	−3.1	−10.6
31	−2.58	−2.7	−2.7	−2.9	−3.1	−3.5	—	−11.6
32	−2.86	−3.0	−3.0	−3.2	−3.4	−3.9	—	−12.6
33	−3.04	−3.2	−3.3	−3.5	−3.7	−4.2	—	−13.7
34	−3.47	−3.7	−3.6	−3.8	−4.1	−4.6	—	−14.8
35	−3.78	−4.0	−4.0	−4.1	−4.4	−5.0	—	−16.0
36	−4.10	−4.3	−4.3	−4.4	−4.7	−5.3	—	−17.0

注：1. 本表值是以20℃为标准温度以实测法测出。
2. 表中带有"＋""—"符号的数值以20℃为分界。

任务3 滴定管的使用

一、酸式滴定管的使用方法

（1）洗涤。一般先用自来水冲洗，零刻度以上部位可用毛刷沾洗涤剂刷洗，零刻度以下部位如不干净，则采用洗液洗涤，可装入约10mL洗液，双手平托滴定管的两端，不断转动滴定管，使洗液润洗滴定管内壁，操作时管口对准洗液瓶口，以防洗液外流。洗完后，将洗液分别由两端放出。如果滴定管太脏，可将滴定管装满洗液夹在滴定台上，浸泡一段时间。为防止洗液流出，在滴定管下方可放一烧杯，然后将洗液倒回原瓶，用自来水、蒸馏水洗净。洗净后的滴定管内壁应被水均匀润湿而不挂水珠。如挂水珠，应重新洗涤。洗净的标志是内壁不挂水珠。注意，内壁有刻度的地方不得用毛刷直接刷洗。

（2）试漏。使用前首先检查滴定管的密合性（不涂凡士林检查），将旋塞用水润湿后插入旋塞套中，旋紧关闭充水至最高标线，垂直挂在滴定台上，擦干滴定管外壁，在尖端口部下面放一张干燥的滤纸，关闭活塞静置2min，查看滤纸上是否有水痕出现，再用干燥的滤纸沿着活塞与活塞口的衔接处拭擦，看滤纸上是否出现水痕。然后再旋转180°，重复上述操作，在这个过程中只要出现滤纸上有水痕出现，则说明活塞漏水。若有漏水应涂抹凡士林直至不漏水且能灵活控制液滴为止。

为了使活塞转动灵活并克服漏水现象，需将活塞涂油（如凡士林油或真空活塞油脂）。经处理后，活塞应转动灵活，油脂层没有纹络。给旋塞涂凡士林（起密封和润滑的作用）。将管中的水倒掉，平放在台上，把旋塞取出，用滤纸将旋塞和塞槽内的水吸干。用手指蘸少许凡士林，在旋塞芯两头薄薄地涂上一层（切勿涂抹在活塞孔上），然后把旋塞插入塞槽内，旋转几次，使油膜在旋塞内均匀透明，且旋塞转动灵活。

（3）排气。滴定管内装入标准溶液后要检查尖嘴内是否有气泡。如有气泡，将影响溶液体积的准确测量。排除气泡的方法是：用右手拿住滴定管无刻度部分使其倾斜约30°，左手迅速打开旋塞，使溶液快速冲出，将气泡带走。若此方法还是不能排除气泡，则用吸耳球堵住滴定管上端用力捏吸耳球，通过气体压力排除下端气泡。

(4) 装标准溶液。应先用标准溶液（10mL 左右）润洗滴定管不低于 3 次，洗去管内壁的水膜，以确保标准溶液浓度不变。方法是两手平端滴定管同时慢慢转动，使标准溶液接触整个内壁，并使溶液从滴定管下端流出。装液时要将标准溶液先摇匀，然后尽量不借助任何器皿直接注入滴定管内。

(5) 进行滴定操作时，应将滴定管夹在滴定管架上。左手控制旋塞，大拇指在管前，食指和中指在后，三指轻拿旋塞柄，手指略微弯曲，向内扣住旋塞，避免产生使旋塞拉出的力。向里旋转旋塞使溶液滴出。滴定管应插入锥形瓶口 1~2cm，右手持瓶，使瓶内溶液顺时针不断旋转。

在滴定操作中滴定速度一般遵循先快后慢的原则，掌握好滴定速度 3 个阶段：①连续滴加是指滴连滴加入但不成水线；②逐滴滴加是指一滴一滴的加入；③半滴滴加或 1/4 滴加入。终点前用洗瓶中少量的水冲洗锥形瓶内壁，再继续滴定至终点。

(6) 滴定管使用完后，应洗净打开旋塞倒置于滴定管架上。

二、碱式滴定管的使用方法

(1) 试漏。给碱式滴定管装满水后夹在滴定管架上静置 5min。若有漏水应更换橡皮管或管内玻璃珠，直至不漏水且能灵活控制液滴为止。

(2) 滴定管内装入标准溶液后，要将尖嘴内的气泡排出。方法是：把橡皮管向上弯曲，出口上斜，挤捏玻璃珠，使溶液从尖嘴快速喷出，气泡即可随之排掉。

(3) 进行滴定操作时，用左手的拇指和食指捏住玻璃珠中部靠上部位的橡皮管外侧，向手心方向捏挤橡皮管，使其与玻璃珠之间形成一条缝隙，溶液即可流出。

其他操作同酸式滴定管。

三、滴定管的读数

读数时应遵循下列原则。

(1) 装满或放出溶液后，必须等 1~2min，使附着在内壁的溶液流下来，再进行读数。每次读数前要检查一下管壁是否挂水珠，管尖是否有气泡。

(2) 读数时，滴定管应从滴定管架上取下，一只手拿在滴定管的上端位置，使滴定管处于垂直状态下再读数。

(3) 对于无色或浅色溶液，视线在弯月面下缘最低点处，且与液面成水平；溶液颜色太深时，可读液面两侧的最高点。此时，视线应与该点成水平。注意初读数与终读数采用同一标准。

(4) 必须读到小数点后第二位，即要求估计到 0.01mL。

(5) 一般滴定管：对于无色或浅色溶液，读它们的弯月面下缘最低点的刻度；对于深色溶液如高锰酸钾、碘水等，可读两侧最高点的刻度。

(6) 背后有一条蓝带的滴定管：无色溶液这时就形成了两个弯月面，并且相交于蓝线的中线上，读数时即读此交点的刻度；若为深色溶液，则仍读液面两侧最高点的刻度。

四、酸式滴定管（碱管）的使用注意事项

(1) 无论使用哪种滴定管，都必须掌握下面三种加液方法。

1) 逐滴连续滴加。

2) 只加一滴，立即关闭活塞。

3) 使液滴悬而未落，即加半滴。

(2) 在锥形瓶内滴定操作中应注意以下几点。

1) 摇瓶时，应使溶液向同一方向作圆周运动（左右旋转均可），但勿使瓶口接触滴定管，溶液也不得溅出。
2) 滴定时，左手不能离开活塞任其自流。
3) 注意观察溶液落点周围溶液颜色的变化。
4) 开始时，应边摇边滴，滴定速度可稍快，但不能流成"水线"。接近终点时，应改为加一滴，摇几下。最后，每加半滴或 1/4 滴溶液就摇动锥形瓶，直至溶液出现明显的颜色变化。
（3）在烧杯内滴定时应注意如下操作。

在烧杯内滴定时，所用的滴定方式与在锥形瓶中基本相同，烧杯放在滴定台白瓷板上（不要拿在手中）。滴定管夹在滴定管夹上，滴定管管口伸入烧杯内 2cm。滴定管应在烧杯中心的左后方，但又不要过于靠近烧杯壁。右手持玻璃棒在右前方搅拌溶液，同时左手操作旋塞使溶液逐滴滴入。玻璃棒不要划烧杯底，也不要敲打烧杯壁。搅拌时注意混匀滴下的溶液，使它分布于整个溶液中，不要前后搅动而是做圆形搅动。滴定过程同前，到近终点时，吹洗杯壁；再加半滴滴定。半滴用玻璃棒下端轻轻接触液滴，不能接触滴定管管口。

滴定结束后，滴定管内剩余的溶液应弃去，不得将其倒回原瓶。

五、误差分析

1. 偏高

常见情况如下：

（1）装标准溶液的滴定管水洗后没润洗，即装标准溶液。
（2）锥形瓶用待测液润洗。
（3）滴定前盛标准溶液的滴定管在尖嘴内有气泡，滴定后气泡消失。
（4）滴定后滴定管尖嘴处悬有液滴。
（5）滴定时将标准液溅出锥形瓶外。
（6）移液管或吸量管量取待测液时没有遵守自流原则，而用吸耳球吹。
（7）滴定后仰视式读数。
（8）滴定前俯视式读数。

2. 偏低

常见情况如下：

（1）用滴定管（或移液管）取待测溶液时，将滴定管（或移液管）用水洗后未润洗即取待测液。
（2）滴定时待测液溅出。
（3）滴定前仰视式读数。
（4）滴定后俯视式读数。

六、任务考核

滴定管使用的评分细则

序号	考核内容	考核要点	配分	评分标准	得分	备注
1	滴定管操作	试液润洗	15	没用试液润洗扣 5 分		
				润洗试液用量过多或过少扣 5 分		
				润洗次数不足扣 5 分		
2		调零	30	液面没有于零刻度凹液面相切扣 5 分		
				从试剂瓶中向滴定管中倒时有溶液流出扣 15 分		
				溶液洒落到地面或桌面一次扣 5 分,最多扣 10 分		

续表

序号	考核内容	考核要点	配分	评分标准	得分	备注
3	滴定管操作	液面调整操作	35	摇动时尖端靠不断敲击锥形瓶内壁扣5分		
				调节好液面的"0"刻线后,没有在垂直的情况下再次审核		
				眼睛与刻线不平衡扣5分		
				开始滴定速度过快扣5分,若水流成线状扣10分		
				读数时,滴定管没垂直扣5分		
				锥形瓶经常敲击滴定管下端扣5分		
4		终点判断	10	终点在30s内变色而未半滴滴定扣5分		
				终点过量扣5分		
5		仪器摆放	5	滴定管不能放混乱,如混乱扣5分		
6		操作台面	5	桌面不干净整洁扣5分		
	合计		100			

得分总计:
日期:

任务4 吸量管和移液管的使用

一、吸量管（也称分度吸量管）和移液管（也称单标线吸量管）的使用

1. 洗涤

使用前,移液管应用洗液浸泡,自来水冲净,蒸馏水淋洗至少3次至内壁及外壁不挂水珠。洗净的标志是内壁不挂水珠。

2. 润洗

移取溶液前,可用滤纸片将洗干净的管的尖端内外残留的水吸干,然后用待吸溶液润洗三次。方法是:用左手持洗耳球,将食指或拇指放在洗耳球的上方,其余手指自然地握住洗耳球,用右手的拇指和中指拿住移液管或吸量管标线以上的部分,无名指和小指辅助握住移液管或吸量管,将洗耳球对准移液管,将管尖伸入溶液或洗液中吸取,待吸液吸至球部的四分之一（注意,勿使溶液回流,以免稀释溶液）时,移出,荡洗,弃去。如此反复三次,润洗过的溶液应从尖口放出,弃去。荡洗这一步骤很重要,它能保证管的内壁及有关部位与待吸溶液处于同一浓度状态。

3. 吸取溶液

用右手的拇指和中指捏住移液管或吸量管的上端,将管的下口插入欲取的溶液中央。左手拿洗耳球,接在管的上口把溶液慢慢吸入,先吸入移液管或吸量管容量的1/3左右,取出,横持并转动管子使溶液接触到刻度以上部位,以置换内壁的水分,然后将溶液从管的下口放出并弃去,如此用欲取溶液淋洗2~3次后,即可吸取溶液至刻度以上,立即用右手的食指按住管口（右手的食指应稍带潮湿,便于调节液面）。

4. 调节液面

移取好液体的移液管或吸量管用滤纸擦干下端外壁所挂的溶液,管尖端紧靠干净的100mL的小烧杯内壁成30°~45°角,管身保持直立,略微松动压住管口上端的食指,使管内液体慢慢从下管口流出,直到弯月面底部与刻线相切为止,立即用食指压紧管口。

5. 放出溶液

承接溶液的器皿如是锥形瓶,应使锥形瓶倾斜成约30°角,移液管或吸量管直立,管下

端紧靠锥形瓶内壁，放开食指，让溶液沿着瓶壁自然流下，流完后管尖端接触瓶内壁约15s后，再将移液管或吸量管移去。残留在管末端的少量液体，不可用外力强使其流出，因校准移液管或吸量管时已考虑了末端保留溶液的体积。

但有一种吸量管或移液管，管口上刻有"吹"字的，使用时必须使管内的溶液全部流出，末端的溶液也需吹出，不允许保留。

6. 读数

对于无色或浅色溶液，读它们的弯月面下缘最低点的刻度；对于深色溶液如高锰酸钾，碘水等，可读两侧最高点的刻度。

7. 注意事项

（1）移液管与容量瓶常配合使用，使用前常做两者的相对体积的校准。

（2）为了减少测量误差，吸量管每次都从最上面刻度为起始点，往下放出所需体积，而不是放出多少体积就吸取多少体积。

（3）移液管和吸量管一般不要在烘箱中烘干。

二、任务考核

移液管和吸量管的使用评分细则

序号	考核内容	考核要点	配分	评分标准	得分	备注
1	吸量管、移液管操作	试液润洗	15	没用试液润洗扣5分		
				润洗试液用量过多或过少扣5分		
				润洗次数不足扣5分		
2		量取溶液操作	30	插入液面过深或过浅扣5分		
				移液过程中吸量管、移液管未保持稳定扣15分		
				每重吸一次扣5分，最多扣10分		
3		液面调整操作	35	移液管或吸量管尖端不靠承器皿内壁扣5分		
				调节液面时应与小烧杯成30°～45°角，管保持竖直状态。否则扣5分		
				眼睛与刻线不平行扣5分		
				一次溶液吸取过多扣5分，二次以上扣10分		
				吸量管每次吸取溶液应吸满刻度，未吸满每次扣5分		
				移液管、吸量管调节液面时要保持竖直状态，扣5分		
				未用滤纸拭擦尖端外部溶液扣5分		
4		溶液转移操作	10	转移溶液时未处于垂直状态扣5分		
				未标有"吹"字的移液管，液体完全转移后未停留15s的扣5分		
5		仪器摆放	5	移液管、吸量管不能放混乱，如混乱扣5分		
6		操作台面	5	桌面不干净整洁扣5分		
合计			100			

得分总计：

日期：

任务 5　容量瓶的使用

容量瓶主要用于配制准确浓度的溶液或定量地稀释溶液，故常和分析天平、移液管、吸量管配合使用。容量瓶必须符合 GB12806 要求。常用的容量瓶有 10mL、25mL、50mL、100mL、200mL、250mL、500mL、1000mL 等规格。

一、容量瓶的使用

（1）检查瓶塞是否漏水。容量瓶使用前应检查是否漏水，检查方法如下：注入自来水至标线附近，盖好瓶塞，将瓶外水珠拭净，用左手食指按住瓶塞，其余手指拿住瓶颈标线以上部分，用右手指尖托住瓶底边缘。将瓶倒立 2min，观察瓶塞周围是否有水渗出，如果不漏，将瓶直立，把瓶塞旋转 180°，再倒立 2min，如不漏水，即可使用。

（2）检查标度刻线距离瓶口是否太近。若标度刻线距离瓶口太近，不便混匀溶液，则不宜使用。

（3）洗涤。洗涤容量瓶的原则与洗涤滴定管的相同，也是尽可能只用自来水冲洗，必要时才用洗液浸洗。洗净的容量瓶内壁应被蒸馏水均匀润湿，不挂水珠。使用容量瓶时，不要将其磨口玻璃塞随便取下放在桌面上，以免粘污或搞错，可用橡皮筋或细绳将瓶塞系在瓶颈上，当使用平顶的塑料塞时，操作时可将塞子倒置在桌面上放置。

（4）溶液的配制。用容量瓶配制标准溶液或分析试液时，最常用的方法是将待溶固体称出置于小烧杯中，加水或其它溶剂将固体溶解，然后将溶液定量转入容量瓶中。定量转移溶液时，右手拿玻棒，左手拿烧杯，使烧杯嘴紧靠玻璃棒，而玻璃棒则悬空伸入容量瓶口中，棒的下端应靠在瓶颈内壁上，使溶液沿玻璃棒和内壁流入容量瓶中。烧杯中溶液流完后，玻璃棒和烧杯稍微向上提起，并使烧杯直立，再将玻璃棒放回烧杯中。然后，用洗瓶吹洗玻璃棒和烧杯内壁，再将溶液定量转入容量瓶中。如此吹洗转移溶液的操作一般应重复 5 次以上，以保证定量转移。然后加水至容量瓶的 3/4 左右容积时，用右手食指和中指夹住瓶塞的扁头，将容量瓶拿起，按同一方向平行摇动几次，使溶液初步混匀。继续加水至距离标度刻线约 1cm 处后，等 1~2min 使附着在瓶颈内壁上的溶液流下后，再用细而长的滴管加水至弯月面下缘与标度刻线相切（注意：勿使滴管接触溶液）。无论溶液有无颜色，其加水位置均为使水至弯月面下缘与标度刻线相切为标准。当加水至容量瓶的标度刻线时，盖上干的瓶塞，用左手食指按住塞子，其余手指拿住瓶颈标线以上部分，而用右手的全部指尖托住瓶底边缘，然后将容量瓶倒转，使气泡上升到顶，使瓶振荡混匀溶液。再将瓶直立，再次将瓶倒转，使气泡上升到顶部，振荡溶液。如此反复 10 次左右。

（5）稀释溶液。用移液管移取一定体积的溶液于容量瓶中，加水至标度刻线。按前述方法混匀溶液。注意：

1）不宜长期保存试剂溶液。如配好的溶液需保存时，应转移至磨口试剂瓶中，不要将容量瓶当作试剂瓶使用。

2）使用完毕应立即用水冲洗干净。如长期不用，磨口处应洗净擦干，并用纸片将磨口隔开。

3）容量瓶不得在烘箱中烘烤，也不能在电炉等加热器上直接加热。如需使用干燥的容量瓶时，用乙醇等有机溶剂荡洗后晾干或用电吹风的冷风吹干。

二、任务考核

容量瓶使用的评分细则

序号	考核内容	考核要点	配分	评分标准	得分	备注
1	仪器检查	检查仪器数量与完好性	5	没有检查是否完好扣2分		
				没有检查瓶口有无漏液扣3分		
2	操作前准备	仪器洗涤	10	没有相应的洗涤液(一般用液体洗液)扣3分		
				没冲干净扣3分		
				内壁挂水珠扣4分		
3		仪器润洗	5	蒸馏水润洗三次,少一次扣2分		
				润洗不均匀扣3分		
4		瓶塞与瓶连接	5	瓶塞随意放置扣2分		
				瓶塞与瓶体连接不规范扣3分		
5	容量瓶的使用	液体溶解	15	将溶解或稀释后的溶液冷却至20℃时,转移容量瓶中,溶液温度过高或过低扣10分		
				冷却后溶液,沿玻璃棒转移到容量瓶中,没用玻璃棒转移扣5分		
6		液体转移	30	液体转移后,玻璃棒将最后一滴液体收回,玻璃棒离开烧杯嘴扣5分		
				溶液不能外溅,如液体外溅应重做,不重做扣10分		
				用洗瓶吹洗烧杯和玻璃棒并将溶液全部转移容量瓶中,吹洗不到位的扣5分		
				吹洗次数不能少于三次,次数少于三次扣5分		
				溶液全部转移后,加水至球部3/4时,没盖紧瓶塞将液体平行摇匀,或是倒置摇动扣5分		
7		定容	20	加水至刻线0.5cm处,用滴管加至弯月面下沿与刻线相切,过多或过少均扣10分		
				盖好瓶塞,顺时针旋转半圈,没旋转半圈扣5分		
				将溶液颠倒摇匀数次,颠倒次数少于10次扣5分		
				气泡没有上升到顶就又颠倒的扣5分		
8	其他操作	标识	5	贴好标签,没注明日期、溶液名称、浓度的少一项扣5分		
9		操作台面	5	桌面混乱扣5分		
合计			100			

得分总计:
日期:

任务6　滴定操作综合练习

一、实验目的

1) 强化滴定分析玻璃仪器的综合性使用。

2）能熟练控制滴定终点。

二、常用的酸碱标准溶液

酸标准溶液通常用盐酸和硫酸来配制。因为盐酸不会破坏指示剂，同时大多数氯化物易溶于水，稀盐酸又较稳定，所以多数用盐酸来配制。如果样品需要过量的酸标准溶液共同煮沸时，以硫酸标准溶液为好。

碱标准溶液常用 NaOH 和 KOH，也可用 $Ba(OH)_2$ 来配制。NaOH 标准溶液应用最多，但它易吸收空气中 CO_2 和水分，并能腐蚀玻璃，所以长期保存要放在塑料瓶中。

三、仪器、药品

1. 仪器

酸碱滴定管（50mL）各一支，锥形瓶（250mL）3个，量筒（100mL、10mL）各1个，试剂瓶（1000mL）2个，烧杯（100mL）1个，洗瓶1个，表面皿1块，玻璃棒1支，吸耳球1个，托盘天平1台等。

2. 药品

（1）浓盐酸。
（2）固体氢氧化钠。
（3）酚酞指示剂：称取1g酚酞，溶于乙醇（95%），用乙醇（95%）稀释至100mL。
（4）甲基橙指示剂：称取0.1g甲基橙，溶于70℃的水中，冷却，稀释至100mL。

四、操作步骤

1. 配制1000mL，0.1mol/L 盐酸溶液

用小量筒取浓盐酸9mL，倒入盛有500mL蒸馏水的细口瓶中，再加蒸馏水500mL，盖上塞子，贴上标签，摇匀备用。

2. 配制1000mL，0.1mol/L 氢氧化钠溶液

在台秤上用表面皿称取固体 NaOH 4g，倒入烧杯中，加蒸馏水100mL左右，使之全部溶解，移入1000mL细口瓶中，再加蒸馏水900mL，贴上标签，摇匀备用。

3. 比较滴定

将配好的0.1mol/L盐酸溶液和0.1mol/L氢氧化钠溶液分别装入酸式和碱式滴定管中（注意：装管前一定要用所装溶液10~15mL润洗三次），将酸碱滴定管的气泡赶掉，把液面放至0.00刻度处。

（1）酸滴定碱　用移液管准确地放出25.00mL NaOH 溶液于250mL锥形瓶中，加2滴甲基橙指示剂，摇匀。用0.1mol/L HCl 溶液滴定，边滴定边不停地旋摇锥形瓶，使之充分反应，并注意观察溶液的颜色变化。刚开始滴定时速度可稍快些，在近计量点时，速度应减慢，要一滴一滴的加入，甚至半滴半滴加入。当锥形瓶中溶液的颜色突然由黄色变为橙色，表示滴定终点已到。如果溶液由黄色变为红色，说明滴定终点过了，练习时可以用 NaOH 溶液回滴，溶液显橙色为滴定终点。如果溶液由红色又变为黄色，说明滴定终点又过了，还需要再用 HCl 溶液回滴定，这样反复滴定，达到能准确控制终点的目的。最后正式滴定，不许回滴，分别记录 NaOH、HCl 溶液消耗的体积，平行滴定3~4次，并计算它们的体积比，要求相对误差≤0.2%，否则重做。

（2）碱滴定酸　从酸式滴定管中放出25.00mL HCl 标准溶液于锥形瓶中，加2滴酚酞指示剂，溶液显无色，摇匀，用0.1mol/L NaOH 溶液滴定至粉红色，约半分钟不褪色，示为终点。如果红色较深，说明终点已过，应该用 HCl 溶液回滴，滴定至无色，然后再用

NaOH 溶液滴定至粉红色，30s 不褪色为终点。反复练习，直到准确控制终点为止。正式滴定，分别记录 NaOH、HCl 溶液消耗的体积，平行滴定 3～4 次，并计算它们的体积比。要求相对误差≤0.2%，否则重做。

五、注意事项

1) 强酸强碱在使用时要注意安全。
2) 标准溶液在转移过程中（倒入滴定管或用移液管吸取），中间不得再经过其它容器。
3) 倒液体试剂时，手心要握住试剂瓶上标签部位，以保护标签。

阅读材料 2-1

21 世纪分析化学展望

21 世纪分析化学发展的方向是高灵敏度，高选择性，快速，自动，简便，经济，分析仪器自动化、数字化和计算机化并向智能化、信息化纵深发展。化学传感器发展小型化、仿生化，诸如生物芯片，化学和物理芯片以及嗅觉和味觉（电子鼻和电子舌），鲜度和食品检测传感器等以及环境保护和监控等是 21 世纪分析化学重点发展的研究领域。

各类分析方法的联用是分析化学发展的另一热点，特别是分离与检测方法的联用，例如气相、液相或超临界液相色谱和光谱技术相结合等，这是现代分析化学发展的趋势。

然而，应用先进仪器进行的仍然是离线分析检测，其所报结果绝大多数是静态的非直接的现场数据，不能瞬时直接准确地反映生产实际和生命环境的情景实况，以致控制生产、生态和生物过程也不能及时。现在迫切要求在生命、环境和生产的动态过程中能瞬时反映实情、随时采取措施以提高效率，降低成本，改善产品质量，保障环境安全；改善人口与健康，提高素质，减少疾病，延长寿命。因此，运用先进的科学技术发展新的分析原理并研究建立有效而实用的原位、在体、实时、在线和高灵敏度、高选择性的新型动态分析检测和无损探测方法及多元多参数的检测监视方法是 21 世纪分析化学发展的主流。

摘自汪尔康主编.21 世纪的分析化学.北京：化学工业出版社，2002.

阅读材料 2-2

标准物质

标准物质（reference material）是已确定其一种或几种特性，用于校准测量器具、评价测量方法或确定材料特性量值的物质。标准物质是国家计量部门颁布的一种计量标准，具有以下的基本属性：均匀性、稳定性和准确的定值。标准物质可以是纯的或混合的气体、液体或固体，也可以是一件制品或图像。按标准物质被定值的特性，分为物理或物理化学性质标准物质，如酸度、燃烧热、聚合物分子量等标准物质，具有良好的物理化学特性，用于物理化学计量器具的刻度、校准和计量方法的评价；化学成分标准物质经准确测定具有确定的化学成分，主要用于成分分析仪器的校准和分析方法的评价；工程特性标准物质，如粒度、橡胶的类别等，用于技术参数和特性计量器具、计量方法的评价及材料与产品的技术参数的比较。我国根据标准物质的类别与应用领域分为 13 类。标准物质可以用来校准仪器仪表，评价测量方法，用作直接比对的标准、工作标准、质量保证系统中的质控样品，商业贸易中的计量仲裁依据，用于环境分析监测及生物医学临床化验等。

摘自邓勃主编.分析化学辞典.北京：化学工业出版社，2003.

【职业技能鉴定模拟题（二）】

一、单选题

1. 使用浓盐酸、浓硝酸，必须在（　　）中进行。
   A. 大容器　　　　B. 玻璃器皿　　　　C. 耐腐蚀容器　　　　D. 通风橱

2. 以下用于化工产品检验的哪些器具属于国家计量局发布的强制检定的工作计量器具？（　　）
   A. 量筒、天平　　B. 台秤、密度计　　C. 烧杯、砝码　　　　D. 温度计、量杯

3. 计量器具的检定标识为黄色说明（　　）。
   A. 合格，可使用　　　　　　　　　B. 不合格应停用
   C. 检测功能合格，其他功能失效　　D. 没有特殊意义

4. 计量器具的检定标识为绿色说明（　　）。
   A. 合格，可使用　　　　　　　　　B. 不合格应停用
   C. 检测功能合格，其他功能失效　　D. 没有特殊意义

5. ISO9000 系列标准是关于（　　）和（　　）以及（　　）方面的标准。
   A. 质量管理　　B. 质量保证　　C. 产品质量　　D. 质量保证审核

6. 我国法定计量单位是由（　　）两部分计量单位组成的。
   A. 国际单位制和国家选定的其他计量单位
   B. 国际单位制和习惯使用的其他计量单位
   C. 国际单位制和国家单位制
   D. 国际单位制和国际上使用的其他计量单位

7. 实验室所使用的玻璃量器，都要经过（　　）的检定。
   A. 国家计量部门　　　　　　B. 国家计量基准器具
   C. 地方计量部门　　　　　　D. 社会公用计量标准器具

8. 国际标准代号为（　　）；国家标准代号为（　　）；推荐性国家标准代号为（　　）；企业标准代号为（　　）。
   A. GB　　　　　B. GB/T　　　　C. ISO　　　　D. Q/××

9. 下列滴定分析操作中，规范的操作是（　　）。
   A. 滴定之前，用待装标准溶液润洗滴定管三次
   B. 滴定时摇动锥形瓶有少量溶液溅出
   C. 在滴定前，锥形瓶应用待测液淋洗三次
   D. 滴定管加溶液不到零刻度 1cm 时，用滴管加溶液到溶液弯月面最下端与 "0" 刻度相切

10. 配制 0.1mol/L NaOH 标准溶液，下列配制错误的是（　　）（$M=40g/mol$）。
    A. 将 NaOH 配制成饱和溶液，贮于聚乙烯塑料瓶中，密封放置至溶液清亮，取清液 5mL 注入 1L 不含 CO_2 的水中摇匀，贮于无色试剂瓶中
    B. 将 4.02g NaOH 溶于 1L 水中，加热搅拌，贮于磨口瓶中
    C. 将 4g NaOH 溶于 1L 水中，加热搅拌，贮于无色试剂瓶中
    D. 将 2g NaOH 溶于 500mL 水中，加热搅拌，贮于无色试剂瓶中

11. 34.2g $Al_2(SO_4)_3$（$M=342g/mol$）溶解成 1L 水溶液，则此溶液中 SO_4^{2-} 的总浓度是（　　）。
    A. 0.02mol/L　　B. 0.03mol/L　　C. 0.2mol/L　　D. 0.3mol/L

二、多选题

1. 下列器皿中，需要在使用前用待装溶液荡洗三次的是（　　）。
   A. 锥形瓶　　　B. 滴定管　　　C. 容量瓶　　　D. 移液管
2. 计量检测仪器上应设有醒目的标志。分别贴有合格证、准用证和停用证，它们依次用何种颜色表示？（　　）
   A. 蓝色　　　B. 绿色　　　C. 黄色　　　D. 红色
3. 不能在烘箱中进行烘干的玻璃仪器是（　　）。
   A. 滴定管　　　B. 移液管　　　C. 称量瓶　　　D. 常量瓶
4. 下列溶液中哪些需要在棕色滴定管中进行滴定？
   A. 高锰酸钾标准溶液　　　　　B. 硫代硫酸钠标准溶液
   C. 碘标准溶液　　　　　　　　D. 硝酸银标准溶液
5. 洗涤下列仪器时，不能用去污粉洗刷的是（　　）。
   A. 烧杯　　　B. 滴定管　　　C. 比色皿　　　D. 漏斗
6. 在维护和保养仪器设备时，应坚持"三防四定"的原则，即要做到（　　）。
   A. 定人保管　　　B. 定点存放　　　C. 定人使用　　　D. 定期检修
7. 下列（　　）组容器可以直接加热。
   A. 容量瓶、量筒、三角瓶　　　B. 烧杯、硬质锥形瓶、试管
   C. 蒸馏瓶、烧杯、平底烧瓶　　　D. 量筒、广口瓶、比色管
8. 防静电区不要使用（　　）做地面材料，并应保持环境空气在一定的相对湿度范围内。
   A. 塑料地板　　　B. 柚木地板　　　C. 地毯　　　D. 大理石
9. 计量器具的标识有（　　）。
   A. 有计量检定合格印、证
   B. 有中文计量器具名称、生产厂厂名和厂址
   C. 明显部位有"CMC"标志和《制造计量器具许可证》编号
   D. 有明示采用的标准或计量检定规程
10. 下列微孔玻璃坩埚的使用方法中，正确的是（　　）。
    A. 常压过滤　　　B. 减压过滤　　　C. 不能过滤强碱　　　D. 不能骤冷骤热

三、判断题

（　）1. 因高压氢气钢瓶需避免日晒，所以最好放在楼道或实验室里。
（　）2. 使用吸管时，决不能用未经洗净的同一吸管插入不同试剂瓶中吸取试剂。
（　）3. 滴定管、容量瓶、移液管在使用之前都需要用试剂溶液进行润洗。
（　）4. 移液管移取溶液经过转移后，残留于移液管管尖处的溶液应该用洗耳球吹入容器中。
（　）5. 国标规定，一般滴定分析用标准溶液在常温（15～25℃）下使用两个月后，必须重新标定浓度。
（　）6. 用过的铬酸洗液应倒入废液缸，不能再次使用。
（　）7. 滴定管内壁不能用去污粉清洗，以免划伤内壁，影响体积准确测量。
（　）8. 天平室要经常敞开通风，以防室内过于潮湿。
（　）9. 滴定管、移液管和容量瓶校准的方法有称量法和相对校准法。
（　）10. 玻璃器皿不可盛放浓碱液，但可以盛酸性溶液。
（　）11. 标准溶液装入滴定管之前，要用该溶液润洗滴定管2～3次，而锥形瓶也需用该溶液润洗或烘干。

( ) 12. 电子天平一定比普通电光天平的精度高。
( ) 13. 测量的准确度要求较高时，容量瓶在使用前应进行体积校正。
( ) 14. 天平和砝码应定时检定，按照规定最长检定周期不超过一年。
( ) 15. 烘箱和高温炉内都绝对禁止烘、烧易燃、易爆及有腐蚀性的物品和非实验用品，更不允许加热食品。
( ) 16. 凡是优级纯的物质都可用于直接法配制标准溶液。
( ) 17. 直接法配制标准溶液必须使用基准试剂。
( ) 18. 所谓化学计量点和滴定终点是一回事。

项目 3

工业烧碱中氢氧化钠、碳酸钠的质量检测

【任务引导】

<table>
<tr><td rowspan="20">任务要求</td><td>提出任务</td><td colspan="11">盐化工企业每天生产数吨工业烧碱(也称工业用氢氧化钠),工业烧碱产品须由检验员检测其检验项目是否达到"工业用氢氧化钠 GB 209"的要求。本次任务检测的工业烧碱产品为固体。质检报告单中的 IS 表示的固体氢氧化钠,IT、DT、CT 表示的生产氢氧化钠采用的不同工艺。</td></tr>
<tr><td rowspan="19">明确任务</td><td colspan="11">测定出工业用氢氧化钠(固体)质检报告单中氢氧化钠[(以 NaOH 计)和碳酸钠(以 Na$_2$CO$_3$ 计)]的质量分数。</td></tr>
<tr><td colspan="11" align="center">某有限公司
工业用氢氧化钠(固体)质量检验结果报告单</td></tr>
<tr><td colspan="2">产品型号</td><td colspan="2">罐号</td><td colspan="2">数量( )</td><td colspan="2">取样时间</td><td colspan="3">采用标准</td></tr>
<tr><td colspan="2"></td><td colspan="2"></td><td colspan="2"></td><td colspan="2"></td><td colspan="3">GB 209</td></tr>
<tr><td colspan="11" align="center">检测内容</td></tr>
<tr><td rowspan="3">检验项目</td><td colspan="10" align="center">型号规格</td></tr>
<tr><td colspan="4" align="center">IS-IT</td><td colspan="4" align="center">IS-DT</td><td colspan="2" align="center">IS-CT</td><td rowspan="2">检验结果</td><td rowspan="2">单项判定</td></tr>
<tr><td colspan="2" align="center">Ⅰ</td><td colspan="2" align="center">Ⅱ</td><td colspan="2" align="center">Ⅰ</td><td colspan="2" align="center">Ⅱ</td><td colspan="2" align="center">Ⅰ</td></tr>
<tr><td>优等品</td><td>合格品</td><td>优等品</td><td>合格品</td><td>一等品</td><td>合格品</td><td>一等品</td><td>合格品</td><td>一等品</td><td>合格品</td><td></td><td></td></tr>
<tr><td>NaOH 含量(质量分数)/%</td><td>≥99.0</td><td>≥98.0</td><td colspan="2" align="center">72.0±2.0</td><td>≥96.0</td><td>≥95.0</td><td colspan="2" align="center">72.0±2.0</td><td>≥97.0</td><td>≥94.0</td><td></td><td></td></tr>
<tr><td>Na$_2$CO$_3$ 含量(质量分数)/% ≤</td><td>0.5</td><td>1.0</td><td>0.3</td><td>0.8</td><td>1.3</td><td>1.6</td><td>0.8</td><td>1.0</td><td>1.7</td><td>2.5</td><td></td><td></td></tr>
<tr><td>NaCl 含量(质量分数)/% ≤</td><td>0.03</td><td>0.08</td><td>0.02</td><td>0.08</td><td>2.7</td><td>3.0</td><td>2.5</td><td>2.8</td><td>1.2</td><td>3.5</td><td></td><td></td></tr>
<tr><td>Fe$_2$O$_3$ 含量(质量分数)/% ≤</td><td>0.005</td><td>0.01</td><td>0.005</td><td>0.01</td><td>0.01</td><td>0.02</td><td>0.01</td><td>0.02</td><td>0.01</td><td>0.01</td><td></td><td></td></tr>
<tr><td>检验结论</td><td colspan="11">　　　　　　　　　　　　　　　　　　　　　年　月　日</td></tr>
<tr><td>备注</td><td colspan="11"></td></tr>
<tr><td colspan="12">检验员:　　　　　　　　　　　　　　　　　　　　　　　　　审核:</td></tr>
</table>

续表

项目目标	能力目标	1. 能依据检测标准要求规范完成工业烧碱的采样、盐酸标准溶液的制备、氢氧化钠和碳酸钠含量测定的操作 2. 能出具合格的工业烧碱采样记录表、盐酸标准溶液标定的原始记录表、氢氧化钠和碳酸钠含量测定的原始记录表、能规范填写工业烧碱的质量检验结果报告单 3. 能依据评分细则分析误差产生的原因,解决实验中出现的问题及某些改进措施 4. 能依据理论知识分析和解决技能操作中所出现的问题
	知识目标	1. 理解酸碱滴定法的原理知识 2. 掌握【职业技能鉴定模拟题(三)】
	素质目标	1. 认真负责,实事求是,坚持原则,一丝不苟地依据标准进行检验和判定 2. 具有较强的颜色辨别能力,具有良好的专业语言表达能力、人际沟通能力和团结协作的精神 3. 能遵守操作规程、劳动纪律,形成良好的实验室"8S管理"安全意识
任务流程及能力目标	任务1	完成学习要点要求的学习目标
	任务2	1. 能按照标准"固体化工产品采样通则 GB/T 6679"要求,规范完成工业烧碱的实验室采样 2. 能正确填写采样记录表
	任务3	1. 能按照标准"化学试剂试验方法中所用制剂及制品的制备 GB/T 603"要求,规范完成试剂、指示剂等溶液的配制 2. 能按照标准"化学试剂标准滴定溶液的制备 GB/T 601"要求,规范完成盐酸标准溶液的配制和标定的操作 3. 能出具合格的盐酸标准溶液标定的原始记录表
	任务4	1. 能按照标准"化学试剂试验方法中所用制剂及制品的制备 GB/T 603"要求,规范完成试剂、指示剂等溶液的配制 2. 能按照标准"工业用烧碱中氢氧化钠和碳酸钠含量的测定 GB/T 4348.1"要求,规范完成氢氧化钠和碳酸钠含量测定的操作 3. 能出具合格的氢氧化钠和碳酸钠含量的原始记录表
	任务5	1. 能规范填写质检报告单 2. 能分析产生不合格品的原因。能审核原始记录表内容,主要包括:①填写内容是否与原始记录相符;②检验依据是否适用;③环境条件是否满足要求;④结论的判定是否正确 3. 整理实验台,维护、保养所用仪器设备
课外任务		网络查阅:工业碳酸钠及其试验方法 GB/T 210.2;有机化工产品酸度、碱度的测定方法 容量法 GB/T 14827 实验设计:工业碳酸钠含量的测定 设计要点提示:(1)所用仪器设备、药品;(2)操作规程;(3)原始记录表;(4)质检报告单;(5)注意事项

任务1 酸碱滴定法的应用

酸碱滴定法是以酸碱反应为基础的滴定方法,是滴定分析中非常重要的分析方法。滴定剂通常是强酸或强碱,被测物质是酸或碱且能直接或间接与滴定剂完全反应。然后根据滴定剂的浓度和所消耗的体积计算被测物质的含量。

子任务 1-1 酸碱平衡的理论基础

【学习要点】 理解酸碱质子理论对酸和碱的定义；理解水的自递作用、离解常数等基本概念；了解活度、浓度、活度系数、酸度和酸浓度的关系。

一、酸碱质子理论

酸碱质子理论定义：凡是能给出质子（H^+）的物质就是酸；凡是能接受质子的物质就是碱。这种理论不仅适用于以水为溶剂的体系，而且也适用于非水溶剂体系。按照酸碱质子理论，当酸失去一个质子而形成的碱称为该酸的共轭碱；而碱获得一个质子后就生成了该碱的共轭酸。由得失一个质子而发生共轭关系的一对酸碱称为共轭酸碱对，也可直接称为酸碱对，即

$$酸 \rightleftharpoons 质子 + 碱$$

例如：
$$HAc \rightleftharpoons H^+ + Ac^-$$

HAc 是 Ac^- 的共轭酸，Ac^- 是 HAc 的共轭碱。类似的例子还有：

$$酸 \qquad 碱$$
$$H_2CO_3 \rightleftharpoons HCO_3^- + H^+$$
$$HCO_3^- \rightleftharpoons CO_3^{2-} + H^+$$
$$NH_4^+ \rightleftharpoons NH_3 + H^+$$

由此可见，酸碱可以是阳离子、阴离子，也可以是中性分子。

上述各个共轭酸碱对的质子得失反应，称为酸碱半反应，而酸碱半反应是不可能单独进行的，酸在给出质子同时必定有另一种碱来接受质子。酸（如 HAc）在水中存在如下平衡

$$HAc(酸_1) + H_2O(碱_2) \rightleftharpoons H_3O^+(酸_2) + Ac^-(碱_1) \tag{3-1}$$

碱（如 NH_3）在水中存在如下平衡：

$$NH_3(碱_1) + H_2O(酸_2) \rightleftharpoons NH_4^+(酸_1) + OH^-(碱_2) \tag{3-2}$$

所以，HAc 的水溶液之所以能表现出酸性，是由于 HAc 和水溶剂之间发生了质子转移反应的结果。NH_3 的水溶液之所以能表现出碱性，也是由于它与水溶剂之间发生了质子转移的反应。前者水是碱，后者水是酸。

对上述两个反应通常可以用最简便的反应式来表示，即

$$HAc \rightleftharpoons H^+ + Ac^- \tag{3-3}$$
$$NH_3 \cdot H_2O \rightleftharpoons NH_4^+ + OH^- \tag{3-4}$$

二、酸碱离解常数

(1) 水的质子自递作用 由式(3-1)与式(3-2)可知，水分子具有两性作用。也就是说，一个水分子可以从另一个水分子中夺取质子而形成 H_3O^+ 和 OH^-，即

$$H_2O(碱_1) + H_2O(酸_2) \rightleftharpoons H_3O^+(酸_1) + OH^-(碱_2)$$

即水分子之间存在质子的传递作用，称为水的质子自递作用。这个作用的平衡常数称为水的质子自递常数，用 K_w 表示，即

$$K_w = [H_3O^+][OH^-] \tag{3-5}$$

水合质子 H_3O^+ 也常常简写作 H^+，因此水的质子自递常数常简写为

$$K_w = [H^+][OH^-] \tag{3-6}$$

这个常数就是水的离子积，在 25℃ 时约等于 10^{-14}。于是

$$K_w = 10^{-14}, \quad pK_w = 14$$

（2）酸碱离解常数　　酸碱反应进行的程度可以用反应的平衡常数（K_t）来衡量。对于酸 HA 而言，其在水溶液中的离解反应与平衡常数是

$$HA + H_2O \rightleftharpoons H_3O^+ + A^-$$

$$K_a = \frac{[H^+][A^-]}{[HA]} \tag{3-7}$$

平衡常数 K_a 称为酸的离解常数，它是衡量酸强弱的参数。K_a 越大，则表明该酸的酸性越强。在一定温度下 K_a 是一个常数，它仅随温度的变化而变化。

与此类似，对于碱 A^- 而言，它在水溶液中的离解反应与平衡常数是

$$A^- + H_2O \rightleftharpoons HA + OH^-$$

$$K_b = \frac{[HA][OH^-]}{[A^-]} \tag{3-8}$$

K_b 是衡量碱强弱的尺度，称为碱的离解常数。

根据式（3-7）和式（3-8），共轭酸碱对的 K_a、K_b 值之间满足

$$K_a K_b = \frac{[H_3O^+][A^-]}{[HA]} \times \frac{[HA][OH^-]}{[A^-]} = [H_3O^+][OH^-] = K_w \tag{3-9}$$

$$\text{或} \quad pK_a + pK_b = pK_w \tag{3-10}$$

因此，对于共轭酸碱对来说，如果酸的酸性越强（即 pK_a 越大），则其对应共轭碱的碱性则愈弱（即 pK_b 越小）；反之，酸的酸性越弱（即 pK_a 越小），则其对应共轭碱的碱性则越强（即 pK_b 越大）。

（3）酸碱反应实质　　酸碱反应是酸、碱离解反应或水的质子自递反应的逆反应，其反应的平衡常数称为酸碱反应常数，用 K_t 表示。对于强酸与强碱的反应来说，其反应实质为

$$H^+ + OH^- \rightleftharpoons H_2O$$

$$K_t = \frac{1}{[H^+][OH^-]} = \frac{1}{K_w} = 10^{14}$$

强碱与弱酸的反应实质为

$$HA + OH^- \rightleftharpoons A^- + H_2O$$

$$K_t = \frac{[A^-]}{[HA][OH^-]} = \frac{1}{K_{b(A^-)}} = \frac{K_{a(HA)}}{K_w}$$

强酸与弱碱的反应实质为

$$A^- + H^+ \rightleftharpoons HA$$

$$K_t = \frac{[HA]}{[H^+][A^-]} = \frac{1}{K_{a(HA)}} = \frac{K_{b(A^-)}}{K_w}$$

因此，在水溶液中，强酸强碱之间反应的平衡常数 K_t 最大，反应最完全；而其它类型的酸碱反应，其平衡常数 K_t 值则取决于相应的 K_a 与 K_b 值。

三、浓度、活度与离子强度

实验证明，许多化学反应，如果以有关物质的浓度代入各种平衡常数公式进行计算，所得的结果与实验结果往往有一定的偏差。这是为什么呢？这是由于在进行平衡公式的推导过程中，我们总是假定溶液处于理想状态，即假定溶液中各种离子都是孤立的，离子与离子之间，离子与溶剂之间，均不存在相互的作用力。而实际上这种理想的状态是不存在的，在溶液中不同电荷的离子之间存在着相互吸引的作用力，相同电荷的离子间则存在相互排斥的作

用力，甚至离子与溶剂分子之间也可能存在相互吸引或相互排斥的作用力。因此，在电解质溶液中，由于离子之间以及离子与溶剂之间的相互作用，使得离子在化学反应中表现出的有效浓度与其真实的浓度之间存在一定差别。离子在化学反应中起作用的有效浓度称为离子的活度，以 a 表示，它与离子浓度 c 的关系是

$$a = c\gamma \tag{3-11}$$

式中 γ 称为离子的活度系数，其大小代表了离子间力对离子化学作用能力影响的大小，也是衡量实际溶液与理想溶液之间差别的尺度。对于浓度极低的电解质溶液，由于离子的总浓度很低，离子间相距甚远，因此可忽略离子间的相互作用，将其视为理想溶液，即 $\gamma \approx 1$，$a \approx c$。而对于浓度较高的电解质溶液，由于离子的总浓度较高，离子间的距离减小，离子作用变大，因此 $\gamma < 1$，$a < c$。所以，严格意义上讲，各种离子平衡常数的计算不能用离子浓度，而应当使用离子活度。

显然，要想利用离子活度代替离子浓度进行各类平衡常数的计算，就必须了解离子活度系数 γ 的影响因素。由于活度系数代表的是离子间力的影响因素，因此活度系数的大小不仅与溶液中各种离子的总浓度有关，也与离子所带的电荷数有关。离子强度就是综合考虑溶液中各种离子的浓度与其电荷数的物理量，用 I 表示。其计算式为

$$I = \frac{1}{2}(c_1 z_1^2 + c_2 z_2^2 + \cdots + c_n z_n^2) \tag{3-12}$$

式中 c_1，c_2，$\cdots$，c_n 是溶液中各种离子的浓度，z_1，z_2，$\cdots$，z_n 是溶液中各种离子所带的电荷数。显然，电解质溶液的离子强度 I 越大，离子的活度系数就越小，所以离子的活度也越小，与离子浓度的差别也就越大，因此用浓度代替活度所产生的偏差也就越大。

四、酸度与酸的浓度

酸度与酸的浓度在概念上是完全不同的。酸度是指溶液中 H^+ 的浓度或活度，常用 pH 表示；而酸的浓度则是指单位体积溶液中所含某种酸的物质的量（mol），包括未解离的与已解离的酸的浓度。

碱度与碱的浓度在概念上也是完全不同的。碱度一般用 pH 表示，有时也用 pOH 表示。在实际应用过程中，一般用 c_B 表示酸或碱的浓度，而用 [ ] 表示酸或碱的平衡浓度。

思 考 题

1. 酸碱质子理论中酸碱的定义分别是什么？
2. 酸碱反应的实质是什么？
3. 酸度与酸的浓度有何区别？
4. 在下列各组酸碱物质中，哪些属于共轭酸碱对？
   (1) NaH_2PO_4——Na_3PO_4 (2) H_2SO_4——SO_4^{2-}
   (3) H_2CO_3——CO_3^{2-} (4) NH_4Cl——$NH_3 \cdot H_2O$

子任务 1-2 酸碱溶液 pH 值的计算

【学习要点】 了解分布系数的概念及应用，掌握酸碱水溶液中 $[H^+]$ 的计算。

一、分布系数与分布曲线

当共轭酸碱对处于离解平衡时，溶液中存在多种酸碱成分，此时它们的浓度称为平衡浓

度，各种存在形式平衡浓度的总和称为总浓度或分析浓度；某一存在形式的平衡浓度占总浓度的分数，则称为该存在形式的分布系数，用 δ 表示。当溶液的 pH 发生变化时，平衡随之移动，因此溶液中各种酸碱存在形式的分布情况也发生变化，所以分布系数也随之发生相应的变化。我们把分布系数随溶液 pH 变化的曲线称为分布曲线。分布系数是一个非常重要的参数，它对于计算平衡时溶液中各组分的浓度，深入了解酸碱滴定的过程、终点误差以及分步滴定的可行性等都是非常有用的。

(1) 一元酸　一元酸 HA 在水溶液中只能以 HA 与 A^- 两种形式存在。设 HA 在水溶液中的总浓度为 c，则 $c=[HA]+[A^-]$。若设 HA 在溶液中所占的分数为 δ_1，A^- 所占的分数为 δ_0，则有

$$\delta_1=\frac{[HA]}{c}=\frac{[HA]}{[HA]+[A^-]}=\frac{1}{1+\frac{[A^-]}{[HA]}}=\frac{1}{1+\frac{K_a}{[H^+]}}=\frac{[H^+]}{[H^+]+K_a} \quad (3\text{-}13a)$$

同理

$$\delta_0=\frac{[A^-]}{c}=\frac{K_a}{[H^+]+K_a} \quad (3\text{-}13b)$$

显然

$$\delta_1+\delta_0=1$$

如果以溶液 pH 为横坐标，溶液中各存在形式的分布系数为纵坐标，则可得到 HA 的分布曲线，见图 3-1。

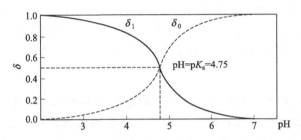

图 3-1　HAc、Ac^- 分布系数与溶液 pH 值的关系曲线

由图 3-1 可知，当 $pH \ll pK_a$ 时，$\delta_1 \gg \delta_0$，此时以 HAc 为主要存在形式；当 $pH \gg pK_a$ 时，$\delta_1 \ll \delta_0$，此时以 Ac^- 为主要存在形式；当 $pH=pK_a=4.75$ 时，$\delta_1=\delta_0=0.5$，此时以 HAc 和 Ac^- 两种形式各占一半。

(2) 二元酸　二元酸 H_2A 有两个 pK_a 值（pK_{a_1} 与 pK_{a_2}），在水溶液中有 H_2A、HA^-、A^{2-} 三种存在形式。平衡时，如果用 δ_2、δ_1 与 δ_0 分别代表溶液中 H_2A、HA^- 与 A^{2-} 的分布系数，则按与一元酸类似的方法处理，可以推导出二元酸分布系数的计算公式，即

$$\delta_2=\frac{[H_2A]}{c}=\frac{[H^+]^2}{[H^+]^2+K_{a_1}[H^+]+K_{a_1}K_{a_2}} \quad (3\text{-}14a)$$

$$\delta_1=\frac{[HA^-]}{c}=\frac{K_{a_1}[H^+]}{[H^+]^2+K_{a_1}[H^+]+K_{a_1}K_{a_2}} \quad (3\text{-}14b)$$

$$\delta_0=\frac{[A^{2-}]}{c}=\frac{K_{a_1}K_{a_2}}{[H^+]^2+K_{a_1}[H^+]+K_{a_1}K_{a_2}} \quad (3\text{-}14c)$$

$$\delta_2+\delta_1+\delta_0=1$$

图 3-2 显示了酒石酸的分布曲线图，从中我们可以看出：当 $pH < pK_{a_1}=3.04$ 时，酒石酸分子（H_2A）占主要优势；当 $pH > pK_{a_2}=4.37$ 时，酒石酸根二价阴离子（A^{2-}）占主

要优势；当pH处于两者之间时，则酒石酸氢根离子（HA⁻）是主要存在形式。

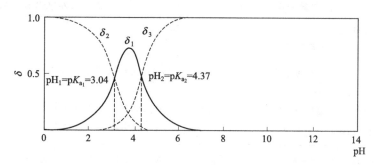

图3-2 酒石酸中各种存在形式的分布系数与溶液pH值的关系曲线

（3）三元酸 三元酸H_3A在水溶液中有H_3A、H_2A^-、HA^{2-}与A^{3-}四种存在形式，按上述方法可以推导出平衡时溶液中各种存在形式分布系数的计算公式，即

$$\delta_3 = \frac{[H_3A]}{c} = \frac{[H^+]^3}{[H^+]^3 + [H^+]^2 K_{a_1} + [H^+] K_{a_1} K_{a_2} + K_{a_1} K_{a_2} K_{a_3}} \quad (3\text{-}15a)$$

$$\delta_2 = \frac{[H_2A^-]}{c} = \frac{[H^+]^2 K_{a_1}}{[H^+]^3 + [H^+]^2 K_{a_1} + [H^+] K_{a_1} K_{a_2} + K_{a_1} K_{a_2} K_{a_3}} \quad (3\text{-}15b)$$

$$\delta_1 = \frac{[HA^{2-}]}{c} = \frac{[H^+] K_{a_1} K_{a_2}}{[H^+]^3 + [H^+]^2 K_{a_1} + [H^+] K_{a_1} K_{a_2} + K_{a_1} K_{a_2} K_{a_3}} \quad (3\text{-}15c)$$

$$\delta_0 = \frac{[A^{3-}]}{c} = \frac{K_{a_1} K_{a_2} K_{a_3}}{[H^+]^3 + [H^+]^2 K_{a_1} + [H^+] K_{a_1} K_{a_2} + K_{a_1} K_{a_2} K_{a_3}} \quad (3\text{-}15d)$$

$$\delta_3 + \delta_2 + \delta_1 + \delta_0 = 1$$

以上各式中，c表示酸在溶液中各种存在形式的总浓度（即分析浓度），δ_3、δ_2、δ_1与δ_0分别表示平衡时溶液中H_3A、H_2A^-、HA^{2-}与A^{3-}的分布系数。图3-3显示了H_3PO_4的分布曲线。由于H_3PO_4的三级电离常数均相差较大，因此各种存在形式共存的情况不如酒石酸明显，有利于分步滴定。

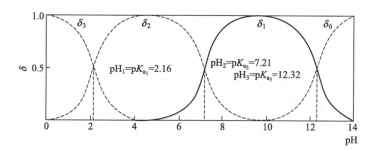

图3-3 磷酸溶液中各种存在形式的分布系数与溶液pH的关系曲线

可见，分布系数主要取决于溶液中该存在形式的性质与溶液中H^+的浓度。

二、酸碱水溶液中H^+浓度计算公式及使用条件

根据共轭酸碱对之间质子转移的平衡关系（质子条件式）来推导出计算溶液中[H^+]的公式。在运算过程中，再根据具体情况进行合理的近似处理，即可得到计算[H^+]的近似式与最简式，见表3-1。

表 3-1 常见酸溶液计算 [H$^+$] 的简化公式及使用条件

类型	计算公式	使用条件(允许误差 5%)
强酸	近似式 [H$^+$]=c_a [H$^+$]=$\sqrt{K_w}$ 精确式 [H$^+$]=$\frac{1}{2}(c+\sqrt{c^2+4K_w})$	$c_a \geqslant 10^{-6}$ mol/L $c_a < 10^{-8}$ mol/L 10^{-6} mol/L $\geqslant c_a \geqslant 10^{-8}$ mol/L
一元弱酸	近似式 [H$^+$]=$\frac{1}{2}(-K_a+\sqrt{K_a^2+4c_aK_a})$ 最简式 [H$^+$]=$\sqrt{cK_a}$	$c_aK_a \geqslant 20K_w$, $c_a/K_a < 500$ $c_aK_a \geqslant 20K_w$, $c_a/K_a \geqslant 500$
二元弱酸	近似式 [H$^+$]=$\frac{1}{2}(-K_{a_1}+\sqrt{K_{a_1}^2+4c_aK_{a_1}})$ 最简式 [H$^+$]=$\sqrt{C_aK_{a_1}}$	$c_aK_{a_1} \geqslant 20K_w$, $2K_{a_2}/\sqrt{c_aK_{a_1}} < 0.05$, $c_a/K_{a_1} < 500$ $c_aK_{a_1} \geqslant 20K_w$, $2K_{a_2}/\sqrt{c_aK_{a_1}} < 0.05$, $c_a/K_{a_1} \geqslant 500$
两性物质	酸式盐: 近似式 [H$^+$]=$\sqrt{cK_{a_1}K_{a_2}/(K_{a_1}+c)}$ 最简式 [H$^+$]=$\sqrt{K_{a_1}K_{a_2}}$ 弱酸弱碱盐: 近似式 [H$^+$]=$\sqrt{K_aK_a'c/(K_a+c)}$ 最简式 [H$^+$]=$\sqrt{K_aK_a'}$ 上式中 K_a' 为弱碱的共轭酸的离解常数;K_a 为弱酸的离解常数	$cK_{a_2} \geqslant 20K_w$ $cK_{a_2} \geqslant 20K_w$, $c \geqslant 20K_{a_1}$ $cK_a' \geqslant 20K_w$ $c \geqslant 20K_a$
缓冲溶液	最简式 [H$^+$]=$\frac{c_a}{c_b}K_a$ c_a、c_b 分别为 HA 及其共轭碱 A$^-$ 的浓度	c_a、c_b 较大(即 $c_a \gg $[OH$^-$]−[H$^+$],$c_b \gg $[H$^+$]−[OH$^-$])

三、酸碱水溶液中 H$^+$ 浓度计算示例

【例 3-1】 分别计算 c(HCl)=0.039 mol/L、c(HCl)=2.6×10^{-7} mol/L 的 HCl 溶液的 pH。

解 (1) 因为 c(HCl)=0.039 mol/L $\gg$ 1.0×10^{-6} mol/L

所以可采用最简式计算。

即 $$[H^+]=c(HCl)=0.039 \text{ mol/L}$$
$$pH=-\lg 0.039=1.41$$

答:c(HCl)=0.039 mol/L 的 HCl 溶液 pH 为 1.41。

(2) c(HCl)=2.6×10^{-7} mol/L 浓度太稀,其 10^{-6} mol/L $\geqslant c$(HCl)$\geqslant$10^{-8} mol/L,所以需考虑水的离解,应采用精确式计算。

即 $$[H^+]=\frac{1}{2}(c+\sqrt{c^2+4K_w})$$

所以 $[H^+]=\frac{1}{2}[2.6\times10^{-7}+\sqrt{(2.6\times10^{-7})^2+4\times10^{-14}}]$ mol/L $=2.9\times10^{-7}$ mol/L

$$pH=-\lg[H^+]=-\lg 2.9\times10^{-7}=6.53$$

答:c(HCl)=2.6×10^{-7} mol/L 的 HCl 溶液 pH 为 6.53。

【例 3-2】 分别计算 c(HAc)=0.083 mol/L、c(HAc)=3.4×10^{-4} mol/L 的 HAc 溶液的 pH。(pK_a(HAc)=4.76)

解 (1) c(HAc)=0.083 mol/L 时

因为 $\dfrac{c}{K_a}=\dfrac{0.083}{10^{-4.76}}=4.8\times10^3>500$,

且 $cK_a=0.083\times10^{-4.76}=1.4\times10^{-6}>20K_w$

因此可以使用最简式计算。

即 $$[H^+]=\sqrt{cK_a}$$

所以 $[H^+]=\sqrt{0.083\times10^{-4.76}}\,\text{mol/L}=1.2\times10^{-3}\,\text{mol/L}$

$$pH=-\lg 1.2\times10^{-3}=2.92$$

答：$c(HAc)=0.083\,\text{mol/L}$ 的 HAc 溶液的 pH 为 2.92。

(2) $c(HAc)=3.4\times10^{-4}\,\text{mol/L}$ 时

因为 $\dfrac{c}{K_a}=\dfrac{3.4\times10^{-4}}{10^{-4.76}}=20<500$,

且 $cK_a=3.4\times10^{-4}\times10^{-4.76}=5.9\times10^{-9}>20K_w$

因此应该使用近似计算式。

即 $$[H^+]=\dfrac{1}{2}(-K_a+\sqrt{K_a^2+4cK_a})$$

所以 $[H^+]=\dfrac{1}{2}[-10^{-4.76}+\sqrt{(10^{-4.76})^2+4\times3.4\times10^{-4}\times10^{-4.76}}]\,\text{mol/L}$

$=6.9\times10^{-5}\,\text{mol/L}$

$$pH=-\lg 6.9\times10^{-5}=4.16$$

答：$c(HAc)=3.4\times10^{-4}\,\text{mol/L}$ 的 HAc 溶液的 pH 为 4.16。

【例 3-3】 试计算 $C(Na_2CO_3)=0.31\,\text{mol/L}$ 的 Na_2CO_3 水溶液的 pH。

解 CO_3^{2-} 在水溶液中是一种二元弱碱，其对应的共轭酸 H_2CO_3 的离解常数为

$$pK_{a_1}=6.38,\quad pK_{a_2}=10.25,$$

则由式(3-10)得弱碱 CO_3^{2-} 的离解常数

$$pK_{b_1}=14-pK_{a_2}=14-10.25=3.75$$
$$pK_{b_2}=14-pK_{a_1}=14-6.38=7.62$$

因为 $cK_{b_1}=0.31\times10^{-3.75}\gg20K_w$,

且 $\dfrac{c}{K_{b_1}}=\dfrac{0.31}{10^{-3.75}}=1.7\times10^3\gg500$

因此可以使用最简式 $[OH^-]=\sqrt{K_{b_1}c(CO_3^{2-})}$

所以 $[OH^-]=\sqrt{0.31\times10^{-3.75}}\,\text{mol/L}=7.4\times10^{-3}\,\text{mol/L}$

$$pOH=-\lg 7.4\times10^{-3}=2.13$$
$$pH=14-2.13=11.87$$

答：$C(Na_2CO_3)=0.31\,\text{mol/L}$ 的 Na_2CO_3 水溶液的 pH 为 11.87。

思 考 题

1. 分别计算 $c(H_2SO_4)=0.05\,\text{mol/L}$、$c(H_2SO_4)=1.3\times10^{-7}\,\text{mol/L}$ 的 H_2SO_4 溶液的 pH。
2. 分别计算 $c(HCl)=0.05\,\text{mol/L}$、$c(HCl)=1.3\times10^{-7}\,\text{mol/L}$ 的 HCl 溶液的 pH。
3. 分别计算 $c(HAc)=0.02\,\text{mol/L}$、$c(HAc)=1.2\times10^{-4}\,\text{mol/L}$ 的 HAc 溶液的 pH。[$pK_a(HAc)=4.76$]
4. 计算 $c(Na_2CO_3)=0.02\,\text{mol/L}$ 的 Na_2CO_3 水溶液的 pH。

5. 计算 $c(NaOH)=0.01mol/L$ 的溶液的 pH。

子任务1-3 酸碱缓冲溶液及应用

【学习要点】 理解酸碱缓冲溶液缓冲容量的物理意义,了解影响缓冲容量大小的因素;会确定缓冲溶液的缓冲范围,掌握选择缓冲溶液的基本原则。

1900年两位生物化学家弗鲁巴哈(Fernbach)和休伯特(Hubert)发现:在1L纯水中加入1mL 0.01mol/L HCl 后,其 pH 值由7.0变为5.0;而在 pH 值为7.0的肉汁培养液中,加入1mL 0.01mol/L HCl 后,肉汁的 pH 值几乎没发生变化。这说明某些溶液对酸碱具有缓冲作用,因此我们便把"凡能抵御因加入酸或碱及因受到稀释而造成 pH 值显著改变的溶液",称为缓冲溶液。

酸碱缓冲溶液大都是具有一定浓度共轭酸碱对的溶液,组成有下列4种:

(1) 弱酸及其共轭碱,HAc~NaAc;

(2) 弱碱及其共轭酸,$NH_3 \cdot H_2O$~NH_4Cl;

(3) 两性物质,如 $K_2H_2PO_4$-Na_2HPO_4;

(4) 一些较浓的强酸或强碱,也可作为缓冲溶液,如0.1mol/L 的 HCl 溶液、0.1mol/L 的 NaOH 溶液等。

在实际工作中,弱酸及其共轭碱和弱碱及其共轭酸的类型最为常用。

一、缓冲容量与缓冲范围

当往缓冲溶液中加入少量强酸或强碱,或者将其稍加稀释时,溶液的 pH 几乎不发生变化。而当加入的强酸浓度接近于缓冲体系共轭碱的浓度,或加入的强碱浓度接近于缓冲体系中共轭酸的浓度时,缓冲溶液的缓冲能力即将消失。这说明,缓冲溶液的缓冲能力是有一定大小的。

缓冲溶液的缓冲能力以缓冲容量 β 表示,它的物理意义为:使1L溶液的 pH 增加1个 pH 单位时,所需加入强碱的量;或使 pH 值降低1个 pH 单位时,所需加入强酸的量。

缓冲溶液的大小与下列两个因素有关:

(1) 缓冲物质的总浓度越大,其缓冲容量也越大,过分稀释将导致缓冲能力显著下降。

(2) 在缓冲物质总浓度不变的前提下,当弱酸与共轭碱或弱碱与共轭酸的浓度比为1∶1时,由表3-1中缓冲溶液 pH 计算公式可推出 $[H^+]=K_a$ 或 $[OH^-]=K_b$,此时缓冲体系的缓冲容量最大。一般规定,缓冲溶液中两组分当 $c_a:c_b=1:10$ 或 $10:1$ 之间为缓冲溶液的有效缓冲范围。

二、缓冲溶液的选择

分析化学中用于控制溶液酸度的缓冲溶液很多,通常根据实际情况选用不同的缓冲溶液。缓冲溶液的选择原则是:

(1) 缓冲溶液对测量过程应没有干扰。

(2) 所需控制的 pH 值应在缓冲溶液的缓冲范围之内。如果缓冲溶液是由弱酸及其共轭碱组成的,则所选的弱酸的 pK_a 值应尽量与所需控制的 pH 值一致。

(3) 缓冲溶液应有足够的缓冲容量以满足实际工作需要。为此,在配制缓冲溶液时,应尽量控制弱酸与共轭碱的浓度比接近于1∶1,所用缓冲溶液的总浓度尽量大一些(一般可控制在 0.01~1mol/L 之间)。

（4）组成缓冲溶液的物质应廉价易得，避免污染环境。

表 3-2 列出了常用的酸碱缓冲溶液，供实际选择时参考。

表 3-2 常用缓冲溶液

缓冲溶液组成	共轭酸碱对形式	pK_a	pH 范围
$HCOOH-HCOONa$	$HCOOH-HCOO^-$	3.75	2.75~4.75
$CH_3COOH-CH_3COONa$	$HAc-Ac^-$	4.75	3.75~5.75
$NaH_2PO_4-Na_2HPO_4$	$H_2PO_4^- - HPO_4^{2-}$	7.21	6.21~8.21
$H_3BO_3-Na_2B_4O_7$	$H_3BO_3-H_4BO_4^-$	9.24	8.24~10.24
$NH_3 \cdot H_2O-NH_4Cl$	$NH_4^+-NH_3$	9.25	8.25~10.25
$NaHCO_3-Na_2CO_3$	$HCO_3^- - CO_3^{2-}$	10.25	9.25~11.25
$Na_2HPO_4-Na_3PO_4$	$HPO_4^{2-}-PO_4^{3-}$	12.66	11.66~13.66

思 考 题

1. 何为缓冲溶液的缓冲容量？
2. 影响缓冲容量的因素有哪些？
3. 一般弱酸及其共轭碱缓冲体系的缓冲范围为多少？
4. 一般弱碱及其共轭酸缓冲体系的缓冲范围为多少？
5. 缓冲溶液应有足够的缓冲容量以满足实际工作需要，通常情况下会如何做，才能保证缓冲溶液的缓冲范围？

子任务 1-4　酸碱指示剂的选择及应用

【学习要点】　理解酸碱指示剂的作用原理；掌握酸碱指示剂理论变色范围及理论变色点的确定方法，掌握酚酞、溴甲酚绿、甲基橙等常用酸碱指示剂的实际变色范围、颜色变化；了解影响指示剂变色范围的因素；了解混合指示剂的类型、特点和颜色变化情况及配制方法。

酸碱滴定中，酸碱溶液一般没有颜色，需要借助加入的酸碱指示剂在化学计量点附近的颜色变化来确定滴定终点。酸碱指示剂就是以指示溶液中 H^+ 浓度的变化来确定终点的。

一、酸碱指示剂的作用原理

酸碱指示剂是在某一特定 pH 区间，随介质酸度条件的改变颜色明显变化的物质。常用的酸碱指示剂一般是一些有机弱酸或弱碱，其酸式与共轭碱式具有不同的颜色。当溶液 pH 改变时，酸碱指示剂获得质子转化为酸式，或失去质子转化为碱式，由于指示剂的酸式与碱式具有不同的结构因而具有不同的颜色。下面以最常用的甲基橙、酚酞为例来说明。

甲基橙（缩写 MO）是一种有机弱碱，也是一种双色指示剂，它在溶液中的离解平衡可用下式表示

$$(CH_3)_2N-\underset{\text{黄色（偶氮式）}}{\underline{}}-N=N-\underset{}{\underline{}}-SO_3^- \underset{OH^-}{\overset{H^+}{\rightleftharpoons}} (CH_3)_2\overset{+}{N}=\underset{\text{红色（醌式）}}{\underline{}}=N-\overset{H}{\underset{|}{N}}-\underset{}{\underline{}}-SO_3^-$$

由平衡关系式可以看出：当溶液中 [H^+] 增大时，反应向右进行，此时甲基橙主要以醌式存在，溶液呈红色；当溶液中 [H^+] 降低，而 [OH^-] 增大时，反应向左进行，甲基橙主要以偶氮式存在，溶液呈黄色。

酚酞是一种有机弱酸，它在溶液中的电离平衡如下所示

在酸性溶液中，平衡向左移动，酚酞主要以羟式存在，溶液呈无色；在碱性溶液中，平衡向右移动，酚酞则主要以醌式存在，因此溶液呈红色。

由此可见，当溶液的pH发生变化时，由于指示剂结构的变化，颜色也随之发生变化，因而可通过酸碱指示剂颜色的变化来确定酸碱滴定的终点。

二、变色范围和变色点

若以HIn代表酸碱指示剂的酸式（其颜色称为指示剂的酸式色），其离解产物In$^-$就代表酸碱指示剂的碱式（其颜色称为指示剂的碱式色），则离解平衡可表示为

$$HIn \rightleftharpoons H^+ + In^-$$

当离解达到平衡时

$$K_{HIn} = \frac{[H^+][In^-]}{[HIn]}$$

则

$$\frac{[In^-]}{[HIn]} = \frac{K_{HIn}}{[H^+]} \tag{3-16}$$

或

$$pH = pK_{HIn} + \lg\frac{[In^-]}{[HIn]} \tag{3-17}$$

溶液的颜色决定于指示剂碱式与酸式的浓度比值，即$\frac{[In^-]}{[HIn]}$值。对一定的指示剂而言，在指定条件下K_{HIn}是常数。因此，由式(3-16)可以看出，$\frac{[In^-]}{[HIn]}$值只决定于$[H^+]$，$[H^+]$不同时，$\frac{[In^-]}{[HIn]}$数值就不同，溶液将呈现不同的色调。

一般说来，当一种形式的浓度大于另一种形式浓度10倍时，人眼则通常只看到较浓形式物质的颜色。

若$\frac{[In^-]}{[HIn]} \leqslant \frac{1}{10}$，看到的是HIn的颜色（即酸式色）。此时，由式(3-17)得

$$pH \leqslant pK_{HIn} + \lg\frac{1}{10} = pK_{HIn} - 1$$

若$\frac{[In^-]}{[HIn]} \geqslant 10$，看到的是In$^-$的颜色（即碱式色）。此时，由式(3-17)得

$$pH \geqslant pK_{HIn} + \lg\frac{10}{1} = pK_{HIn} + 1$$

若$\frac{[In^-]}{[HIn]}$在$\frac{1}{10} \sim 10$时，看到的是酸式色与碱式色复合后的颜色。

因此，当溶液的pH由$pK_{HIn}-1$向$pK_{HIn}+1$逐渐改变时，理论上人眼可以看到指示剂由酸式色逐渐过渡到碱式色。这种理论上可以看到的引起指示剂颜色变化的pH间隔，我们称之为指示剂的理论变色范围。

当指示剂中酸式的浓度与碱式的浓度相同时，即$[HIn]=[In^-]$，溶液便显示指示剂酸式与碱式的混合色。由式(3-17)可知，此时溶液的$pH=pK_{HIn}$，这一点，我们称之为指示剂的理论变色点。例如，甲基红$pK_{HIn}=5.0$，所以甲基红的理论变色范围为$pH=4.0\sim6.0$。

理论上说，指示剂的变色范围都是2个pH单位，但指示剂的变色范围（指从一种色调改变至另一种色调）不是根据pK_{HIn}计算出来的，而是依据人眼观察出来的。由于人眼对各种颜色的敏感程度不同，加上两种颜色之间的相互影响，因此实际观察到的各种指示剂的变色范围（见表3-3）并不都是2个pH单位，而是略有上下。表3-3列出几种常用酸碱指示剂在室温下水溶液中的变色范围，供使用时参考。

表3-3　几种常用酸碱指示剂在室温下水溶液中的变色范围

指示剂	变色范围(pH)	颜色变化	pK_{HIn}	质量浓度/(g/L)	用量/(滴/10mL试液)
百里酚蓝	1.2～2.8	红—黄	1.7	1g/L的20%乙醇溶液	1～2
甲基黄	2.9～4.0	红—黄	3.3	1g/L的90%乙醇溶液	1
甲基橙	3.1～4.4	红—黄	3.4	0.5g/L的水溶液	1
溴酚蓝	3.0～4.6	黄—紫	4.1	1g/L的20%乙醇溶液或其钠盐水溶液	1
溴甲酚绿	4.0～5.6	黄—蓝	4.9	1g/L的20%乙醇溶液或其钠盐水溶液	1～3
甲基红	4.4～6.2	红—黄	5.0	1g/L的60%乙醇溶液	1
溴百里酚蓝	6.2～7.6	黄—蓝	7.3	1g/L的20%乙醇溶液或其钠盐水溶液	1
中性红	6.8～8.0	红—黄橙	7.4	1g/L的60%乙醇溶液	1
苯酚红	6.8～8.4	黄—红	8.0	1g/L的60%乙醇溶液或其钠盐水溶液	1
酚酞	8.0～10.0	无色—红	9.1	5g/L的90%乙醇溶液	1-3
百里酚蓝	8.0～9.6	黄—蓝	8.9	1g/L的20%乙醇溶液	1-4
百里酚酞	9.4～10.6	无色—蓝	10.0	1g/L的90%乙醇溶液	1-2

三、影响指示剂变色范围的因素

显然，指示剂的实际变色范围越窄，则在化学计量点时，溶液pH稍有变化，指示剂的颜色便立即从一种颜色变到另一种颜色，如此则可减小滴定误差。那么，有哪些因素可以影响指示剂的实际变色范围呢？

一般说来，影响指示剂的实际变色范围的因素主要有两方面：一是影响指示剂离解常数K_{HIn}的数值，从而移动了指示剂变色范围的区间。这方面的影响因素中以温度的影响最为显著。二是对指示剂变色范围宽度的影响，主要的影响因素有溶液温度、指示剂的用量、离子强度以及滴定程序等。下面分别讨论。

1. 温度

指示剂的变色范围和指示剂的离解常数K_{HIn}有关，而K_{HIn}与温度有关，因此当温度改变时，指示剂的变色范围也随之改变。表3-4列出了几种常见指示剂在18℃与100℃时的变色范围。

表3-4　温度对指示剂变色范围的影响

指示剂	变色范围(pH)		指示剂	变色范围(pH)	
	18℃	100℃		18℃	100℃
百里酚蓝	1.2～2.8	1.2～2.6	甲基红	4.4～6.2	4.0～6.0
甲基橙	3.1～4.4	2.5～3.7	酚红	6.4～8.0	6.6～8.2
溴酚蓝	3.0～4.6	3.0～4.5	酚酞	8.0～10.0	8.0～9.2

从表3-4可以看出，温度上升对各种指示剂的影响是不一样的。因此，为了确保滴定结果的准确性，滴定分析宜在室温下进行，如果必须在加热时进行，也应当将标准溶液在同样条件下进行标定。

2. 指示剂用量

指示剂的用量（或浓度）是一个非常重要的因素。双色指示剂是指酸式和碱式均有色的指示剂，对于双色指示剂在溶液中有如下离解平衡

$$HIn \rightleftharpoons H^+ + In^-$$

如果溶液中指示剂的浓度较小，则在单位体积溶液中 HIn 的量也少，加入少量标准溶液即可使之完全变为 In^-，因此指示剂颜色变化灵敏；反之，若指示剂浓度较大时，则发生同样的颜色变化所需标准溶液的量也较多，从而导致滴定终点时颜色变化不敏锐。所以，双色指示剂的用量以小为宜。

同理，对于单色指示剂（如酚酞），也是指示剂的用量偏少时，滴定终点变色敏锐。但如用单色指示剂滴定至一定 pH 值，则必须严格控制指示剂的浓度。因为单色指示剂的颜色深度仅取决于有色离子的浓度，如果 $[H^+]$ 维持不变，在指示剂变色范围内，溶液颜色的深浅便随指示剂 HIn 浓度的增加而加深。因此，使用单色指示剂时必须严格控制指示剂的用量，使其在终点时的浓度等于对照溶液中的浓度。

此外，指示剂本身是弱酸或弱碱，也要消耗一定量的标准溶液。因此，指示剂用量以少为宜，但却不能太少，否则，由于人眼辨色能力的限制，无法观察到溶液颜色的变化。实际滴定过程中，以检测标准要求的浓度和用量为主。若接近终点时，指示剂颜色较浅可以通过滴加指示剂的量来更好地观察终点颜色。

3. 离子强度

指示剂的 pK_{HIn} 值随溶液离子强度的不同而有少许变化，因而指示剂的变色范围也随之有稍许偏移。实验证明，溶液离子强度增加，对酸型指示剂而言其 pK_{HIn} 值减小；对碱型指示剂而言其 pK_{HIn} 值增大。由于在离子强度较低（<0.5）时，酸碱指示剂的 pK_{HIn} 值随溶液离子强度的不同而变化不大，因而实际滴定过程中一般可以忽略不计。

四、混合指示剂

由于指示剂具有一定的变色范围，因此只有当溶液 pH 值的改变超过一定数值，也就是说只有在酸碱滴定的化学计量点附近 pH 值发生突跃时，指示剂才能从一种颜色突然变为另一种颜色。但在某些酸碱滴定中，由于化学计量点附近 pH 值突跃小，使用单一指示剂确定终点无法达到所需要的准确度，这时可考虑采用混合指示剂。

混合指示剂是利用颜色之间的互补作用，使变色范围变窄，从而使终点时颜色变化敏锐。它的配制方法一般有两种：一种是由两种或多种指示剂混合而成，利用两种颜色互补作用，使指示剂变色范围变窄，变色更敏锐，有利于判定终点，减小滴定误差，提高分析的准确度。另一种混合指示剂是在某种指示剂中加入一种惰性染料（其颜色不随溶液 pH 值的变化而变化），由于颜色互补使变色敏锐，但变色范围不变。常用的混合指示剂见表 3-5。

表 3-5 几种常见的混合指示剂

指示剂溶液的组成	变色时 pH 值	颜色 酸式色	颜色 碱式色	备注
一份 0.1%甲基黄乙醇溶液 一份 0.1%次甲基蓝乙醇溶液	3.25	蓝紫	绿	pH=3.2,蓝紫色;pH=3.4,绿色
一份 0.1%甲基橙水溶液 一份 0.25%靛蓝二磺酸水溶液	4.1	紫	黄绿	
一份 0.1%溴甲酚绿钠盐水溶液 一份 0.2%甲基橙水溶液	4.3	橙	蓝绿	pH=3.5,黄色;pH=4.05,绿色; pH=4.3,浅绿

续表

指示剂溶液的组成	变色时 pH 值	颜色		备 注
		酸式色	碱式色	
三份 0.1%溴甲酚绿乙醇溶液 一份 0.2%甲基红乙醇溶液	5.1	酒红	绿	
一份 0.1%溴甲酚绿钠盐水溶液 一份 0.1%氯酚红钠盐水溶液	6.1	黄绿	蓝绿	pH=5.4,蓝绿色;pH=5.8,蓝色; pH=6.0,蓝带紫;pH=6.2,蓝紫
一份 0.1%中性红乙醇溶液 一份 0.1%次甲基蓝乙醇溶液	7.0	紫蓝	绿	pH=7.0,紫蓝
一份 0.1%甲酚红钠盐水溶液 三份 0.1%百里酚蓝钠盐水溶液	8.3	黄	紫	pH=8.2,玫瑰红;pH=8.4,清晰的紫色
一份 0.1%百里酚蓝 50%乙醇溶液 三份 0.1%酚酞 50%乙醇溶液	9.0	黄	紫	从黄到绿,再到紫
一份 0.1%酚酞乙醇溶液 一份 0.1%百里酚酞乙醇溶液	9.9	无色	紫	pH=9.6,玫瑰红;pH=10,紫色
二份 0.1%百里酚酞乙醇溶液 一份 0.1%茜素黄 R 乙醇溶液	10.2	黄	紫	

思 考 题

1. 指示剂能指示酸碱滴定终点的原理是什么？
2. 判断在下列 pH 溶液中，指示剂显什么颜色？
   （1）pH=3.5 溶液中滴入甲基红指示液　　（2）pH=7.0 溶液中滴入溴甲酚绿指示液
   （3）pH=4.0 溶液中滴入甲基橙指示液　　（4）pH=10.0 溶液中滴入甲基橙指示液
   （5）pH=6.0 溶液中滴入甲基红和溴甲酚绿指示液
3. 影响酸碱指示剂变色范围的因素是什么？
4. 某溶液滴入酚酞为无色，滴入甲基橙为黄色，指出该溶液的 pH 范围。
5. 什么叫混合指示剂？举例说明使用混合指示剂有什么优点？

子任务 1-5　酸碱滴定曲线的绘制及应用

【学习要点】　了解强酸（碱）、一元弱酸（碱）、多元酸（碱）滴定过程 pH 变化规律，掌握其滴定曲线特征和化学计量点位置及影响滴定突跃范围的因素；了解准确滴定一元弱酸和分步滴定多元酸的条件；掌握指示剂的选择方法；了解酸碱滴定反应强化措施和滴定终点误差的计算方法。

酸碱滴定法的滴定终点可借助指示剂颜色的变化显现出来，而指示剂颜色的变化则完全取决于溶液 pH 的大小。因此，为了给某一特定酸碱滴定反应选择一合适的指示剂，就必须了解在其滴定过程中溶液 pH 值的变化，特别是化学计量点附近 pH 的变化。在滴定过程中用来描述加入不同量标准滴定溶液（或不同中和百分数）时溶液 pH 变化的曲线称为酸碱滴定曲线。各种不同类型的酸碱滴定过程中 H^+ 浓度的变化规律是各不相同的，下面分别予以讨论。

一、一元酸碱的滴定

1. 强碱（酸）滴定强酸（碱）

（1）滴定过程中溶液 pH 的变化　强酸（碱）滴定强碱（酸）的过程相当于

$$H^+ + OH^- = H_2O \qquad K_t = \frac{1}{K_w} = 10^{14.00}$$

这种类型的酸碱滴定，其反应程度是最高的，也最容易得到准确的滴定结果。下面以 0.1000mol/L NaOH 标准滴定溶液滴定 20.00mL 0.1000mol/L HCl 为例来说明强碱滴定强酸过程中 pH 值的变化与滴定曲线的形状。该滴定过程可分为四个阶段。

① 滴定开始前　溶液的 pH 由此时 HCl 溶液的酸度决定。

即
$$[H^+] = 0.1000 \text{mol/L}$$
$$pH = 1.00$$

② 滴定开始至化学计量点前　溶液的 pH 由剩余 HCl 溶液的酸度决定。

例如，当滴入 NaOH 溶液 18.00mL 时，溶液中剩余 HCl 溶液 2.00mL，则

$$[H^+] = \frac{0.1000 \times 2.00}{20.00 + 18.00} \text{mol/L} = 5.26 \times 10^{-3} \text{mol/L}$$
$$pH = 2.28$$

当滴入 NaOH 溶液 19.80mL 时，溶液中剩余 HCl 溶液 0.20mL，则

$$[H^+] = \frac{0.1000 \times 0.20}{20.00 + 19.80} \text{mol/L} = 5.03 \times 10^{-4} \text{mol/L}$$
$$pH = 3.30$$

当滴入 NaOH 溶液 19.98mL 时，溶液中剩余 HCl 0.02mL，则

$$[H^+] = \frac{0.1000 \times 0.02}{20.00 + 19.98} \text{mol/L} = 5.00 \times 10^{-5} \text{mol/L}$$
$$pH = 4.30$$

③ 化学计量点时　溶液的 pH 值由体系产物的离解决定。此时溶液中的 HCl 全部被 NaOH 中和，其产物为 NaCl 与 H_2O，因此溶液呈中性，即

$$[H^+] = [OH^-] = 1.00 \times 10^{-7} \text{mol/L}$$
$$pH = 7.00$$

④ 化学计量点后　溶液的 pH 值由过量的 NaOH 浓度决定。

例如加入 NaOH 20.02mL 时，NaOH 过量 0.02mL，此时溶液中 $[OH^-]$ 为

$$[OH^-] = \frac{0.1000 \times 0.02}{20.00 + 20.02} \text{mol/L} = 5.00 \times 10^{-5} \text{mol/L}$$
$$pOH = 4.30; \quad pH = 9.70$$

用完全类似的方法可以计算出整个滴定过程中加入任意体积 NaOH 时溶液的 pH 值，其结果如表 3-6 所示。

表 3-6　用 0.1000mol/L NaOH 溶液滴定 20.00mL 0.1000mol/L HCl 时 pH 值的变化

加入 NaOH /mL	HCl 被滴定百分数/%	剩余 HCl /mL	过量 NaOH /mL	$[H^+]$	pH 值
0.00	0.00	20.00		1.00×10^{-1}	1.00
18.00	90.00	2.00		5.26×10^{-3}	2.28
19.80	99.00	0.20		5.02×10^{-4}	3.30
19.98	99.90	0.02		5.00×10^{-5}	4.30 ⎫
20.00	100.00	0.00		1.00×10^{-7}	7.00 ⎬ 突跃范围
20.02	100.1		0.02	2.00×10^{-10}	9.70 ⎭
20.20	101.0		0.20	2.01×10^{-11}	10.70
22.00	110.0		2.00	2.10×10^{-12}	11.68
40.00	200.0		20.00	5.00×10^{-13}	12.52

(2) 滴定曲线的形状和滴定突跃　由以溶液的 pH 值为纵坐标，以 NaOH 的加入量（或滴定百分数）为横坐标，可绘制出强碱滴定强酸的滴定曲线，如图 3-4 所示。从表 3-6 与图 3-4 可以看出，从滴定开始到加入 19.98mL NaOH 滴定溶液，溶液的 pH 值仅改变了 3.30 个 pH 单位，曲线比较平坦。而在化学计量点附近，加入 1 滴 NaOH 溶液（相当于 0.04mL，即从溶液中剩余 0.02mL HCl 到过量 0.02mL NaOH）就使溶液的酸度发生巨大的变化，其 pH 由 4.30 急增至 9.70，增幅达 5.4 个 pH 单位，相当于 [H^+] 降低了二十五万倍，溶液也由酸性突变到碱性，溶液的性质由量变引起了质变。从图 3-4 也可看到，在化学计量点前后 0.1%，此时曲线呈现近似垂直的一段，表明溶液的 pH 有一个突然的改变，这种 pH 的突然改变便称为滴定突跃，而突跃所在的 pH 范围也称之为滴定突跃范围。此后，再继续滴加 NaOH 溶液，则溶液的 pH 变化便越来越小，曲线又趋平坦。

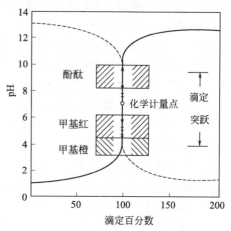

图 3-4　0.1000mol/L NaOH 与 0.1000mol/L HCl 的滴定曲线

如果用 0.1000mol/L HCl 标准滴定溶液滴定 20.00mL 0.1000mol/L NaOH，其滴定曲线如图 3-4 中的虚线所示。显然滴定曲线形状与 NaOH 溶液滴定 HCl 溶液相似，只是 pH 不是随着滴定溶液的加入而逐渐增大，而是逐渐减小。

值得注意的是：从滴定过程 pH 的计算中我们可以知道，滴定的突跃大小还必然与被滴定物质及标准溶液的浓度有关。一般说来，酸碱浓度增大 10 倍，则滴定突跃范围就增加 2 个 pH 单位；反之，若酸碱浓度减小 10 倍，则滴定突跃范围就减少 2 个 pH 单位。如用 1.000mol/L NaOH 滴定 1.000mol/L HCl 时，其滴定突跃范围就增大为 3.30～10.70；若用 0.01000mol/L NaOH 滴定 0.01000mol/L HCl 时，其滴定突跃范围就减小为 5.30～8.70。不同浓度的强碱滴定强酸的滴定曲线如图 3-5 所示。滴定突跃具有非常重要的意义，它是选择指示剂的依据。

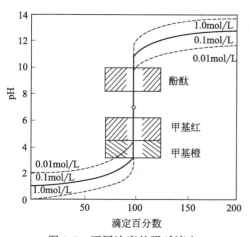

图 3-5　不同浓度的强碱滴定强酸的滴定曲线

(3) 指示剂的选择　选择指示剂的原则：一是指示剂的变色范围全部或部分地落入滴定突跃范围内；二是指示剂的变色点尽量靠近化学计量点。

例如用 0.1000mol/L NaOH 滴定 0.1000mol/L HCl，其突跃范围为 4.30～9.70，则可选择甲基红、甲基橙与酚酞作指示剂。如果选择甲基橙作指示剂，当溶液颜色由橙色变为黄色时，溶液的 pH 为 4.4，滴定误差小于 0.1%。实际分析时，为了更好地判断终点，通常选用酚酞作指示剂，因其终点颜色由无色变成浅红色，非常容易辨别。

如果用 0.1000mol/L HCl 标准滴定溶液滴定 0.1000mol/L NaOH 溶液，则可选择酚酞或甲基红作指示剂。倘若仍然选择甲基橙作指示剂，则当溶液颜色由黄色转变成橙色时，其 pH 为 4.0，滴定误差将有 +0.2%。实际分析时，为了进一步提高滴定终点的准确性，以及更好地判断终点（如用甲基红时终点颜色由黄变橙，人眼不易把握，若用酚酞时则由红色褪至无色，人眼也不易判断），通常选用混合指示剂溴甲酚绿-甲基红，终点时颜色由绿经浅灰变为暗红，容易观察。

(4) **终点误差** 从以上分析来看，利用指示剂颜色的变化来确定滴定终点时，滴定终点pH与滴定反应的化学计量点不完全一致，这就给滴定结果带来一定的误差，这种误差就是"终点误差"，也称之为滴定误差，用"E_t"表示。

酸碱滴定时，如果终点与化学计量点不一致，则说明溶液中或者多加了酸或碱，或者还有剩余的酸或碱未被完全反应，因此将过量的或者剩余的酸或碱的物质的量，去除以理论上应该加入的酸或碱的物质的量，即可得出酸碱滴定反应的终点误差。

强酸（碱）滴定中，由于强酸强碱完全离解，因此其终点误差的计算较为简单。下面以实例说明强酸（碱）滴定终点误差的计算方法。

① NaOH 标准溶液滴定 HCl 溶液

A. 滴定终点在化学计量点后 此时，NaOH过量，则

$$E_t = \frac{过量 NaOH 物质的量}{在化学计量点时应加入 NaOH 物质的量} = \frac{n(NaOH)_{过量}}{n(HCl)_{化学计量点}}$$

过量NaOH的量等于终点时溶液中OH^-的总量减去终点时水所离解出的OH^-的量，而水离解的$[OH^-]$和$[H^+]$是相等的，因此

$$E_t = \frac{([OH^-]_{ep} - [H^+]_{ep})V_{ep}}{c(HCl)_{sp}V_{sp}}$$

一般情况下，终点与化学计量点相差不大，即$V_{ep} \approx V_{sp}$，所以

$$E_t = \frac{[OH^-]_{ep} - [H^+]_{ep}}{c(HCl)_{sp}} \tag{3-18}$$

此时E_t均大于0，为正误差。

B. 滴定终点在化学计量点前 此时尚有部分HCl未被中和，按上述相同的方法可以推导出终点误差计算式，与式(3-18)相同，但结果均小于0，为负误差。

② HCl 标准溶液滴定 NaOH 溶液 此类滴定的终点误差计算方法与NaOH滴定HCl相类似，按上述相同的方法可推导出其终点误差的计算公式为

$$E_t = \frac{[H^+]_{ep} - [OH^-]_{ep}}{c(NaOH)_{ep}} \tag{3-19}$$

【**例3-4**】 计算0.1000mol/L NaOH 滴定0.1000mol/L HCl 至甲基橙变黄色（pH=4.4）与0.1000mol/L HCl 滴定0.1000mol/L NaOH 至甲基橙转变为橙色（pH=4.0）的终点误差。

解 根据式(3-18)，当pH=4.4时

$$E_t = \frac{[OH^-]_{ep} - [H^+]_{ep}}{c(HCl)_{sp}}$$

所以

$$E_t = \frac{10^{-9.6} - 10^{-4.4}}{0.05000} = -0.08\%$$

根据式(3-19)，当pH=4.0时

$$E_t = \frac{[H^+]_{ep} - [OH^-]_{ep}}{c(NaOH)_{sp}}$$

$$E_t = \frac{10^{-4.0} - 10^{-10.0}}{0.05000} = 0.2\%$$

答：0.1000mol/L NaOH 滴定 0.1000mol/L HCl 至甲基橙变黄色时的终点误差为 −0.08%；而 0.1000mol/L HCl 滴定 0.1000mol/L NaOH 至甲基橙变橙色时的终点误差为 0.2%。

计算结果中的正值表明滴定过程中标准滴定溶液加多了，变色滞后，误差为正误差；其中的负值表明滴定过程中标准滴定溶液加入量不足，变色提前，误差为负误差。

2. 强碱（酸）滴定弱酸（碱）

（1）滴定过程中溶液 pH 的变化　强碱（酸）滴定一元弱酸（碱）的滴定反应相当于

$$HA + OH^- \Longrightarrow H_2O + A^- \qquad K_t = \frac{[A^-]}{[HA][OH^-]} = \frac{K_a}{K_w}$$

或

$$BOH + H^+ \Longrightarrow H_2O + B^+ \qquad K_t = \frac{[B^+]}{[BOH][H^+]} = \frac{K_b}{K_w}$$

可见，这类滴定反应的完全程度较强酸强碱类似。

下面以 0.1000mol/L NaOH 标准溶液滴定 20.00mL 0.1000mol/L HAc 为例，说明这一类滴定过程中 pH 变化与滴定曲线。与讨论强酸强碱滴定曲线方法相似，讨论这一类滴定曲线也分为四个阶段。

① 滴定开始前溶液的 pH　此时溶液的 pH 由 0.1000mol/L 的 HAc 溶液的酸度决定。根据弱酸 pH 计算的最简式（见表 3-1）。

$$[H^+] = \sqrt{cK_a}$$

因此

$$[H^+] = \sqrt{0.1000 \times 1.76 \times 10^{-5}} \text{mol/L} = 1.33 \times 10^{-3} \text{mol/L}$$

$$pH = 2.88$$

② 滴定开始至化学计量点前溶液的 pH　这一阶段的溶液是由未反应的 HAc 与反应产物 NaAc 组成的，其 pH 由 HAc-NaAc 缓冲体系来决定，即

$$[H^+] = K_a(HAc) \frac{[HAc]}{[Ac^-]}$$

比如，当滴入 NaOH 19.98mL（剩余 HAc 0.02mL）时，

$$[HAc] = \frac{0.1000 \times 0.02}{20.00 + 19.98} \text{mol/L} = 5.0 \times 10^{-5} \text{mol/L}$$

$$[Ac^-] = \frac{0.1000 \times 19.98}{20.00 + 19.98} \text{mol/L} = 5.0 \times 10^{-2} \text{mol/L}$$

因此

$$[H^+] = 1.76 \times 10^{-5} \times \frac{5.0 \times 10^{-5}}{5.0 \times 10^{-2}} \text{mol/L} = 1.76 \times 10^{-8} \text{mol/L}$$

$$pH = 7.75$$

③ 化学计量点时溶液的 pH　此时溶液的 pH 由体系产物的离解决定。化学计量点时体系产物是 NaAc 与 H_2O，Ac^- 是一种弱碱。因此

$$[OH^-] = \sqrt{cK_b(Ac^-)}$$

由于

$$K_b(Ac^-) = \frac{K_w}{K_a(HAc)} = \frac{1.0 \times 10^{-14}}{1.76 \times 10^{-5}} = 5.68 \times 10^{-10}$$

$$[Ac^-] = \frac{20.00}{20.00 + 20.00} \times 0.1000 \text{mol/L} = 5.0 \times 10^{-2} \text{mol/L}$$

所以

$$[OH^-] = \sqrt{5.0 \times 10^{-2} \times 5.68 \times 10^{-10}} \text{mol/L} = 5.33 \times 10^{-6} \text{mol/L}$$

$$pOH = 5.27; \quad pH = 8.73$$

④ 化学计量点后溶液的 pH　此时溶液的组成是过量 NaOH 和滴定产物 NaAc。由于过

量 NaOH 的存在，抑制了 Ac^- 的水解。因此，溶液的 pH 仅由过量 NaOH 的浓度来决定。比如，滴入 20.02mL NaOH 溶液（过量的 NaOH 为 0.02mL），则

$$[OH^-]=\frac{0.02\times0.1000}{20.00+20.02}mol/L=5.0\times10^{-5}mol/L$$

$$pOH=4.30; \quad pH=9.70$$

按上述方法，依次计算出滴定过程中溶液的 pH，其计算结果如表 3-7 所示。

表 3-7 用 0.1000mol/L NaOH 滴定 20.00mL 0.1000mol/L HAc 的 pH 变化

加入 NaOH/mL	HAc 被滴定百分数	计算式	pH 值
0.00	0.0	$[H^+]=\sqrt{[HAc]K_a(HAc)}$	2.88
10.00	50.0		4.76
18.00	90.0	$[H^+]=K_a\frac{[HAc]}{[Ac^-]}$	5.71
19.80	99.0		6.76
19.96	99.8		7.46
19.98	99.9		7.76 ⎫
20.00	100.0	$[OH^-]=\sqrt{\frac{K_w}{K_a(HAc)}[Ac^-]}$	8.73 ⎬ 滴定突跃
20.02	100.1		9.70 ⎭
20.04	100.2		10.00
20.20	101.0	$[OH^-]=[NaOH]_{过量}$	10.70
22.00	110.0		11.70

用同样的方法我们可以计算出强酸滴定弱碱时溶液 pH 的变化情况。表 3-8 列出了用 0.1000mol/L HCl 滴定 20.00mL 0.1000mol/L $NH_3\cdot H_2O$ 时溶液 pH 的变化情况，同时也列出了在不同滴定阶段溶液 pH 的计算式。

表 3-8 用 0.1000mol/L HCl 滴定 20.00mL 0.1000mol/L NH_3 的 pH 变化

加入 HCl 体积/mL	$NH_3\cdot H_2O$ 被滴定百分数	计算式	pH 值
0.00	0.0	$[OH^-]=\sqrt{[NH_3]K_b(NH_3)}$	11.12
10.00	50.0		9.25
18.00	90.0	$[OH^-]=K_b\frac{NH_3}{[NH_4^+]}$	8.30
19.80	99.0		7.25
19.98	99.9		6.25 ⎫
20.00	100.0	$[H^+]=\sqrt{\frac{K_w}{K_b(NH_3)}[NH_4^+]}$	5.28 ⎬ 滴定突跃
20.02	100.1		4.30 ⎭
20.20	101.0	$[H^+]=[HCl]_{过量}$	3.30
22.00	110.0		2.32

(2) 滴定曲线的形状和滴定突跃　根据滴定过程各点的 pH 同样可以绘出强碱（酸）滴定一元弱酸（碱）的滴定曲线（如图 3-6 与图 3-7）。

比较图 3-6 与表 3-7 可以看出，在相同浓度的前提下，强碱滴定弱酸的突跃范围比强碱滴定强酸的突跃范围要小得多，且主要集中在弱碱性区域，其化学计量点时，溶液也不是呈中性而呈弱碱性（pH>7）。

由图 3-7 与表 3-8 也可以看出，在相同浓度的前提下，强酸滴定弱碱的突跃范围比强酸滴定强碱的突跃范围也要小得多，且主要集中在弱酸性区域，其化学计量点时，溶液呈弱酸性。

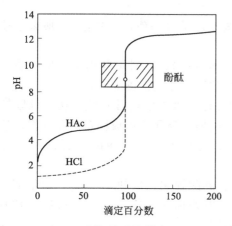

图3-6　0.1000mol/L NaOH 滴定 0.1000mol/L HAc 的滴定曲线

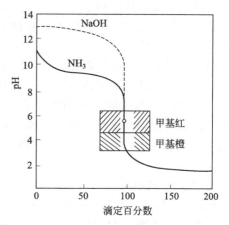

图3-7　0.1000mol/L HCl 滴定 0.1000mol/L NH_3 的滴定曲线

(3) 指示剂的选择　在强碱（酸）滴定一元弱酸（碱）中，由于滴定突跃范围变小，因此指示剂的选择便受到一定的限制，但其选择原则还是与强碱（酸）滴定强酸（碱）时一样。对于用 0.1000mol/L NaOH 滴定 0.1000mol/L HAc 而言，其突跃范围为 7.76～9.70（化学计量点时 pH=8.73），因此，在酸性区域变色的指示剂如甲基红、甲基橙等均不能使用，而只能选择酚酞、百里酚蓝等在碱性区域变色的指示剂。在这个滴定分析中，由于酚酞指示剂的理论变色点（pH=9.0）正好落在滴定突跃范围之内，滴定误差为 0.01%，所以选择酚酞作为指示剂将获得比较准确的结果。

若用 0.1000mol/L HCl 标准溶液滴定 0.1000mol/L NH_3 溶液，由于其突跃范围在 6.25～4.30（化学计量点时 pH=5.28），因此必须选择在酸性区域变色的指示剂，如甲基红或溴甲酚绿等。若选择甲基橙作指示剂，当滴定到溶液由黄色变至橙色（pH=4.0）时，滴定误差达+0.20%。

(4) 滴定可行性判断　由上例的计算过程可知强碱（酸）滴定一元弱酸（碱）突跃范围与弱酸（碱）的浓度及其离解常数有关。酸的离解常数越小（即酸的酸性越弱），酸的浓度越低，则滴定突跃范围也就越小。考虑到借助指示剂观察终点有 0.3pH 单位的不确定性，如果要求 $-0.2\% \leqslant$ 滴定误差 $\leqslant 0.2\%$，那么滴定突跃就必须保证在 0.6pH 单位以上。因此只有当酸的浓度 c_0 与其离解常数 K_a 的乘积 $c_0 K_a \geqslant 10^{-8}$ 时，该酸溶液才可被强碱直接准确滴定。比如若弱酸 HA 的浓度为 0.1mol/L，则其被强碱（如 NaOH）准确滴定的条件是它的离解常数 $K_a \geqslant (10^{-8}/0.1) = 10^{-7}$。

那么，这是不是表明只需弱酸的 $c_0 K_a \geqslant 10^{-8}$，就可以保证它一定能被强碱直接准确滴定呢？其实不然。通过计算我们发现，当酸的浓度 $c_0 = 10^{-4}$ mol/L，就算其离解常数 $K_a = 10^{-3}$（$c_0 K_a = 10^{-4} \times 10^{-3} \geqslant 10^{-8}$，满足条件），但其滴定突跃范围却为 6.81～7.21，仅有 0.40 pH 单位，因此此时也无法直接准确滴定。

综上所述，用指示剂法直接准确滴定一元弱酸的条件是

$$c_0 K_a \geqslant 10^{-8} \text{ 且 } c_0 \geqslant 10^{-3} \text{mol/L}$$

在这种条件下，可保证 $-0.2\% \leqslant$ 滴定误差 $\leqslant 0.2\%$，滴定突跃约 >0.6pH 单位。

同理，能够用指示剂法直接准确滴定一元弱碱的条件是

$$c_0 K_b \geqslant 10^{-8} \text{ 且 } c_0 \geqslant 10^{-3} \text{mol/L}$$

式中的 c_0 表示一元弱碱的浓度。在这样的条件下，同样可保证 $-0.2\% \leqslant$ 滴定误差 $\leqslant 0.2\%$，

滴定突跃约>0.6pH单位。

显然，如果允许的误差较大，或检测终点的方法改进了（如使用仪器法），那么上述滴定条件还可适当放宽。

(5) 酸碱滴定反应的强化措施　对于一些极弱的酸（碱），有时可利用化学反应使其转变为较强的酸（碱）再进行滴定，一般称为强化法。常用的强化措施如下。

① 利用生成配合物　利用生成稳定的配合物的方法，可以使弱酸强化，从而可以较准确进行滴定。例如在硼酸中加入甘油或甘露醇，由于它们能与硼酸形成稳定的配合物，故大大增强了硼酸在水溶液中的酸式离解，从而可以酚酞为指示剂，用NaOH标准溶液进行滴定。

② 利用生成沉淀　利用沉淀反应，有时也可以使弱酸强化。例如 H_3PO_4，由于 K_{a_3} 很小 ($K_{a_3}=4.4×10^{-13}$)，通常只能按二元酸被滴定。但如加入钙盐，由于生成 $Ca_3(PO_4)_2$ 沉淀，故可继续滴定 HPO_4^{2-}。

③ 利用氧化还原反应　利用氧化还原反应使弱酸转变成为强酸再进行滴定。例如，用碘、过氧化氢或溴水，可将 H_2SO_3 氧化为 H_2SO_4，然后再用标准碱溶液滴定，这样可提高滴定的准确度。

④ 使用离子交换剂　利用离子交换剂与溶液中离子的交换作用，可以强化一些极弱的酸或碱，然后用酸碱滴定法进行测定。例如测定 NH_4Cl、KNO_3、柠檬酸盐时，在溶液中加入离子交换剂，则发生如下反应

$$NH_4Cl+R\text{-}SO_3^-H^+ \Longrightarrow R\text{-}SO_3^-\text{-}NH_4^+ + HCl$$

置换出的HCl用标准碱溶液滴定。

⑤ 在非水介质滴定　在某些酸性比水更弱的非水介质中进行滴定（见任务2-7　非水溶液中的酸碱滴定）。

(6) 终点误差　对于强酸（碱）滴定一元弱碱（酸）而言，其终点误差的计算公式为

① 用NaOH滴定HA

$$E_t = \frac{[OH^-]_{ep}-[HA]_{ep}}{c(HA)_{sp}} \tag{3-20}$$

② 用HCl滴定BOH

$$E_t = \frac{[H^+]_{ep}-[BOH]_{ep}}{c(BOH)_{sp}} \tag{3-21}$$

【例3-5】　计算0.1000mol/L NaOH标准溶液滴定0.1000mol/L HAc溶液至酚酞变红色（pH=9.0）与0.1000mol/L HCl标准溶液滴定0.1000mol/L NaOH溶液至甲基橙变橙色（pH=4.0）的终点误差。

解　(1) 化学计量点时

$$[HAc]_{sp} = \frac{20.00}{20.00+20.00} \times 0.1000 = 0.0500 \text{ (mol/L)}$$

当pH=9.0时，$[OH^-]=10^{-5.0}$mol/L，$[H^+]=10^{-9.0}$mol/L

$$[HAc]_{ep} = \frac{[H^+]}{[H^+]+K_a(HAc)} \times [HAc]_{sp}$$

$$[HAc]_{ep} = \frac{10^{-9.0}}{10^{-9.0}+10^{-4.76}} \times 0.0500 = 2.88 \times 10^{-6} \text{ (mol/L)}$$

所以，由式(3-20)

$$E_t = \frac{[OH^-]_{ep}-[HAc]_{ep}}{c(HAc)_{ep}}$$

可得
$$E_t = \frac{10^{-5.0} - 2.88 \times 10^{-6}}{0.0500} = 0.014\%$$

答：0.1000mol/L NaOH 标准溶液滴定 0.1000mol/L HAc 溶液至酚酞变红色时的终点误差为 +0.014%。

(2) 化学计量点时，
$$[NH_3]_{sp} = \frac{20.00}{20.00+20.00} \times 0.1000 = 0.0500 \text{ (mol/L)}$$

当 pH=4.0 时，$[H^+] = 10^{-4.0}$ mol/L，$[OH^-] = 10^{-10.0}$ mol/L

$$[NH_3]_{ep} = \frac{[OH^-]}{[OH^-] + K_b(NH_3)} \times [NH_3]_{sp}$$

$$[NH_3]_{ep} = \frac{10^{-10.0}}{10^{-10.0} + 10^{-4.75}} \times 0.0500 \text{ mol/L} = 2.81 \times 10^{-6} \text{ mol/L}$$

所以，由式(3-21)
$$E_t = \frac{[H^+]_{ep} - [NH_3]_{ep}}{c(NH_3)_{sp}}$$

可得
$$E_t = \frac{10^{-4.0} - 2.81 \times 10^{-6}}{0.0500} = 0.20\%。$$

答：0.1000mol/L HCl 标准溶液滴定 0.1000mol/L NaOH 溶液至甲基橙变橙色的终点误差为 0.20%。

二、多元酸、混合酸和多元碱的滴定

多元酸（碱）或混合酸的滴定比一元酸碱的滴定复杂，这是因为如果考虑能否直接准确滴定的问题，就意味着必须考虑两种情况：一是能否滴定酸或碱的总量，二是能否分级滴定（对多元酸碱而言）、分别滴定（对混合酸碱而言）。下面结合实例对上述问题作简要的讨论。

1. 强碱滴定多元酸

(1) 滴定可行性判断和滴定突跃　大量的实验证明，多元酸的滴定可按下述原则判断：

① 当 $c_a K_{a_1} \geqslant 10^{-8}$ 时，这一级离解的 H^+ 可以被直接滴定；

② 当相邻的两个 K_a 的比值，等于或大于 10^5 时，较强的那一级离解的 H^+ 先被滴定，出现第一个滴定突跃，较弱的那一级离解的 H^+ 后被滴定。但能否出现第二个滴定突跃，则取决于酸的第二级离解常数值是否满足

$$c_a K_{a_2} \geqslant 10^{-8}$$

③ 如果相邻的两个 K_a 的比值小于 10^5 时，滴定时两个滴定突跃将混在一起，这时只出现一个滴定突跃。

(2) H_3PO_4 的滴定　H_3PO_4 是弱酸，在水溶液中分步离解

$$H_3PO_4 \rightleftharpoons H^+ + H_2PO_4^- \qquad pK_{a_1} = 2.16$$
$$H_2PO_4^- \rightleftharpoons H^+ + HPO_4^{2-} \qquad pK_{a_2} = 7.21$$
$$HPO_4^{2-} \rightleftharpoons H^+ + PO_4^{3-} \qquad pK_{a_3} = 12.32$$

如果用 NaOH 滴定 H_3PO_4，那么 H_3PO_4 首先被滴定成 $H_2PO_4^-$，即

$$H_3PO_4 + NaOH \rightleftharpoons NaH_2PO_4 + H_2O$$

但当反应进行到大约 99.4% 的 H_3PO_4 被中和时（pH=4.7），已经有大约 0.3% 的 $H_2PO_4^-$ 被进一步中和成 HPO_4^{2-} 了，即

$$NaH_2PO_4 + NaOH \rightleftharpoons Na_2HPO_4 + H_2O$$

这表明前面两步中和反应并不是分步进行的,而是稍有交叉地进行的,所以,严格说来,对 H_3PO_4 而言,实际上并不真正存在两个化学计量点。由于对多元酸的滴定准确度要求不太高(通常分步滴定允许误差为±0.5%),因此,在满足一般分析的要求下,我们认为 H_3PO_4 还是能够进行分步滴定的,其第一化学计量点时溶液的 pH=4.68;第二化学计量点时溶液的 pH=9.76。其第三化学计量点因 $pK_{a_3}=12.32$,说明 HPO_4^{2-} 已太弱,故无法用 NaOH 直接滴定,如果此时在溶液中加入 $CaCl_2$ 溶液,则会发生如下反应

$$2HPO_4^{2-} + 3Ca^{2+} = Ca_3(PO_4)_2\downarrow + 2H^+$$

则弱酸转化成强酸,就可以用 NaOH 直接滴定了。

NaOH 滴定 H_3PO_4 的滴定曲线一般采用仪器法(电位滴定法)来绘制。图 3-8 所示的是 0.1000mol/L NaOH 标准溶液滴定 20.00mL 0.1000mol/L H_3PO_4 溶液的滴定曲线。从图 3-8 可以看出,由于中和反应交叉进行,使化学计量点附近曲线倾斜,滴定突跃较短,且第二化学计量点附近突跃较第一化学计量点附近的突跃还短。正因为突跃短小,使得终点变色不够明显,因而导致终点准确度也欠佳。

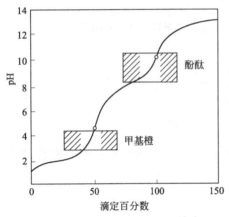

图 3-8 0.1000mol/L NaOH 滴定 0.1000mol/L H_3PO_4 的滴定曲线

如图 3-8 所示,第一化学计量点时,NaH_2PO_4 的浓度为 0.050mol/L,根据 H^+ 浓度计算的最简式

$$[H^+]_1 = \sqrt{K_{a_1}K_{a_2}} = \sqrt{10^{-2.16}\times 10^{-7.21}}$$
$$= 10^{-4.68} mol/L$$
$$pH_1 = 4.68$$

此时若选用甲基橙(pH=4.0)为指示剂,采用同浓度 Na_2HPO_4 溶液为参比时,其终点误差不大于 0.5%。

第二化学计量点时,Na_2HPO_4 的浓度为 3.33×10^{-2} mol/L(此时溶液的体积已增加了 2 倍),同样根据 H^+ 浓度计算的最简式

$$[H^+]_2 = \sqrt{K_{a_2}K_{a_3}} = \sqrt{10^{-7.21}\times 10^{-12.32}} = 10^{-9.76} mol/L$$
$$pH_2 = 9.76$$

此时若选择酚酞(pH=9.0)为指示剂,则终点将出现过早;若选用百里酚酞(pH=10.0)作指示剂,当溶液由无色变为浅蓝色时,其终点误差为 0.5%。

2. 强酸滴定多元碱

多元碱的滴定与多元酸的滴定类似,因此,有关多元酸滴定的结论也适合多元碱的情况。

(1) 滴定可行性判断和滴定突跃 与多元酸类似,多元碱的滴定可按下述原则判断:

① 当 $c_bK_{b_1}\geqslant 10^{-8}$ 时,这一级离解的 OH^- 可以被直接滴定;

② 当相邻的两个 K_b 比值,等于或大于 10^5 时,较强的那一级离解的 OH^- 先被滴定,出现第一个滴定突跃,较弱的那一级离解的 OH^- 后被滴定。但能否出现第二个滴定突跃,则取决于碱的第二级离解常数值是否满足

$$c_bK_{b_2}\geqslant 10^{-8}$$

③ 如果相邻的 K_b 比值小于 10^5 时,滴定时两个滴定突跃将混在一起,这时只出现一个滴定突跃。

(2) Na_2CO_3 的滴定　Na_2CO_3 是二元碱，在水溶液中存在如下离解平衡

$$CO_3^{2-} + H_2O \rightleftharpoons HCO_3^- + OH^- \quad pK_{b_1} = 3.75$$

$$HCO_3^- + H_2O \rightleftharpoons H_2CO_3 + OH^- \quad pK_{b_2} = 7.62$$

在满足一般分析的要求下，Na_2CO_3 还是能够进行分步滴定的，只是滴定突跃较小。如果用 HCl 滴定，则第一步生成 $NaHCO_3$，反应式为

$$HCl + Na_2CO_3 =\!=\!= NaHCO_3 + NaCl$$

继续用 HCl 滴定，则生成的 $NaHCO_3$ 被进一步反应生成碱性更弱的 H_2CO_3。H_2CO_3 本身不稳定，很容易分解生成 CO_2 与 H_2O，反应式为

$$HCl + NaHCO_3 =\!=\!= H_2CO_3 + NaCl$$
$$\hookrightarrow CO_2 + H_2O$$

HCl 滴定 Na_2CO_3 的滴定曲线一般也采用仪器法（电位滴定法）来绘制。图 3-9 所示的是 0.1000mol/L HCl 标准溶液滴定 20.00mL 0.1000mol/L Na_2CO_3 溶液的滴定曲线。第一化学计量点时，HCl 与 Na_2CO_3 反应生成 $NaHCO_3$。$NaHCO_3$ 为两性物质，其浓度为 0.050mol/L，根据表 3-1 所列 H^+ 浓度计算的最简式

$$[H^+]_1 = \sqrt{K_{a_1} K_{a_2}}$$
$$= \sqrt{10^{-6.38} \times 10^{-10.25}} \text{ mol/L}$$
$$= 10^{-8.32} \text{ mol/L}$$
$$pH_1 = 8.32$$

（H_2CO_3 的 $pK_{a_1} = 6.38$，$pK_{a_2} = 10.25$）

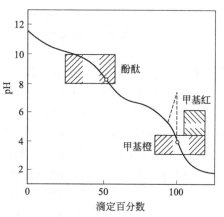

图 3-9　0.1000mol/L HCl 标准溶液滴定 20.00mL 0.1000mol/L Na_2CO_3 溶液的滴定曲线

此时选用酚酞（pH=9.0）为指示剂，终点误差较大，滴定准确度不高。若采用酚红与百里酚蓝混合指示剂，并用同浓度 $NaHCO_3$ 溶液作参比时，终点误差约为 0.5%。

第二化学计量点时，HCl 进一步与 $NaHCO_3$ 反应，生成 H_2CO_3（$H_2O + CO_2$），其水溶液中的饱和浓度约为 0.040mol/L，因此，按表 3-1 计算二元弱酸 pH 的最简公式计算，则

$$[H^+]_2 = \sqrt{cK_{a_1}} = \sqrt{0.040 \times 10^{-6.38}} = 1.3 \times 10^{-4} \text{ mol/L}$$
$$pH_2 = 3.89$$

若选择甲基橙（pH=4.0）为指示剂，在室温下滴定时，终点变化不敏锐。为提高滴定准确度，可采用 CO_2 所饱和并含有相同浓度 NaCl 和指示剂的溶液作对比。也有选择甲基红（pH=5.0）为指示剂的，不过滴定时需加热除去 CO_2。实际操作是：当滴到溶液变红（pH<4.4），暂时中断滴定，加热除去 CO_2，则溶液又变回黄色（pH>6.2），继续滴定到红色（溶液 pH 值变化如图 3-9 虚线所示）。重复此操作 2~3 次，至加热趋赶 CO_2 并将溶液冷至室温后，溶液颜色不发生变化为止。此方式滴定终点敏锐，准确度高。

3. 混合酸（碱）的滴定

混合酸（碱）的滴定主要包括两种情况：一是强酸（碱）-弱酸（碱）混合液的滴定；二是两种弱酸（碱）混合液的滴定。下面主要讨论混合酸的滴定。

(1) 强酸-弱酸（HCl+HA）混合液的滴定　这种情况比较典型的实例是 HCl 与另一弱酸 HA 混合液的测定。当 HCl 与 HAc 的浓度均为 0.1000mol/L 时，不同离解常数下的

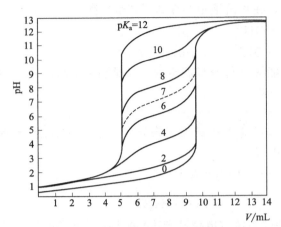

图 3-10　0.1000mol/L NaOH 滴定含 0.1000mol/L HCl 和 0.1000mol/L HA 溶液的滴定曲线

弱酸 HA 用 0.1000mol/L NaOH 滴定的滴定曲线如图 3-10 所示。

由图 3-10 可以得出如下结论：

① 若 $K_a(HA) < 10^{-7}$，HA 不影响 HCl 的滴定，能准确滴定 HCl 的含量，但无法准确滴定混合酸的总量。

② 若 $K_a(HA) > 10^{-5}$，滴定 HCl 时，HA 同时被滴定，能准确滴定混合酸的总量，但无法准确滴定 HCl 的含量。

③ 若 $10^{-7} < K_a(HA) < 10^{-5}$，则既能滴定 HCl，也能滴定 HA，即可分别滴定 HCl 和 HA 的含量。

总之，弱酸的 pK_a 值越大则越有利于强酸的滴定，但却越不利于混合酸总量的测定。一般当弱酸的 $c_0 K_a \leqslant 10^{-8}$ 时，就无法测得混合酸的总量；而弱酸（HA）的 $pK_a \leqslant 5$ 时，也就不能直接准确滴定混合液中的强酸了。

当然，在实际分析过程中，若强酸的浓度增大，则分别滴定强酸与弱酸的可能性也就增大，反之就变小。所以对混合酸的直接准确滴定进行判断时，除了要考虑弱酸（HA）酸的强度之外，还须比较强酸（HCl）与弱酸（HA）浓度比值的大小。

(2) 两种弱酸混合液（HA＋HB）的滴定　两种弱酸的混合液，类似于一种二元酸的测定，但也并不完全一致，能直接滴定的条件为

$$\begin{cases} K_a(HB) \leqslant K_a(HA);\quad c(HB) < c(HA) \\ c(HB) K_a(HB) \geqslant 10^{-8} \text{ 且 } c(HB) \geqslant 10^{-3} \text{mol/L} \end{cases}$$

两种弱酸能够分别滴定的条件为

$$\begin{cases} \dfrac{c(HA) K_a(HA)}{c(HB) K_a(HB)} \geqslant 10^5 \\ c(HB) K_a(HB) \geqslant 10^{-8} \text{ 且 } c(HB) \geqslant 10^{-3} \text{mol/L} \end{cases}$$

思 考 题

1. 在什么条件下能用强酸（碱）直接进行滴定？
2. 满足什么条件时就能用强酸（碱）分步进行滴定？
3. 选择指示剂的原则是什么？
4. 酸碱滴定曲线成 S 型的几个关键点分别是哪几个？
5. 用 $c(NaOH)=0.1mol/L$ NaOH 溶液滴定下列各种酸能出现几个滴定突跃？各选何种指示剂？
   (1) CH_3COOH　　(2) $H_2C_2O_4 \cdot 2H_2O$　　(3) H_3PO_4　　(4) $HF+HAc$
6. 有人要用酸碱滴定法测定 NaAc 溶液的浓度，先加入一定量过量的 HCl 标准溶液，然后用 NaOH 的标准溶液返滴定过量的 HCl，问上述操作是否正确？为什么？

子任务 1-6　酸碱滴定法的应用示例

【学习要点】　理解工业硫酸的测定方法；理解用氯化钡法和双指示剂法测定混合碱的

方法。

酸碱滴定法在生产实际中应用极为广泛，许多酸、碱物质包括一些有机酸（或碱）物质均可用酸碱滴定法进行测定。对于一些极弱酸或极弱碱，部分也可在非水溶液中进行测定，有些非酸（碱）性物质，还可以用间接酸碱滴定法进行测定。

实际上，酸碱滴定法除广泛应用于大量化工产品主成分含量的测定外，还广泛应用于钢铁及某些原材料中 C、S、P、Si 与 N 等元素的测定，以及有机合成工业与医药工业中的原料、中间产品和成品等的分析测定，甚至现行国家标准（GB）中，如化学试剂、化工产品、食品添加剂、水质标准、石油产品等凡涉及到酸度、碱度项目测定的，多数采用酸碱滴定法。

下面列举几个实例，简要叙述酸碱滴定法在某些方面的应用。

一、工业硫酸的测定

工业硫酸是一种重要的化工产品，也是一种基本的工业原料，广泛应用于化工、轻工、制药及国防科研等部门中，在国民经济中占有非常重要的地位。

纯硫酸是一种无色透明的油状黏稠液体，密度约为 1.84g/mL，其纯度的大小常用硫酸的质量分数来表示。

H_2SO_4 是一种强酸，可用 NaOH 标准溶液滴定，滴定反应为

$$H_2SO_4 + 2NaOH = Na_2SO_4 + 2H_2O$$

滴定硫酸一般可选用甲基橙、甲基红等指示剂，国家标准 GB 11198.1 中规定使用甲基红-亚甲基蓝混合指示剂。其质量分数 $w_{H_2SO_4}$ 的计算公式为

$$w(H_2SO_4) = \frac{c(NaOH)V(NaOH) \times M\left(\frac{1}{2}H_2SO_4\right)}{m_S \times 1000} \times 100\% \tag{3-22}$$

式中　$c(NaOH)$——NaOH 标准溶液的浓度，mol/L；

$V(NaOH)$——消耗 NaOH 标准溶液的体积，mL；

$M\left(\frac{1}{2}H_2SO_4\right) = 49.04$ g/mol；

m_S——称取 H_2SO_4 试样的质量，g；

$w(H_2SO_4)$——工业硫酸试样中 H_2SO_4 的质量分数，%。

在滴定分析时，由于硫酸具有强腐蚀性，因此使用和称取硫酸试样时，严禁溅出；硫酸稀释时会放出大量的热，使得试样溶液温度变高，需冷却后才能转移至容量瓶中稀释或进行滴定分析；硫酸试样的称取量由硫酸的密度和大致含量及 NaOH 标准滴定溶液的浓度来决定。

二、混合碱的测定

混合碱的组分主要有：NaOH、Na_2CO_3、$NaHCO_3$，由于 NaOH 与 $NaHCO_3$ 不可能共存，因此混合碱的组成或者为三种组分中任一种，或者为 NaOH 与 Na_2CO_3 的混合物，或者为 Na_2CO_3 与 $NaHCO_3$ 的混合物。若是单一组分的化合物，用 HCl 标准溶液直接滴定即可；若是两种组分的混合物，则一般可用氯化钡法与双指示剂法进行测定。下面详细讨论这两种方法。

1. 氯化钡法

(1) NaOH 与 Na_2CO_3 混合物的测定　准确称取一定量试样，溶解后稀释至一定体积，移取两等份相同体积的试液分别作如下测定。

第一份试液用甲基橙作指示剂，以 HCl 标准溶液滴定至溶液变为红色时，溶液中的 NaOH 与 Na_2CO_3 完全被中和，所消耗 HCl 标准溶液的体积记为 $V_1 mL$。

第二份试液中先加入稍过量的 $BaCl_2$，使 Na_2CO_3 完全转化成 $BaCO_3$ 沉淀。在沉淀存在的情况下，用酚酞作指示剂，以 HCl 标准滴定溶液滴定至溶液变为无色时，溶液中的 NaOH 完全被中和，所消耗 HCl 标准滴定溶液的体积记为 $V_2 mL$。

显然，与溶液中 NaOH 反应的 HCl 标准滴定溶液的体积为 $V_2 mL$，因此

$$w(NaOH) = \frac{c(HCl)V_2 \times 40.00}{m_S \times 1000} \times 100\% \tag{3-23a}$$

而与溶液中 Na_2CO_3 反应的 HCl 标准滴定溶液的体积为 $(V_1-V_2)mL$，因此

$$w(Na_2CO_3) = \frac{\frac{1}{2}c(HCl) \times (V_1-V_2) \times 106.0}{m_S \times 1000} \times 100\% \tag{3-23b}$$

以上两式中　　　　m_S——称取试样的质量，g；
　　　　　　　　40.00——NaOH 的摩尔质量，g/mol；
　　　　　　　　106.0——Na_2CO_3 的摩尔质量，g/mol；
$w(NaOH)$、$w(Na_2CO_3)$——试样中 NaOH、Na_2CO_3 的质量分数，%。

(2) Na_2CO_3 与 $NaHCO_3$ 混合物的测定　对于这一种情况来说，同样准确称取一定量试样，溶解后稀释至一定体积，同样移取两等份相同体积的试液分别作如下测定。

第一份试样溶液仍以甲基橙作指示剂，用 HCl 标准滴定溶液滴定至溶液变为红色时，溶液中的 Na_2CO_3 与 $NaHCO_3$ 全部被中和，所消耗 HCl 标准滴定溶液的体积仍记为 $V_1 mL$。

第二份试样溶液中先准确加入过量的已知准确浓度 NaOH 标准溶液 $V mL$，使溶液中的 $NaHCO_3$ 全部转化成 Na_2CO_3，然后再加入稍过量的 $BaCl_2$ 将溶液中的 CO_3^{2-} 沉淀为 $BaCO_3$。同样在沉淀存在的情况下，以酚酞为指示剂，用 HCl 标准滴定溶液返定过量的 NaOH 溶液。待溶液变为无色时，表明溶液中过量的 NaOH 全部被中和，所消耗的 HCl 标准滴定溶液的体积记为 $V_2 mL$。

显然，使溶液中 $NaHCO_3$ 转化成 Na_2CO_3 所消耗的 NaOH 即为溶液中 $NaHCO_3$ 的毫摩尔量，因此

$$w(NaHCO_3) = \frac{[c(NaOH)V - c(HCl)V_2] \times 84.01}{m_S \times 1000} \times 100\% \tag{3-24a}$$

同样，与溶液中的 Na_2CO_3 反应的 HCl 标准滴定溶液的体积则为总体积 V_1 减去 $NaHCO_3$ 所消耗之体积，因此

$$w(Na_2CO_3) = \frac{\{c(HCl)V_1 - [c(NaOH)V - c(HCl)V_2]\} \times \frac{1}{2} \times 106.0}{m_S \times 1000} \times 100\% \tag{3-24b}$$

以上两式中　　　　m_S——试样的质量，g；
　　　　　　　　84.01——$NaHCO_3$ 的摩尔质量，g/mol；
　　　　　　　　106.0——Na_2CO_3 的摩尔质量，g/mol；
$w(NaHCO_3)$、$w(Na_2CO_3)$——试样中 $NaHCO_3$、Na_2CO_3 的质量分数，%。

2. 双指示剂的方法

双指示剂法测定混合碱时，无论其组成如何，其方法均是相同的，具体操作如下：准确称取一定量试样，用蒸馏水溶解后先以酚酞为指示剂，用 HCl 标准滴定溶液滴定至

溶液粉红色消失，记下 HCl 标准滴定溶液所消耗的体积 V_1（mL）。此时，存在于溶液中的 NaOH 全部被中和，而 Na_2CO_3 则被中和为 $NaHCO_3$。然后在溶液中加入甲基橙指示剂，继续用 HCl 标准溶液滴定至溶液由黄色变为橙红色，记下**又用去**的 HCl 标准滴定溶液的体积 V_2 mL。显然，V_2 是滴定溶液中 $NaHCO_3$（包括溶液中原本存在的 $NaHCO_3$ 与 Na_2CO_3 被中和所生成的 $NaHCO_3$）所消耗的体积。由于 Na_2CO_3 被中和到 $NaHCO_3$ 与 $NaHCO_3$ 被中和到 H_2CO_3 所消耗的 HCl 标准滴定溶液的体积是相等的。因此，有如下判别式

(1) $V_1 > V_2$　这表明溶液中有 NaOH 存在，因此，混合碱由 NaOH 与 Na_2CO_3 组成，且将溶液中的 Na_2CO_3 中和到 $NaHCO_3$ 所消耗的 HCl 标准滴定溶液的体积为 V_2 mL，见图 3-11。

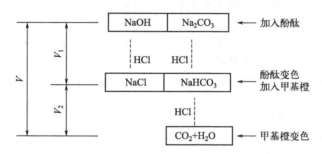

图 3-11　HCl 标准滴定溶液滴定 Na_2CO_3 与 $NaHCO_3$ 混合碱所消耗体积

所以

$$w(Na_2CO_3) = \frac{c(HCl) \times 2V_2 \times M\left(\frac{1}{2}Na_2CO_3\right)}{m_S \times 1000} \times 100\% \quad (3-25a)$$

将溶液中的 NaOH 中和成 NaCl 所消耗的 HCl 标准滴定溶液的体积为 (V_1-V_2) mL，所以

$$w(NaOH) = \frac{c(HCl) \times (V_1-V_2) \times M(NaOH)}{m_S \times 1000} \times 100\% \quad (3-25b)$$

以上两式中　$c(HCl)$——盐酸标准滴定溶液的浓度，mol/L；

　　　　　　V_1——第一终点消耗盐酸标准滴定溶液的体积，mL；

　　　　　　V_2——第二终点和第一终点消耗盐酸标准滴定溶液的体积差，mL；

　　　　　　m_S——样品的质量，g；

　　　　　　$M(NaOH)$——氢氧化钠的摩尔质量，$M(NaOH) = 40.00$ g/mol；

　　　　　　$M\left(\frac{1}{2}Na_2CO_3\right)$——碳酸钠的摩尔质量，$M\left(\frac{1}{2}Na_2CO_3\right) = 52.994$ g/mol。

(2) $V_1 < V_2$　这表明溶液中有 $NaHCO_3$ 存在，因此，混合碱由 Na_2CO_3 与 $NaHCO_3$ 组成，且将溶液中的 Na_2CO_3 中和到 $NaHCO_3$ 所消耗的 HCl 标准滴定溶液的体积为 V_1 mL，见图 3-12。

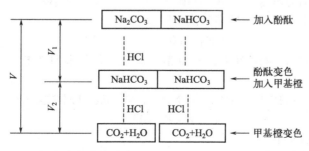

图 3-12　HCl 标准滴定溶液滴定 Na_2CO_3 与 $NaHCO_3$ 混合碱所消耗体积

所以

$$w(Na_2CO_3) = \frac{c(HCl) \times 2V_1 \times M(\frac{1}{2}Na_2CO_3)}{m_S \times 1000} \times 100\% \tag{3-26a}$$

将溶液中的 $NaHCO_3$ 中和成 H_2CO_3 所消耗的 HCl 标准滴定溶液的体积为 (V_2-V_1) mL，所以

$$w(NaHCO_3) = \frac{c(HCl) \times (V_2-V_1) \times M(NaHCO_3)}{m_S \times 1000} \times 100\% \tag{3-26b}$$

以上两式中　$c(HCl)$——盐酸标准滴定溶液的浓度，mol/L；

V_1——第一终点消耗盐酸标准滴定溶液的体积，mL；

V_2——第二终点和第一终点消耗盐酸标准滴定溶液的体积差，mL；

m_S——样品的质量，g；

$M(NaOH)$——氢氧化钠的摩尔质量，$M(NaOH)=40.00$ g/mol；

$M(\frac{1}{2}Na_2CO_3)$——碳酸钠的摩尔质量，$M(\frac{1}{2}Na_2CO_3)=52.994$ g/mol。

氯化钡法与双指示剂法相比，前者操作上虽然稍麻烦，但由于测定时 CO_3^{2-} 被沉淀，所以最后的滴定实际上是强酸滴定强碱，因此结果反而比双指示剂法准确。

三、硼酸的测定

硼酸的酸性太弱（$pK_a=9.24$），不能用碱直接滴定。实际测定时一般是在硼酸溶液中加入多元醇（如甘露醇或甘油），使之与硼酸反应，生成络合酸

此络合酸的酸性较强，其 $pK_a=4.26$，可用 NaOH 直接滴定。

四、铵盐中氮的测定

肥料、土壤以及某些有机化合物常常需要测定其中氮的含量，通常是将样品先经过适当的处理，将其中的各种含氮化合物全部转化为氨态氮，然后进行测定。常用的方法有蒸馏法与甲醛法。

1. 蒸馏法

准确称取一定量的含铵试样，置于蒸馏瓶中，加入过量浓 NaOH，加热，将 NH_3 蒸馏出来

$$(NH_4)_2SO_4 + 2NaOH(浓) = Na_2SO_4 + 2H_2O + 2NH_3\uparrow$$

蒸馏出来的 NH_3 用过量的 HCl 标准溶液来吸收

$$NH_3 + HCl = NH_4Cl$$

剩余 HCl 标准溶液的量，再用 NaOH 标准溶液滴定，以甲基红为指示剂，则试样中氮的含量为

$$w_N = \frac{[c(HCl)V(HCl) - c(NaOH)V(NaOH)] \times 14.01}{m_S \times 1000} \times 100\% \tag{3-27}$$

式中　m_S——试样的质量，g；

14.01——氮的摩尔质量，g/mol；

$c(NaOH)$ ——氢氧化钠标准溶液的浓度，mol/L；
$c(HCl)$ ——盐酸标准溶液的浓度，mol/L；
$V(NaOH)$ ——消耗氢氧化钠标准溶液的体积，mL；
$V(HCl)$ ——消耗盐酸标准溶液的体积，mL。

也可用 H_3BO_3 溶液吸收，然后用 HCl 标准滴定溶液滴定 H_3BO_3 吸收液，选甲基红为指示剂。反应式为

$$NH_3 + H_3BO_3 \Longleftrightarrow NH_4BO_2 + H_2O$$

$$HCl + NH_4BO_2 + H_2O \Longleftrightarrow NH_4Cl + H_3BO_3$$

由于 H_3BO_3 是极弱的酸，不影响测定，因此作为吸收剂，只须保证过量即可。此法的优点是只需一种标准溶液，且不需特殊的仪器。

有机氮化物需要在 $CuSO_4$ 的催化下，用浓 H_2SO_4 消化分解使其转化为 NH_4^+，然后再用蒸馏法测定。这种方法称之为凯氏（Kjeldahl）定氮法。

2. 甲醛法

甲醛与铵盐反应，生成质子化的六亚甲基四胺和 H^+，反应如下

$$4NH_4^+ + 6HCHO \Longleftrightarrow (CH_2)_6N_4H^+ + 3H^+ + 6H_2O$$

然后用 NaOH 标准溶液滴定。由于 $(CH_2)_6N_4H^+$ 的 $pK_a = 5.15$，所以它也能被 NaOH 所滴定。因此，4mol 的 NH_4^+ 将消耗 4mol 的 NaOH，即它们之间的化学计量关系为 1∶1，反应式为

$$(CH_2)_6N_4H^+ + 3H^+ + 4OH^- \Longleftrightarrow (CH_2)_6N_4 + 4H_2O$$

通常采用酚酞作指示剂。如果试样中含有游离酸，则应先以甲基红作指示剂，用 NaOH 将其中和，然后再测定。

五、氟硅酸钾法测定 SiO_2 含量

硅酸盐试样中 SiO_2 含量的测定，一般是采用重量法。重量法虽然准确度高，但太费时，因此目前生产上各种试样中 SiO_2 含量的例行分析，一般均采用氟硅酸钾容量法，其方法如下所述。

硅酸盐试样用 KOH 或 NaOH 熔融，使之转化为可溶性硅酸盐，如 K_2SiO_3。K_2SiO_3 在过量 KCl、KF 的存在下与 HF（HF 有剧毒，必须在通风橱中操作）作用，生成微溶的氟硅酸钾（K_2SiF_6），其反应如下

$$K_2SiO_3 + 6HF \Longleftrightarrow K_2SiF_6 \downarrow + 3H_2O$$

将生成的 K_2SiF_6 沉淀过滤。由于 K_2SiF_6 在水中的溶解度较大，为防止其溶解损失，将其用 KCl 乙醇溶液洗涤。然后用 NaOH 溶液中和溶液中未洗净的游离酸，随后加入沸水使 K_2SiF_6 水解，生成 HF，反应如下

$$K_2SiF_6 + 3H_2O \Longleftrightarrow 2KF + H_2SiO_3 + 4HF$$

水解生成的 HF 可用 NaOH 标准溶液滴定，从而计算出试样中 SiO_2 的含量。
由于 1mol 的 K_2SiF_6 释放出 4mol 的 HF，也即消耗 4mol 的 NaOH，因此试样中的 SiO_2 与 NaOH 的化学计量关系为 $\frac{1}{4}$，所以试样中 SiO_2 含量的计算公式为

$$w(SiO_2) = \frac{c(NaOH)V(NaOH) \times \frac{1}{4} \times 60.084}{m_S \times 1000} \times 100\% \tag{3-28}$$

式中 $c(NaOH)$ ——氢氧化钠标准溶液的浓度，mol/L；

$V(NaOH)$——消耗氢氧化钠标准溶液的体积，mL；

m_S——试样的质量，g；

60.084——SiO_2 的摩尔质量，g/mol。

思 考 题

有一碱性溶液，可能是 NaOH、$NaHCO_3$ 或 Na_2CO_3、或其中两者的混合物，用双指示剂法进行测定，开始用酚酞为指示剂，消耗 HCl 体积为 V_1，再用甲基橙为指示剂，又消耗 HCl 体积为 V_2，V_1 与 V_2 关系如下，试判断上述溶液的组成。

(1) $V_1 > V_2$，$V_2 \neq 0$ (2) $V_1 < V_2$，$V_1 \neq 0$

(3) $V_1 = V_2 \neq 0$ (4) $V_1 > V_2$，$V_2 = 0$

(5) $V_1 < V_2$，$V_1 = 0$

子任务 1-7　非水溶液中的酸碱滴定

【学习要点】　了解非水滴定的概念，溶剂的分类、性质及其选择；了解非水滴定滴定剂的选择和终点的确定；了解非水滴定的应用。

水是最常见的溶剂，酸碱滴定也一般均在水溶液中进行。但是，以水为介质进行滴定分析时，也会遇到困难，例如：

(1) 酸度（或碱度）常数小于 10^{-7} 的弱酸（或弱碱），或 $c_0 K_a < 10^{-8}$（或 $c_0 K_b < 10^{-8}$）的溶液，一般不能准确滴定。

(2) 许多有机酸在水中的溶解度很小，这使滴定无法进行。

(3) 强酸（或强碱）的混合溶液在水溶液中不能分别进行滴定。

为了解决上述困难，可采用各种非水溶剂作为滴定介质，简称非水滴定法。非水滴定法在有机分析中得到了广泛的应用。本节简要介绍在非水溶剂中的酸碱滴定。

一、溶剂的分类和作用

1. 溶剂的分类

在非水溶液酸碱滴定中，常用的溶剂有甲醇、乙醇、冰乙酸、二甲基甲酰胺、四氯化碳、丙酮和苯等。通常可根据溶剂的酸碱性，定性地将它们分为四大类。

(1) 酸性溶剂　这类溶剂给出质子的能力比水强，接受质子的能力比水弱，即酸性比水强，碱性比水弱，故称为酸性溶剂。如甲酸、冰乙酸、硫酸等，主要适用于测定弱碱含量。

(2) 碱性溶剂　这类溶剂接受质子的能力比水强，给出质子的能力比水弱，即碱性比水强，酸性比水弱，故称为碱性溶剂。如乙二胺、丁胺、乙醇胺等，主要适用于测定弱酸的含量。

(3) 两性溶剂　这类溶剂的酸碱性与水相近，即它们给出和接受质子的能力相当。属于这类溶剂的主要是醇类，如甲醇、乙醇、乙二醇、丙醇等，主要适用于测定酸碱性不太弱的有机酸或有机碱。

(4) 惰性溶剂　这类溶剂几乎没有接受质子的能力，其介电常数通常比较小。在这类溶剂中，溶剂分子之间没有质子自递反应。如苯、氯仿、四氯化碳等。在惰性溶剂中，质子转移反应直接发生在试样和滴定剂之间。

2. 溶剂的作用

酸碱反应中质子传递过程是通过溶剂来实现的，因此，物质的酸碱强度与物质本身的性质及溶剂的酸碱度有关。同一种酸在不同溶剂中，其强度就不同，如苯酚在水溶剂中是一种极弱的酸,不能用碱标准溶液直接滴定,但是在碱性的乙二胺溶剂中就可表现出较强的酸性,可用电位滴定法滴定。同样,吡啶或胺类等在水中是极弱的碱,不能直接滴定,但在冰乙酸介质中就可增强其碱性,可以被滴定。

3. 溶剂的区分效应和拉平效应

根据酸碱质子理论,不同物质所表现出的酸性或碱性的强弱,不仅与这种物质本身给出或接受质子的能力大小有关,而且与溶剂的性质有关。即溶剂的碱性(接受质子的能力)越强,则物质的酸性越强;溶剂的酸性(给出质子的能力)越强,则物质的碱性越强。若以 HS 代表任一溶剂,酸 HB 在其中的离解平衡为

$$HB + HS \rightleftharpoons H_2S^+ + B^-$$

H_2S^+ 指溶剂化质子。HB 在水、乙醇和冰乙酸中的离解平衡可分别表示如下

$$HB + H_2O \rightleftharpoons H_3O^+ + B^-$$

$$HB + C_2H_5OH \rightleftharpoons C_2H_5OH_2^+ + B^-$$

$$HB + HAc \rightleftharpoons H_2Ac^+ + B^-$$

实验证明,$HClO_4$、H_2SO_4、HCl、HNO_3 的强度是有差别的,其强度顺序为

$$HClO_4 > H_2SO_4 > HCl > HNO_3$$

可是在水溶液中,它们的强度没有什么差别,这是因为它们在水溶液中给出质子的能力都很强,而水的碱性已足够使它充分接受这些酸给出的质子,只要这些酸的浓度不是太大,则它们将定量地与水作用,全部转化为

$$HClO_4 + H_2O \longrightarrow H_3O^+ + ClO_4^-$$

$$H_2SO_4 + H_2O \longrightarrow H_3O^+ + SO_4^{2-}$$

$$HCl + H_2O \longrightarrow H_3O^+ + Cl^-$$

$$HNO_3 + H_2O \longrightarrow H_3O^+ + NO_3^-$$

因此,它们的酸的强度在水中全部被拉平到 H_3O^+ 的水平。这种将各种不同强度酸拉平到溶剂化质子水平的效应称为拉平效应。具有拉平效应的溶剂称为拉平性溶剂。在这里,水是 $HClO_4$、H_2SO_4、HCl 和 HNO_3 的拉平性溶剂。很明显,通过水的拉平效应,任何一种比 H_3O^+ 酸性更强的酸,都将被拉平到 H_3O^+ 的水平。

如果是在冰乙酸介质中,由于 H_2Ac^+ 的酸性较水强,因而 HAc 的碱性就较水为弱。在这种情况下,这四种酸就不能全部将其质子转移给 HAc 了,并且在程度上有差别。不同酸在冰乙酸介质中的离解反应及相应的 pK_a 值如表 3-9 所示。

表 3-9 不同酸在冰乙酸介质中的离解反应及相应的 pK_a 值

名称	离解方程式	pK_a 值
$HClO_4$	$HClO_4 + HAc \rightleftharpoons H_2Ac^+ + ClO_4^-$	5.8
H_2SO_4	$H_2SO_4 + HAc \rightleftharpoons H_2Ac^+ + SO_4^{2-}$	8.2(pK_{a_1})
HCl	$HCl + HAc \rightleftharpoons H_2Ac^+ + Cl^-$	8.8
HNO_3	$HNO_3 + HAc \rightleftharpoons H_2Ac^+ + NO_3^-$	9.4

由表 3-9 可见,在冰醋酸介质中,这四种酸的强度能显示出差别来。这种能区分酸(或碱)的强弱的效应称为分辨效应(又叫区分效应)。具有分辨效应的溶剂称为分辨性溶剂。在这里,冰乙酸是 $HClO_4$、H_2SO_4、HCl 和 HNO_3 的分辨性溶剂。

同理,在水溶液中最强的碱是 OH^-,更强的碱(如 O^{2-},NH_2^- 等)都被拉平到同一水平 OH^-,只有比 OH^- 更弱的碱(如 NH_3、$HCOO^-$ 等)才能分辨出强弱来。

二、非水溶液滴定的条件

1. 溶剂的选择

在非水滴定中，溶剂的选择至关重要。在选择溶剂时首先要考虑的是溶剂的酸碱性，因为它直接影响到滴定反应的完全程度。例如，吡啶在水中是一个极弱的有机碱（$K_b=1.4\times10^{-9}$），在水溶液中，中和反应很难发生，进行直接滴定非常困难。如果改用冰乙酸作溶剂，由于冰乙酸是酸性溶剂，给出质子的倾向较强，从而增强了吡啶的碱性，这样就可以顺利地用 $HClO_4$ 进行滴定了。其反应如下

$$HClO_4 \rightleftharpoons H^+ + ClO_4^-$$

$$CH_3COOH + H^+ \rightleftharpoons CH_3COOH_2^+$$

$$CH_3COOH_2^+ + C_5H_5N \rightleftharpoons C_5H_5NH^+ + CH_3COOH$$

三式相加

$$C_5H_5N + HClO_4 \rightleftharpoons C_5H_5NH^+ + ClO_4^-$$

在这个反应中，冰乙酸的碱性比 ClO_4^- 强，因此它接受 $HClO_4$ 给出的质子，生成溶剂合质子 $CH_3COOH_2^+$，C_5H_5N 接受 $CH_3COOH_2^+$ 给出的质子而生成 $C_5H_5NH^+$。

因此，在非水滴定中，良好的溶剂应具备下列条件：

(1) 对试样的溶解度较大，并能提高它的酸度或碱度；
(2) 能溶解滴定生成物和过量的滴定剂；
(3) 溶剂与样品及滴定剂不发生化学反应；
(4) 有合适的终点判断方法（目视指示剂法或电位滴定法）；
(5) 易提纯，黏度小，挥发性低，易于回收，价格便宜，使用安全。

惰性溶剂没有明显的酸性和碱性，因此没有拉平效应，这样就使惰性溶剂成为一种很好的分辨性溶剂。在非水滴定中，利用拉平效应，可以滴定酸或碱的总量。

2. 滴定剂的选择

(1) **酸性滴定剂** 在非水介质中滴定碱时，常用的溶剂为冰乙酸，用高氯酸的冰乙酸溶液为滴定剂，滴定过程中产生的高氯酸盐具有较大的溶解度，高氯酸的冰乙酸溶液是用含 70%~72% 的高氯酸水溶液配制而成的，其中的水分一般通过加入一定量的乙酸酐除去。

$HClO_4$-HAc 滴定剂一般用邻苯二甲酸氢钾作为基准物质进行标定，滴定反应为

$$\text{邻苯二甲酸氢钾(COOH/COOK)} + HClO_4 \rightleftharpoons \text{邻苯二甲酸(COOH/COOH)} + KClO_4$$

滴定时以甲基紫或结晶紫为指示剂。

(2) **碱性滴定剂** 常用的碱性滴定剂为醇钠和醇钾。例如甲醇钠，它是由金属钠和甲醇反应制得的。

$$2CH_3OH + 2Na \longrightarrow 2CH_3ONa + H_2\uparrow$$

碱金属氢氧化物和季胺碱（如氢氧化四丁基铵）也可用作滴定剂。季胺碱的优点是碱性强度大，滴定产物易溶于有机溶剂。碱性滴定剂在储存和使用时，必须注意防水和避免 CO_2 的影响。

3. 滴定终点的确定

非水滴定中，确定滴定终点的方法很多，最常用的有电位法和指示剂法。

一般来说，非水滴定用的指示剂随溶剂而异。在酸性溶剂中，一般使用结晶紫、甲基紫、α-萘酚等作指示剂。在碱性溶剂中，百里酚蓝可用在苯、吡啶、二甲基甲酰胺或正丁胺中，但不适用于乙二胺溶液；偶氮紫可用于吡啶、二甲基甲酰胺、乙二胺及正丁胺中，但不

适于苯或其他烃类溶液；邻硝基苯胺可用于乙二胺或二甲基甲酰胺中，但在醇、苯或正丁胺中，却不适用。

三、非水滴定的应用

非水滴定测定钢铁中碳的含量是一种常用的方法。试样在氧气流中经高温燃烧，将产生的二氧化碳导入含有百里香酚蓝和百里酚酞指示剂的丙酮-甲醇混合吸收液中，然后以甲醇钾标准滴定溶液滴定至终点，根据消耗甲醇钾的用量，计算试样中碳的质量分数。

在上述反应中，钢铁中碳与甲醇钾之间的定量关系式为

$$1 \text{ 份 } C \sim 1 \text{ 份 } CO_2 \sim 1 \text{ 份 } CH_3OK$$

$$w_C = \frac{c(CH_3OK) \times (V_1 - V_0) \times M_C}{m_s \times 1000} \times 100\%$$

式中　　w_C——钢铁中碳的质量分数，%；

$c(CH_3OK)$——甲醇钾标准滴定溶液的浓度，mol/L；

V_1——试样测定消耗的甲醇钾标准滴定溶液的体积，mL；

V_0——空白试验消耗的甲醇钾标准滴定溶液的体积，mL；

M_C——碳元素的摩尔质量，g/mol；

m_s——试样的质量，g。

思　考　题

1. 水在下列混合酸中为拉平性溶剂还是分辨性溶剂？

   (1) HCl　H_2SO_4　　　　　　　(2) HCl　HAc

   (3) HNO_3　H_3PO_4　　　　　　(4) $HClO_3$　HCl

2. 简述在非水介质中，测定有机弱酸或弱碱的基本原理。

任务 2　工业烧碱的采样

职业功能	工作任务	参照资料	工作地点	成果表现形式	备注
采样	1. 完成桶装工业烧碱的采样操作 2. 完成采样记录表	1. 固体化工产品采样通则 GB/T 6679 2. 化工产品采样总则 GB/T 6678	实验室	采样记录表	使用氢氧化钠应注意安全防护

采样是化验分析工作中很重要的一步。试样的采样在各个企业都制定有严格的操作规程，本书只介绍一些典型产品采样的一般基本原则。检验员要检测的物料常常是大量的，其组成有的均匀，有的很不均匀。检测分析时所测得试样常常是几克、几十克，有的甚至是几毫克或者更少，而检测结果必须能代表全部物料的平均组成，如果采样方法不正确，即使分析结果做得非常严谨和正确，也是毫无意义的，有时可能还会误导生产，因此，正确的采样具有极其重要的意义。

子任务 2-1　采样操作

一、采样工具

采样勺或采样探子、无色透明的可密封的聚乙烯瓶等。

二、采样原则

可用采样勺或采样探子从物料的一定部位和一定方向,取部位样品或定向样品。每个采样单元中,所采得定向样品的部位、方向和数量依容器中物料的均匀程度确定。采得样品装入盛样容器中,盖严,做好标志。

三、操作流程

工业用固体氢氧化钠由总桶数的5%采取实验室试样,小批量时不得少于3桶。顺桶竖接口处刨开桶皮,将氢氧化钠劈开,从上、中、下三处迅速取出有代表性的试样,混匀。装于清洁、干燥、无色透明的可密封的聚乙烯瓶。取样量不得少于500g。如因取样方法不同,影响产品质量而发生异议时,以剖桶取样为准。

子任务2-2 采样记录表

_____采样记录表

样品名称:
采样时间:
采样地点:
采样数量:
样品编号:
采样方法:
备注: 如: 1. 场名、场址、电话等资料 2. 样品名称,来源,培育时间 3. 现场记录或其他有关事项

采样人签名:　　　　　　　　　　　　时间:

任务3 盐酸标准溶液的制备

职业功能	工作任务	参照资料	工作地点	成果表象形式	备注
检测准备	1. 完成盐酸(1.0mol/L)溶液的配制 2. 完成盐酸标准溶液(1.0mol/L)的标定操作 3. 完成盐酸标准溶液标定的原始记录表	1. 化学试剂标准溶液的制备 GB/T 601 2. 化学试剂试验方法中所用制剂及制品的制备 GB/T 603	实验室	盐酸标准溶液标定的原始记录表	标定好的盐酸标准溶液用密封条密封好,备用

子任务3-1 盐酸标准溶液的配制

一、检测准备

1. 准备药品、试剂

(1) 化学试剂盐酸(分析纯,密度1.19g/mL)。

(2) 基准物无水碳酸钠：在 270～300℃烘至质量恒定，密封保存在干燥器中。

(3) 甲基橙指示液（1g/L）：1g 甲基橙溶于 100mL 水中。

(4) 甲基红-溴甲酚绿混合指示液：甲基红乙醇溶液（2g/L）与溴甲酚绿乙醇溶液（1g/L）按 1∶3 体积比混合。

2. 准备仪器

常用滴定分析玻璃仪器、电子天平、托盘天平、电热恒温干燥箱、电热套等。

二、操作流程

按表 3-10 的规定量，量取盐酸，注入 1000mL 水中摇匀。

表 3-10

盐酸标准滴定溶液的浓度 $c(\mathrm{HCl})/(\mathrm{mol/L})$	盐酸的体积 V/mL
1	90
0.5	45
0.1	9

子任务 3-2　盐酸标准溶液的标定

一、测定原理

标定 HCl 溶液常用的基准物质是无水 Na_2CO_3，反应为

$$Na_2CO_3 + 2HCl \xrightarrow{\quad\quad} 2NaCl + H_2O + CO_2 \uparrow$$

以甲基橙作指示剂，用 HCl 溶液滴定至溶液显橙色为终点；用甲基红-溴甲酚绿混合指示剂时，终点由绿色变为暗红色。

二、操作流程

按表 3-11 的规定称取于 270～300℃高温炉中灼烧至恒重的工作基准试剂无水碳酸钠，溶于 50mL 水中加 10 滴溴甲酚绿-甲基红指示液，用配制好的盐酸溶液滴定至溶液由绿色变为暗红色，煮沸 2min，冷却后继续滴定至溶液再成暗红色。同时做空白试验。

表 3-11

盐酸标准滴定溶液的浓度 $c(\mathrm{HCl})/(\mathrm{mol/L})$	工作基准试剂无水碳酸钠的质量 m/g
1	1.9
0.5	0.95
0.1	0.2

盐酸标准滴定溶液的浓度 $c(\mathrm{HCl})$，单位为 mol/L，按下式计算

$$c(\mathrm{HCl}) = \frac{m \times 1000}{(V_1 - V_2)M}$$

式中　m——无水碳酸钠的质量，g；

　　　V_1——实际消耗盐酸溶液的体积，mL；

　　　V_2——空白试验消耗盐酸溶液的体积，mL；

　　　M——无水碳酸钠的摩尔质量，g/mol，$M\left(\frac{1}{2}Na_2CO_3\right) = 52.994$。

子任务3-3 盐酸标准溶液标定的原始记录表（表3-12）

表3-12 盐酸标准溶液标定的原始记录表

项目		次数 1	2	3	4	备用
工作基准试剂的称量	称量瓶＋Na_2CO_3（倾样前）/g					
	称量瓶＋Na_2CO_3（倾样后）/g					
	$m(Na_2CO_3)$/g					
滴定管初读数/mL						
滴定管终读数/mL						
滴定消耗盐酸体积/mL						
体积校正值/mL						
温度/℃						
温度补正值/(mL/L)						
溶液温度校正值/mL						
实际消耗盐酸体积 V_1/mL						
空白体积 V_2/mL						
$c(HCl)$/(mol/L)						
$\bar{c}(HCl)$/(mol/L)						
相对极差/%						
相对误差/%						
标定结果有效/无效						

任务4 氢氧化钠、碳酸钠含量的检测及分析

职业功能	工作任务	参照材料	工作地点	成果表象形式	备注
检验与测定	1. 完成氢氧化钠、碳酸钠含量测定的操作流程 2. 完成氢氧化钠、碳酸钠含量测定原始记录表	工业用氢氧化钠中氢氧化钠和碳酸钠含量的测定(GB/T 4348.1)	实验室	氢氧化钠、碳酸钠含量测定的原始记录表	1. 盐酸标准溶液在用前要充分摇匀 2. 酸碱易受到空气的影响

子任务4-1 氢氧化钠、碳酸钠含量的测定

一、检测准备

1. 准备药品、试剂

（1）盐酸标准滴定溶液：$c_{HCl}=1.000\,mol/L$。

（2）氯化钡溶液：100g/L。使用前，以酚酞为指示剂，用氢氧化钠标准溶液调至微红色。

（3）酚酞指示剂：10g/L。

(4) 溴甲酚绿-甲基红混合指示剂：甲基红乙醇溶液（2g/L）与溴甲酚绿乙醇溶液（1g/L）按 1∶3 体积比混合。

(5) 实验三级水（不含二氧化碳）。

2. 准备仪器、设备

一般实验室仪器和磁力搅拌器。

二、测定原理

1. 氯化钡法

(1) 氢氧化钠含量的实验原理　试样溶液中先加入氯化钡，将碳酸钠转化为碳酸钡沉淀，然后以酚酞为指示液，用盐酸标准滴定溶液滴定至终点。反应如下

$$Na_2CO_3 + BaCl_2 \rightleftharpoons BaCO_3 \downarrow + 2NaCl$$
$$HCl + NaOH \rightleftharpoons NaCl + H_2O$$

(2) 碳酸钠含量的实验原理　试样溶液以溴甲酚绿-甲基红混合指示液，用盐酸标准滴定溶液滴定至终点，测得氢氧化钠和碳酸钠总和，再减去氢氧化钠含量，则可测得碳酸钠含量。

2. 双指示剂法

在试液中，先加酚酞指示剂，用盐酸标准滴定溶液滴定至溶液由红色恰好褪去，消耗 HCl 溶液体积为 V_1。反应如下

$$HCl + NaOH \rightleftharpoons NaCl + H_2O$$
$$Na_2CO_3 + HCl \rightleftharpoons NaHCO_3 + NaCl$$

然后在试液中再加甲基橙指示液（或溴甲酚绿-甲基红混合指示液），继续用 HCl 标准滴定溶液滴定至溶液由黄色变橙色（或绿色变暗红色），消耗 HCl 溶液体积为 V_2（即终读数 V 减去 V_1），反应如下

$$NaHCO_3 + HCl \rightleftharpoons NaCl + H_2O + CO_2 \uparrow$$

三、操作流程

1. 双指示剂法（执行全国职业院校技能大赛"工业分析检验"赛项考核内容）

用增量法准确称取样品 1.5～2.0g 于锥形瓶中，加 50mL 水，加入 2～3 滴酚酞指示液，用盐酸标准滴定溶液滴定至溶液由粉红色变为无色，即为反应第一终点，记录滴定所消耗的盐酸标准滴定溶液的体积 V_1。然后再加入 10 滴溴甲酚绿-甲基红混合指示液，用盐酸标准滴定溶液滴定至溶液由绿色变为暗红色，煮沸 2min，冷却后继续滴定至溶液再呈暗红色，即为反应第二终点，记录滴定所消耗的盐酸标准溶液的体积 V，并计算出第二终点和第一终点的体积差 V_2。平行测定 3 次。

NaOH 和 Na_2CO_3 的含量都以 w 表示，按下式计算

$$w(NaOH) = \frac{c(HCl) \times (V_1 - V_2) \times M(NaOH)}{m \times 1000} \times 100\%$$

$$w(Na_2CO_3) = \frac{c(HCl) \times 2V_2 \times M\left(\frac{1}{2}Na_2CH_3\right)}{m \times 1000} \times 100\%$$

式中　$c(HCl)$——盐酸标准滴定溶液的浓度，mol/L；

V_1——第一终点消耗盐酸标准滴定溶液的体积，mL；

V_2——第二终点和第一终点消耗盐酸标准滴定溶液的体积差，mL；

m——未知样品的质量，g；

$M(NaOH)$——氢氧化钠的摩尔质量，$M(NaOH)=40.00\text{g/mol}$；

$M\left(\frac{1}{2}Na_2CO_3\right)$——碳酸钠的摩尔质量，$M\left(\frac{1}{2}Na_2CO_3\right)=52.994\text{g/mol}$。

2. 氯化钡法（执行标准"工业用氢氧化钠中氢氧化钠和碳酸钠含量的测定 GB/T 4348.1"）

(1) 试样溶液的制备　用已知质量干燥、洁净的称量瓶，迅速从样品瓶中移取固体氢氧化钠 $36\text{g}\pm1\text{g}$ 或液体氢氧化钠 $50\text{g}\pm1\text{g}$。将已移取的样品置于已盛有约 300mL 水的 1000mL 容量瓶中，冲洗称量瓶，将洗液加入容量瓶中。冷却至室温后稀释到刻度，摇匀。

(2) 氢氧化钠含量的测定　量取 50.00mL 试样溶液，注入 250mL 具塞锥形瓶中，加入 10mL 氯化钡溶液，加入 2~3 滴酚酞指示剂，在磁力搅拌器搅拌下，用盐酸标准滴定溶液密闭滴定至微红色为终点。记下滴定所消耗标准滴定溶液的体积为 V_1。

NaOH 的含量以 $w_1(NaOH)$ 表示，按下式计算

$$w_1(NaOH)=\frac{cV_1\times 0.04000}{m\times 50/1000}\times 100\%=80.00\times\frac{cV_1}{m}$$

式中　c——盐酸标准滴定溶液的浓度，mol/L；

　　　V_1——测定氢氧化钠时消耗盐酸标准滴定溶液的体积，mL；

　　　m——试样的质量，g；

　　　0.04000——与 1.00mL 盐酸标准滴定溶液相当的以 g 表示的氢氧化钠的质量。

(3) 碳酸钠含量的测定　量取 50.00mL 试样溶液，注入 250mL 具塞锥形瓶中，加入 10 滴溴甲酚绿-甲基红混合指示液，在磁力搅拌器搅拌下，用盐酸标准滴定溶液密闭滴定至酒红色为终点，记下滴定所消耗标准滴定溶液的体积为 V_2。

Na_2CO_3 的含量以 $w_2(Na_2CO_3)$ 表示，按下式计算

$$w_2(Na_2CO_3)=\frac{c(V_2-V_1)\times 0.05299}{m\times 50/1000}\times 100\%=105.98\times\frac{c(V_2-V_1)}{m}$$

式中　c——盐酸标准滴定溶液的浓度，mol/L；

　　　V_1——测定氢氧化钠所消耗盐酸标准滴定溶液的体积，mL；

　　　V_2——测定氢氧化钠和碳酸钠所消耗盐酸标准滴定溶液的体积，mL；

　　　m——试样的质量，g；

　　　0.05299——与 1.00mL 盐酸标准滴定溶液相当的以 g 表示的碳酸钠的质量。

子任务 4-2　氢氧化钠、碳酸钠的原始记录表（表 3-13）

表 3-13(a)　氢氧化钠、碳酸钠的原始记录表（氯化钡法）

项目		次数 1	2	3	备用
试样的称量/g	称量瓶质量/g				
	称量瓶+样品质量/g				
	m(样品)/g				
移取溶液的体积/mL					
测定 NaOH 滴定管初读数/mL					
测定 NaOH 滴定管终读数/mL					
滴定消耗 HCl 体积/mL					
体积校正值/mL					

续表

项目 \ 次数	1	2	3	备用
溶液温度/℃				
温度补正值/(mL/L)				
溶液温度校正值/mL				
实际消耗 HCl 体积 V_1/mL				
测定 Na_2CO_3 滴定管初读数/mL				
测定 Na_2CO_3 滴定管终读数/mL				
滴定消耗 HCl 体积/mL				
体积校正值/mL				
溶液温度/℃				
温度补正值/(mL/L)				
溶液温度校正值/mL				
实际消耗 HCl 体积 V_2/mL				
$c(HCl)$/(mol/L)				
$w_1(NaOH)$/%				
$\overline{w}_1(NaOH)$/%				
NaOH 的相对极差/%				
NaOH 的相对误差/%				
$w(Na_2CO_3)$/%				
$\overline{w}(Na_2CO_3)$/%				
Na_2CO_3 的相对极差/%				
Na_2CO_3 的相对误差/%				
判定结果有效/无效				

表 3-13(b) 氢氧化钠、碳酸钠的原始记录表（双指示剂法）

项目	\ 次数	1	2	3	备用
$c(HCl)$/(mol/L)					
样品称量	m(瓶)/g				
	m(瓶+样品)/g				
	m(样品)/g				
酚酞变色	滴定管初读数/mL				
	第一终点读数/mL				
	第一终点滴定消耗 HCl 体积/mL				
	体积校正值/mL				
	溶液温度/℃				
	温度补正值/(mL/L)				
	溶液温度校正值/mL				
	V_1(实际消耗 HCl 体积)/mL				

续表

项目		次数	1	2	3	备用
溴甲酚绿-甲基红指示剂	第二终点读数/mL					
	第二终点滴定消耗 HCl 体积/mL					
	体积校正值/mL					
	溶液温度/℃					
	温度补正值/mL/L					
	溶液温度校正值/mL					
	V_2(实际消耗 HCl 体积)/mL					
组分质量分数	w(NaOH)/%					
	w(Na$_2$CO$_3$)/%					
	$\overline{w}$(NaOH)/%					
	$\overline{w}$(Na$_2$CO$_3$)/%					
误差	NaOH 相对极差/%					
	Na$_2$CO$_3$ 相对极差/%					
	Na$_2$CO$_3$ 相对误差/%					
	NaOH 相对误差/%					
判定	判定结果有效/无效					

任务5 工业烧碱的质检报告单

产品型号		罐号		数量( )		取样时间		采用标准 GB 209			
检测内容											
检测项目	型号规格										检验结果	单项判定
	IS-IT				IS-DT				IS-CT			
	Ⅰ		Ⅱ		Ⅰ		Ⅱ		Ⅰ			
	优等品	合格品	优等品	合格品	一等品	合格品	一等品	合格品	一等品	合格品		
氢氧化钠(以 NaOH 计)的质量分数/%	≥99.0	≥98.0	72.0±2.0		≥96.0	≥95.0	72.0±2.0		≥97.0	≥94.0		
碳酸钠(以 Na$_2$CO$_3$ 计)的质量分数≤/%	0.5	1.0	0.3		0.8	1.3	1.6		0.8	1.0	1.7	2.5
氯化钠(以 NaCl 计)的质量分数≤/%	0.03	0.08	0.02		0.08	2.7	3.0		2.5	2.8	1.2	3.5
三氧化二铁(以 Fe$_2$O$_3$ 计)的质量分数≤/%	0.005	0.01	0.005		0.01	0.01	0.02		0.01	0.02	0.01	0.01
检验结论									年 月 日			
备注												

检验员： 审核：

【项目考核】

附表 1 盐酸标准溶液配制的评分细则

序号	考核内容	考核要点	配分	评分标准	得分	备注
1	操作前准备	仪器洗涤	2	仪器洗至不挂水珠,挂水珠扣 2 分		
2		仪器润洗	3	用蒸馏水润洗三遍,润洗不到位扣 3 分		
3		计算	5	计算量取体积,没计算就量取扣 5 分		
4	溶液配制	量取溶液	35	量取盐酸时随意排放的扣 10 分		
				取盐酸时散失扣 10 分		
				盐酸取多后放回原试剂瓶的扣 10 分		
				先取盐酸后加水的扣 10 分		
5		稀释溶液	5	盐酸溶液没冷却就转移的扣 5 分		
6		溶液转移	30	没用玻璃棒转移溶液的扣 5 分		
				玻璃棒离开烧杯嘴,没及时收回最后一滴溶液扣 5 分		
				转移溶液外溅扣 10 分		
				用蒸馏水润洗烧杯不少于三次,少于三次扣 5 分		
				加水稀释至 3/4 时未摇匀或溶液外溅扣 5 分		
7		定容	5	定容超出刻线扣 5 分		
8		摇匀	10	摇匀次数不足 10 次扣 5 分		
				没有让气泡自然上升到顶的扣 5 分		
9		标识	5	没贴标签扣 3 分		
				标签不完整扣 2 分		
	合计		100			

得分总计:
日期:

附表 2 盐酸标准溶液标定的评分细则

序号	考核内容	考核要点	配分	评分标准	得分	备注
1	准备	药品、试剂	20	所用药品、试剂的规格不达标扣 5 分		
2		指示剂配制		指示剂配制不规范扣 3 分		
3		基准物的干燥		干燥温度不正确扣 2 分		
				干燥后没达到恒重要求扣 3 分		
4		玻璃仪器的洗涤		内壁挂水珠扣 3 分		
				润洗次数不够扣 2 分		
				没有对滴定管和容量瓶试漏扣 2 分		
5	基准物称量和溶解	称样	20	没有调节电子天平水平扣 2 分		
				没清扫天平扣 1 分		
				没在规定量的 −10%~−5% 或 5%~10% 内扣 5 分		
				取出药品放回原试剂瓶扣 2 分		
				药品随意摔掉或散落扣 2 分		
				取、称药品动作不规范扣 2 分		
				作废一次称量扣 4 分		
6		溶解		溶解过程中有外溅现象扣 2 分		

续表

序号	考核内容	考核要点	配分	评分标准	得分	备注
7	标定	滴定操作	15	滴定管没用试液润洗或用量过多或过少扣1分		
				滴定速度过快或过慢扣1分		
				不熟练运用1滴、1/2滴、1/4滴的滴定技术扣2分		
				调零或滴定结束等候时间不足就读取数据扣2分		
				加指示剂过多或过少的扣1分		
				终点颜色判断不正确的扣5分		
				没做空白实验的扣3分		
8	结果	精密度	20	相对极差≤0.10%,不扣分		
				0.10%<相对极差≤0.20%,扣4分		
				0.20%<相对极差≤0.30%,扣8分		
				0.30%<相对极差≤0.40%,扣12分		
				0.40%<相对极差≤0.50%,扣16分		
				相对极差>0.50%,扣20分		
9		准确度	15	|相对误差|≤0.10%,不扣分		
				0.10%<|相对误差|≤0.20%,扣3分		
				0.20%<|相对误差|≤0.30%,扣6分		
				0.30%<|相对误差|≤0.40%,扣9分		
				0.40%<|相对误差|≤0.50%,扣12分		
				|相对误差|>0.50%,扣15分		
10		原始记录	5	原始记录不齐全扣2分		
				数据不正确、不规范的扣3分		
11	整理	现场清理	5	所用玻璃仪器的没有清洗归位扣3分		
				废液倒入废液回收桶。若直接排入非水池扣2分		
	合计		100			

得分总计:
日期:

附表3 氢氧化钠、碳酸钠含量检测的评分细则

序号	考核内容	考核要点	配分	评分标准	得分	备注
1	任务准备	药品、试剂准备	2	1. 药品等级不符合要求扣1分		
				2. 未按照标准要求配制指示剂、试剂扣1分		
		仪器准备	3	1. 仪器设备准备不全扣1分		
				2. 不会检测仪器设备是否合格扣1分		
				3. 不能规范使用仪器设备扣1分		
2	试样的称量	称量操作	4	1. 未检查电子天平水平扣1分		
				2. 未清扫托盘至干净扣1分		
				3. 敲样动作不正确,称量过程中天平门没关闭扣1分		
				4. 称量过程中药品洒落到桌面扣1分		
		结束工作	2	1. 未复原天平扣1分		
				2. 未放回凳子扣1分		

续表

序号	考核内容	考核要点		配分	评分标准	得分	备注
3	托盘天平或电子台秤	使用		1	称量操作不规范扣1分		
4	吸量管或移液管移取溶液	洗涤		1	未洗涤干净扣1分		
		润洗		1	润洗方法不正确扣1分		
		吸溶液		2	1. 吸空扣1分		
					2. 重吸扣1分		
		调刻线		2	1. 调刻线前下端口外壁没用滤纸擦干扣1分		
					2. 调节液面过程中未保持竖直状态扣1分		
		放溶液		1	放液不规范扣1分		
		通风橱		1	移取挥发性盐酸溶液未在通风橱中进行扣1分		
5	滴定操作	洗涤		1	洗涤不干净,内壁挂水珠扣1分		
		试漏		1	试漏不正确扣1分		
		润洗		1	润洗低于3遍,待装液置换内壁蒸馏水不彻底扣1分		
		读数		4	滴定管未在垂直状态下静止1分钟左右读数,每次扣1分		
		滴定速度		2	1. 滴定速度过快,液体呈"水线"扣1分		
					2. 半滴滴加操作不规范扣1分		
6	滴定终点颜色(任选一种)	双指示剂法	第一终点无色	3	终点判断正确不扣分;终点判断不正确每次扣3分		
			第二终点暗红色				
		氯化钡法	第一终点微红色	3	终点判断正确不扣分;终点判断不正确每次扣3分		
			第二终点酒红色				
7	原始数据记录	记录		1	原始数据记录用其他纸张记录扣1分		
		计算		2	数据计算错误扣2分		
		有效数字		2	1. 有效数字位数保留不正确扣1分		
					2. 有效数字位数修约不正确扣1分		
8	文明操作结束工作	摆放、洗涤、三废处理		3	1. 仪器摆放不整齐扣1分		
					2. 废纸、废液、废固未按要求分类倾倒,而是乱扔乱倒扣1分		
					3. 结束后清洗仪器不干净扣1分		

续表

序号	考核内容	考核要点	配分	评分标准	得分	备注
9	结果判定	精密度	30	相对极差≤0.10%,扣0分		
				0.10%<相对极差≤0.20%,扣5分		
				0.20%<相对极差≤0.30%,扣10分		
				0.30%<相对极差≤0.40%,扣15分		
				0.40%<相对极差≤0.50%,扣20分		
				相对极差>0.50%,扣30分		
		准确度	25	|相对误差|≤0.10%,扣0分		
				0.10%<|相对误差|≤0.20%,扣5分		
				0.20%<|相对误差|≤0.30%,扣10分		
				0.30%<|相对误差|≤0.40%,扣15分		
				0.40%<|相对误差|≤0.50%,扣20分		
				|相对误差|>0.50%,扣25分		
10	整理工作	现场清理	2	1. 废液倒入废液回收桶,并正确"三废"处理,未处理扣1分		
				2. 未填写实验室安全隐患排查表扣1分		
	合计		100			

得分总计:
日期:

阅读材料 3-1

第一次世界大战期间的中国,以纯碱为原料的民族工业因英国驻华企业的垄断而被死死地卡住命脉,严重影响国计民生。那时一吨纯碱在中国的价格高达一盎司黄金价格。永利制碱公司作为我国第一家制碱厂,天价买回了简要图纸和没有技术支持的不保修设备,决心自己制碱。1921年,侯德榜放弃了国外优越的学术环境和已有建树的化学工业成果,欣然应邀回到祖国,从此走上了一条艰难创业的中国制碱之路。

当时世界上使用的索尔维制碱法被几个列强国家垄断,每一道流程严格保密。侯德榜带领团队经过5年艰苦摸索,终于揭开了索尔维制碱法的秘密,成功生产出了中国自己的优质纯碱。1926年,永利制碱厂生产的"红三角"牌纯碱在美国费城万国博览会上为中国赢得了一枚金质奖章,被誉为"中国近代工业进步的象征"。但是,他放弃了专利申请,在1932年将该技术公诸于世,让全世界都用上了相对廉价的纯碱。

抗日战争期间,日本在收购永利制碱公司失败后,工厂被日本飞机三次轰炸而无法生产。为了不让设备受破坏,侯德榜组织工人紧急拆迁设备到四川新建工厂。在四川的制碱原料全靠井盐,但因其量少,且还需浓缩才能使用,所以制碱成本大大提高,工厂不得不放弃索尔制碱法而另寻他法。在艰苦条件下,他带领团队进行了500多次试验,分析了2000多个样品,研究出了新的制碱方法,盐的利用率大大提高,纯碱成本降低了近一半,污染环境的废物可以转为化肥,在全世界引起了轰动。1943年,中国化学工程师学会一致同意将这一新的联合制碱法命名为"侯氏联合制碱法",又称"侯氏制碱法"。侯氏制碱法让中国人进入世界化工史册，更开辟了世界制碱工业的新纪元，直到今天，它依然是世上最先进的制碱技术。

【职业技能鉴定模拟题（三）】

一、单选题

1. 用 $c_{HCl}=0.1\text{mol}\cdot\text{L}^{-1}$ HCl 溶液滴定 $c_{NH_3}=0.1\text{mol}\cdot\text{L}^{-1}$ 氨水溶液，化学计量点时溶液 pH 值为（　　）。
   A. 等于 7.0　　　　B. 小于 7.0　　　　C. 等于 8.0　　　　D. 大于 7.0

2. 欲配制 pH=5.0 缓冲溶液应选用的一对物质是（　　）。
   A. HAc（$K_a=1.8\times10^{-5}$)-NaAc　　　　B. HAc-NH$_4$Ac
   C. NH$_3\cdot$H$_2$O（$K_b=1.8\times10^{-5}$)-NH$_4$Cl　　D. KH$_2$PO$_4$-Na$_2$HPO$_4$

3. 欲配制 pH=10.0 缓冲溶液应选用的一对物质是（　　）。
   A. HAc（$K_a=1.8\times10^{-5}$)-NaAc　　　　B. HAc-NH$_4$Ac
   C. NH$_3\cdot$H$_2$O（$K_b=1.8\times10^{-5}$)-NH$_4$Cl　　D. KH$_2$PO$_4$-Na$_2$HPO$_4$

4. 在酸碱滴定中，选择强酸强碱作为滴定剂的理由是（　　）。
   A. 强酸强碱可以直接配制标准溶液　　　B. 使滴定突跃尽量大
   C. 加快滴定反应速率　　　　　　　　　D. 使滴定曲线较完美

5. 用 0.1mol/L HCl 滴定 0.1mol/L NaOH 时的 pH 突跃范围是 9.7~4.3，用 0.01mol/L HCl 滴定 0.01mol/L NaOH 的突跃范围是（　　）。
   A. 9.7~4.3　　　B. 8.7~4.3　　　C. 8.7~5.3　　　D. 10.7~3.3

6. 双指示剂法测混合碱，加入酚酞指示剂时，消耗 HCl 标准滴定溶液体积为 15.20mL；加入甲基橙作指示剂，继续滴定又消耗了 HCl 标准溶液 25.72mL，那么溶液中存在（　　）。
   A. NaOH+Na$_2$CO$_3$　　　　　　B. Na$_2$CO$_3$+NaHCO$_3$
   C. NaHCO$_3$　　　　　　　　　　D. Na$_2$CO$_3$

7. 双指示剂法测混合碱，加入酚酞指示剂时，消耗 HCl 标准滴定溶液体积为 18.00mL；加入甲基橙作指示剂，继续滴定又消耗了 HCl 标准溶液 14.98mL，那么溶液中存在（　　）。
   A. NaOH+Na$_2$CO$_3$　　　　　　B. Na$_2$CO$_3$+NaHCO$_3$
   C. NaHCO$_3$　　　　　　　　　　D. Na$_2$CO$_3$

8. 以甲基橙为指示剂标定含有 Na$_2$CO$_3$ 的 NaOH 标准溶液，用该标准溶液滴定某酸以酚酞为指示剂，则测定结果（　　）。
   A. 偏高　　　B. 偏低　　　C. 不变　　　D. 无法确定

9. 用 0.1000mol/L NaOH 标准溶液滴定同浓度的 H$_2$C$_2$O$_4$ 时，有（　　）个滴定突跃，应选用（　　）作为指示剂。
   A. 2，甲基橙　　B. 2，甲基红　　C. 1，溴百里酚蓝　　D. 1，酚酞

10. NaOH 溶液标签浓度为 0.300mol/L，该溶液从空气中吸收了少量的 CO$_2$，现以酚酞为指示剂，用标准 HCl 溶液标定，标定结果比标签浓度（　　）。
    A. 高　　　B. 低　　　C. 不变　　　D. 无法确定

二、多选题

1. 根据酸碱质子理论，（　　）是酸。

A. NH_4^+　　　B. NH_3　　　C. HAc　　　D. HCOOH　　　E. Ac^-

2. 在下列溶液中，可作为缓冲溶液的是（　　）。
   A. 弱酸及其盐溶液　　　　　　　　B. 弱碱及其盐溶液
   C. 高浓度的强酸或强碱溶液　　　　D. 中性化合物溶液

3. 下列物质中，（　　）不能用标准强碱溶液直接滴定。
   A. 盐酸苯胺 $C_6H_5NH_2 \cdot HCl$（$C_6H_5NH_2$ 的 $K_b = 4.6 \times 10^{-10}$）
   B. $(NH_4)_2SO_4$（$NH_3 \cdot H_2O$ 的 $K_b = 1.8 \times 10^{-5}$）
   C. 邻苯二甲酸氢钾（邻苯二甲酸的 $K_a = 2.9 \times 10^{-6}$）
   D. 苯酚（$K_a = 1.1 \times 10^{-10}$）

4. 用 0.1mol/L NaOH 滴定 0.1mol/L HCOOH（$pK_a = 3.74$）。对此滴定适用的指示剂是（　　）。
   A. 酚酞　　　B. 溴甲酚绿　　　C. 甲基橙　　　D. 百里酚蓝

5. 与缓冲溶液的缓冲容量大小有关的因素是（　　）。
   A. 缓冲溶液的总浓度　　　　　　B. 缓冲溶液的 pH 值
   C. 缓冲溶液组分的浓度比　　　　D. 外加的酸量

6. 双指示剂法测定 NaOH 和 Na_2CO_3 的含量，如滴定时第一滴定终点 HCl 标准滴定溶液过量，则下列说法正确的有（　　）。
   A. 只影响 NaOH 的测量结果　　　　B. 对 NaOH 和 Na_2CO_3 的测定结果无影响
   C. NaOH 的测定结果偏高　　　　　D. Na_2CO_3 的测定结果偏低

7. 非水酸碱滴定主要用于测定（　　）。
   A. 反应速度慢的酸碱物质　　　　B. 在水溶液中不能直接滴定的弱酸、弱碱
   C. 难溶于水的酸碱物质　　　　　D. 强度相近的混合酸或碱中的各组分

8. 下列这些物质中，不能用标准强碱溶液直接滴定的是（　　）。
   A. 盐酸苯胺 $C_6H_5NH_2 \cdot HCl$（$C_6H_5NH_2$ 的 $K_b = 4.6 \times 10^{-10}$）
   B. $(NH_2)_2SO_4$（$NH_3 \cdot H_2O$ 的 $K_b = 1.8 \times 10^{-5}$）
   C. 邻苯二甲酸氢钾（邻苯二甲酸的 $K_a = 2.9 \times 10^{-6}$）
   D. 苯酚（$K_a = 1.1 \times 10^{-10}$）

9. 下列属于共轭酸碱对的是（　　）。
   A. HCO_3^- 和 CO_3^{2-}　　　　B. H_2S 和 HS^-
   C. HCl 和 Cl^-　　　　　　　　D. H_3O^+ 和 OH^-

10. 下列各混合溶液具有缓冲能力的是（　　）。
    A. 100mL 1mol/L HAc + 100mL 1mol/L NaOH
    B. 100mL 1mol/L HCl + 200mL 2mol/L $NH_3 \cdot H_2O$
    C. 200mL 1mol/L HAc + 100mL 1mol/L NaOH
    D. 100mL 1mol/L NH_4Cl + 100mL 1mol/L $NH_3 \cdot H_2O$

三、判断题

（　　）1. 根据酸碱质子理论，只要能给出质子的物质就是酸，只要能接受质子的物质就是碱。

（　　）2. 酸碱滴定中有时需要用颜色变化明显的变色范围较窄的指示剂即混合指示剂。

（　　）3. 酚酞和甲基橙都是可用于强碱滴定弱酸的指示剂。

（　　）4. 缓冲溶液在任何 pH 值条件下都能起缓冲作用。

（　　）5. $H_2C_2O_4$ 的两步离解常数为 $K_{a_1} = 5.6 \times 10^{-2}$，$K_{a_2} = 5.1 \times 10^{-5}$，因此不能分步滴定。

( ) 6. 常用的酸碱指示剂，大多是弱酸或弱碱，所以滴加指示剂的多少及时间的早晚不会影响分析结果。

( ) 7. 用 NaOH 标准溶液标定 HCl 溶液浓度时，以酚酞作指示剂，若 NaOH 溶液因贮存不当吸收了 CO_2，则测定结果偏高。

( ) 8. 酸碱滴定法测定分子量较大的难溶于水的羧酸时，可采用中性乙醇为溶剂。

( ) 9. H_2SO_4 是二元酸，因此用 NaOH 滴定有两个突跃。

( ) 10. 双指示剂法测定混合碱含量，已知试样消耗标准滴定溶液盐酸的体积 $V_1 > V_2$，则混合碱的组成为 $Na_2CO_3 + NaOH$。

项目 4

化学试剂盐酸中氯化氢含量的质量检测

【任务引导】

	提出任务	盐化工企业每天生产数吨盐酸,该产品须由检验员检测其检验项目是否符合"化学试剂盐酸 GB/T 622"的要求。盐酸在生产、生活中按用途主要分为 3 类:工业用盐酸、化学试剂盐酸、食品级盐酸,不同用途的盐酸其采用的检测标准也不同
任务要求	明确任务	测定出化学试剂盐酸质量检验结果报告单中 HCl 的质量分数 某有限公司 化学试剂盐酸质量检验结果报告单

产品型号	罐号	数量( )	取样时间	采用标准
				GB/T 622—2006

检 验 内 容					
检验项目	指 标			检验结果	单项判定
	优级纯	分析纯	化学纯		
HCl 含量(质量分数)/%	36.0~38.0	36.0~38.0	36.0~38.0		
色度/黑曾单位	≤5	≤10	≤10		
灼烧残渣(以硫酸盐计)含量(质量分数)/%	≤0.0005	≤0.0005	≤0.002		
游离氯(Cl)含量(质量分数)/%	≤0.00005	≤0.0001	≤0.0002		
硫酸盐(SO$_4$)含量(质量分数)/%	≤0.0001	≤0.0002	≤0.0005		
亚硫酸盐(SO$_3$)含量(质量分数)/%	≤0.00001	≤0.0002	≤0.001		
铁(Fe)含量(质量分数)/%	≤0.00001	≤0.00005	≤0.0001		
铜(Cu)含量(质量分数)/%	≤0.00001	≤0.00001	≤0.0001		
砷(As)含量(质量分数)/%	≤0.000003	≤0.000005	≤0.00001		
锡(Sn)含量(质量分数)/%	≤0.0001	≤0.0002	≤0.0005		
铅(Pb)含量(质量分数)/%	≤0.00002	≤0.00002	≤0.00005		
检验结论				年 月 日	
备 注					
检验员:				审核:	

项目4 化学试剂盐酸中氯化氢含量的质量检测

续表

项目目标	能力目标	1. 能按检测标准要求规范完成操作流程 2. 能按要求正确填写盐酸采样记录表、氢氧化钠标准溶液标定的原始记录表、HCl 含量测定的原始记录表、盐酸的质量检测结果报告单中 HCl 的质量分数检测项目 3. 能分析原始记录表误差产生的原因,并能正确修正
	知识目标	1. 掌握任务2、任务3中的检测原理 2. 完成【职业技能鉴定模拟题(四)】
	素质目标	1. 认真负责,实事求是,坚持原则,一丝不苟地依据标准进行检验和判定 2. 具有较强的颜色分辨能力 3. 具有一定的交流沟通能力,能描述在操作过程中出现的疑难问题
任务流程及能力目标	任务1	1. 能按照"化学试剂采样及验收规则 HG/T 3921"中要求,模拟完成盐酸的企业现场采样,规范完成实验室瓶装采样 2. 能规范填写实验室中盐酸的采样记录表
	任务2	1. 能按照"化学试剂标准溶液的制备 GB/T 601"中要求完成氢氧化钠标准溶液制备的操作流程 2. 能按要求正确、规范地填写氢氧化钠标准溶液标定的原始记录表
	任务3	1. 准备工作,能按照检测标准要求准备好所用药品、仪器 2. 检测分析,能按照"化学试剂盐酸 GB/T 622"的要求规范完成 HCl 含量的测定操作流程 3. 数据处理,能按要求正确、及时填写化学试剂盐酸中 HCl 含量测定的原始记录表
	任务4	1. 能规范填写质检报告单 2. 能分析产生不合格品的原因。能对其他检验人员制作的检验报告按管理规定进行审核,内容包括:(1)填写内容是否与原始记录相符,(2)检验依据是否适用,(3)环境条件是否满足要求,(4)结论的判定是否正确 3. 整理实验台,维护、保养所用仪器设备
参照资料	参照教材	1. 武汉大学主编. 分析化学(第四版). 北京:高等教育出版社,2000 2. 刘志广主编. 分析化学学习指导. 大连:大连理工大学出版社,2002 3. 彭崇慧等编著. 定量化学分析简明教程. 北京:北京大学出版社,2002 4. 刘珍主编. 化验员读本(第四版). 北京:化学工业出版社,2004 5. "化学检验工、分析工(高级工)"国家职业资格技能鉴定题库 6. 中国石油化工集团公司职业技能鉴定指导中心编. 化工分析工. 北京:中国石化出版社,2006
	检测标准	1. 化学试剂标准溶液的制备 GB/T 601—2002 2. 化学试剂盐酸 GB/T 622—2006 3. 化学试剂采样及验收规则 HG/T 3921
项目考核		1. 实事求是完成项目考核中的附表1和附表2 2. 能分析考核细则中扣分的原因,并能正确修正
课外任务		通过网络或到图书馆查阅:工业用冰乙酸 GB/T 1628,工业用合成盐酸 GB 320
任务拓展		实验设计1:工业用合成盐酸总酸度的测定 实验设计2:工业冰乙酸中乙酸的质量分数 设计要点提示:(1)所用仪器、药品;(2)操作规程;(3)原始记录表;(4)质检报告单;(5)注意事项

任务1 化学试剂盐酸的采样

职业功能	工作任务	参照材料	工作地点	成果表现形式	备注
采样	1. 准备采样工具 2. 完成实验室采样操作 3. 完成实验室采样记录表 4. 模拟完成企业生产现场采样及采样记录表	化学试剂采样及验收规则(HG/T 3921)	1. 实验室 2. 企业生产现场	实验室采样记录表	1. 实验室采样时防止中毒、腐蚀等事故的发生,做好安全防护 2. 录像演示企业生产现场采样 3. 网络查阅参照材料

子任务1-1　采样操作

一、准备采样工具

胶皮手套，采样桶等。

二、实验室采样操作流程

1. 小瓶装产品（25~500mL）

按采样方案随机采得若干瓶产品，各瓶摇匀后分别倒出等量液体混合均匀作为代表样品。也可分别测得各瓶物料的某特性值以考察物料特性值的变异性和均值。

2. 大瓶装产品（1~10L）**和小桶装产品**（约19L）

被采样的瓶或桶用人工搅拌或摇匀后，用适当的采样管采得混合样品。

3. 大桶装产品（约200L）

在静止情况下用开口采样管采全液位样品或采部位样品混合成平均样品。在滚动或搅拌均匀后，用适当的采样管采得混合样品。如需知表面或底部情况时，可分别采得表面样品或底部样品。

子任务1-2　采样记录表

_____采样记录表

样品名称：
采样时间：
采样地点：
采样数量：
样品编号：
采样方法：
备注： 如： 1. 场名、场址、电话等资料 2. 样品名称，来源，培育时间 3. 现场记录或其他有关事项

采样人签名：　　　　　　　　　　　时间：

任务2　氢氧化钠标准溶液的制备

职业功能	工作任务	参照材料	工作地点	成果表现形式	备注
检测准备	1. 配制氢氧化钠溶液（1.0mol/L）一定体积 2. 完成氢氧化钠标准溶液标定的操作流程 3. 完成氢氧化钠标定的原始记录表	化学试剂标准滴定溶液的制备（GB/T 601）	实验室	氢氧化钠标准溶液标定的原始记录表	称取的邻苯二甲酸氢钾在冷水中溶解缓慢，可用水浴锅加热溶解后再恢复到室温开始滴定

子任务 2-1　氢氧化钠标准溶液的配制

一、检测准备

1. 准备药品、试剂等

（1）NaOH 固体（分析纯）。
（2）邻苯二甲酸氢钾（基准物）：105～110℃烘至质量恒定。
（3）酚酞指示液（10g/L）：1g 酚酞溶于 100mL 乙醇中。

2. 准备仪器

常用滴定分析玻璃仪器、电子天平、托盘天平、电热恒温干燥箱等。

二、任务实施

称取 110g 氢氧化钠，溶于 100mL 无二氧化碳的水中，摇匀，注入聚乙烯容器中，密闭放置至溶液清亮。按表 4-1 的规定，用塑料管量取上层清液，用无二氧化碳的水稀释至 1000mL，摇匀。

表 4-1

氢氧化钠标准滴定溶液的浓度 $c(NaOH)/(mol/L)$	氢氧化钠溶液的体积 V/mL
1	54
0.5	27
0.1	5.4

子任务 2-2　氢氧化钠标准溶液的标定

一、原理知识

1. 标定原理

标定 NaOH 溶液所用基准物质为邻苯二甲酸氢钾，反应如下

$$\underset{COOK}{\underset{|}{C_6H_4}}-COOH + NaOH \longrightarrow \underset{COOK}{\underset{|}{C_6H_4}}-COONa + H_2O$$

酚酞作指示剂，由无色变为浅粉红色 30s 不褪为终点。

2. 指示剂的选择

化学计量点时溶液呈碱性，则浓度为 $[OH^-]=\sqrt{K_b C_{b,sp}}$，pH=9.12，所以选择酚酞作指示剂。

二、操作流程

按表 4-2 的规定称取于 105～110℃电烘箱中干燥至恒重的工作基准试剂邻苯二甲酸氢钾，加无二氧化碳的水溶解，加 2 滴酚酞指示液（10g/L），用配制好的氢氧化钠溶液滴定至溶液呈粉红色，并保持 30s。同时做空白试验。

表 4-2

氢氧化钠标准滴定溶液的浓度 $c(NaOH)/(mol/L)$	工作基准试剂 邻苯二甲酸氢钾的质量 m/g	无二氧化碳水的体积 V/mL
1	7.5	80

续表

氢氧化钠标准滴定溶液的浓度 $c(NaOH)/(mol/L)$	工作基准试剂 邻苯二甲酸氢钾的质量 m/g	无二氧化碳水的体积 V/mL
0.5	3.6	80
0.1	0.75	50

氢氧化钠标准滴定溶液的浓度 $c(NaOH)$ 单位为 mol/L，按下式计算：

$$c(NaOH)=\frac{m(KHC_8H_4O_4)\times 1000}{V(NaOH)M(KHC_8H_4O_4)}$$

式中　　$m(KHC_8H_4O_4)$——邻苯二甲酸氢钾的质量，g；
　　　　$V(NaOH)=V_1-V_2$；
　　　　V_1——实际消耗氢氧化钠溶液的体积，mL；
　　　　V_2——空白试验消耗氢氧化钠溶液的体积，mL；
　　　　$M(KHC_8H_4O_4)$——邻苯二甲酸氢钾的摩尔质量，g/mol，$M(KHC_8H_4O_4)=204.22$。

子任务 2-3　氢氧化钠标准溶液的原始记录表（表 4-3）

表 4-3　氢氧化钠标准溶液标定的原始记录表

项目	次数	1	2	3	4	备用
基准物的称量	称量瓶+$KHC_8H_4O_4$（倾样前）/g					
	称量瓶+$KHC_8H_4O_4$（倾样后）/g					
	$m(KHC_8H_4O_4)$/g					
滴定管初读数/mL						
滴定管终读数/mL						
滴定消耗 NaOH 体积/mL						
体积校正值/mL						
溶液温度/℃						
温度补正值/℃						
溶液温度校正值/mL						
实际消耗 NaOH 体积/mL						
V(空白)/mL						
$c(NaOH)$/(mol/L)						
$\bar{c}(NaOH)$/(mol/L)						
相对极差/%						
相对误差/%						
判定结果有/无效						

任务3 氯化氢含量的测定

职业功能	工作任务	参照材料	工作地点	成果表现形式	备注
检测与测定	1. 完成化学试剂盐酸中HCl含量的测定操作流程 2. 完成HCl含量测定的原始记录表	化学试剂盐酸（GB/T 622）	实验室	HCl含量测定的原始记录表	1. 用氢氧化钠标准溶液时要充分摇匀 2. 酸碱易受到空气的影响

子任务3-1 氯化氢含量测定的操作流程

一、检测准备

1. 准备药品、试剂

（1）NaOH标准滴定溶液 $c(NaOH)=1.0mol/L$。

（2）甲基红指示液（1g/L）：称取0.1g甲基红，溶于乙醇（95%），用乙醇（95%）稀释至100mL。

2. 准备仪器

常用滴定分析玻璃仪器、电子天平、托盘天平等。

二、操作流程

将15mL水注入具塞轻体锥形瓶中，称量，加3mL样品，立即盖好瓶塞轻轻摇动，冷却，再称量，两次称量均需称准至0.0001g，加20mL水，滴加2滴甲基红指示液（1g/L），用氢氧化钠标准滴定溶液 $[c(NaOH)=1mol/L]$ 滴定至溶液呈黄色。

盐酸的质量分数 w 数值以%表示，按下式计算

$$w = \frac{VcM}{m \times 1000} \times 100$$

式中 V ——氢氧化钠标准滴定溶液体积，mL；

c ——氢氧化钠标准滴定溶液浓度的准确数值，mol/L；

M ——盐酸的摩尔质量，g/mol，$M(HCl)=36.46g/mol$；

m ——样品质量，g。

子任务3-2 氯化氢含量测定的原始记录表（表4-4）

表4-4 氯化氢含量测定的原始记录表

项目		次数	1	2	3	备用
待测样品的体积						
待测样品质量	称量瓶+样品(倾样前)/g					
	称量瓶+样品(倾样后)/g					
	m(样品)/g					
滴定管初读数/mL						
滴定管终读数/mL						
滴定消耗NaOH的体积/mL						

续表

次数 项目	1	2	3	备用
体积校正值/mL				
溶液温度/℃				
温度补正值/(mL/L)				
溶液温度校正值/mL				
实际消耗 NaOH 体积/mL				
c(NaOH)标准溶液/(mol/L)				
w(HCl)/%				
$\overline{w}$(HCl)/%				
相对极差/%				
相对误差/%				
判定结果有/无效				

任务 4 化学试剂盐酸的质量检验结果报告单

产品型号	罐号	数量( )	取样时间	采用标准
				GB/T623

检验内容					
检验项目	指标			检验结果	单项判定
	优级纯	分析纯	化学纯		
HCl含量(质量分数)/%	36.0~38.0	36.0~38.0	36.0~38.0		
色度/黑曾单位	≤5	≤10	≤10		
灼烧残渣(以硫酸盐计)质量分数/%	≤0.0005	≤0.0005	≤0.002		
游离氯(Cl)含量(质量分数)/%	≤0.00005	≤0.0001	≤0.0002		
……					
检验结论				年　月　日	
备注					

检验员：　　　　　　　　　　　　　　　　　　　　　　审核：

【项目考核】

附表1　氢氧化钠标准溶液标定的评分细则

序号	作业项目	考核内容	配分	操作要求	考核记录	扣分	得分
1	基准物的称量 (10分)	称量操作	2	1. 称量或倾样时关闭天平门 2. 敲样动作正确 每错一项扣1分,扣完为止			

项目4　化学试剂盐酸中氯化氢含量的质量检测

续表

序号	作业项目	考核内容	配分	操作要求	考核记录	扣分	得分
1	基准物的称量（10分）	基准物称量范围	6	1. 在规定量±5%～±10%内。每错一个扣1分，扣完为止			
				2. 称量范围最多不超过±10%。每错一个扣2分，扣完为止			
		结束工作	2	1. 复原天平			
				2. 放回凳子			
				每错一项扣1分，扣完为止			
2	滴定操作（12分）	滴定管的洗涤	2	洗涤干净。洗涤不干净，扣1分			
		滴定管的试漏	2	正确试漏。不试漏，扣1分			
		滴定管的润洗	2	润洗方法正确。润洗方法不正确扣1分			
		调零点	2	调零点正确。不正确，扣1分			
		滴定操作	4	1. 滴定速度适当			
				2. 终点控制熟练			
				每错一项1分，扣完为止			
3	滴定终点（8分）	粉红色	8	终点判断正确			
				每错一个扣2分，扣完为止			
4	读数（2分）	读数	2	读数正确。每错一个扣1分，扣完为止			
5	原始数据记录（2分）	原始数据记录	2	1. 原始数据记录不用其他纸张记录			
				2. 原始数据及时记录			
				3. 正确进行滴定管体积校正（现场裁判应核对校正体积校正值）			
				每错一个扣1分，扣完为止			
6	文明操作结束工作（1分）	物品摆放仪器洗涤"三废"处理	1	1. 仪器摆放整齐			
				2. 废纸/废液不乱扔乱倒			
				3. 结束后清洗仪器			
				每错一项扣1分，扣完为止			
7	重大失误（本项最多扣10分）	重大失误	10	1. 称量失败，每重称一次倒扣2分			
				2. 溶液配制失误，重新配制的，每次倒扣5分			
				3. 重新滴定，每次倒扣5分			
				4. 篡改测量数据（如伪造、凑数据等）的，总分以0分计			
8	数据记录及处理（5分）	记录	1	1. 规范改正数据			
				2. 不缺项			
				每错一个扣1分，扣完为止			
		计算	3	计算正确。（由于第一次错误影响到其他不再扣分）。每错一个扣1分，扣完为止			
		有效数字保留	1	有效数字位数保留正确或修约正确，每错一个扣1分，扣完为止			

续表

序号	作业项目	考核内容	配分	操作要求		考核记录	扣分	得分
9	标定结果（60分）	精密度	30	相对极差≤0.10%	扣0分			
				0.10%＜相对极差≤0.20%	扣5分			
				0.20%＜相对极差≤0.30%	扣8分			
				0.30%＜相对极差≤0.40%	扣12分			
				0.40%＜相对极差≤0.50%	扣24分			
				相对极差＞0.50%	扣30分			
		准确度	30	相对误差≤0.10%	扣0分			
				0.10%＜相对误差≤0.20%	扣5分			
				0.20%＜相对误差≤0.30%	扣8分			
				0.30%＜相对误差≤0.40%	扣12分			
				0.40%＜相对误差≤0.50%	扣24分			
				相对误差＞0.50%	扣30分			

得分总计：
日期：

附表2　氯化氢含量测定的评分细则

序号	作业项目	考核内容	配分	操作要求	考核记录	扣分	得分
1	试样的称量（12分）	称量操作试样称量	10	1. 称量或倾样时关闭天平门，每错一项扣1分 2. 加盐酸试样时动作正确，每错一项扣2分 3. 盐酸试样盛放在小称量瓶中，然后一起直接放入具塞锥形瓶中，每错一个扣3分，扣完为止			
		结束工作	2	1. 复原天平 2. 放回凳子 每错一项扣1分，扣完为止			
2	滴定操作（12分）	滴定管的洗涤	2	洗涤干净。洗涤不干净，扣1分			
		滴定管的试漏	2	正确试漏。不试漏，扣1分			
		滴定管的润洗	2	润洗方法正确。润洗方法不正确扣1分			
		调零点	2	调零点正确。不正确扣1分			
		滴定操作	4	1. 滴定速度适当 2. 终点控制熟练 每错一项扣1分，扣完为止			
3	滴定终点（6分）	黄色	6	终点判断正确。每错一个扣2分，扣完为止			
4	读数（2分）	读数	2	读数正确。每错一个扣1分，扣完为止			
5	原始数据记录（2分）	原始数据记录	2	1. 原始数据记录不用其他纸张记录 2. 原始数据及时记录 3. 正确进行滴定管体积校正（现场裁判应核对校正体积校正值） 每错一个扣1分，扣完为止			

续表

序号	作业项目	考核内容	配分	操作要求		考核记录	扣分	得分
6	文明操作结束工作(1分)	物品摆放仪器洗涤"三废"处理	1	1. 仪器摆放整齐				
				2. 废纸/废液不乱扔乱倒				
				3. 结束后清洗仪器				
				每错一项扣1分,扣完为止				
7	重大失误(本项最多扣10分)	重大失误	10	1. 称量失败,每重称一次倒扣2分				
				2. 溶液配制失误,重新配制的,每次倒扣5分				
				3. 重新滴定,每次倒扣5分				
				4. 篡改测量数据(如伪造、凑数据等)的,总分以零计				
8	数据记录及处理(5分)	记录	1	1. 规范改正数据				
				2. 不缺项				
				每错一个扣1分,扣完为止				
		计算	3	计算正确(由于第一次错误影响到其他不再扣分)。每错一个扣1分,扣完为止				
		有效数字保留	1	有效数字位数保留正确或修约正确。每错一个扣1分,扣完为止				
9	测定结果(60分)	精密度	30	相对极差≤0.10%	扣0分			
				0.10%<相对极差≤0.20%	扣5分			
				0.20%<相对极差≤0.30%	扣8分			
				0.30%<相对极差≤0.40%	扣12分			
				0.40%<相对极差≤0.50%	扣24分			
				相对极差>0.50%	扣30分			
		准确度	30	相对误差≤0.10%	扣0分			
				0.10%<相对误差≤0.20%	扣5分			
				0.20%<相对误差≤0.30%	扣8分			
				0.30%<相对误差≤0.40%	扣12分			
				0.40%<相对误差≤0.50%	扣24分			
				相对误差>0.50%	扣30分			

得分总计:
日期:

阅读材料 4-1

GB/T 601 对标准滴定溶液制备的一般规定

GB/T 601 对标准滴定溶液的制备作了如下规定。

1. 除有另外规定外,所用试剂的纯度应在分析纯以上,所用制剂及制品应按 GB/T 603 的规定制备,实验用水应符合 GB/T 6682 中三级水的规格。

2. 标准中制备的标准滴定溶液的浓度,除高氯酸外,均指 20℃时的浓度。在标准滴定溶液标定、直接制备和使用时若温度有差异,应按该标准附录 A 补正。标准滴定溶液标定、直接制备和使用时所用分析天平、砝码、滴定管、容量瓶及移液管均需定期校正。

3. 在标定和使用标准滴定溶液时，滴定速度一般保持在 6~8mL/min。

4. 称量工作基准试剂的质量的数值小于 0.5g 时，按精确至 0.01mg 称量；数值大于 0.5g 时，按精确至 0.1mg 称量。

5. 制备标准滴定溶液的浓度应在规定浓度值的 5‰ 范围以内。

6. 标定标准滴定溶液的浓度时，必须两人进行实验，分别各做四平行，每人四平行测定结果极差的相对值（指测定结果的极差值与浓度平均值的比值，以‰表示）不得大于重复性临界极差 $[C_rR_{95}(4)]$ 的相对值（重复性临界极差与浓度平均值的比值，以‰表示）0.15‰，两人共八平行测定结果极差的相对值不得大于重复性临界极差 $[C_rR_{95}(8)]$ 的相对值 0.18‰。取两人八平行测定结果的平均值为测定结果。在运算过程中保留五位有效数字，浓度值报出结果取四位有效数字。

7. 该标准中标准滴定溶液浓度平均值的扩展不确定度一般不应大于 0.2%，可根据需要报出，其计算参见该标准附录 B。

8. 该标准使用工作基准试剂标定标准滴定溶液的浓度。当标准滴定溶液浓度值的准确度有更高要求时，可用二级纯度标准物质或定值代替工作基准试剂进行标定或直接制备，并在计算标准滴定溶液浓度值时，将其质量分数代入计算式中。

9. 标准滴定溶液的浓度小于等于 0.02mol/L 的标准溶液时，应于临用前将浓度高的标准溶液用煮沸并冷却的水稀释，必要时重新标定。

10. 除另有规定外，标准滴定溶液在常温（15~25℃）下保存时间一般不得超过两个月。当溶液出现浑浊、沉淀、颜色变化等现象时，应重新制备。

11. 贮存标准滴定溶液的容器，其材料不应与溶液起化学作用，壁厚最薄处不小于 0.5mm。

12. 该标准中所用溶液以（%）表示的均为质量分数，只有乙醇（95%）中的（%）为体积分数。

摘自 GB/T 601《化学试剂标准滴定溶液的制备》

阅读材料 4-2

早期的酸碱指示剂——植物指示剂

早在 200 多年前，酸碱指示剂就被化学家们使用了。1663 年英国化学家玻意尔发表一篇题为《关于颜色的实验》的文章，其中讲到："用上好的紫罗兰，捣出有色的汁液，滴在白纸上（这是为了用较少的量使颜色更明显），再在汁液上加两、三滴酒精，将醋或其他几乎所有的酸液滴到这个混合液上时，你立刻就会发现浆液变成了红色。"

玻意尔除用紫罗兰花的汁液外，还用了矢车菊、蔷薇花、雪莲花、报春花、胭脂花和石蕊等。石蕊是一种菌类和藻类共生的植物，通常把它制成蓝色粉末，溶于水和酒精。一般用的石蕊试纸是用滤纸浸泡在酒精溶液中，然后再晾干而成。

随着植物指示剂的使用逐渐广泛，一些科学家指出各种植物指示剂的变色灵敏度和变色范围不一样，必须对所有的植物汁液的灵敏度进行鉴定，才能找到合适的指示剂来测量各种酸的相对强度。

1782 年法国化学家居东德莫沃将纸浸泡在姜黄、巴西木的汁液中制成试纸，首先用于利用硝酸制取硝酸钾的工业生产中。接着化学家在酸碱滴定中利用了植物指示剂，以确定滴定终点。

1877 年，德国化学家卢克首先用化学制剂酚酞作为酸碱指示剂。第二年德国化学家隆格使用了甲基橙。自此，科学家开始使用化学制剂作指示剂。

摘自凌永乐编．化学概念和理论的发现．北京：科学出版社，2001.

【职业技能鉴定模拟题（四）】

一、单选题

1. 用基准物质无水碳酸钠标定 0.100mol/L 盐酸，宜选用（　　）作指示剂。
   A. 溴钾酚绿-甲基红　　　　　　　B. 酚酞
   C. 百里酚蓝　　　　　　　　　　D. 二甲酚橙

2. 配制好的 HCl 需贮存于（　　）中。
   A. 棕色橡皮塞试剂瓶　　　　　　B. 塑料瓶
   C. 白色磨口塞试剂瓶　　　　　　D. 白色橡皮塞试剂瓶

3. （1+5）H_2SO_4 这种体积比浓度表示方法的含义是（　　）。
   A. 水和浓 H_2SO_4 的体积比为 1∶6　　B. 水和浓 H_2SO_4 的体积比为 1∶5
   C. 浓 H_2SO_4 和水的体积比为 1∶5　　D. 浓 H_2SO_4 和水的体积比为 1∶6

4. 用酸碱滴定法测定工业醋酸中的乙酸含量，应选择的指示剂是（　　）。
   A. 酚酞　　　B. 甲基橙　　　C. 甲基红　　　D. 甲基红-次甲基蓝

5. 已知邻苯二甲酸氢钾（用 KHP 表示）的摩尔质量为 204.2g/mol，用它来标定 0.1mol/L 的 NaOH 溶液，宜称取 KHP 质量为（　　）。
   A. 0.25g 左右　　B. 1g 左右　　C. 0.6g 左右　　D. 0.1g 左右

6. 在 HCl 滴定 NaOH 时，一般选择甲基橙而不是酚酞作为指示剂，主要是由于（　　）。
   A. 甲基橙水溶液好　　　　　　　B. 甲基橙终点 CO_2 影响小
   C. 甲基橙变色范围较狭窄　　　　D. 甲基橙是双色指示剂

7. 用 0.10mol/L HCl 滴定 0.10mol/L Na_2CO_3 至酚酞终点，这里 Na_2CO_3 的基本单元数是（　　）。
   A. Na_2CO_3　　B. $2Na_2CO_3$　　C. $1/3Na_2CO_3$　　D. $1/2Na_2CO_3$

8. 将置于普通干燥器中保存的 $Na_2B_4O_7 \cdot 10H_2O$ 作为基准物质用于标定盐酸的浓度，则盐酸的浓度将（　　）。
   A. 偏高　　　B. 偏低　　　C. 无影响　　　D. 不能确定

9. 以下基准试剂使用前干燥条件不正确的是（　　）。
   A. 无水 Na_2CO_3 270～300℃　　　B. ZnO 800℃
   C. $CaCO_3$ 800℃　　　　　　　　　D. 邻苯二甲酸氢钾 105～110℃

10. 将 20mL 某 NaCl 溶液通过氢型离子交换树脂，经定量交换后，流出液用 0.1mol/L NaOH 溶液滴定时耗去 40mL。该 NaCl 溶液的浓度（单位：mol/L）为（　　）。
    A. 0.05　　　B. 0.1　　　C. 0.2　　　D. 0.3

二、多选题

1. 标定 NaOH 溶液常用的基准物有（　　）。
   A. 无水碳酸钠　B. 邻苯二甲酸氢钾　C. 硼砂　D. 二水草酸　E. 碳酸钙

2. 标定 HCl 溶液常用的基准物有（　　）。
   A. 无水 Na_2CO_3　　　　　　　B. 硼砂（$Na_2B_4O_7 \cdot 10H_2O$）
   C. 草酸（$H_2C_2O_4 \cdot 2H_2O$）　　D. $CaCO_3$

3. 指出下列物质中（　　）只能用间接法配制一定浓度的标准溶液。
   A. $KMnO_4$　　B. NaOH　　C. H_2SO_4　　D. $H_2C_2O_4 \cdot 2H_2O$

4. 0.2mol/L 的下列标准溶液应贮存于聚乙烯塑料瓶中的有（　　）。

A. KOH   B. EDTA   C. NaOH   D. 硝酸银

5. 应贮存在棕色瓶的标准溶液有（　　）。
A. $AgNO_3$ B. NaOH   C. $Na_2S_2O_3$ D. $KMnO_4$
E. $K_2Cr_2O_7$ F. EDTA   G. $KBrO_3$-KBr   H. I_2

6. 下列情况将对分析结果产生负误差的有（　　）。
A. 标定 HCl 溶液浓度时，使用的基准物 Na_2CO_3 中含有少量 $NaHCO_3$
B. 用递减法称量试样时，第一次读数时使用了磨损的砝码
C. 加热使基准物溶解后，溶液未经冷却即转移至容量瓶中并稀释至刻度，摇匀，马上进行标定
D. 用移液管移取试样溶液时，事先未用待移取溶液润洗移液管

7. 玻璃、瓷器可用于处理（　　）。
A. 盐酸   B. 硝酸   C. 氢氟酸   D. 熔融氢氧化钠

8. 从商业方面考虑，采样的主要目的是（　　）。
A. 验证样品是否符合合同的规定
B. 检查生产过程中泄漏的有害物质是否超过允许极限
C. 验证是否符合合同的规定
D. 保证产品销售质量，以满足用户的要求

9. 通用化学试剂包括（　　）。
A. 分析纯试剂   B. 光谱纯试剂   C. 化学纯试剂   D. 优级纯试剂

10. H_2O 对（　　）具有区分性效应。
A. HCl 和 HNO_3 B. H_2SO_4 和 H_2CO_3
C. HCl 和 HAc   D. HCOOH 和 HF

三、判断题

（　）1. 配制酸碱标准溶液时，用吸量管量取 HCl，用台秤称取 NaOH。

（　）2. 滴定管属于量出式容量仪器。

（　）3. 盐酸标准滴定溶液可用精制的草酸标定。

（　）4. 盐酸和硼酸都可以用 NaOH 标准溶液直接滴定。

（　）5. K_2SiF_6 法测定硅酸盐中硅的含量，滴定时，应选酚酞作指示剂。

（　）6. 用因保存不当而部分风化的基准试剂 $H_2C_2O_4 \cdot 2H_2O$ 标定 NaOH 溶液的浓度时，结果偏高；若用此 NaOH 溶液测定某有机酸的摩尔质量时则结果偏低。

（　）7. 用因吸潮带有少量湿存水的基准试剂 Na_2CO_3 标定 HCl 溶液的浓度时，结果偏高；若用此 HCl 溶液测定某有机碱的摩尔质量时结果也偏高。

（　）8. 以硼砂标定盐酸溶液时，硼砂的基本单元是 $Na_2B_4O_7 \cdot 10H_2O$。

（　）9. 1L 溶液中含有 98.08g H_2SO_4，则 $c(H_2SO_4)=2mol/L$。

（　）10. 溶解基准物质时用移液管移取 20～30mL 水加入。

项目 5

工业用水总硬度的质量检测

【任务引导】

任务要求	提出任务	地下水或地面水常作为工业生产用水的水源，水质不但影响产品的质量，同时对生产设备和管道也有很大影响。总硬度是衡量水质重要的指标之一，检验员依据标准"GB 7477 水质钙和镁总量的测定 EDTA 滴定法"检测该指标是否达标。本标准适用于地下水或者地面水。
	明确任务	检验员呈交的工业用水的质量检验结果报告单如下： 某有限公司 工业用水的质量检验结果报告单

取样时间	取样地点	取样标准	取样量/mL	采用标准
				GB 7477

<table>
<tr><td colspan="7" align="center">检 验 内 容</td></tr>
<tr><td rowspan="3">检测项目</td><td colspan="5" align="center">指 标</td><td rowspan="3">检验结果</td><td rowspan="3">单项判定</td></tr>
<tr><td colspan="2">冷却用水</td><td>洗涤用水</td><td>锅炉补给水</td><td>工艺与产品用水</td></tr>
<tr><td>冷却水</td><td>系统补充水</td><td></td><td></td><td></td></tr>
<tr><td>总硬度[以 CaCO₃ 计/(mg/mL)]</td><td>≤450</td><td>≤450</td><td>≤450</td><td>≤450</td><td>≤450</td><td></td><td></td></tr>
<tr><td>pH 值</td><td>6.5~9.0</td><td>6.5~8.5</td><td>6.5~8.5</td><td>6.5~9.0</td><td>6.5~8.5</td><td></td><td></td></tr>
<tr><td>总碱度[以 CaCO₃ 计/(mg/L)]</td><td>≤350</td><td>≤350</td><td>≤350</td><td>≤350</td><td>≤350</td><td></td><td></td></tr>
<tr><td>色度/度</td><td>≤30</td><td>≤30</td><td>≤30</td><td>≤30</td><td>≤30</td><td></td><td></td></tr>
<tr><td>化学需氧量(COD$_{Cr}$)/(mg/L)</td><td>—</td><td>≤60</td><td>≤60</td><td>—</td><td>≤60</td><td></td><td></td></tr>
<tr><td>硫酸盐/(mg/L)</td><td>≤600</td><td>≤250</td><td>≤250</td><td>≤250</td><td>≤250</td><td></td><td></td></tr>
<tr><td>……</td><td></td><td></td><td></td><td></td><td></td><td></td><td></td></tr>
<tr><td>检验结论</td><td colspan="7">　　　　　　　　　　　　　　　　　　　　　　　　年　　月　　日</td></tr>
<tr><td>备注</td><td colspan="7"></td></tr>
</table>

检验员：　　　　　　　　　　　　　　　　　　　　　　　　审核：

续表

项目目标	能力目标	1. 能按照检测标准要求规范完成水样采集、EDTA标准溶液制备、总硬度测定的操作 2. 能出具合格的工业用水采样记录表、EDTA标准溶液标定的原始记录表、工业用水总硬度测定的原始记录表，能规范填写工业用水质量检验结果报告单 3. 能依据评分细则分析误差产生的原因，解决实验中出现的问题及某些改进措施 4. 能依据理论知识分析和解决技能操作中所出现的问题
	知识目标	1. 理解配位滴定法的原理知识 2. 掌握【职业技能鉴定模拟题（五）】
	素质目标	1. 认真负责，实事求是，坚持原则，一丝不苟地依据标准进行检验和判定 2. 具有较强的颜色辨别能力，具有良好的专业语言表达能力、人际沟通能力和团结协作的精神 3. 能遵守操作规程．劳动纪律，形成良好的实验室"8S管理"安全意识
任务流程及能力目标	任务1	完成学习要点要求的学习目标
	任务2	1. 能按照标准"水质采样样品的保存和管理技术规定 HJ 493"要求，规范完成水样采样 2. 能正确填写采样记录表
	任务3	1. 能按照标准"化学试剂试验方法中所用制剂及制品的制备 GB/T 603"要求，规范完成试剂、指示剂等溶液的配制。 2. 能按照标准"化学试剂标准滴定溶液的制备 GB/T 601"要求，规范完成 EDTA 标准溶液的配制和标定的操作。 3. 能出具合格的 EDTA 标准溶液标定的原始记录表
	任务4	1. 能按照标准"化学试剂试验方法中所用制剂及制品的制备 GB/T 603"要求，规范完成试剂、指示剂等溶液的配制 2. 能按照标准"水质钙和镁总量的测定 EDTA 滴定法 GB 7477"要求，规范完成工业用水总硬度测定的操作 3. 能出具合格的工业用水总硬度测定的原始记录表
	任务5	1. 能规范填写质检报告单 2. 能分析产生不合格品的原因。能审核原始记录表内容，主要包括：①填写内容是否与原始记录相符；②检验依据是否适用；③环境条件是否满足要求；④结论的判定是否正确 3. 整理实验台，维护、保养所用仪器设备
课外任务		网络查阅：工业循环冷却水中钙、镁离子的测定 EDTA 滴定法 GB/T 15452 实验设计：工业循环冷却水中钙、镁离子的测定 设计要点提示：（1）所用仪器设备、药品；（2）操作规程；（3）原始记录表；（4）质检报告单；（5）注意事项

任务1 配位滴定法的应用

配位滴定法要比酸碱滴定法复杂得多，本次任务的主要学习内容：（1）配位滴定法常用有机配位剂做滴定剂主要测定金属离子。（2）在酸碱滴定法中，酸碱的解离常数是不变的，酸碱反应几乎不受干扰，而且稳定。但在配位滴定法中配合物的稳定性随着体系反应条件的不同而变化，为了保持配合物的稳定性，需要加入酸碱缓冲溶液来稳定溶液的 pH 值范围。（3）酸碱滴定中根据 pH 突跃范围来选择指示剂，在配位滴定法中，根据 pM 的突跃范围来选择指示剂，但是由于金属指示剂的常数不齐全，有时无法计算，所以实际工作中大多采用实验验证的方式来选择指示剂，即先观察终点色是否变色敏锐，然后检查滴定结果是否准确,这样就可能确定该指示剂是否符合要求。下面就阐述以上主要知识点。

子任务 1-1　配位滴定的方法简介

【学习要点】　了解配位滴定法对配位反应的要求;了解无机配位剂和简单配合物与有机配位剂和螯合物的区别;掌握 EDTA 及其与金属离子形成配合物的性质和特点。

在《无机化学》中我们学习了无机配合物和有机配合物的知识,而配位滴定法就是以生成配位化合物的反应为基础的滴定分析方法,又称络合滴定法。例如,用 $AgNO_3$ 溶液滴定 CN^-(又称氰量法)时,Ag^+ 与 CN^- 发生配位反应,生成配离子 $[Ag(CN)_2]^-$,其反应式如下

$$Ag^+ + 2CN^- \rightleftharpoons [Ag(CN)_2]^-$$

当滴定到达化学计量点后,稍过量的 Ag^+ 与 $[Ag(CN)_2]^-$ 结合生成 $Ag[Ag(CN)_2]$ 白色沉淀,使溶液变浑浊,指示终点的到达。

由于许多无机配合物反应分级、稳定性差,因此计量关系不明确,滴定终点不易观察,所以受到局限。有机配位剂则可与金属离子形成很稳定而且组成固定的配合物,克服了无机配位剂的缺点,而且能满足滴定分析的条件,因此在生产和科研中得到广泛应用,目前常用的有机配位剂是中氨羧配位剂,其中以 EDTA 做配位剂的应用最为广泛。

能用于配位滴定的配位反应必须具备一定的条件:
(1) 配位反应必须完全,即生成的配合物的稳定常数足够大。
(2) 反应应按一定的反应式定量进行,即金属离子与配位剂的配位比要恒定。
(3) 反应速度快。
(4) 有适当的方法检出终点。
(5) 生成的配合物最好是可溶的。

一、无机配位剂与简单配合物

能与金属离子配位的无机配位剂很多,但多数的无机配位剂只有一个配位原子(通常称此类配位剂为单基配位体,如 F^-、Cl^-、CN^-、NH_3 等),与金属离子配位时分级配位,常形成 mLn 型的简单配合物。例如,在 Cd^{2+} 与 CN^- 的配位反应中,分级生成了 $[Cd(CN)]^+$、$[Cd(CN)_2]$、$[Cd(CN)_3]^-$、$[Cd(CN)_4]^{2-}$ 等四种配位化合物。它们的稳定常数分别为:$10^{5.5}$、$10^{5.1}$、$10^{4.7}$、$10^{3.6}$。可见各级配合物的稳定常数都不大,彼此相差也很小。因此,除个别反应(例如 Ag^+ 与 CN^-、Hg^{2+} 与 Cl^- 等反应)外,无机配位剂大多数不能用于配位滴定,它在分析化学中一般多用作掩蔽剂、辅助配位剂和显色剂。

二、有机配位剂与配合物

有机配位剂分子中常含有两个以上的配位原子(通常称含 2 个或 2 个以上配位原子的配位剂为多基配位体),如乙二胺($\ddot{N}H_2CH_2CH_2\ddot{N}H_2$)和氨基乙酸($\ddot{N}H_2CH_2\ddot{C}\ddot{O}OH$),与金属离子配位时形成低配位比的具有环状结构的螯合物,它比同种配位原子所形成的简单配合物稳定得多。有机配位剂中由于含有多个配位原子,因而减少甚至消除了分级配位现象,特别是生成的螯合物的稳定性好,使这类配位反应有可能用于滴定。

广泛用作配位滴定剂的是含有 $-N(CH_2COOH)_2$ 基团的有机化合物,称为氨羧配位剂。

其分子中含有氨氮 $\ddot{N}$ 和羧氧 $-\overset{O}{\underset{\|}{C}}-\ddot{O}-$ 配位原子,前者易与 Cu、Ni、Zn、Co、Hg 等

金属离子配位，后者则几乎与所有高价金属离子配位。因此氨羧配位剂兼有两者配位的能力，几乎能与所有金属离子配位。

在配位滴定中最常用的氨羧配位剂主要有以下几种：EDTA（乙二胺四乙酸）；DCTA（环己烷二胺基四乙酸）；EDTP（乙二胺四丙酸）；TTHA（三乙基四胺六乙酸）。氨羧配位剂中 EDTA 是目前应用最广泛的一种，用 EDTA 标准溶液可以滴定几十种金属离子。通常所谓的配位滴定法，主要是指 EDTA 滴定法。

三、EDTA 及其二钠盐

乙二胺四乙酸（通常用 H_4Y 表示）简称 EDTA，其结构式如下

$$\text{HOOCCH}_2\diagdown\text{N—CH}_2\text{—CH}_2\text{—N}\diagup\text{CH}_2\text{COOH}$$
$$\text{HOOCCH}_2\diagup\qquad\qquad\qquad\diagdown\text{CH}_2\text{COOH}$$

乙二胺四乙酸为白色无水结晶粉末，室温时溶解度较小（22℃时，每 100mL 水溶解 0.02g），难溶于酸和有机溶剂，易溶于碱或氨水中形成相应的盐。由于乙二胺四乙酸溶解度小，因而不适用作滴定剂。

EDTA 二钠盐（$Na_2H_2Y \cdot 2H_2O$，也简称为 EDTA）易溶于水（22℃时，每 100mL 水溶解 11.1g，浓度约 0.3mol/L，pH 约为 4.4），因此分析工作中通常使用 EDTA 二钠盐作滴定剂。

乙二胺四乙酸在水溶液中，具有双偶极离子结构

$$\text{HOOCH}_2C\diagdown\overset{H}{\underset{+}{N}}\text{—CH}_2\text{—CH}_2\text{—}\overset{H}{\underset{+}{N}}\diagup\text{CH}_2\text{COO}^-$$
$$^-\text{OOCH}_2C\diagup\qquad\qquad\qquad\diagdown\text{CH}_2\text{COOH}$$

因此，当 EDTA 溶解于酸度很高的溶液中时，它的两个羧酸根可再接受两个 H^+ 形成 H_6Y^{2+}，这样，它就相当于一个六元酸，有六级离解常数，即

K_{a1}	K_{a2}	K_{a3}	K_{a4}	K_{a5}	K_{a6}
$10^{-0.9}$	$10^{-1.6}$	$10^{-2.0}$	$10^{-2.67}$	$10^{-6.16}$	$10^{-10.26}$

EDTA 在水溶液中总是以 H_6Y^{2+}、H_5Y^+、H_4Y、H_3Y^-、H_2Y^{2-}、HY^{3-} 和 Y^{4-} 七种型体存在。它们的分布系数与溶液 pH 的关系如图 5-1 所示。

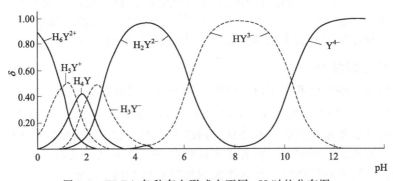

图 5-1　EDTA 各种存在形式在不同 pH 时的分布图

由分布曲线图中可以看出，在 pH＜1 的强酸溶液中，EDTA 主要以 H_6Y^{2+} 型体存在；在 pH 为 2.75～6.24 时，主要以 H_2Y^{2-} 型体存在；仅在 pH＞10.34 时才主要以 Y^{4-} 型体存在。值得注意的是，在七种型体中只有 Y^{4-}（为了方便，以下均用符号 Y 来表示 Y^{4-}）

能与金属离子直接配位。Y分布系数越大,即EDTA的配位能力越强。而Y分布系数的大小与溶液的pH密切相关,所以溶液的酸度便成为影响EDTA配合物稳定性及滴定终点敏锐性的一个很重要的因素。

四、EDTA与金属离子配合物的特点

螯合物是一类具有环状结构的配合物。螯合即指成环,只有当一个配位体至少含有两个可配位的原子时才能与中心原子形成环状结构,螯合物中所形成的环状结构常称为螯环。能与金属离子形成螯合物的试剂,称为螯合剂。EDTA就是一种常用的螯合剂。

EDTA分子中有六个配位原子,此六个配位原子恰能满足它们的配位数,在空间位置上均能与同一金属离子形成环状化合物,即螯合物。图5-2所示的是EDTA与Ca^{2+}形成的螯合物的立方构型。

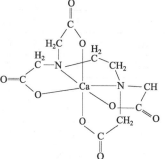

图5-2 EDTA与Ca^{2+}形成的螯合物

EDTA与金属离子的配合物有如下特点:

(1) EDTA具有广泛的配位性能,几乎能与所有金属离子形成配合物,因而配位滴定应用很广泛。

(2) EDTA配合物的配位比简单,不论金属离子是几价的,多数情况下都以1∶1的形式配合。个别离子如Mo与EDTA的配合物[$(MoO_2)_2Y^{2-}$]的配位比为2∶1。

(3) EDTA配合物的稳定性高,几乎与周期表中大部分金属离子配合,能与金属离子形成具有五元环结构的稳定配合物。

(4) EDTA与金属离子形成的配合物,易溶于水,反应较迅速,所以可在水溶液中进行。

(5) 大多数金属-EDTA配合物无色,这有利于指示剂确定终点。但有色金属离子与EDTA生成的配合物是有色的,且生成配合物的颜色则加深。例如:

CuY^{2-}	NiY^{2-}	CoY^{2-}	MnY^{2-}	CrY^-	FeY^-
深蓝	蓝色	紫红	紫红	深紫	黄

因此滴定这些离子时,要控制其浓度勿过大,否则,使用指示剂确定终点将发生困难。

思 考 题

1. EDTA与金属离子的配合物有何特点?
2. 为什么通常使用EDTA二钠盐作滴定剂?

子任务1-2 配位平衡及影响因素

【学习要点】 了解各副反应对主反应的影响;了解条件稳定常数的意义,了解副反应系数与条件稳定常数间的关系。

一、配合物的稳定常数

EDTA与金属离子形成稳定的配合物,该稳定常数用K_{MY}表示。为简便起见,略去电荷,其配位反应式如下

$$M + Y \rightleftharpoons MY$$

因此反应的平衡常数表达式为

$$K_{MY} = \frac{[MY]}{[M][Y]} \tag{5-1}$$

K_{MY} 称为绝对稳定常数（简称稳定常数）。这个数值越大，则配合物越稳定。

常见金属离子与 EDTA 形成的配合物 MY 的绝对稳定常数见表 5-1。

表 5-1 部分金属-EDTA 配位化合物的 $\lg K_{MY}$

阳离子	$\lg K_{MY}$	阳离子	$\lg K_{MY}$	阳离子	$\lg K_{MY}$	阳离子	$\lg K_{MY}$
Na^+	1.66	Fe^{2+}	14.33	Y^{3+}	18.09	Th^{4+}	23.2
Li^+	2.79	La^{3+}	15.50	VO^+	18.1	Cr^{3+}	23.4
Ag^+	7.32	Ce^{4+}	15.98	Ni^{2+}	18.60	Fe^{3+}	25.1
Ba^{2+}	7.86	Al^{3+}	16.3	VO^{2+}	18.8	U^{4+}	25.8
Mg^{2+}	8.69	Co^{2+}	16.31	Cu^{2+}	18.80	Bi^{3+}	27.94
Sr^{2+}	8.73	Pt^{2+}	16.31	Ga^{2+}	20.3	Co^{3+}	36.0
Be^{2+}	9.20	Cd^{2+}	16.49	Ti^{3+}	21.3		
Ca^{2+}	10.69	Zn^{2+}	16.50	Hg^{2+}	21.8		
Mn^{2+}	13.87	Pb^{2+}	18.04	Sn^{2+}	22.1		

这些配合物稳定性的差别，主要决定于金属离子本身的离子电荷数、离子半径和电子层结构。此外，溶液的酸度、温度和其他配位体的存在等外界条件的变化也影响配合物的稳定性。需要指出的是：绝对稳定常数是指无副反应情况下的数据，它不能反映实际滴定过程中真实配合物的稳定状况。

二、配位反应中主反应和副反应

在滴定过程中，一般将 EDTA（Y）与被测金属离子 M 的反应称为主反应，而溶液中存在的其它反应都称为副反应，如下式

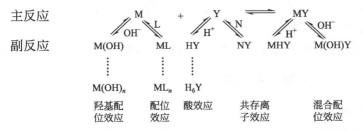

式中，A 为其他配位剂，N 为共存离子。

显然，反应物（M、Y）发生副反应不利于主反应的进行，而生成物（MY）的各种副反应则有利于主反应的进行，但所生成的这些混合配合物大多数不稳定，可以忽略不计。这些副反应中以 Y 与 H 的副反应和 M 与 L 的副反应是影响主反应的两个主要因素，尤其是酸度的影响更为重要。

三、酸效应和酸效应系数

因 H^+ 的存在使配位体参加主反应能力降低的现象称为酸效应。酸效应的程度用酸效应系数来衡量，酸效应的大小用酸效应系数 $\alpha_{Y(H)}$ 描述。所谓酸效应系数是指在一定酸度下，未与 M 配位的 EDTA 各级质子化型体的总浓度 $[Y']$ 与游离 EDTA 酸根离子浓度 $[Y]$ 的比值。如果将 EDTA 的分析浓度 c_Y 近似看作是 $[Y']$，则 $\alpha_{Y(H)} = c_Y/[Y]$，即

$$\alpha_{Y(H)} = \frac{[Y']}{[Y]}$$

不同酸度下的 $\alpha_{Y(H)}$ 值,可按下式计算

$$\alpha_{Y(H)} = \frac{[Y']}{[Y]} = \frac{[Y]+[HY]+[H_2Y]+[H_3Y]+[H_4Y]+[H_5Y]+[H_6Y]}{[Y]} \tag{5-2}$$

$$\alpha_{Y(H)} = 1 + \frac{[H]}{K_6} + \frac{[H]^2}{K_6 K_5} + \frac{[H]^3}{K_6 K_5 K_4} + \cdots + \frac{[H]^6}{K_6 K_5 \cdots K_1} \tag{5-3}$$

式中 K_6、K_5、…、K_1 为 H_6Y^{2+} 的各级离解常数。

由式(5-2)可知 $\alpha_{Y(H)}$ 随 pH 的增大而减少。$\alpha_{Y(H)}$ 越小则 [Y] 越大,即 EDTA 有效浓度 [Y] 越大,因而酸度对配合物的影响越小。

在 EDTA 滴定中,$\alpha_{Y(H)}$ 是最常用的副反应系数。为应用方便,通常用其对数值 $\lg\alpha_{Y(H)}$。表 5-2 列出不同 pH 的溶液中 EDTA 酸效应系数 $\lg\alpha_{Y(H)}$ 值。

表 5-2 不同 pH 时的 $\lg\alpha_{Y(H)}$

pH	$\lg\alpha_{Y(H)}$	pH	$\lg\alpha_{Y(H)}$	pH	$\lg\alpha_{Y(H)}$	pH	$\lg\alpha_{Y(H)}$
0.0	23.64	2.0	13.51	5.0	6.45	8.0	2.27
0.4	21.32	2.4	12.19	5.4	5.69	8.4	1.87
0.8	19.08	3.8	8.85	5.8	4.98	8.8	1.48
1.0	18.01	4.0	8.44	6.0	4.65	9.0	1.28
1.4	16.02	4.4	7.64	7.4	2.88	9.5	0.83
1.8	14.27	4.8	6.84	7.8	2.47	10.0	0.45

也可将 pH 与 $\lg\alpha_{Y(H)}$ 的对应值绘成如图 5-3 所示的 $\lg\alpha_{Y(H)}$-pH 曲线。

由图 5-3 可看出,仅当 pH≥12 时,$\alpha_{Y(H)} = 1$,即此时 Y 才不与 H^+ 发生副反应。

四、配合物的条件稳定常数和累积稳定常数

1. 条件稳定常数

通过上述副反应对主反应影响的讨论,用绝对稳定常数描述配合物的稳定性显然是不符合实际情况,应将副反应的影响一起考虑,由此推导的稳定常数应区别于绝对稳定常数,而称之为条件稳定常数或表观稳定常数,用 K'_{MY} 表示。K'_{MY} 与 α_Y、α_M、α_{MY} 的关系如下

$$K'_{MY} = K_{MY} \frac{\alpha_{MY}}{\alpha_M \alpha_Y} \tag{5-4}$$

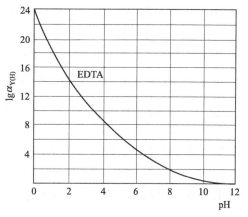

图 5-3 EDTA 的 $\lg\alpha_{Y(H)}$ 与 pH 的关系

当条件恒定时 α_M、α_Y、α_{MY} 均为定值,故 K'_{MY} 在一定条件下为常数,称为条件稳定常数。当副反应系数为 1 时(无副反应),$K'_{MY} = K_{MY}$。

若将式(5-4)取对数得

$$\lg K'_{MY} = \lg K_{MY} + \lg\alpha_{MY} - \lg\alpha_M - \lg\alpha_Y \tag{5-5}$$

多数情况下(溶液的酸碱性不是太强时),不形成酸式或碱式配合物,故 $\lg\alpha_{MY}$ 忽略不计,式(5-5)可简化成

$$\lg K'_{MY} = \lg K_{MY} - \lg\alpha_M - \lg\alpha_Y \tag{5-6}$$

如果只有酸效应,式(5-6)又简化成

$$\lg K'_{MY} = \lg K_{MY} - \lg \alpha_{Y(H)} \tag{5-7}$$

由式(5-7)可知 K'_{MY} 随着酸度的增大而减小。条件稳定常数是利用副反应系数进行校正后的实际稳定常数，利用它可以判断滴定金属离子的可行性和混合金属离子分别滴定的可行性以及滴定终点时金属离子的浓度计算等。

【例 5-1】 计算 pH=2.00、pH=5.00 时的 $\lg K'_{ZnY}$。

解 查表 5-1 得 $\lg K_{ZnY} = 16.50$；查表 5-2 得 pH=2.0 时，$\lg \alpha_{Y(H)} = 13.51$

按题意，溶液中只存在酸效应，根据式(5-7)

$$\lg K'_{ZnY} = \lg K_{ZnY} - \lg \alpha_{Y(H)}$$

因此 $\lg K'_{ZnY} = 16.50 - 13.51 = 2.99$

同样，查表 5-2 得 pH=5.0 时，$\lg \alpha_{Y(H)} = 6.45$；

因此 $\lg K'_{ZnY} = 16.50 - 6.45 = 10.05$

答：pH=2.00 时 $\lg K'_{ZnY}$ 为 2.99；pH=5.00 时，$\lg K'_{ZnY}$ 为 10.05

由上例可看出，尽管 $\lg K_{ZnY} = 16.50$，但 pH=2.00 时，$\lg K'_{ZnY}$ 仅为 2.99，此时 ZnY^{2-} 极不稳定，在此条件下 Zn^{2+} 不能被准确滴定；而在 pH=5.00 时，$\lg K'_{ZnY}$ 则为 10.05，ZnY^{2-} 已稳定，配位滴定可以进行。可见配位滴定中控制溶液酸度是十分重要的。

2. 累积稳定常数

累积稳定常数对于配位比为 $1:n$ 的配合物，由于 ML_n 的形成是逐级进行的，其逐级形成反应与相应的逐级稳定常数（$K_{稳n}$）为

$$M + L \longrightarrow ML \qquad K_{稳1} = \frac{[ML]}{[M][L]}$$

$$ML + L \longrightarrow ML_2 \qquad K_{稳2} = \frac{[ML_2]}{[ML][L]}$$

$$ML_{n-1} + L \longrightarrow ML_n \qquad K_{稳n} = \frac{[ML_n]}{[ML_{n-1}][L]} \tag{5-8}$$

若将逐级稳定常数渐次相乘，应得到各级累积常数（β_n）。

第一级累积稳定常数 $\quad \beta_1 = K_{稳1} = \dfrac{[ML]}{[M][L]}$

第二级累积稳定常数 $\quad \beta_2 = K_{稳1} K_{稳2} = \dfrac{[ML_2]}{[M][L]^2}$

第 n 级累积稳定常数 $\quad \beta_n = K_{稳1} K_{稳2} \cdots K_{稳n} = \dfrac{[ML_n]}{[M][L]^n} \tag{5-9}$

β_n 即为各级配位化合物的总的稳定常数。

根据配位化合物的各级累积稳定常数，可以计算各级配合物的浓度，即

$$[ML] = \beta_1 [M][L]$$
$$[ML_2] = \beta_2 [M][L]^2$$
$$\vdots \qquad \vdots$$
$$[ML_n] = \beta_n [M][L]^n \tag{5-10}$$

可见，各级累积稳定常数将各级配位化合物的浓度（$[ML]$，$[ML_2]$，…，$[ML_n]$）直接与游离金属、游离配位剂的浓度（$[M]$，$[L]$）联系了起来。在配位平衡计算中，常涉及各级配合物的浓度，这些关系式都是很重要的。

五、准确滴定的判别式

金属离子的准确滴定与允许误差和检测终点方法的准确度有关,还与被测金属离子的原始浓度有关。设金属离子的原始浓度为 c_M(对终点体积而言),用等浓度的 EDTA 滴定,滴定分析的允许误差为 E_t,在化学计量点时:

(1) 被测定的金属离子几乎全部发生配位反应,即 $[MY]=c_M$。
(2) 被测定的金属离子的剩余量应符合准确滴定的要求,即 $c_{M余} \leq c_M E_t$。
(3) 滴定时过量的 EDTA,也符合准确度的要求,即 $c(EDTA)_余 \leq c(EDTA)E_t$。

将这些数值代入条件稳定常数的关系式得

$$K'_{MY} = \frac{[MY]}{c_{M余} c(EDTA)_余}$$

$$K'_{MY} \geq \frac{c_M}{c_M E_t c(EDTA) E_t}$$

由于 $c_M = c(EDTA)$,不等式两边取对数,整理后得

$$\lg c_M K'_{MY} \geq -2\lg E_t$$

若允许误差 E_t 为 0.1%,反应程度等于或高于 99.9%,M 基本上都配合成 MY,得

$$\lg c_M K'_{MY} \geq 6 \tag{5-11}$$

式(5-11)是配位滴定法能够准确滴定的判别式,若 $\lg c_M K'_{MY} < 6$,就不能准确滴定。

在金属离子的原始浓度 c_M 为 0.010mol/L 的特定条件下,则

$$\lg K'_{MY} \geq 8 \tag{5-12}$$

式(5-12)是在上述条件下准确滴定 M 时,$\lg K'_{MY}$ 的允许低限。

与酸碱滴定相似,若降低分析准确度的要求,或改变检测终点的准确度,则滴定要求的 $\lg c_M K'_{MY}$ 也会改变,例如

$E_t = \pm 0.5\%$,$\Delta pM = \pm 0.2$,$\lg c_M K'_{MY} = 5$ 时也可以滴定;
$E_t = \pm 0.3\%$,$\Delta pM = \pm 0.2$,$\lg c_M K'_{MY} = 6$ 时也可以滴定。

【例 5-2】 在 pH=2.00 和 5.00 的介质中($\alpha_{Zn}=1$),能否用 0.010mol/L EDTA 准确滴定 0.010mol/L Zn^{2+}?

解 查表 5-1 得 $\lg K_{ZnY} = 16.50$;
查表 5-2 得 pH=2.0 时,$\lg \alpha_{Y(H)} = 13.51$
按题意 $\lg K'_{MY} = 16.50 - 13.51 = 2.99 < 8$
查表 5-2 得 pH=5.0 时 $\lg \alpha_{Y(H)} = 6.45$,
则 $\lg K'_{MY} = 16.50 - 6.45 = 10.05 > 8$

所以,当 pH=2.00 时,Zn^{2+} 是不能被准确滴定的,而 pH=5.00 时可以被准确滴定。

由此例计算可看出,用 EDTA 滴定金属离子,若要准确滴定必需选择适当的 pH。因为酸度是金属离子被准确滴定的重要影响因素。

六、EDTA 酸效应曲线

稳定性高的配合物,溶液酸度略为高些亦能准确滴定。而对于稳定性较低的,酸度高于某一值,就不能被准确滴定了。通常较低的酸度条件对滴定有利,但为了防止一些金属离子在酸度较低的条件下发生羟基化反应甚至生成氢氧化物,必须控制适宜的酸度范围若滴定反应中除 EDTA 酸效应外,没有其它副反应,则根据单一离子准确滴定的判别式,在被测金属离子的浓度为 0.01mol/L 时,$\lg K'_{MY} \geq 8$

因此
$$\lg K'_{MY} = \lg K_{MY} - \lg\alpha_{Y(H)} \geqslant 8$$
即
$$\lg\alpha_{Y(H)} \leqslant \lg K_{MY} - 8 \quad (5\text{-}13)$$

将各种金属离子的 $\lg K_{MY}$ 代入式(5-13)，即可求出对应的最大 $\lg\alpha_{Y(H)}$ 值，再从表 5-3 查得与它对应的最小 pH。例如，对于浓度为 0.01mol/L 的 Zn^{2+} 溶液的滴定，以 $\lg K_{ZnY}=16.50$ 代入式(5-13) 得

$$\lg\alpha_{Y(H)} \leqslant 8.5$$

从表 5-3 可查得 pH≥4.0，即滴定 Zn^{2+} 允许的最小 pH 为 4.0。将金属离子的 $\lg K_{MY}$ 值与最小 pH（或对应的 $\lg\alpha_{Y(H)}$ 最小 pH）绘成曲线，称为酸效应曲线（或称 Ringboim 曲线），如图 5-4 所示。

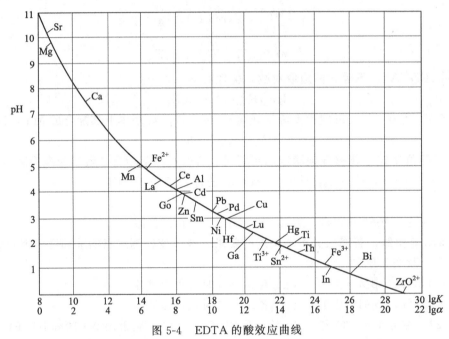

图 5-4　EDTA 的酸效应曲线

实际工作中，用图中金属离子位置对应的 pH 值，可查的单独滴定某种金属离子时所允许的最低 pH；还可以看出混合离子中哪些离子在一定 pH 范围内有干扰。此外，酸效应曲线还可当 $\lg\alpha_{Y(H)}$-pH 曲线使用。

必须注意，使用酸效应曲线查单独滴定某种金属离子的最低 pH 的前提是：金属离子浓度为 0.01mol/L；允许测定的相对误差为 ±0.1%；溶液中除 EDTA 酸效应外，金属离子未发生其它副反应。如果前提变化，曲线将发生变化，因此要求的 pH 也会有所不同。

七、金属离子 M 的副反应及副反应系数

1. 配位效应与配位效应系数

在 EDTA 滴定中，由于其它配位剂的存在使金属离子参加主反应的能力降低的现象称为配位效应。这种由配位剂 L 引起副反应的副反应系数称为配位效应系数，用 $\alpha_{M(L)}$ 表示。$\alpha_{M(L)}$ 定义为：没有参加主反应的金属离子总浓度 [M′] 与游离金属离子浓度 [M] 的比值。即

$$\alpha_{M(L)} = [M']/[M] = 1 + \beta_1[L] + \beta_2[L]^2 + \cdots + \beta_n[L]^n \quad (5\text{-}14)$$

$\alpha_{M(L)}$ 越大，表示副反应越严重。

配位剂 L 一般是滴定时所加入的缓冲剂或为防止金属离子水解所加的辅助配位剂，也

可能是为消除干扰而加的掩蔽剂。

在酸度较低溶液中滴定 M 时，金属离子会生成羟基配合物 $[M(OH)_n]$，此时 L 就代表 OH^-，其副反应系数用 $\alpha_{M(OH)}$ 表示。常见金属离子的 $lg\alpha_{M(OH)}$ 值可查表 5-3。

表 5-3 金属离子的 $lg\alpha_{M(OH)}$ 值

金属离子	离子强度	pH												
		1	2	3	4	5	6	7	8	9	10	11	12	13	14
Al^{3+}	2					0.4	1.3	5.3	9.3	13.3	17.3	21.3	25.3	29.3	33.3
Bi^{3+}	3	0.1	0.5	1.4	2.4	3.4	4.4	5.4							
Ca^{2+}	0.1													0.3	1.0
Cd^{2+}	3									0.1	0.5	2.0	4.5	8.1	12.0
Co^{2+}	0.1								0.1	0.4	1.1	2.2	4.2	7.2	10.2
Cu^{2+}	0.1								0.2	0.8	1.7	2.7	3.7	4.7	5.7
Fe^{2+}	1									0.1	0.6	1.5	2.5	3.5	4.5
Fe^{3+}	3			0.4	1.8	3.7	5.7	7.7	9.7	11.7	13.7	15.7	17.7	19.7	21.7
Hg^{2+}	0.1			0.5	1.9	3.9	5.9	7.9	9.9	11.9	13.9	15.9	17.9	19.9	21.9
La^{3+}	3									0.3	1.0	1.9	2.9	3.9	
Mg^{2+}	0.1										0.1	0.5	1.3	2.3	
Mn^{2+}	0.1										0.1	0.5	1.4	2.4	3.4
Ni^{2+}	0.1									0.1	0.7	1.6			
Pb^{2+}	0.1							0.1	0.5	1.4	2.7	4.7	7.4	10.4	13.4
Th^{4+}	1				0.2	0.8	1.7	2.7	3.7	4.7	5.7	6.7	7.7	8.7	9.7
Zn^{2+}	0.1									0.2	2.4	5.4	8.5	11.8	15.5

2. 金属离子的总副反应系数 α_M

若溶液中有两种配位剂 L 和 A 同时与金属离子 M 发生副反应，则其影响可用 M 的总副反应系数 α_M 表示。

$$\alpha_M = \alpha_{M(L)} + \alpha_{M(OH)} - 1 \tag{5-15}$$

考虑到酸效应和配位效应后

$$K_{MY} = \frac{[MY]\alpha_M \alpha_{Y(H)}}{[M'][Y']} = K_{M'Y'}\alpha_M \alpha_{Y(H)}$$

$$lgK_{M'Y'} = lgK_{MY} - lg\alpha_M - lg\alpha_{Y(H)}$$

准确滴定判别式为 $lgcK_{M'Y'} \geq 6$。

八、配位滴定剂中缓冲剂的作用

配位滴定过程中会不断释放出 H^+，即

$$M^{n+} + H_2Y^{2-} \Longrightarrow MY^{(4-n)-} + 2H^+$$

使溶液酸度增高而降低 K'_{MY} 值，影响到反应的完全程度，同时还会减小 K'_{MIn} 值使指示剂灵敏度降低。因此配位滴定中常加入缓冲剂控制溶液的酸度。

在弱酸性溶液（pH＝5～6）中滴定，常使用醋酸缓冲溶液或六次甲基四胺缓冲溶液；在弱碱性溶液（pH＝8～10）中滴定，常采用氨性缓冲溶液。在强酸中滴定（如 pH＝1 时滴定 Bi^{3+}）或强碱中滴定（如 pH＝13 时滴定 Ca^{2+}），强酸或强碱本身就是缓冲溶液，具有一定的缓冲作用。在选择缓冲剂时，不仅要考虑缓冲剂所能缓冲的 pH 范围，还要考虑缓冲剂是否会引起金属离子的副反应而影响反应的完全程度。例如，在 pH＝5 时用 EDTA 滴定

Pb^{2+}，通常不用醋酸缓冲溶液，因为 Ac^- 会与 Pb^{2+} 配位，降低 PbY 的条件形成常数。

此外，所选的缓冲溶液还必须有足够的缓冲容量才能控制溶液 pH 基本不变。

思 考 题

1. 解释下列名词。

   绝对稳定常数　　条件稳定常数　　累积稳定常数
2. 配合物的稳定常数 K_{MY} 与条件稳定常数 K'_{MY} 有何区别和联系？
3. 什么叫酸效应？什么叫酸效应系数？
4. 为什么在配位滴定中必须控制好溶液的酸度？

子任务 1-3　金属指示剂选择及应用

【学习要点】　理解金属指示剂的作用原理；了解金属指示剂应具备的条件；熟悉常用金属指示剂的应用范围和终点颜色变化及使用 pH 条件；掌握使用金属指示剂应注意的问题。

一、金属指示剂

在配位滴定法中，通常利用一种能与金属离子生成有色配合物的显色剂指示滴定过程中金属离子浓度的变化来确定终点，这种显色剂称为金属指示剂。

1. 金属指示剂变色原理

金属指示剂是一种有机染料，也是一种配位剂，能与某些金属离子反应，生成与其本身颜色显著不同的配合物以指示终点。

在滴定前加入金属指示剂（用 In 表示金属指示剂的配位基团），则 In 与待测金属离子 M 有如下反应（省略电荷）

$$M + In \rightleftharpoons MIn$$
$$\quad\quad\text{甲色}\quad\text{乙色}$$

这时溶液呈 MIn（乙色）的颜色。当滴入 EDTA 溶液后，Y 先与游离的 M 结合。至化学计量点附近，Y 夺取 MIn 中的 M

$$MIn + Y \rightleftharpoons MY + In$$

使指示剂 In 游离出来，溶液由乙色变为甲色，指示滴定终点的到达。

例如，铬黑 T 在 pH=10 的水溶液中呈蓝色，与 Mg^{2+} 的配合物的颜色为酒红色。若在 pH=10 时用 EDTA 滴定 Mg^{2+}，滴定开始前加入指示剂铬黑 T，则铬黑 T 与溶液中部分的 Mg^{2+} 反应，此时溶液呈 Mg^{2+}-铬黑 T 的红色。随着 EDTA 的加入，EDTA 逐渐与 Mg^{2+} 反应。在化学计量点附近，Mg^{2+} 的浓度降至很低，加入的 EDTA 进而夺取了 Mg^{2+}-铬黑 T 中的 Mg^{2+}，使铬黑 T 游离出来，此时溶液呈现出蓝色，指示滴定终点到达。

2. 金属指示剂的理论变色点（pM_t）

如果金属指示剂与待测金属离子形成 1∶1 有色配合物，其配位反应为

$$M + In \rightleftharpoons MIn$$

考虑指示剂的酸效应，则

$$K'_{MIn} = \frac{[MIn]}{[M][In']} \tag{5-16}$$

$$\lg K'_{MIn} = pM + \lg \frac{[MIn]}{[In']} \tag{5-17}$$

与酸碱指示剂类似，当 [MIn]=[In'] 时，溶液呈现 MIn 与 In 的混合色。[In'] 表示

多种具有不同颜色的型体的浓度总和,此时 pM 即为金属指示剂的理论变色点 pM_t。

$$pM_t = \lg K'_{MIn} = \lg K_{MIn} - \lg \alpha_{In(H)} \tag{5-18}$$

金属指示剂是弱酸,存在酸效应。式(5-18)说明,指示剂与金属离子 M 形成配合物的条件稳定常数 K'_{MIn} 随 pH 变化而变化,它不可能像酸碱指示剂那样有一个确定的变化点。因此,在选择指示剂时应考虑体系的酸度,使变色点 pM_t 尽量靠近滴定的化学计量点 pM_{sp}。

二、常用金属指示剂及其应具备的条件

(一) 金属指示剂应具备的条件

(1) 金属指示剂与金属离子形成的配合物的颜色,应与金属指示剂本身的颜色有明显的不同,这样才能借助颜色的明显变化来判断终点的到达。

(2) 金属指示剂与金属离子形成的配合物 MIn 要有适当的稳定性。通常要求 $K_{MY}/K_{MIn} \geqslant 10^2$。如果稳定性过低,则未到达化学计量点时 MIn 就会分解,变色不敏锐,影响滴定的准确度。一般要求 $K_{MIn} \geqslant 10^4$。

(3) 金属指示剂与金属离子之间的反应要迅速、变色可逆,这样才便于滴定。

(4) 金属指示剂应易溶于水,不易变质,便于使用和保存。

(二) 常用的金属指示剂

1. 铬黑 T (EBT)

铬黑 T 在溶液中有如下平衡

$$\begin{array}{ccc} & pK_{a_2}=6.3 & pK_{a_3}=11.6 \\ H_2In & \rightleftharpoons HIn^{2-} \rightleftharpoons & In^{3-} \\ 紫红 & 蓝 & 橙 \end{array}$$

因此在 pH<6.3 时,EBT 在水溶液中呈紫红色;pH>11.6 时 EBT 呈橙色,而 EBT 与二价离子形成的配合物颜色为红色或紫红色,所以只有在 pH 为 7~11 范围内使用,指示剂才有明显的颜色,实验表明最适宜的酸度是 pH 为 9~10.5。

铬黑 T 固体相当稳定,但其水溶液仅能保存几天,这是由于聚合反应的缘故。聚合后的铬黑 T 不能再与金属离子显色。pH<6.5 的溶液中聚合更为严重,加入三乙醇胺可以防止聚合。铬黑 T 是在弱碱性溶液中滴定 Mg^{2+}、Zn^{2+}、Pb^{2+} 等离子的常用指示剂。

2. 二甲酚橙 (XO)

二甲酚橙为多元酸。在 pH 为 0~6.0 之间,二甲酚橙呈黄色,它与金属离子形成的配合物为红色,是酸性溶液中许多离子配位滴定所使用的极好指示剂。常用于锆、铪、钍、钪、铟、钇、铋、铅、锌、镉、汞的直接滴定法中。铝、镍、钴、铜、镓等离子会封闭二甲酚橙,可采用返滴定法。即在 pH 5.0~5.5(六次甲基四胺缓冲溶液)时,加入过量 EDTA 标准溶液,再用锌或铅标准溶液返滴定。Fe^{3+} 在 pH 为 2~3 时,以硝酸铋返滴定法测定之。

3. PAN

PAN 与 Cu^{2+} 的显色反应非常灵敏,但很多其他金属离子如 Ni^{2+}、Co^{2+}、Zn^{2+}、Pb^{2+}、Bi^{3+}、Ca^{2+} 等与 PAN 反应慢或显色灵敏度低。所以有时利用 Cu-PAN 作间接指示剂来测定这些金属离子。Cu-PAN 指示剂是 CuY^{2-} 和少量 PAN 的混合液。将此液加到含有被测金属离子 M 的试液中时,发生如下置换反应

$$\begin{array}{cc} CuY+PAN+M \rightleftharpoons MY+Cu-PAN \\ (黄) & (紫红) \end{array}$$

此时溶液呈现紫红色。当加入的 EDTA 定量与 M 反应后，在化学计量点附近 EDTA 将夺取 Cu-PAN 中的 Cu^{2+}，从而使 PAN 游离出来

$$Cu\text{-}PAN + Y \rightleftharpoons CuY + PAN$$
（紫红）　　　　　（黄）

溶液由紫红变为黄色，指示终点到达。因滴定前加入的 CuY 与最后生成的 CuY 是相等的，故加入的 CuY 并不影响测定结果。

4. 其它指示剂

除前面所介绍的指示剂外，还有磺基水杨酸、钙指示剂（NN）等常用指示剂。磺基水杨酸（无色）在 pH＝2 时，与 Fe^{3+} 形成紫红色配合物，因此可用作滴定 Fe^{3+} 的指示剂。钙指示剂（蓝色）在 pH＝12.5 时，与 Ca^{2+} 形成紫红色配合物，因此可用作滴定钙的指示剂。常用金属指示剂的使用 pH 条件、可直接滴定的金属离子和颜色变化及配制方法见表 5-4。

表 5-4　常用的金属指示剂

指示剂	直接滴定离子	颜色变化	配制方法	对指示剂封闭离子
钙指示剂（NN）	Ca^{2+}（pH＝12～13）	酒红—蓝	与 NaCl 按 1∶100 的质量比混合	Co^{2+}、Ni^{2+}、Cu^{2+}、Fe^{3+}、Al^{3+}、Ti^{4+}
铬黑 T（EBT）	Co^{2+}（pH＝10，加入 EDTA-Mg） Mg^{2+}、Zn^{2+}、Cd^{2+}、Hg^{2+}、Mn^{2+}、稀土（pH＝10） Pb^{2+}（pH＝10，加入酒石酸钾） Zn^{2+}（pH＝6.8～10）	红—蓝 红—蓝 红—蓝 红—蓝	与 NaCl 按 1∶100 的质量比混合	Ca^{2+}、Ni^{2+}、Cu^{2+}、Fe^{3+}、Al^{3+}、Ti^{4+}
紫脲酸胺	Ca^{2+}（pH＞10，φ＝25％乙醇） Cu^{2+}（pH＝7～8） Ni^{2+}（pH＝8.5～11.5）	红—紫 黄—紫 黄—紫红	与 NaCl 按 1∶100 的质量比混合	
PAN	Cu^{2+}、Ni^{2+}（pH＝4～5） Bi^{3+}、Th^{4+}（pH＝2～3）	红—黄 红—黄	1g/L 乙醇溶液	
K-B 指示剂	Mg^{2+}、Zn^{2+}（pH＝10） Ca^{2+}（pH＝13）	红—蓝绿 红—蓝绿	1g 酸性铬蓝 K 与 2.5g 萘酚绿 B 和 50g KNO_3 混合研细	
二甲酚橙（XO）	Bi^{3+}、Th^{4+}（pH＝1～3） Zn^{2+}、Cd^{2+}、Hg^{2+}、Pb^{2+}、稀土（pH＝5～6）	红紫—黄 红紫—黄	5g/L 水溶液	
磺基水杨酸（SS）	Fe^{3+}（pH＝1.5～2.5，加热）	紫红—无色	50g/L 水溶液	

三、金属指示剂的封闭、僵化与消除

1. 指示剂的封闭现象

有的指示剂与某些金属离子生成很稳定的配合物（MIn），其稳定性超过了相应的金属离子与 EDTA 的配合物（MY），即 $\lg K_{MIn} > \lg K_{MY}$。例如 EBT 与 Al^{3+}、Fe^{3+}、Cu^{2+}、Ni^{2+}、Co^{2+} 等生成的配合物非常稳定，若用 EDTA 滴定这些离子，过量较多的 EDTA 也无法将 EBT 从 MIn 中置换出来。因此滴定这些离子不用 EBT 作指示剂。如滴定 Mg^{2+} 时有少量 Al^{3+}、Fe^{3+} 杂质存在，到化学计量点仍不能变色，这种现象称为指示剂的封闭现象。解决的办法是加入掩蔽剂，使干扰离子生成更稳定的配合物，从而不再与指示剂作用。Al^{3+}、Fe^{3+} 对铬黑 T 的封闭可加三乙醇胺予以消除；Cu^{2+}、Co^{2+}、Ni^{2+} 可用 KCN 掩蔽；Fe^{3+} 也可

先用抗坏血酸还原为 Fe^{2+}，再加 KCN 掩蔽。若干扰离子的量太大，则需预先分离除去。

2. 指示剂的僵化现象

有些指示剂或金属指示剂配合物在水中的溶解度太小，使得滴定剂与金属-指示剂配合物（MIn）交换缓慢，终点拖长，这种现象称为指示剂僵化。解决的办法是加入有机溶剂或加热，以增大其溶解度。例如用 PAN 作指示剂时，经常加入酒精或在加热下滴定。

3. 指示剂的氧化变质现象

金属指示剂大多为含双键的有色化合物，易被日光、氧化剂、空气所分解，在水溶液中多不稳定，日久会变质。若配成固体混合物则较稳定，保存时间较长。例如铬黑 T、钙指示剂、紫脲酸铵等，常用固体 NaCl 或 KCl 作稀释剂来配制。

思 考 题

1. 什么叫金属指示剂？金属指示剂的作用原理是什么？金属指示剂应该具备哪些条件？试举例说明。
2. 为什么使用金属指示剂时要有 pH 的限制？
3. 为什么同一种指示剂于不同金属离子滴定时，适宜的 pH 条件不一定相同？
4. 金属离子指示剂为什么会发生封闭现象和僵化现象？如何避免？
5. 配位滴定终点所呈现的颜色是：
   (1) 游离金属指示剂的颜色
   (2) EDTA 与待测金属离子形成配合物的颜色
   (3) 金属指示剂与待测金属离子形成配合物的颜色
   (4) 上述（1）与（3）项的混合色。

子任务 1-4 配位滴定曲线的绘制及应用

【学习要点】 了解配位滴定过程中 pM 的变化规律；掌握影响滴定突跃的因素；掌握准确滴定金属离子的条件；掌握选择性滴定待测离子适宜酸度的控制方法；了解掩蔽法消除常见共存离子干扰。

在配位滴定法中，溶液的酸度和其他配位剂的存在都会影响生成的配合物的稳定性。如何选择合适的滴定条件，是滴定顺利进行的关键。

一、配位滴定曲线

在酸碱滴定中，随着滴定剂的加入，溶液中 H^+ 的浓度也在变化，当到达化学计量点时，溶液 pH 发生突变。配位滴定的情况与酸碱滴定相似。在一定 pH 条件下，随着配位滴定剂的加入，金属离子不断与配位剂反应生成配合物，其浓度不断减少。当滴定到达化学计量点时，金属离子浓度（pM）发生突变。若将滴定过程各点 pM 与对应的配位剂的加入体积绘成曲线，即可得到配位滴定曲线。配位滴定曲线反映了滴定过程中，配位滴定剂的加入量与待测金属离子浓度之间的变化关系。

1. 曲线绘制

配位滴定曲线可通过计算来绘制，也可用仪器测量来绘制。现以 pH=12 时，用 0.01000mol/L 的 EDTA 溶液滴定 20.00mL 0.01000mol/L 的 Ca^{2+} 溶液为例，通过计算滴定过程中的 pM，说明配位滴定过程中配位滴定剂的加入量与待测金属离子浓度之间的变化关系。

由于 Ca^{2+} 既不易水解也不与其它配位剂反应，因此在处理此配位平衡时只需考虑 EDTA 的酸效应。即在 pH 为 12.00 条件下，CaY^{2-} 的条件稳定常数为

$$\lg K'_{CaY} = \lg K_{CaY} - \lg \alpha_{Y(H)} = 10.69 - 0 = 10.69$$

(1) 滴定前　溶液中只有 Ca^{2+}，$[Ca^{2+}] = 0.01000 mol/L$，所以 $pCa = 2.00$。

(2) 化学计量点前　溶液中有剩余的金属离子 Ca^{2+} 和滴定产物 CaY^{2-}。由于 $\lg K'_{CaY}$ 较大，剩余的 Ca^{2+} 对 CaY^{2-} 的离解又有一定的抑制作用，可忽略 CaY^{2-} 的离解，按剩余的金属离子 $[Ca^{2+}]$ 浓度计算 pCa 值。

当滴入的 EDTA 溶液体积为 19.98mL 时

$$[Ca^{2+}] = \frac{0.01 \times 0.02}{20.00 + 19.98} = 5 \times 10^{-6} \text{ (mol/L)}$$

即
$$pCa = -\lg[Ca^{2+}] = 5.3$$

(3) 化学计量点时　Ca^{2+} 与 EDTA 几乎全部形成 CaY^{2-} 离子，所以

$$[CaY^{2-}] = 0.01 \times \frac{20.00}{20.00 + 20.00} = 5 \times 10^{-3} \text{ (mol/L)}$$

因为 $pH \geq 12$，$\lg \alpha_{Y(H)} = 0$，所以 $[Y^{4-}] = [Y]_{总}$；同时，$[Ca^{2+}] = [Y^{4-}]$

则 $\frac{[CaY^{2-}]}{[Ca^{2+}]^2} = K'_{MY}$，因此 $\frac{5 \times 10^{-3}}{[Ca^{2+}]^2} = 10^{10.69}$，$[Ca^{2+}] = 3.2 \times 10^{-7} mol/L$

即
$$pCa = 6.5$$

(4) 化学计量点后　当加入的 EDTA 溶液为 20.02mL 时，过量的 EDTA 溶液为 0.02mL。

此时
$$[Y]_{总} = \frac{0.01 \times 0.02}{20.00 + 20.02} mol/L = 5 \times 10^{-6} mol/L$$

则 $\frac{5 \times 10^{-3}}{[Ca^{2+}] \times 5 \times 10^{-6}} = 10^{10.69}$，$[Ca^{2+}] = 10^{-7.69} mol/L$

即
$$pCa = 7.69$$

将所得数据列于表 5-5。

表 5-5　pH=12 时用 0.01000mol/L EDTA 滴定 20.00mL 0.01000mol/L Ca^{2+} 溶液中 pCa 的变化

EDTA 加入量		Ca^{2+} 被滴定的分数	EDTA 过量的分数	pCa
mL	%	%	%	
0	0			2.0
10.8	90.0	90.0		3.3
19.80	99.0	99.0		4.3
19.98	99.9	99.9		5.3 突跃范围
20.00	100.0	100.0		6.5
20.02	100.1		0.1	7.7
20.20	101.0		1.0	8.7
40.00	200.0		100	10.7

根据表 5-5 所列数据，以 pCa 值为纵坐标，加入 EDTA 的体积为横坐标作图，得到如图 5-5 的滴定曲线。

从表 5-5 或图 5-5 可以看出，在 pH=12 时，用 0.01000mol/L EDTA 滴定 0.01000mol/L Ca^{2+}，计量点时的 pCa 为 6.5，滴定突跃的 pCa 为 5.3~7.7。可见滴定突跃较大，可以准确滴定。

由上述计算可知配位滴定比酸碱滴定复杂,不过两者有许多相似之处,酸碱滴定中的一些处理方法也适用于配位滴定。

2. 影响滴定突跃范围的主要因素

配位滴定中滴定突跃越大,就越容易准确地指示终点。上例计算结果表明,配合物的条件稳定常数和被滴定金属离子的浓度是影响突跃范围的主要因素。

(1) 配合物的条件稳定常数对滴定突跃的影响 图 5-6 是金属离子浓度一定的情况下,不同 $\lg K'_{MY}$ 时的滴定曲线。由图可看出配合物的条件稳定常数 $\lg K'_{MY}$ 越大,滴定突跃(ΔpM)越大。决定配合物 $\lg K'_{MY}$ 大小的因素,首先是绝对稳定常数 $\lg K_{MY}$(内因),但对某一指定的金属离子来说绝对稳定常数 $\lg K_{MY}$ 是一常数,此时溶液酸度、配位掩蔽剂及其它辅助配位剂的配位作用将起决定作用。

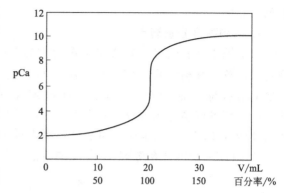

图 5-5 pH＝12 时 0.01000mol/L EDTA 滴定 0.01000mol/L Ca^{2+} 的滴定曲线

① 酸度 酸度高时,$\lg \alpha_{Y(H)}$ 大,$\lg K'_{MY}$ 变小。因此滴定突跃就减小。

② 其他配位剂的配位作用 滴定过程中加入掩蔽剂、缓冲溶液等辅助配位剂的作用会增大 $\lg \alpha_{M(L)}$ 值,使 $\lg K'_{MY}$ 变小,因而滴定突跃就减小。

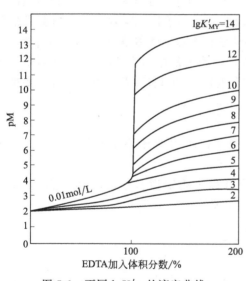

图 5-6 不同 $\lg K'_{MY}$ 的滴定曲线

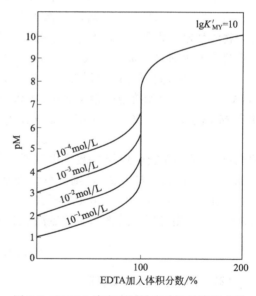

图 5-7 EDTA 滴定不同浓度溶液的滴定曲线

(2) 被测金属离子的浓度对滴定突跃的影响 图 5-7 是用 EDTA 滴定不同浓度 M 时的滴定曲线。由图 5-7 可以看出金属离子 c_M 越大,滴定曲线起点越低,因此滴定突跃越大。反之则相反。在一般实验条件下,突跃有 0.2~0.4 个 pM 单位的变化就可利用合适的金属指示剂指示滴定终点。从图 5-7 可以看出,$\lg cK'_{MY} \geqslant 6$,就能准确滴定。

二、提高配位滴定选择性的方法

实际工作中,我们遇到的常为多种离子共存的试样,而 EDTA 又是具有广泛配位性能的配位剂,因此必须提高配位滴定的选择性。提高配位滴定的选择性常用控制酸度和使用掩蔽剂等方法。

1. 控制酸度分别滴定

若溶液中含有能与EDTA形成配合物的金属离子M和N，且$K_{MY} > K_{NY}$，则用EDTA滴定时，首先被滴定的是M。如若K_{MY}与K_{NY}相差足够大，此时可准确滴定M离子（若有合适的指示剂），而N离子不干扰。滴定M离子后，若N离子满足单一离子准确滴定的条件，则又可继续滴定N离子，此时称EDTA可分别滴定M和N。问题是K_{MY}与K_{NY}相差多大才能分步滴定？滴定应在何酸度范围内进行？

用EDTA滴定含有离子M和N的溶液，若M未发生副反应，溶液中的平衡关系如下

$$M + Y \rightleftharpoons MY$$

（其中Y伴随 HY, NY, H$_2$Y, …, H$_6$Y 副反应）

当$K_{MY} > K_{NY}$，且$\alpha_{Y(N)} \gg \alpha_{Y(H)}$情况下，可推导出（省略推导）

$$\lg(c_M K'_{MY}) = \lg K_{MY} - \lg K_{NY} + \lg \frac{c_M}{c_N} \tag{5-19}$$

或

$$\lg(c_M K'_{MY}) = \Delta \lg K + \lg \frac{c_M}{c_N} \tag{5-20}$$

以上两式说明，两种金属离子配合物的稳定常数相差越大，被测离子浓度（c_M）越大，干扰离子浓度（c_N）越小，则在N离子存在下滴定M离子的可能性越大。至于两种金属离子配合物的稳定常数要相差多大才能准确滴定M离子而N离子不干扰，这就决定于所要求的分析准确度和两种金属离子的浓度比c_M/c_N及终点和化学计量点pM差值（ΔpM）等因素。

(1) 分步滴定可能性的判别 由以上讨论可推出，若溶液中只有M、N两种离子，当ΔpM=±0.2（目测终点一般有±0.2～0.5ΔpM的出入），$-0.1\% \leq E_t \leq 0.1\%$时，要准确滴定M离子，而N离子不干扰，必须使$\lg(c_M K'_{MY}) \geq 6$，即

$$\Delta \lg K + \lg(c_M/c_N) \geq 6 \tag{5-21}$$

式(5-21)是判断能否用控制酸度办法准确滴定M离子，而N离子不干扰的判别式。滴定M离子后，若$\lg c_N K'_{NY} \geq 6$，则可继续准确滴定N离子。

如果ΔpM=±0.2，$-0.5\% \leq E_t \leq 0.5\%$（混合离子滴定通常$-0.5\% \leq$允许误差$\leq 0.5\%$）时，则可用下式来判别控制酸度分别滴定的可能性。

$$\Delta \lg K + \lg \frac{c_M}{c_N} \geq 5 \tag{5-22}$$

(2) 分别滴定的酸度控制

① 最高酸度（最低pH）：选择滴定M离子的最高酸度与单一金属离子滴定最高酸度的求法相似。即当$c_M = 0.01$ mol/L，$-0.5\% \leq E_t \leq 0.5\%$时

$$\lg \alpha_{Y(H)} \leq \lg K_{MY} - 8$$

根据$\lg \alpha_{Y(H)}$查出对应的pH即为最高酸度。

② 最低酸度（最高pH）：根据式(5-21)N离子不干扰M离子滴定的条件是

$$\Delta \lg K + \lg \frac{c_M}{c_N} \geq 5$$

即

$$\lg c_M K'_{MY} - \lg c_N K'_{MY} \geq 5$$

由于准确滴定M时，$\lg c_M K'_{MY} \geq 6$，因此

$$\lg c_N K'_{NY} \leqslant 1 \tag{5-23}$$

当 $c_N=0.01\text{mol/L}$ 时,
$$\lg\alpha_{Y(H)} = \lg K_{NY} - 3$$

根据 $\lg\alpha_{Y(H)}$ 查出对应的 pH 即为最高 pH。

值得注意的是，易发生水解反应的金属离子若在所求的酸度范围内发生水解反应，则适宜酸度范围的最低酸度为形成 $M(OH)_n$ 沉淀时的酸度。滴定 M 和 N 离子的酸度控制仍使用缓冲溶液，并选择合适的指示剂，以减少滴定误差。如果 $\Delta\lg K + \lg\dfrac{c_M}{c_N} \leqslant 5$，则不能用控制酸度的方法分步滴定。

M 离子滴定后，滴定 N 离子的最高酸度、最低酸度及适宜酸度范围，与单一离子滴定相同。

2. 使用掩蔽剂的选择性滴定

当 $\lg K_{MY} - \lg K_{NY} < 5$ 时，采用控制酸度分别滴定已不可能，这时可利用加入掩蔽剂来降低干扰离子的浓度以消除干扰。掩蔽方法按掩蔽反应类型的不同分为配位掩蔽法、氧化还原掩蔽法和沉淀掩蔽法等。

(1) 配位掩蔽法　配位掩蔽法在化学分析中应用最广泛，它是通过加入能与干扰离子形成更稳定配合物的配位剂（通称掩蔽剂）掩蔽干扰离子，从而能够更准确滴定待测离子。例如测定 Al^{3+} 和 Zn^{2+} 共存溶液中的 Zn^{2+} 时，可加入 NH_4F 与干扰离子 Al^{3+} 形成十分稳定的 AlF_6^{3-}，因而消除了 Al^{3+} 干扰。又如测定水中 Ca^{2+}、Mg^{2+} 总量时，Fe^{3+}、Al^{3+} 的存在干扰测定，在 pH=10 时加入三乙醇胺，可以掩蔽 Fe^{3+} 和 Al^{3+}，消除其干扰。

采用配位掩蔽法，在选择掩蔽剂时应注意如下几个问题：

① 掩蔽剂与干扰离子形成的配合物应远比待测离子与 EDTA 形成的配合物稳定（即 $\lg K'_{NY} - \lg K'_{MY} \gg \lg K'_{MY}$），而且所形成的配合物应为无色或浅色；

② 掩蔽剂与待测离子不发生配位反应或形成的配合物稳定性要远小于待测离子与 EDTA 配合物的稳定性；

③ 掩蔽作用与滴定反应的 pH 条件大致相同。例如，我们已经知道在 pH=10 时测定 Ca^{2+}、Mg^{2+} 总量，少量 Fe^{3+}、Al^{3+} 的干扰可使用三乙醇胺来掩蔽，但若在 pH=1 时测定 Bi^{3+} 就不能再使用三乙醇胺掩蔽。因为 pH=1 时三乙醇胺不具有掩蔽作用。实际工作中常用的配位掩蔽剂，见表 5-6。

表 5-6　部分常用的配位掩蔽剂

掩蔽剂	被掩蔽的金属离子	pH
三乙醇胺	Al^{3+}、Fe^{3+}、Sn^{4+}、Ti^{4+}	10
氟化物	Al^{3+}、Sn^{4+}、Ti^{4+}、Zr^{4+}	>4
乙酰丙酮	Al^{3+}、Fe^{2+}	5~6
邻二氮菲	Cu^{2+}、Co^{2+}、Ni^{2+}、Cd^{2+}、Hg^{2+}	5~6
氰化物	Cu^{2+}、Co^{2+}、Ni^{2+}、Cd^{2+}、Hg^{2+}、Fe^{2+}	10
2,3-二巯基丙醇	Zn^{2+}、Pb^{2+}、Bi^{3+}、Sb^{3+}、Sn^{4+}、Cd^{2+}、Cu^{2+}	10
硫脲	Hg^{2+}、Cu^{2+}	5~6
碘化物	Hg^{2+}	10

(2) 氧化还原掩蔽法 加入一种氧化剂或还原剂，改变干扰离子价态，以消除干扰。例如，锆铁矿中锆的滴定，由于 Zr^{4+} 和 Fe^{3+} 与 EDTA 配合物的稳定常数相差不够大（ΔlgK = 29.9－25.1＝4.8），Fe^{3+} 干扰 Zr^{4+} 的滴定。此时可加入抗坏血酸或盐酸羟氨使 Fe^{3+} 还原为 Fe^{2+}，由于 $lgK_{FeY^{2-}}$ = 14.3，比 $lgK_{FeY^{2-}}$ 小得多，因而避免了干扰。又如前面提到，pH＝1 时测定 Bi^{3+} 不能使用三乙醇胺掩蔽 Fe^{3+}，此时同样可采用抗坏血酸或盐酸羟氨使 Fe^{3+} 还原为 Fe^{2+} 消除干扰。其他如滴定 Th^{4+}、In^{3+}、Hg^{2+} 时，也可用同样方法消除 Fe^{3+} 干扰。

(3) 沉淀掩蔽法 沉淀掩蔽法是加入选择性沉淀剂与干扰离子形成沉淀，从而降低干扰离子的浓度，以消除干扰的一种方法。例如在由 Ca^{2+}、Mg^{2+} 共存溶液中，加入 NaOH 使 pH＞12，因而生成 $Mg(OH)_2$ 沉淀，这时 EDTA 就可直接滴定 Ca^{2+} 了。

沉淀掩蔽法要求所生成的沉淀溶解度要小，沉淀的颜色为无色或浅色，沉淀最好是晶形沉淀，吸附作用小。

由于某些沉淀反应进行得不够完全，造成掩蔽效率有时不太高，加上沉淀的吸附现象，既影响滴定准确度又影响终点观察。因此，沉淀掩蔽法不是一种理想的掩蔽方法，在实际工作中应用不多。配位滴定中常用的沉淀掩蔽剂，见表 5-7。

表 5-7 部分常用的沉淀掩蔽剂

掩蔽剂	被掩蔽离子	被测离子	pH	指示剂
氢氧化物	Mg^{2+}	Ca^{2+}	12	钙指示剂
碘化钾	Cu^{2+}	Zn^{2+}	5～6	PAN
氟化物	Ba^{2+}、Sr^{2+}、Ca^{2+}、Mg^{2+}	Zn^{2+}、Cd^{2+}、Mn^{2+}	10	EBT
硫酸盐	Ba^{2+}、Sr^{2+}	Ca^{2+}、Mg^{2+}	10	EBT
铜试剂	Bi^{3+}、Cu^{2+}、Cd^{2+}	Ca^{2+}、Mg^{2+}	10	EBT

3. 其它滴定剂的应用

氨羧配位剂的种类很多，除 EDTA 外，还有不少种类氨羧配位剂，它们与金属离子形成配位化合物的稳定性各具特点。选用不同的氨羧配位剂作为滴定剂，可以选择性地滴定某些离子。

(1) EGTA（乙二醇二乙醚二胺四乙酸） EGTA 和 EDTA 与 Mg^{2+}、Ca^{2+}、Sr^{2+}、Ba^{2+} 所形成的配合物的 lgK 值比较如下

lgK	Mg^{2+}	Ca^{2+}	Sr^{2+}	Ba^{2+}
M-EGTA	5.2	11.0	8.5	8.4
M-EDTA	8.7	10.7	8.6	7.6

可见，如果在大量 Mg^{2+} 存在下滴定，采用 EDTA 为滴定剂进行 Ca^{2+} 滴定，则 Mg^{2+} 的干扰严重。若用 EGTA 为滴定剂滴定，Mg^{2+} 的干扰就很小。因为 Mg^{2+} 与 EGTA 配合物的稳定性差，而 Ca^{2+} 与 EGTA 配合物的稳定性却很高。因此，选用 EGTA 作滴定剂选择性高于 EDTA。

(2) EDTP（乙二胺四丙酸） EDTP 与金属离子形成的配合物的稳定性普遍地比相应的 EDTA 配合物的差，但 Cu-EDTP 除外，其稳定性仍很高。EDTP 和 EDTA 与 Cu^{2+}、

Zn^{2+}、Cd^{2+}、Mn^{2+}、Mg^{2+} 所形成的配合物的 $\lg K$ 值比较如下

$\lg K$	Cu^{2+}	Zn^{2+}	Cd^{2+}	Mn^{2+}	Mg^{2+}
M-EDTP	15.4	7.8	6.0	4.7	1.8
M-EDTA	18.8	16.5	16.5	14.0	8.7

因此，在一定的 pH 下，用 EDTP 滴定 Cu^{2+}，则 Zn^{2+}、Cd^{2+}、Mn^{2+}、Mg^{2+} 不干扰。若采用上述控制酸度、掩蔽干扰离子或选用其它滴定剂等方法仍不能消除干扰离子的影响，只有采用分离的方法除去干扰离子了。

思 考 题

1. 在 Bi^{3+}、Pb^{2+}、Al^{3+} 和 Mg^{2+} 混合的溶液中测定 Pb^{2+} 含量，其它三种离子是否有干扰？
2. 在配位滴定分析中，有共存离子存在时应如何选择滴定的条件？
3. 配位滴定法中测定 Ca^{2+}、Mg^{2+} 时为什么要加入三乙醇胺？具体操作中是先调 pH，还是先加入三乙醇胺？为什么？

子任务 1-5　配位滴定方式及应用

【学习要点】　了解配位滴定的方法；了解各种滴定方法的使用条件和应用范围。

在配位滴定中采用不同的滴定方法，可以扩大配位滴定的应用范围。配位滴定法中常用的滴定方法有以下几种：

一、直接滴定法及应用

直接滴定法是配位滴定中的基本方法。这种方法是将试样处理成溶液后，调节至所需的酸度，再用 EDTA 直接滴定被测离子。在多数情况下，直接法引入的误差较小，操作简便、快速。只要金属离子与 EDTA 的配位反应能满足直接滴定的要求，应尽可能地采用直接滴定法。但有以下任何一种情况，都不宜直接滴定：

(1) 待测离子与 EDTA 不形成配合物或形成的配合物不稳定。

(2) 待测离子与 EDTA 的配位反应很慢，例如 Al^{3+}，Cr^{3+}，Zr^{4+} 等的配合物虽稳定，但在常温下反应进行得很慢。

(3) 没有适当的指示剂，或金属离子对指示剂有严重的封闭或僵化现象。

(4) 在滴定条件下，待测金属离子水解或生成沉淀，滴定过程中沉淀不易溶解，也不能用加入辅助配位剂的方法防止这种现象的发生。

实际上大多数金属离子都可采用直接滴定法。例如，测定钙、镁可有多种方法，但以直接配位滴定法最为简便。钙、镁联合测定的方法是：先在 pH=10 的氨性溶液中，以铬黑 T 为指示剂，用 EDTA 滴定。由于 CaY 比 MgY 稳定，故先滴定的是 Ca^{2+}。但它们与铬黑 T 配位化合物的稳定性则相反（$\lg K_{CaIn}=5.4$、$\lg K_{MgIn}=7.0$），因此当溶液由紫红变为蓝色时，表示 Mg^{2+} 已定量滴定。而此时 Ca^{2+} 早已定量反应，故由此测得的是 Ca^{2+}、Mg^{2+} 总量。另取同量试液，加入 NaOH 调节溶液酸度至 pH>12。此时镁以 $Mg(OH)_2$ 沉淀形式被掩蔽，选用钙指示剂为指示剂，用 EDTA 滴定 Ca^{2+}。由前后两次测定之差，即得到镁含量。表 5-8 列出部分金属离子常用的 EDTA 直接滴定法示例。

表 5-8　直接滴定法示例

金属离子	pH	指示剂	其它主要滴定条件	终点颜色变化
Bi^{3+}	1	二甲酚橙	介质	紫红—黄
Ca^{2+}	12~13	钙指示剂	—	酒红—蓝
Cd^{2+}、Fe^{2+}、Pb^{2+}、Zn^{2+}	5~6	二甲酚橙	六次甲基四胺	红紫—黄
Co^{2+}	5~6	二甲酚橙	六次甲基四胺,加热至80℃	红紫—黄
Cd^{2+}、Mg^{2+}、Zn^{2+}	9~10	铬黑T	氨性缓冲液	红—蓝
Cu^{2+}	2.5~10	PAN	加热或加乙醇	红—黄绿
Fe^{3+}	1.5~2.5	磺基水杨酸	加热	红紫—黄
Mn^{2+}	9~10	铬黑T	氨性缓冲溶液,抗坏血 $NH_2OH \cdot HCl$ 或酒石酸	红—蓝
Ni^{2+}	9~10	紫脲酸胺	加热至50~60℃	黄绿—紫红
Pb^{2+}	9~10	铬黑T	氨性缓冲溶液,加酒石酸,并加热至40~70℃	红—蓝
Th^{2+}	1.7~3.5	二甲酚橙	介质	紫红—黄

二、返滴定法及应用

返滴定法是在适当的酸度下,在试液中加入定量且过量的 EDTA 标准溶液,加热(或不加热)使待测离子与 EDTA 配位完全,然后调节溶液的 pH,加入指示剂,以适当的金属离子标准溶液作为返滴定剂,滴定过量的 EDTA。

返滴定法适用于如下一些情况:
(1) 被测离子与 EDTA 反应缓慢;
(2) 被测离子在滴定的 pH 下会发生水解,又找不到合适的辅助配位剂;
(3) 被测离子对指示剂有封闭作用,又找不到合适的指示剂。

例如,Al^{3+} 与 EDTA 配位反应速度缓慢,而且对二甲酚橙指示剂有封闭作用;酸度不高时,Al^{3+} 还易发生一系列水解反应,形成多种多核羟基配合物。因此 Al^{3+} 不能直接滴定。用返滴定法测定 Al^{3+} 时,先在试液中加入一定量并过量的 EDTA 标准溶液,调节 pH=3.5,煮沸以加速 Al^{3+} 与 EDTA 的反应(此时溶液的酸度较高,又有过量 EDTA 存在,Al^{3+} 不会形成羟基配合物)。冷却后,调节 pH 至 5~6,以保证 Al^{3+} 与 EDTA 定量配位,然后以二甲酚橙为指示剂(此时 Al^{3+} 已形成 AlY,不再封闭指示剂),用 Zn^{2+} 标准溶液滴定过量的 EDTA。

返滴定法中用作返滴定剂的金属离子 N 与 EDTA 的配合物 NY 应有足够的稳定性,以保证测定的准确度,但 NY 又不能比待测离子 M 与 EDTA 的配合物 MY 更稳定,否则将发生下式反应(略去电荷),使测定结果偏低。

$$N + MY \rightleftharpoons NY + M$$

上例中 ZnY^{2-} 虽比 AlY^{3-} 稍稳定($lgK_{ZnY} = 16.5$,$lgK_{AlY} = 16.1$),但因 Al^{3+} 与 EDTA 配位缓慢,一旦形成,离解也慢。因此,在滴定条件下 Zn^{2+} 不会把 AlY 中的 Al^{3+} 置换出来。但是,如果返滴定时温度较高,AlY 活性增大,就有可能发生置换反应,使终点难于确定。表 5-9 列出了常用作返滴定剂的部分金属离子及其滴定条件。

表 5-9　常用作返滴定剂的金属离子和滴定条件

待测金属离子	pH	返滴定剂	指示剂	终点颜色变化
Al^{3+}, Ni^{2+}	5～6	Zn^{2+}	二甲酚橙	黄—紫红
Al^{3+}	5～6	Cu^{2+}	PAN	黄—蓝紫（或紫红）
Fe^{2+}	9	Zn^{2+}	铬黑 T	蓝—红
Hg^{2+}	10	Mg^{2+}, Zn^{2+}	铬黑 T	蓝—红
Sn^{4+}	2	Th^{4+}	二甲酚橙	黄—红

三、置换滴定法及应用

1. 置换出金属离子

例如 Ag^+ 与 EDTA 配合物不够稳定（$\lg K_{AgY}=7.3$）不能用 EDTA 直接滴定。若在 Ag^+ 试液中加入过量的 $Ni(CN)_4^{2-}$，则会发生如下置换反应

$$2Ag^+ + Ni(CH)_4^{2-} \longrightarrow 2Ag(CN)_2^- + Ni^{2+}$$

此反应的平衡常数 $\lg K_{AgY}=10.9$，反应进行较完全。在 pH＝10 的氨性溶液中，以紫脲酸铵为指示剂，用 EDTA 滴定置换出 Ni^{2+}，即可求得 Ag^+ 含量。

要测定银币试样中的 Ag 与 Cu，通常做法是：先将试样溶于硝酸后，加入氨调溶液的 pH＝8，以紫脲酸铵为指示剂，用 EDTA 滴定 Cu^{2+}，再用置换滴定法测 Ag^+。

紫脲酸铵是配位滴定 Ca^{2+}、Ni^{2+}、Co^{2+}、和 Cu^{2+} 的一个经典指示剂，强氨性溶液滴定 Ni^{2+} 时，溶液由配合物的紫色变为指示剂的黄色，变色敏锐。由于 Cu^{2+} 与指示剂的稳定性差，只能在弱氨性溶液中滴定。

2. 置换出 EDTA

用返滴定法测定可能含有 Cu、Pb、Zn、Fe 等杂质离子的某复杂试样中的 Al^{3+} 时，实际测得的是这些离子的含量。为了得到准确的 Al^{3+} 量，在返滴定至终点后，加入 NH_4F，F^- 与溶液中的 AlY^- 反应，生成更为稳定的 AlF_6^{3-}，置换出与 Al^{3+} 相当量的 EDTA。

$$AlY^- + 6F^- + 2H^+ \Longrightarrow AlF_6^{3-} + H_2Y^{2-}$$

置换出的 EDTA，再用 Zn^{2+} 标准溶液滴定，由此可得 Al^{3+} 的准确含量。

锡的测定也常用此法。如测定锡-铅焊料中锡、铅含量，试样溶解后加入一定量并过量的 EDTA，煮沸，冷却后用六次甲基四胺调节溶液 pH 至 5～6，以二甲酚橙作指示剂，用 Pb^{2+} 标准溶液滴定 Sn^{4+} 和 Pb^{2+} 的总量。然后再加入过量的 NH_4F，置换出 SnY 中的 EDTA，再用 Pb^{2+} 标准溶液滴定，即可求得 Sn^{4+} 的含量。

置换滴定法不仅能扩大配位滴定法的应用范围，还可以提高配位滴定法的选择性。

四、间接滴定法及应用

有些离子和 EDTA 生成的配合物不稳定，如 Na^+，K^+ 等；有些离子和 EDTA 不配位，如 SO_4^{2-}，PO_4^{3-}，CN^-，Cl^- 等阴离子。这些离子可采用间接滴定法测定。表 5-10 列出常用的部分离子的间接滴定法以供参考。

表 5-10　常用的间接滴定法

待测离子	主要步骤
K^+	沉淀为 $K_2Na[Co(NO_2)_6]\cdot 6H_2O$，经过滤、洗涤、溶解后测出其中的 Co^{3+}

续表

待测离子	主要步骤
Na^+	沉淀为 $NaZn(UO_2)_3Ac_9 \cdot 9H_2O$
PO_4^{3-}	沉淀为 $MgNH_4PO_4 \cdot 6H_2O$,沉淀经过滤、洗涤、溶解,测定其中 Mg^{2+},或测定滤液中过量的 Mg^{2+}
S^{2-}	沉淀为 CuS,测定滤液中过量的 Cu^{2+}
SO_4^{2-}	沉淀为 $BaSO_4$,测定滤液中过量的 Ba^{2+},用 Mg-Y 铬黑 T 作指示剂
CN^-	加一定量并过量的 Ni^{2+},使形成 $Ni(CN)_4^{2-}$,测定过量的 Ni^{2+}
Cl^-、Br^-、I^-	沉淀为卤化银,过滤,滤液中过量的 Ag^+ 与 $Ni(CN)_4^{2-}$ 置换,测定置换出的 Ni^{2+}

思 考 题

1. 配位滴定有哪些方式?如何应用这些方式?
2. 用返滴定法测定 Al^{3+} 含量时,首先在 pH 为 3.5 左右加入过量 EDTA,并加热,使 Al^{3+} 充分反应。试说明选择此 pH 的理由。

任务 2　工业用水的采样

职业功能	工作任务	材料参照	工作地点	成果表现形式	备注
采样	1. 模拟完成企业工业用水的采样 2. 模拟完成企业采样记录表 3. 准备好瓶装或桶装实验用的工业用水或自然水等	水质采样样品的保存和管理技术规定 HJ 493	1. 企业生产现场 2. 实验室	采样记录表	1. 录像演示企业生产现场采样 2. 网络查阅参照材料

任务 3　EDTA 标准溶液的制备

职业功能	工作任务	参照材料	工作地点	成果表现形式	备注
检测准备	1. 配制 EDTA 溶液(0.01mol/L) 2. 标定 EDTA 溶液(0.01mol/L)的浓度 3. 完成 EDTA 标准溶液(0.01mol/L)的原始记录表	化学试剂标准滴定溶液的制备 GB/T 601	实验室	EDTA 标准溶液标定的原始记录表	安全防护

安全防护:取用浓氨水、浓盐酸这类强腐蚀性药品时,操作人员要提前做好防护,严禁直接用手或者身体任何部位接触,防止被灼伤。取用浓氨水、浓盐酸时应在通风橱内进行。

防护:①眼睛防护:配戴耐酸碱眼镜。②身体防护:穿橡胶耐酸碱服。③手防护:戴橡胶耐酸碱手套。④其他防护:工作现场禁止明火,工作结束后注意个人清洁卫生。

应急处理:①皮肤接触:立即脱去被污染的衣物,用大量流动清水冲洗。若灼破或疼痛厉害,就医。②眼睛接触:立即提起眼睑,用大量流动清水或生理盐水彻底冲洗至少 15 分钟,就医。③食入:误服者用水漱口,就医。④吸入:迅速离开现场至空气新鲜处,保持呼吸道通畅。

子任务 3-1　EDTA 标准溶液的配制

一、检测准备

1. 准备试剂、药品

(1) EDTA 二钠盐（分析纯）。

(2) 工业基准试剂氧化锌：于 (800 ± 50)℃ 灼烧至恒重。

(3) 盐酸溶液（20%）：取 504mL 浓盐酸（分析纯），稀释至 1000mL。

(4) 氨水（10%）：量取 400mL 氨水（分析纯），稀释至 1000mL。

(5) NH_3-NH_4Cl 缓冲溶液（pH=10）：称取 54.0g NH_4Cl，溶于 200mL 水中，加 350mL 氨水，用水稀释至 1000mL，摇匀。

(6) 铬黑 T（5g/L）：称取 0.5g 铬黑 T 和 2.0g 盐酸羟胺，溶于乙醇，用乙醇稀释至 100mL，摇匀（使用前新配）。

2. 准备仪器

常用滴定分析玻璃仪器、电子天平、托盘天平、电热恒温干燥箱等。

二、操作流程

按表 5-11 的规定称取乙二胺四乙酸二钠，加 1000mL 水，加热溶解，冷却，摇匀。

表 5-11

乙二胺四乙酸二钠标准滴定溶液的浓度 c(EDTA)/(mol/L)	乙二胺四乙酸二钠的质量 m/g
0.1	40
0.05	20
0.02	8

子任务 3-2　EDTA（0.01mol/L）标准溶液的标定

一、标定原理

EDTA 制成溶液后，可用 ZnO 基准物标定。当用缓冲溶液控制溶液酸度为 pH=10 时，EDTA 可与 Zn^{2+} 反应生成稳定的配合物。铬黑 T 为指示剂，终点由酒红色变为纯蓝色。反应如下

$$HIn^{2-} + Zn^{2+} \Longrightarrow ZnIn^- + H^+$$
$$Zn^{2+} + H_2Y^{2-} \Longrightarrow ZnY^{2-} + 2H^+$$
$$ZnIn^- + H_2Y^{2-} \Longrightarrow ZnY^{2-} + HIn^{2-} + H^+$$

二、操作流程

(1) 配制　称取 4g EDTA，加 1000mL 水，加热溶解，冷却，摇匀，备用。

(2) 标定　称取 0.21g 于 800℃±50℃ 的高温炉中灼烧至恒量的工作基准试剂氧化锌，用少量水润湿，加约 1.5mL 盐酸溶液（20%）溶解，移入 250mL 容量瓶中，稀释至刻度，摇匀。取 35.00mL～40.00mL，加 50mL 水，用氨水溶液（10%）调节溶液 pH 至 7～8，加 10mL 氨-氯化铵缓冲溶液（pH≈10）及 5 滴铬黑 T 指示液（5g/L），用配制好的 EDTA 溶液滴定至溶液由紫色变为纯蓝色。同时做空白试验。

EDTA 标准滴定溶液的浓度 c(EDTA) 单位为 mol/L，按下式计算

$$c(\text{EDTA}) = \frac{m \times \frac{V_1}{250} \times 1000}{(V_2 - V_0)M}$$

式中　m——氧化锌的质量，g；

　　　V_1——氧化锌溶液的体积，mL；

　　　V_2——实际消耗乙二胺四乙酸二钠溶液的体积，mL；

　　　V_0——空白试验消耗乙二胺四乙酸二钠溶液的体积，mL；

　　　M——氧化锌的摩尔质量，g/mol，$M(\text{ZnO}) = 81.408$ g/mol。

子任务3-3　EDTA（0.01mol/L）标准溶液标定的原始记录表（表5-12）

表5-12　EDTA标准溶液标定的原始记录表

项目		次数	1	2	3	4	备用
工作基准试剂的称量	称量瓶＋氧化锌（倾样前）/g						
	称量瓶＋氧化锌（倾样后）/g						
	m（氧化锌）/g						
移取溶液体积 V_1/mL							
滴定管初读数/mL							
滴定管终读数/mL							
滴定消耗EDTA体积/mL							
体积校正值/mL							
溶液温度/℃							
温度补正值/(mL/L)							
溶液温度校正值/mL							
实际消耗EDTA体积 V_2/mL							
空白体积 V_0/mL							
c(EDTA)/(mol/L)							
$\bar{c}$(EDTA)/(mol/L)							
相对极差/%							
相对误差/%							
测定结果有效/无效							

任务4　工业用水总硬度的测定

职业功能	工作任务	参照材料	工作地点	成果表现形式	备注
检测与测定	1. 完成工业用水高硬度、低硬度的测定操作 2. 规范完成高硬度、低硬度测定原始记录表	1. 锅炉用水和冷却水分析方法硬度的测定（GB/T 6909） 2. 化学试剂 试验方法中所用制剂及制品的制备（GB/T 603）	实验室	1. 高总硬度测定的原始记录表 2. 低总硬度测定的原始记录表	1. 取一定体积EDTA（0.02mol/L）标准溶液稀释1倍后用做测定高硬度的标准溶液 2. 取一定体积EDTA（0.02mol/L）标准溶液稀释4倍后用做测定低硬度的标准溶液

子任务 4-1　工业用水总硬度测定的操作流程

一、测定原理

工业用水常形成锅垢，这是水中钙镁的碳酸盐、酸式碳酸盐、硫酸盐、氯化物等所致。水中钙镁盐等的含量用"硬度"表示，其中 Ca^{2+}、Mg^{2+} 含量是计算硬度的主要指标。普通地面水硬度不高，但地下水的硬度较高。

水的总硬度通常是指水中 Ca^{2+}、Mg^{2+} 的总含量。一般采用配位滴定法，即在 pH=10 的氨-氯化铵缓冲溶液中，以铬黑 T 作指示剂，用 EDTA 标准溶液直接滴定，直至溶液由酒红色转变为纯蓝色为终点。反应如下

$$H_2Y^{2-} + Ca^{2+} \rightleftharpoons CaY^{2-} + 2H^+$$

$$H_2Y^{2-} + Mg^{2+} \rightleftharpoons MgY^{2-} + 2H^+$$

滴定时，水中存在的少量 Fe^{3+}、Al^{3+} 等干扰离子用三乙醇胺掩蔽，Cu^{2+}、Pb^{2+} 等重金属离子可用 KSCN、Na_2S 来掩蔽。

二、检测准备

1. 准备试剂、药品

(1) EDTA 标准滴定溶液（0.01mol/L）。

(2) 铬黑 T 指示液（5g/L）。称取 0.5g 铬黑 T 和 2g 盐酸羟胺，溶于乙醇（95%），用乙醇（95%）稀释至 100mL，临用前配制。

(3) 氨-氯化铵缓冲溶液（pH≈10）。称取 $54.0gNH_4Cl$ 溶于水中，加 350mL 氨水稀释至 1000mL。

(4) 三乙醇胺溶液（200g/L）。量取 178mL 三乙醇胺（99.9%）加去离子水稀释到 1000mL。若待测水中存在少量 Fe^{3+}、Al^{3+} 时，需配制该溶液做掩蔽剂。

(5) Na_2S 溶液（20g/L）。若待测水中存在的少量 Cu^{2+}、Pb^{2+} 等重金属离子时需配制该溶液做掩蔽剂。

(6) 实验用水：去离子水。

2. 准备仪器

常用滴定分析玻璃仪器，托盘天平或电子台秤（精度 0.01g）等。

三、操作流程

用移液管吸取地面水或者地下水 50.00mL 试样于 250mL 锥形瓶中，加 4mL 氨-氯化铵缓冲溶液（pH≈10）和 3 滴铬黑 T 指示液（5g/L），此时溶液应呈紫红或紫色。为防止产生沉淀，应立即在不断振摇下，用配制好的 EDTA 标准滴定溶液滴定，开始滴定时速度宜稍快，接近终点时应稍慢，并充分振摇，最好每滴间隔 2~3 秒，溶液的颜色由紫红或紫色逐渐转为蓝色，在最后一点紫的色调消失，刚出现纯蓝色时即为终点。

水硬度结果以度表示，单位以 mg/L 表示，计算公式如下

$$[CaCO_3]/(mg/L) = \frac{cVM}{V_1} \times 1000$$

式中　c——EDTA 标准滴定溶液的浓度，mol/L；

　　　V——实际消耗 EDTA 标准滴定溶液的体积，mL；

　　　V_1——准确移取待测水的体积，mL；

　　　M——碳酸钙的摩尔质量，$M(CaCO_3)=100.087g/mol$。

子任务 4-2 工业用水总硬度的原始记录表（表 5-13）

表 5-13 工业用水总硬度的原始记录表

项目 \ 次数	1	2	3	备用
待测水样的体积 V_1/mL				
滴定管初读数/mL				
滴定管终读数/mL				
滴定消耗 EDTA 体积/mL				
体积校正值/mL				
溶液温度/℃				
温度补正值/(mL/L)				
溶液温度校正值/mL				
实际消耗 EDTA 体积 V/mL				
c(EDTA)/(mol/L)				
硬度/(mg/L)				
硬度平均值/(mg/L)				
相对极差/%				
相对误差/%				
判定结果有效/无效				

任务 5 工业用水的质量检验结果报告单

产品型号	罐号	数量（ ）	取样时间	采用标准
				GB/T 6909—2008
检验内容				
项目	指　标			检验结果	单项判定
	给水				
总硬度/(mmol/L)	≤0.03	≤0.03	≤0.03		
悬浮物/(mg/L)	≤5	≤5	≤5		
pH(25℃)	≥7	≥7	≥7		
含油量/(mg/L)	<2	<2	<2		
……					
检验结论				年　月　日	
备注					

检验员：　　　　　　　　　　　　　审核：

【项目考核】

附表1　EDTA标准溶液标定的评分细则

序号	作业项目	考核内容	配分	操作要求	考核记录	扣分	得分
1	基准物的称量（10分）	称量操作	2	1. 称量或倾样时关闭天平门			
				2. 敲样动作正确			
				每错一项扣1分，扣完为止			
		基准物称量范围	6	1. 在规定量±5%～±10%内			
				2. 称量范围最多不超过±10%			
				每错一个扣2分，扣完为止			
		结束工作	2	1. 复原天平			
				2. 放回凳子			
				每错一项扣1分，扣完为止			
2	滴定操作（12分）	滴定管的洗涤	2	洗涤干净。洗涤不干净，扣1分			
		滴定管的试漏	2	正确试漏。不试漏，扣1分			
		滴定管的润洗	2	润洗方法正确。润洗方法不正确扣1分			
		调零点	2	调零点正确。不正确，扣1分			
		滴定操作	4	1. 滴定速度适当			
				2. 终点控制熟练			
				每错一项扣1分，扣完为止			
3	滴定终点（8分）	纯蓝色	8	终点判断正确			
				每错一个扣2分，扣完为止			
4	读数（2分）	读数	2	读数正确。每错一个扣1分，扣完为止			
5	原始数据记录（2分）	原始数据记录	2	1. 原始数据记录不用其它纸张记录			
				2. 原始数据及时记录			
				3. 正确进行滴定管体积校正（现场裁判应核对校正体校正值）			
				每错一个扣1分，扣完为止			
6	文明操作结束工作（1分）	物品摆放仪器洗涤"三废"处理	1	1. 仪器摆放整齐			
				2. 废纸/废液不乱扔乱倒			
				3. 结束后清洗仪器			
				每错一项扣1分，扣完为止			
7	重大失误（本项最多扣10分）	重大失误	10	1. 称量失败，每重新称一次倒扣2分			
				2. 溶液配制失误，重新配制的，每次倒扣5分			
				3. 重新滴定，每次倒扣5分			
				4. 篡改测量数据（如伪造、凑数据等），总分以零分计			

续表

序号	作业项目	考核内容	配分	操作要求	考核记录	扣分	得分
8	数据记录及处理（5分）	记录	1	1. 规范改正数据 2. 不缺项 每错一个扣1分，扣完为止			
		计算	3	计算正确。（由于第一次错误影响到其他不再扣分）。 每错一个扣1分，扣完为止			
		有效数字保留	1	有效数字位数保留正确或修约正确 每错一个扣1分，扣完为止			
9	测定结果（60分）	精密度	30	相对极差≤0.10%　　　　　　　扣0分 0.10%＜相对极差≤0.20%　　扣5分 0.20%＜相对极差≤0.30%　　扣8分 0.30%＜相对极差≤0.40%　　扣12分 0.40%＜相对极差≤0.50%　　扣24分 相对极差＞0.50%　　　　　　扣30分			
		准确度	30	相对误差≤0.10%　　　　　　　扣0分 0.10%＜相对误差≤0.20%　　扣5分 0.20%＜相对误差≤0.30%　　扣8分 0.30%＜相对误差≤0.40%　　扣12分 0.40%＜相对误差≤0.50%　　扣24分 相对误差＞0.50%　　　　　　扣30分			

得分总计：
日期：

附表2　工业用水（高、低）总硬度测定的评分细则

序号	作业项目	考核内容	配分	操作要求	考核记录	扣分	得分
1	试样的量取（12分）	试样量取	12	正确选量取待测用水的仪器，否则扣6分 移液管润洗应干净，否则扣2分 选用的移液管在量取待测水样时应润洗不低于3遍，否则扣2分 转移液体时，移液管应保持竖直，若未标有"吹"字时，应停留15s后，移走下端残留液。否则扣2分			
2	滴定操作（12分）	滴定管的洗涤	2	洗涤干净。洗涤不干净，扣1分			
		滴定管的试漏	2	正确试漏。不试漏，扣1分			
		滴定管的润洗	2	润洗方法正确。润洗方法不正确扣1分			
		调零点	2	调零点正确。不正确，扣1分			
		滴定操作	4	1. 滴定速度适当 2. 终点控制熟练 每错一项扣1分，扣完为止			

续表

序号	作业项目	考核内容	配分	操作要求	考核记录	扣分	得分
3	滴定终点（6分）	蓝色	8	终点判断正确			
				每错一个扣2分，扣完为止			
4	读数（2分）	读数	2	读数正确。每错一个扣1分，扣完为止			
5	原始数据记录（2分）	原始数据记录	2	1. 原始数据记录不用其它纸张记录			
				2. 原始数据及时记录			
				3. 正确进行滴定管体积校正（现场裁判应核对校正体积校正值）			
				每错一个扣1分，扣完为止			
6	文明操作结束工作（1分）	物品摆放仪器洗涤"三废"处理	1	1. 仪器摆放整齐			
				2. 废纸/废液不乱扔乱倒			
				3. 结束后清洗仪器			
				每错一项扣1分，扣完为止			
7	重大失误（本项最多扣10分）			称量失败，每重称一次倒扣2分			
				溶液配制失误，重新配制的，每次倒扣5分			
				重新滴定，每次倒扣5分			
				篡改测量数据（如伪造、凑数据等），总分以零分计			
8	数据记录及处理（5分）	记录	1	1. 规范改正数据			
				2. 不缺项			
				每错一个扣1分，扣完为止			
		计算	3	计算正确。（由于第一次错误影响到其他不再扣分）。每错一个扣1分，扣完为止			
		有效数字保留	1	有效数字位数保留正确或修约正确			
				每错一个扣1分，扣完为止			
9	测定结果（60分）	精密度	30	相对极差≤0.10%	扣0分		
				0.10%＜相对极差≤0.20%	扣5分		
				0.20%＜相对极差≤0.30%	扣8分		
				0.30%＜相对极差≤0.40%	扣12分		
				0.40%＜相对极差≤0.50%	扣24分		
				相对极差＞0.50%	扣30分		
		准确度	30	相对误差≤0.10%	扣0分		
				0.10%＜相对误差≤0.20%	扣5分		
				0.20%＜相对误差≤0.30%	扣8分		
				0.30%＜相对误差≤0.40%	扣12分		
				0.40%＜相对误差≤0.50%	扣24分		
				相对误差＞0.50%	扣30分		

得分总计：
日期：

阅读材料 5-1

许伐辰巴赫与配位滴定

配位滴定已有 100 多年的历史,最早的配位滴定是 V. Liebig 所推荐的 Ag^+ 与 CN^- 的配位反应,用于测定银或氰化物。1942~1943 年 Brintyinger 及 Pteiffer 研究了一些氨羧配位剂与一些金属的配合物的性质;1945 年瑞士化学家许伐辰巴赫(G. Schwayzenbach)与其同事以物理化学观点对氨三乙酸和乙二胺四乙酸以及它们的配合物进行了广泛的研究,测定了它们的离解常数和它们的金属配合物以后,才确定了利用它们的配位反应进行滴定分析的可靠的理论基础。同年,许伐辰巴赫等在瑞士化学学会中提出了一篇题为"酸、碱及配位剂"的报告,首先用氨羧配位剂作滴定剂测定了 Ca^{2+} 和 Mg^{2+},引起分析化学家们很大兴趣。1946~1948 年许伐辰巴赫和贝德曼(Biedeymonn)相继发现紫脲酸胺和铬黑 T 可作为滴定钙和镁的指示剂,并提出金属指示剂的概念。此后,有许多分析化学家从事研究工作,创立了现代滴定分析的一个分支——配位滴定。

阅读材料 5-2

2015 年,瑞典卡罗琳医学院在斯德哥尔摩宣布,中国女科学家屠呦呦和一名日本科学家及一名爱尔兰科学家分享 2015 年诺贝尔生理学奖和医学奖,以表彰屠呦呦在疟疾治疗研究中取得的成就。屠呦呦由此成为第一位获得诺贝尔生理学奖和医学奖的华人科学家。屠呦呦致力于中医药研究实践,带领团队研究发现了青蒿素,解决了抗疟治疗失效难题,为中医药科技创新和人类健康事业作出重要贡献。迄今为止,以青蒿素为基础制成的复方药已经挽救了全球数百万疟疾患者的生命。

【职业技能鉴定模拟题(五)】

一、单选题

1. EDTA 与金属离子多是以( )的关系配合。
   A. 1:5　　　　　B. 1:4　　　　　C. 1:2　　　　　D. 1:1
2. 在配位滴定中,直接滴定法条件包括( )。
   A. $\lg cK'_{MY} \leqslant 8$　　　　　　　　　B. 溶液中无干扰离子
   C. 有变色敏锐无封闭作用的指示剂　　D. 反应在酸性溶液中进行
3. 测定水中钙硬时,Mg^{2+} 的干扰是用( )消除的。
   A. 控制酸度法　　B. 配位掩蔽法　　C. 氧化还原掩蔽法　　D. 沉淀掩蔽法
4. 配位滴定中加入缓冲溶液的原因是( )。
   A. EDTA 配位能力与酸度有关　　　　B. 金属指示剂有其使用的酸度范围
   C. EDTA 与金属离子反应过程中会释放出 H^+
   D. K'_{MY} 会随酸度改变而改变
5. 用 EDTA 标准滴定溶液滴定金属离子 M,若要求相对误差小于 0.1%,则要求( )。
   A. $c_M K'_{MY} \geqslant 10^6$　B. $c_M K'_{MY} \leqslant 10^6$　C. $K'_{MY} \geqslant 10^6$　D. $K'_{MY} \alpha_{Y(H)} \geqslant 10^6$
6. EDTA 的有效浓度 $[Y^+]$ 与酸度有关,它随着溶液 pH 值增大而( )。
   A. 增大　　　　B. 减小　　　　C. 不变　　　　D. 先增大后减小
7. 产生金属指示剂的僵化现象是因为( )。
   A. 指示剂不稳定　　B. MIn 溶解度小　　C. $K'_{MIn} < K'_{MY}$　　D. $K'_{MIn} > K'_{MY}$

8. 产生金属指示剂的封闭现象是因为（　　）。
   A. 指示剂不稳定　　B. MIn 溶解度小　　C. $K'_{MIn} < K'_{MY}$　　D. $K'_{MIn} > K'_{MY}$
9. 络合滴定所用的金属指示剂同时也是一种（　　）。
   A. 掩蔽剂　　B. 显色剂　　C. 配位剂　　D. 弱酸弱碱
10. 在直接配位滴定法中，终点时，一般情况下溶液显示的颜色为（　　）。
    A. 被测金属离子与 EDTA 配合物的颜色
    B. 被测金属离子与指示剂配合物的颜色
    C. 游离指示剂的颜色
    D. 金属离子与指示剂配合物和金属离子与 EDTA 配合物的混合色

二、多选题

1. 下列基准物质中，可用于标定 EDTA 的是（　　）。
   A. 无水碳酸钠　　B. 氧化锌　　C. 碳酸钙　　D. 重铬酸钾
2. EDTA 直接滴定法需符合（　　）。
   A. $c_M K'_{MY} \geq 10^{-6}$　　B. $c_M K'_{MY} \geq c_N K'_{NY}$
   C. 待测离子与 EDTA 形成的配合物稳定　　D. 要有某种指示剂可选用
3. 欲测定石灰中的钙含量，可以用（　　）。
   A. EDTA 滴定法　　B. 酸碱滴定法
   C. 重量法　　D. 草酸盐—高锰酸钾滴定法
4. 提高配位滴定的选择性可采用的方法是（　　）。
   A. 增大滴定剂的浓度　　B. 控制溶液温度
   C. 控制溶液的酸度　　D. 利用掩蔽剂消除干扰
5. 在 EDTA（Y）配位滴定中，金属（M）离子指示剂（In）的应用条件是（　　）。
   A. MIn 应有足够的稳定性，且 $K'_{MIn} \ll K'_{MY}$。
   B. In 与 MIn 应有显著不同的颜色
   C. In 与 MIn 应当都能溶于水
   D. MIn 应有足够的稳定性，且 $K'_{MIn} > K'_{MY}$

三、判断题

（　）1. 金属指示剂是指示金属离子浓度变化的指示剂。
（　）2. 造成金属指示剂封闭的原因是指示剂本身不稳定。
（　）3. EDTA 滴定某金属离子有一允许的最高酸度（pH 值），溶液的 pH 再增大就不能准确滴定该金属离子了。
（　）4. 用 EDTA 配位滴定法测水泥中氧化镁含量时，不用测钙镁总量。
（　）5. 在平行测定次数较少的分析测定中，可疑数据的取舍常用 Q 检验法。
（　）6. 金属指示剂的僵化现象是指滴定时终点没有出现。
（　）7. 在配位滴定中，若溶液的 pH 值高于滴定 M 的最小 pH 值，则无法准确滴定。
（　）8. EDTA 酸效应系数 $\alpha_{Y(H)}$ 随溶液中 pH 值变化而变化；pH 值低，则 $\alpha_{Y(H)}$ 值高，对配位滴定有利。
（　）9. 用 EDTA 法测定试样中的 Ca^{2+} 和 Mg^{2+} 含量时，先将试样溶解，然后调节溶液 pH 值为 5.5～6.5，并进行过滤，目的是去除 Fe^{3+}、Al^{3+} 等干扰离子。
（　）10. 络合滴定中，溶液的最佳酸度范围是由 EDTA 决定的。
（　）11. 铬黑 T 指示剂在 pH=7～11 范围使用，其目的是为减少干扰离子的影响。
（　）12. 滴定 Ca^{2+}、Mg^{2+} 总量时要控制 pH≈10，而滴定 Ca^{2+} 分量时要控制 pH 为 12～13。若 pH>13 时测 Ca^{2+} 则无法确定终点。

项目 6

硫酸镍中镍含量的质量检测

【任务引导】

<table>
<tr><td rowspan="15">任务要求</td><td>提出任务</td><td colspan="5">盐化工企业每天生产数吨硫酸镍产品,该产品须由检验员检测其检验项目是否达到"化学试剂六水合硫酸镍(硫酸镍)HG/T 4020—2008"的要求。结合近几年全国职业院校技能大赛高职组"工业分析检验"竞赛规程中化学分析赛项,在企业用的质检报告单基础上多加入了一项检验项目——Ni质量分数/(g/kg)。该检验项目的指标数据依据教师所设定的实际情况而定,所以该项"指标"是空的</td></tr>
<tr><td rowspan="14">明确任务</td><td colspan="5">测定出化学试剂六水合硫酸镍质检报告单中Ni的质量分数
某有限公司
化学试剂六水合硫酸镍的质检报告单</td></tr>
<tr><td>产品型号</td><td>罐号</td><td>数量( )</td><td>取样时间</td><td>采用标准</td></tr>
<tr><td></td><td></td><td></td><td></td><td>HG/T 4020—2008</td></tr>
<tr><td colspan="5">检验内容</td></tr>
<tr><td rowspan="2">检验项目</td><td>指标</td><td rowspan="2" colspan="2">检验结果</td><td rowspan="2">单项判定</td></tr>
<tr><td>分析纯</td></tr>
<tr><td>Ni含量(质量分数)/(g/kg)</td><td></td><td colspan="2"></td><td></td></tr>
<tr><td>NiSO$_4$·6H$_2$O含量(质量分数)/%</td><td>≥98.5</td><td colspan="2"></td><td></td></tr>
<tr><td>水不溶物含量(质量分数)/%</td><td>≤0.01</td><td colspan="2"></td><td></td></tr>
<tr><td>氯化物(Cl)含量(质量分数)/%</td><td>≤0.001</td><td colspan="2"></td><td></td></tr>
<tr><td>硝酸盐(NO$_3$)含量(质量分数)/%</td><td>≤0.003</td><td colspan="2"></td><td></td></tr>
<tr><td>铁(Fe)含量(质量分数)/%</td><td>≤0.001</td><td colspan="2"></td><td></td></tr>
<tr><td>铜(Cu)含量(质量分数)/%</td><td>≤0.002</td><td colspan="2"></td><td></td></tr>
<tr><td>钠(Na)含量(质量分数)/%</td><td>≤0.02</td><td colspan="2"></td><td></td></tr>
</table>

钙(Ca)含量(质量分数)/%	≤0.02
钴(Co)含量(质量分数)%	≤0.01
锌(Zn)含量(质量分数)%	≤0.01
铅(Pb)含量(质量分数)/%	≤0.002

检验结论   年   月   日

备   注

检验员: 审核:

续表

项目目标	能力目标	1. 能按检测标准要求规范完成操作规程 2. 能按要求正确填写硫酸镍采样记录表、EDTA 标准溶液制备的原始记录表、硫酸镍含量测定的原始记录表、硫酸镍质量检验结果报告单中镍的质量分数检测项目 3. 能分析检验误差的产生原因,并能正确修正
	知识目标	1. 掌握任务2中的测定原理 2. 完成【职业技能鉴定模拟题(六)】
	素质目标	1. 认真负责,实事求是,坚持原则,一丝不苟地依据标准进行检验和判定 2. 具有较强的颜色分辨能力 3. 具有一定的交流沟通能力,能交流、商讨并分析出现结果不合格的原因并能正确修正
任务流程及能力目标	任务1	1. 能按照国赛方案要求规范完成 EDTA(0.05mol/L)标准溶液的制备的操作流程 2. 能按要求正确填写 EDTA(0.05mol/L)标准溶液标定的原始记录表 3. 能审核原始记录表,并分析检测结果是否有效
	任务2	1. 能按照全国职业院校技能大赛"工业分析检验"中化学分析方案的要求规范完成硫酸镍试样中镍含量的测定操作 2. 能按要求正确填写化学试剂硫酸镍中镍含量测定的原始记录表 3. 能审核原始记录表中测定结果的是否有效,能分析误差产生的原因并能正确修正
	任务3	1. 能规范填写质检报告单 2. 能分析产生不合格品的原因。能审核自己的原始记录表,内容包括:(1)填写内容是否与原始记录相符;(2)检验依据是否适用;(3)环境条件是否满足要求;(4)结论的判定是否正确 3. 整理实验台,维护、保养所用仪器设备
参照资料	参照教材	1. 近几年全国职业院校技能大赛"工业分析检验"竞赛规程 2. "化学检验工、化工分析工(高级)"国家职业资格技能鉴定题库
	检测标准	1. EDTA 标准溶液的制备和化学试剂硫酸镍中镍含量测定,采用的方案是2015年全国职业院校技能大赛高职组"工业分析检验"竞赛规程中化学分析方案 2. 化学试剂六水合硫酸镍(硫酸镍)HG/T 4020—2008 3. 化学试剂试验方法中所用制剂及制品的制备 GB/T 603
项目考核		1. 实事求是完成项目考核中的考核评分细则 2. 能分析评分细则中扣分原因,并能正确处理或修正
课外任务		1. 网络查阅:全国职业院校技能大赛"工业分析检验"赛项中硫酸钴中钴离子含量的测定 2. 网络查阅:工业结晶氯化铝 HG/T 3251
任务拓展		实验设计1:硫酸钴中钴离子含量的测定 实验设计2:工业结晶氯化铝中结晶氯化铝含量的测定 设计要点提示:(1)所用仪器设备、药品;(2)操作规程;(3)原始记录表;(4)质检报告单;(5)注意事项

任务1　EDTA标准溶液的制备

职业功能	工作任务	参照材料	工作地点	成果表现形式	备注
检测准备	1. 配制 EDTA(0.05mol/L)溶液一定体积 2. 标定 EDTA(0.05mol/L)标准溶液的浓度 3. 完成 EDTA(0.05mol/L)标准溶液标定的原始记录表	化学试剂标准滴定溶液的制备(GB/T 601)	实验室	EDTA 标准溶液标定的原始记录表	NH_3-NH_4Cl 缓冲溶液在 EDTA 标准溶液标定和硫酸镍含量测定中都要用到,需根据实际配制所需要的量

子任务 1-1 EDTA（0.05mol/L）标准溶液的配制

一、检测准备

1. 准备试剂、药品

（1）EDTA 二钠盐（分析纯）。

（2）氧化锌（基准物）　于 800℃ 灼烧至恒重。

（3）盐酸溶液（20%）　取 504mL 浓盐酸（分析纯，质量分数为 36.5%），稀释至 1000mL。

（4）氨水（10%）　量取 400mL 氨水（分析纯），稀释至 1000mL。

（5）NH_3-NH_4Cl 缓冲溶液（pH＝10）　称取 54.0g NH_4Cl，溶于 200mL 水中，加 350mL 氨水，用水稀释至 1000mL，摇匀。

（6）铬黑 T（5g/L）　称取 0.5g 铬黑 T 和 2.0g 盐酸羟胺，溶于乙醇，用乙醇稀释至 100mL，摇匀。（使用前新配）。

2. 准备仪器

常用滴定分析玻璃仪器、电子天平、托盘天平、电热恒温干燥箱等。

二、操作流程

按表 6-1 的规定称取乙二胺四乙酸二钠，加 1000mL 水，加热溶解，冷却，摇匀。

表 6-1

乙二胺四乙酸二钠标准滴定溶液的浓度 c(EDTA)/(mol/L)	乙二胺四乙酸二钠的质量 m/g
0.1	40
0.05	20
0.02	8

子任务 1-2 EDTA（0.05mol/L）标准溶液的标定

一、操作步骤

称取 1.5g 于 850℃±50℃ 高温炉中灼烧至恒重的工作基准试剂 ZnO（不得用去皮的方法，否则称量为零分）于 100mL 小烧杯中，用少量水润湿，加入 20mL HCl（20%）溶解后，定量转移至 250mL 容量瓶中，用水稀释至刻度，摇匀。移取 25.00mL 上述溶液于 250mL 的锥形瓶中（不得从容量瓶中直接移取溶液），加 75mL 水，用氨水溶液（10%）调至溶液 pH 至 7~8，加 10mL NH_3-NH_4Cl 缓冲溶液（pH≈10）及 5 滴铬黑 T（5g/L），用待标定的 EDTA 溶液滴定至溶液由紫色变为纯蓝色。平行测定 4 次，同时做空白试验。

二、计算公式

计算 EDTA 标准滴定溶液的浓度 c(EDTA)，单位 mol/L。

计算公式
$$c(\text{EDTA}) = \frac{m \times \dfrac{25.00}{250.0} \times 1000}{(V-V_0) \times 81.408}$$

注：M(ZnO)＝81.408g/mol。

子任务1-3 EDTA（0.05mol/L）标准溶液标定的原始记录表（表6-2）

表6-2 EDTA（0.05mol/L）标准溶液标定的原始记录表

项目		次数 1	2	3	4	备用
基准物称量	m（倾样前）/g					
	m（倾样后）/g					
	m（氧化锌）/g					
移取试液体积/mL						
滴定管初读数/mL						
滴定管终读数/mL						
滴定消耗EDTA体积/mL						
体积校正值/mL						
溶液温度/℃						
温度补正值/(mL/L)						
溶液温度校正值/mL						
实际消耗EDTA体积/mL						
V_0（空白）/mL						
c/(mol/L)						
$\bar{c}$/(mol/L)						
相对极差/%						
相对误差/%						
判定结果 有效/无效						

任务2 镍含量的测定

职业功能	工作任务	参照材料	工作地点	成果表现形式	备注
检测与测定	1. 完成镍含量测定的操作流程 2. 完成镍含量测定的原始记录表	2015年全国职业院校技能大赛高职组"工业分析检验"竞赛规程	实验室	镍含量测定的原始记录表	硫酸镍液体的浓度若配制约0.5mol/L，则称取3g左右时，消耗的EDTA标准溶液的体积约30mL

子任务2-1 镍含量测定的操作流程

一、检测准备

1. 准备药品

（1）化学试剂六水合硫酸镍（分析纯）。

（2）氨-氯化铵缓冲溶液（pH＝10）。

（3）紫脲酸铵指示剂：称取1g紫脲酸铵及200g干燥的氯化钠，混匀，研细。因紫脲酸铵易受到日光、空气等的影响，建议现用现配。

（4）EDTA标准滴定溶液：c(EDTA)约为0.05mol/L。

2. 准备仪器

常用滴定分析玻璃仪器、电子天平、托盘天平、电热恒温干燥箱等。

二、操作流程

称取硫酸镍液体样品 x g，精确至 0.0001g，加水 70mL，加入 10mL NH_3-NH_4Cl 缓冲溶液（pH≈10）及 0.2g 紫脲酸铵指示剂，摇匀，用 EDTA 标准滴定溶液 [c(EDTA)=0.05mol/L] 滴定至溶液呈蓝紫色。平行测定 3 次。

计算镍的质量分数 w(Ni)，以 g/kg 表示。

计算式：
$$w(\text{Ni}) = \frac{cVM(\text{Ni})}{m \times 1000} \times 1000$$

注：M(Ni)=58.69g/mol。

子任务 2-2 镍含量测定的原始记录表（表 6-3）

表 6-3 镍含量测定的原始记录表

项目	次数	1	2	3	备用
样品称量	m(倾样前)/g				
	m(倾样后)/g				
	m(硫酸镍溶液)/g				
滴定管初读数/mL					
滴定管终读数/mL					
滴定消耗 EDTA 标准溶液体积/mL					
体积校正值/mL					
溶液温度/℃					
温度补正值/(mL/L)					
溶液温度校正值/mL					
实际消耗 EDTA 标准溶液体积/mL					
c(EDTA)/mol/L					
w(Ni)/(g/kg)					
$\overline{w}$(Ni)/(g/kg)					
相对极差/%					
相对误差/%					
判定结果有效/无效					

任务 3 硫酸镍的质量检验结果报告单

产品型号	罐号	数量（ ）	取样时间	采用标准
				HG/T 4020—2010
检 验 内 容					
检验项目	指标	检验结果		单项判定
	分析纯			
Ni 质量分数/(g/kg)				
$NiSO_4 \cdot 6H_2O$ 质量分数/%	≥98.5			
水不溶物质量分数/%	≤0.01			

续表

检验项目	指标 分析纯	检验结果	单项判定
氯化物(Cl)质量分数/%	≤0.001		
……			
检验结论			年　　月　　日
备　注			

检测员：　　　　　　　　　　　　审核：

【项目考核】

附表　化学分析评分细则表

序号	作业项目	考核内容	配分	操作要求	考核记录	扣分说明	扣分	得分
1	基准物及试样的称量 (8.5分)	称量操作	1	1. 检查天平水平 2. 清扫天平 3. 敲样动作正确		每错一项扣0.5分，扣完为止		
		基准物称量范围	7	1. 在规定量±5%～±10%内		每错一个扣1分，扣完为止		
				2. 称量范围最多不超过±10%		每错一个扣2分，扣完为止		
		结束工作	0.5	1. 复原天平 2. 放回凳子		每错一项扣0.5分，扣完为止		
2	试液配制 (3分)	容量瓶洗涤	0.5	洗涤干净		洗涤不干净，扣0.5分		
		容量瓶试漏	0.5	正确试漏		不试漏，扣0.5分		
		定量转移	0.5	转移动作规范		转移动作不规范扣1分		
		定容	1.5	1. 三分之二处水平摇动 2. 准确稀释至刻线 3. 摇匀动作正确		每错一项扣0.5分，扣完为止		
3	移取溶液 (4.5分)	移液管洗涤	0.5	洗涤干净		洗涤不干净，扣0.5分		
		移液管润洗	1	润洗方法正确		从容量瓶或原瓶中直接移取溶液扣1分		
		吸溶液	1	1. 不吸空 2. 不重吸		每错一次扣1分，扣完为止		
		调刻线	1	1. 调刻线前擦干外壁 2. 调节液面操作熟练		每错一项扣0.5分，扣完为止		
		放溶液	1	1. 移液管竖直 2. 移液管尖靠壁 3. 放液后停留约15s		每错一项扣0.5分，扣完为止		

续表

序号	作业项目	考核内容	配分	操作要求	考核记录	扣分说明	扣分	得分
4	托盘天平使用(0.5分)	称量	0.5	称量操作规范		操作不规范扣0.5分,扣完为止		
5	滴定操作(3.5分)	滴定管的洗涤	0.5	洗涤干净		洗涤不干净,扣0.5分		
		滴定管的试漏	0.5	正确试漏		不试漏,扣0.5分		
		滴定管的润洗	0.5	润洗方法正确		润洗方法不正确扣0.5分		
		滴定操作	2	1. 滴定速度适当 2. 终点控制熟练		每错一项扣1分,扣完为止		
6	滴定终点(4分)	标定终点 纯蓝色	4	终点判断正确		每错一个扣1分,扣完为止		
		测定终点 蓝紫色		终点判断正确				
7	空白试验(1分)	空白试验测定规范	1	按照规范要求完成空白试验		测定不规范扣1分,扣完为止		
8	读数(2分)	读数	2	读数正确		以读数差在0.02mL为正确,每错一个扣1分,扣完为止		
9	原始数据记录(2分)	原始数据记录	2	1. 原始数据记录不用其他纸张记录 2. 原始数据及时记录 3. 正确进行滴定管体积校正(现场裁判应核对校正体积校正值)		每错一个扣1分,扣完为止		
10	文明操作结束工作(1分)	物品摆放仪器洗涤"三废"处理	1	1. 仪器摆放整齐 2. 废纸/废液不乱扔乱倒 3. 结束后清洗仪器		每错一项扣0.5分,扣完为止		
11	重大失误(本项最多扣10分)			基准物的称量		称量失败,每重称一次倒扣2分		
				试液配制		溶液配制失误,重新配制的,每次倒扣5分		
				滴定操作		重新滴定,每次倒扣5分		
						篡改测量数据(如伪造、凑数据等)的,总分以零分计		
12	总时间(0分)	210min	0	按时收卷,不得延时				
	特别说明			打坏仪器照价赔偿				

续表

序号	作业项目	考核内容	配分	操作要求	考核记录	扣分说明	扣分	得分
13	数据记录及处理（6分）	记录	1	1. 规范改正数据 2. 不缺项		每错一个扣0.5分，扣完为止		
		计算	3	计算过程及结果正确（由于第一次错误影响到其他不再扣分）		每错一个扣0.5分，扣完为止		
		有效数字保留	2	有效数字位数保留正确或修约正确		每错一个扣0.5分，扣完为止		
14	标定结果（35分）	精密度	20	相对极差≤0.10%		扣0分		
				0.10%＜相对极差≤0.20%		扣4分		
				0.20%＜相对极差≤0.30%		扣8分		
				0.30%＜相对极差≤0.40%		扣12分		
				0.40%＜相对极差≤0.50%		扣16分		
				相对极差＞0.50%		扣20分		
		准确度	15	|相对误差|≤0.10%		扣0分		
				0.10%＜|相对误差|≤0.20%		扣3分		
				0.20%＜|相对误差|≤0.30%		扣6分		
				0.30%＜|相对误差|≤0.40%		扣9分		
				0.40%＜|相对误差|≤0.50%		扣12分		
				|相对误差|＞0.50%		扣15分		
15	测定结果（30分）	精密度	15	相对极差≤0.10%		扣0分		
				0.10%＜相对极差≤0.20%		扣3分		
				0.20%＜相对极差≤0.30%		扣6分		
				0.30%＜相对极差≤0.40%		扣9分		
				0.40%＜相对极差≤0.50%		扣12分		
				相对极差＞0.50%		扣15分		
		准确度	15	|相对误差|≤0.10%		扣0分		
				0.10%＜|相对误差|≤0.20%		扣3分		
				0.20%＜|相对误差|≤0.30%		扣6分		
				0.30%＜|相对误差|≤0.40%		扣9分		
				0.40%＜|相对误差|≤0.50%		扣12分		
				|相对误差|＞0.50%		扣15分		

阅读材料 6-1

配位化学

配位化学（Coordination Chemistry）主要是研究金属离子（中心原子）和其它离子或分子（配位体）相互作用的化学。它所研究的对象就是配位化合物，简称配合物。由于配合物的本性及其稳定性差别很大，本身又处于不断发展和丰富的过程中，所以至今仍无一致的确切定义。通常认为它是两种或更多种可以独立存在的简单物种结合起来的一种化合物。

在配位化学发展过程中，建立了一系列能概括实验规律的理论。"有效原子序数规则"解释了六配位数的 $Co(NH_3)_6^{3+}$ 配位离子采取八面体结构的事实。

为了进一步说明配位化合物的几何构型、磁性和导电性等特性，1930 年 Panling 建立了化学键理论中具有深远意义的杂化轨道理论和价键理论，成功地解释了过渡金属配位化合物的光谱及磁性。

而由晶体场理论延伸的配位理论和分子轨道理论对在阐明一些明显具有离域性质的体系方面也取得了很大的成功。

配位化学已经发展成为当代化学的前沿领域之一。它打破了传统的有机化学与无机化学的界限。其新奇的特殊性能在生产实践中取得了重大的应用。除了在传统的金属分析、分离、提纯、电解、电镀、催化、药物、印染等国民经济诸多方面的应用外，其特殊的化学和生物特性有着广泛的应用意义。在生物体内微量的金属离子所形成的配合物对生命过程起着极其微妙的作用。特别是有些配合物所具有的特殊光电热磁等功能对于电子、激光和信息等高新技术的开发具有重要的前景。

摘自唐有祺主编．当代化学前沿．北京：中国致公出版社，1997．

【职业技能鉴定模拟题（六）】

一、单选题

1. 配位滴定时，金属离子 M 和 N 的浓度相近，通过控制溶液酸度实现连续测定 M 和 N 的条件是（   ）。
   A. $\lg K_{NY} - \lg K_{MY} \geq 2$ 和 $\lg c_{MY}$ 和 $\lg c_{NY} \geq 6$
   B. $\lg K_{NY} - \lg K_{MY} \geq 5$ 和 $\lg c_{MY}$ 和 $\lg c_{NY} \geq 3$
   C. $\lg K_{MY} - \lg K_{NY} \geq 5$ 和 $\lg c_{MY}$ 和 $\lg c_{NY} \geq 6$
   D. $\lg K_{MY} - \lg K_{NY} \geq 8$ 和 $\lg c_{MY}$ 和 $\lg c_{NY} \geq 4$

2. 使 MY 稳定性增加的副反应有（   ）。
   A. 酸效应　　　　B. 共存离子效应　　　　C. 水解效应　　　　D. 混合配位效应

3. 国家标准规定的标定 EDTA 溶液的基准试剂是（   ）。
   A. MgO　　　　B. ZnO　　　　C. Zn 片　　　　D. Cu 片

4. 水硬度的单位是以 CaO 为基准物质确定的，1°为 1L 水中含有（   ）。
   A. 1g CaO　　　　B. 0.1g CaO　　　　C. 0.01g CaO　　　　D. 0.001g CaO

5. EDTA 法测定水的总硬度是在 pH=（   ）的缓冲溶液中进行，钙硬度是在 pH=（   ）的缓冲溶液中进行。
   A. 7　　　　B. 8　　　　C. 10　　　　D. 12

6. 用 EDTA 测定 SO_4^{2-} 时，应采用的方法是（   ）。
   A. 直接滴定　　　　B. 间接滴定　　　　C. 返滴定　　　　D. 连续滴定

7. 已知 $M(ZnO)=81.38\text{g/mol}$，用它来标定 0.02mol 的 EDTA 溶液，宜称取 ZnO（   ）。
   A. 4g B. 1g C. 0.4g D. 0.04g

8. 配位滴定中，使用金属指示剂二甲酚橙，要求溶液的酸度条件是（   ）。
   A. pH=6.3～11.6 B. pH=6.0
   C. pH>6.0 D. pH<6.0

9. 与配位滴定所需控制的酸度无关的因素为（   ）。
   A. 金属离子颜色 B. 酸效应 C. 羟基化效应 D. 指示剂的变色

10. 某溶液主要含有 Ca^{2+}、Mg^{2+} 及少量 Al^{3+}、Fe^{3+}，今在 pH=10 时加入三乙醇胺后，用 EDTA 滴定，用铬黑 T 为指示剂，则测出的是（   ）。
    A. Mg^{2+} 的含量 B. Ca^{2+}、Mg^{2+} 含量
    C. Al^{3+}、Fe^{3+} 的含量 D. Ca^{2+}、Mg^{2+}、Al^{3+}、Fe^{3+} 的含量

11. EDTA 滴定金属离子 M，MY 的绝对稳定常数为 K_{MY}，当金属离子 M 的浓度为 0.01mol/L 时，下列 $\lg\alpha_{Y(H)}$ 对应的 pH 值是滴定金属离子 M 的最高允许酸度的是（   ）。
    A. $\lg\alpha_{Y(H)} \geqslant \lg K_{MY} - 8$ B. $\lg\alpha_{Y(H)} = \lg K_{MY} - 8$
    C. $\lg\alpha_{Y(H)} \geqslant \lg K_{MY} - 6$ D. $\lg\alpha_{Y(H)} \leqslant \lg K_{MY} - 3$

12. 在 Fe^{3+}、Al^{3+}、Ca^{2+}、Mg^{2+} 混合溶液中，用 EDTA 测定 Fe^{3+}、Al^{3+} 的含量时，为了消除 Ca^{2+}、Mg^{2+} 的干扰，最简便的方法是（   ）。
    A. 沉淀分离法 B. 控制酸度法 C. 配位掩蔽法 D. 溶剂萃取法

二、多选题

1. 对于酸效应曲线，下列说法正确的有（   ）。
   A. 利用酸效应曲线可确定单独滴定某种金属离子时所允许的最低酸度
   B. 利用酸效应曲线可找出单独滴定某种金属离子时所允许的最高酸度
   C. 利用酸效应曲线可判断混合金属离子溶液能否进行连续滴定
   D. 绘制酸效应曲线时，金属离子的浓度均假设为 0.02mol/L（以滴定终点的溶液体积计）
   E. 酸效应曲线代表溶液的 pH 值与溶液中 MY 的绝对稳定常数的对数值（$\lg K_{MY}$）以及溶液中 EDTA 的酸效应系数的对数值（$\lg\alpha$）之间的关系

2. 提高配位滴定的选择性可采用的方法是（   ）。
   A. 增大滴定剂的浓度 B. 控制溶液温度
   C. 控制溶液的酸度 D. 利用掩蔽剂消除干扰

3. EDTA 直接滴定法需符合（   ）。
   A. $c(M)K'_{MY} \geqslant 10^{-6}$ B. $c(M)K'_{MY} \geqslant c(N)K'_{NY}$
   C. $c(M)K'_{MY}/c(N)K'_{NY} \geqslant 10^5$ D. 要有某种指示剂可选用

4. 某 EDTA 滴定的 pM 突跃范围很大，这说明滴定时的（   ）。
   A. M 的浓度很大 B. 酸度很大
   C. 反应完成的程度很大 D. 反应平衡常数很大

5. 在 EDTA 滴定中，下列（   ）能降低配合物 MY 的稳定性。
   A. M 的水解效应 B. EDTA 的酸效应
   C. M 的其他配位效应 D. pH 的缓冲效应

6. EDTA 滴定 Ca^{2+} 的 pCa 突跃本应较大，但实际滴定中却表现为很小可能是由于滴定时（   ）。
   A. 溶液的 pH 值太高了 B. 被滴定物浓度太小了
   C. 指示剂变色范围太宽了 D. 反应产物的副反应严重了

7. 在 EDTA（Y）配位滴定中，金属离子指示剂（In）的应用条件是（　　）。
   A. In 与 MY 应有相同的颜色　　　　　　B. In 与 MIn 应有显著不同的颜色
   C. In 与 MIn 应当都能溶于水　　　　　　D. MIn 应有足够的稳定性，且 $K'_{MIn} > K'_{MY}$
   E. MIn 应有足够的稳定性，且 $K'_{MIn} \ll K'_{MY}$
8. 由于铬黑 T 不能指示 EDTA 滴定 Ba^{2+}，在找不到合适的指示剂时，常用下列何种滴定法测定钡量（　　）。
   A. 沉淀掩蔽法　　　B. 返滴定法　　　C. 置换滴定法　　　D. 间接滴定法
   E. 直接滴定法
9. EDTA 的副反应有（　　）。
   A. 配位效应　　　B. 水解效应　　　C. 共存离子效应　　　D. 酸效应

三、判断题

（　）1. 在水的总硬度测定中，必须依据水中 Ca^{2+} 的性质选择滴定条件。

（　）2. 钙指示剂配制成固体使用是因为其易发生封闭现象。

（　）3. 配位滴定中 pH≥12 时可不考虑酸效应，此时配合物的条件稳定常数与绝对稳定常数相等。

（　）4. EDTA 配位滴定时的酸度，根据 $\lg c(M) K'_{MY} \geq 6$ 就可以确定。

（　）5. 一个 EDTA 分子中，由 2 个氨氮和 4 个羧氧提供 6 个配位原子。

（　）6. 掩蔽剂的用量过量太多，被测离子也可能被掩蔽而引起误差。

（　）7. EDTA 与金属离子配合时，不论金属离子的化学价是多少，一般均是以 1∶1 的关系配合。

（　）8. 提高配位滴定选择性的常用方法有：控制溶液酸度和利用掩蔽的方法。

（　）9. 能够根据 EDTA 的酸效应曲线来确定某一金属离子单独被滴定的最高 pH 值。

（　）10. 在只考虑酸效应的配位反应中，酸度越大形成配合物的条件稳定常数越大。

（　）11. 只要金属离子能与 EDTA 形成配合物，都能用 EDTA 直接滴定。

项目 7

工业废水中化学需氧量的质量检测

【任务引导】

<table>
<tr><td rowspan="13">任务要求</td><td>提出任务</td><td colspan="6">化工企业在生产过程中，每天要排放大量污水，污水的排放要符合国家标准。化工企业的污水处理厂出水排入地表要达到"城镇污水处理厂污染物排放标准 GB 18918"的标准。基本控制项目必须执行，选择控制项目由地方环境保护行政主管部门根据污水处理厂接纳的污染物类别和水环境质量要求进行选择。检验员担负着化学耗氧量测定的工作任务，采用的检测标准是"工业冷却循环水中化学耗氧量(COD)的测定高锰酸钾法 GB/T 15456"，该标准适用于工业废水、原水、锅炉水中 COD 的测定</td></tr>
<tr><td rowspan="12">明确任务</td><td colspan="6">测定如下基本控制项目最高允许排放浓度中的化学需氧量(COD)的含量
基本控制项目最高允许排放浓度（日均值）　　　　　　　　　单位:mg/L</td></tr>
<tr><td>产品型号</td><td>罐号</td><td>数量（　）</td><td colspan="2">取样时间</td><td>采用标准</td></tr>
<tr><td></td><td></td><td></td><td colspan="2"></td><td>GB 18918</td></tr>
<tr><td colspan="6">检验内容</td></tr>
<tr><td rowspan="2">基本控制项目</td><td colspan="4">指标</td><td rowspan="2">检验结果</td><td rowspan="2">单项判定</td></tr>
<tr><td colspan="2">一级标准
A级　　B级</td><td>二级</td><td>三级</td></tr>
<tr><td>化学需氧量(COD)≤/(mg/L)</td><td>50</td><td>60</td><td>100</td><td>120</td><td></td><td></td></tr>
<tr><td>生化需氧量(BOD)≤/(mg/L)</td><td>10</td><td>20</td><td>30</td><td>60</td><td></td><td></td></tr>
<tr><td>悬浮物 ss</td><td>10</td><td>20</td><td>30</td><td>50</td><td></td><td></td></tr>
<tr><td>动植物油</td><td>1</td><td>3</td><td>5</td><td>20</td><td></td><td></td></tr>
<tr><td>石油类</td><td>1</td><td>3</td><td>5</td><td>15</td><td></td><td></td></tr>
<tr><td>阴离子表面活性剂</td><td>0.5</td><td>1</td><td>2</td><td>5</td><td></td><td></td></tr>
</table>

基本控制项目	A级	B级	二级	三级	检验结果	单项判定
总氮（以 N 计）	10	20				
氨氮（以 N 计）	5(8)	8(15)	25(30)			
总磷（以 P 计）	0.5	1	3	5		
色度	30	30	40	50		
pH 值	6~9					
大肠菌落群数/(个/mL)	10^3	10^4	10^4			
检验结论					年　月　日	
备注						

检验员：　　　　　　　　　　　　　　　审核：

续表

项目目标	能力目标	1. 能按检测标准要求规范完成操作规程 2. 能按要求正确填写工业废水采样记录表、高锰酸钾标准溶液标定的原始记录表、工业废水中化学耗氧量测定的原始记录表、工业废水质量检验结果报告单中化学耗氧量测定的检测项目 3. 能分析原始记录表误差产生的原因,并能正确修正
	知识目标	1. 完成任务1中【学习要点】要求中应达到的学习目标 2. 完成【职业技能鉴定模拟题(七)】
	素质目标	1. 认真负责,实事求是,坚持原则,一丝不苟地依据标准进行检验和判定 2. 具有较强的颜色分辨能力 3. 具有一定的交流沟通能力,能描述在操作过程中出现的疑难问题
任务流程及能力目标	任务1	氧化还原法滴定法中主要学习:高锰酸钾法——以 $KMnO_4$ 为标准溶液;重铬酸钾法——以 $K_2Cr_2O_7$ 为标准溶液;碘量法——以 I_2 和 $Na_2S_2O_3$ 为标准溶液;溴酸钾法——以 $KBrO_3$-KBr 为标准溶液。完成【学习要点】中要求的学习目标。
	任务2	1. 能按照"水质采样 样品的保存和管理技术规定 HJ 493—2009"的要求,完成实验室中采样操作及采样记录表 2. 能模拟完成工业废水的企业现场采样及采样记录表
	任务3	1. 能按照"化学试剂标准溶液的制备 GB/T 601"的要求完成高锰酸钾标准溶液制备的操作流程 2. 能正确填写高锰酸钾标准溶液标定的原始记录表
	任务4	1. 检测准备。能按照检测标准要求准备好采样所需的药品、仪器 2. 检测分析。能按照"工业冷却循环水中化学耗氧量(COD)的测定 高锰酸钾法 GB/T 15456"的要求规范完成化学耗氧量测定的操作流程 3. 数据处理。能按要求正确填写化学耗氧量测定的原始记录表
	任务5	1. 能规范填写质检报告单 2. 评价结论的判定是否正确,并能检测结果不合格的产生原因 3. 整理实验台,维护、保养所用仪器设备
参照资料	参照教材	1. 彭崇慧等编著. 定量化学分析简明教程. 北京:北京大学出版社,1997 2. 顾明华主编. 无机物定量分析基础. 北京:化学工业出版社,2002 3. 薛华等编著. 分析化学(第二版). 北京:清华大学出版社,1997 4. 王令今等编著. 分析化学计算基础. 北京:化学工业出版社,2002 5. 刘珍主编. 化验员读本(第四版). 北京:化学工业出版社,2004 6. 中国石油化工集团公司职业技能鉴定指导中心编. 化工分析工. 北京:中国石化出版社,2006 7. "化学检验工、化工分析工(高级)"职业资格技能鉴定题库
	检测标准	1. 化学试剂标准溶液的制备 GB/T 601 2. 工业冷却循环水中化学需氧量(COD)的测定 高锰酸钾法 GB/T 15456 3. 水质采样 样品的保存和管理技术规定 HJ 493—2009
	项目考核	1. 实事求是完成项目考核中的考核评分细则 2. 能分析评分细则中扣分的原因,并能正确修正
	课外任务	通过网络查阅资料:再生水中化学需氧量的测定 重铬酸钾法 GB/T 22597
	任务拓展	实验设计:再生水中化学需氧量的测定 重铬酸钾法 GB/T 22597 设计要点提示:(1)所用仪器设备、药品;(2)操作规程;(3)原始记录表;(4)质检报告单;(5)注意事项

任务 1　氧化还原滴定法的应用

氧化还原滴定法是以氧化还原反应为基础的滴定分析方法。它是以氧化剂或还原剂为标准溶液来测定还原性或氧化性物质含量的方法。通常根据所用的标准溶液，将氧化还原法分为以下几类：

高锰酸钾法——以 $KMnO_4$ 为标准溶液；
重铬酸钾法——以 $K_2Cr_2O_7$ 为标准溶液；
碘量法——以 I_2 和 $Na_2S_2O_3$ 为标准溶液；
溴酸钾法——以 $KBrO_3$-KBr 为标准溶液。

氧化还原反应时电子转移的反应，反应历程复杂，反应速度快慢不一，而且受外界条件的影响较大。因此在氧化还原滴定法中就要控制反应条件使其符合滴定分析的要求。

子任务 1-1　氧化还原滴定法中电极电势的应用

【学习要点】　了解氧化还原滴定法的特点；了解条件电极电位的概念；了解不同介质条件下条件电极电位的计算；了解影响条件电位的因素；掌握氧化还原反应进行程度的衡量方法；掌握影响氧化还原反应速度的主要因素，会根据实际情况选用合适的方法加快反应速度。

一、氧化还原滴定法的特点

氧化还原滴定法是基于溶液中氧化剂与还原剂之间电子的转移而进行反应的一种分析方法。我们知道，酸碱反应中，质子交换和酸碱共轭对相对应。与此相似，在氧化还原反应中，电子转移和氧化还原共轭对相对应。

$$Ox + ne \Longleftrightarrow Red$$

这里 Ox 是一个电子接受体，即氧化剂；Red 是一个电子给予体，即还原剂。

氧化还原滴定法较其它滴定分析的方法有如下不同的特点：

(1) 还原反应的机理较复杂，副反应多，因此与化学计量有关的问题更复杂。
(2) 氧化还原反应比其它所有类型的反应速度都慢。

对反应速度相对快些且化学计量关系是已知的反应而言，如若没有其它复杂的因素存在，一般认为一个化学计量的反应可由两个可逆的半反应得来

$$Ox_1 + n_1 e \Longleftrightarrow Red_1$$
试样

$$Ox_2 + n_2 e \Longleftrightarrow Red_2$$
滴定剂

将两式合并

$$n_2 Red_1 + n_1 Ox_2 \Longleftrightarrow n_2 Ox_1 + n_1 Red_2$$

滴定中的任何一点，即每加入一定量的滴定剂，当反应达到平衡时，两个体系的电极电位相等。

(3) 氧化还原滴定可以用氧化剂作滴定剂，也可用还原剂作滴定剂。因此有多种方法。
(4) 氧化还原滴定法主要用来测定氧化剂或还原剂，也可以用来测定不具有氧化性或还原性的金属离子或阴离子，所以应用范围较广。

二、条件电极电位和能斯特方程

1. 标准电极电位

各种不同的氧化剂的氧化能力和还原剂的还原能力是不相同的，其氧化还原能力的大小，可以用电极电位来衡量。

对于任何一个可逆氧化还原电对

$$Ox(氧化态) + ne \rightleftharpoons Red(还原态)$$

当达到平衡时，其电极电位与氧化态、还原态之间的关系遵循能斯特方程。

$$\varphi_{Ox/Red} = \varphi^{\ominus}_{Ox/Red} + \frac{RT}{nF} \ln \frac{a_{Ox}}{a_{Red}} \tag{7-1}$$

式中 $\varphi^{\ominus}_{Ox/Red}$ 为电对 Ox/Red 的标准电极电位；a_{Ox} 和 a_{Red} 分别为电对氧化态和还原态的活度；R 为气体常数（8.314J/K·mol）；T 为绝对温度（K）；F 为法拉第常数（96485C/mol）；n 为电极反应中转移的电子数。将以上常数代入式(7-1)，并取常用对数，于 25℃ 时得

$$\varphi_{Ox/Red} = \varphi^{\ominus}_{Ox/Red} + \frac{0.059}{n} \lg \frac{a_{Ox}}{a_{Red}} \tag{7-2}$$

可见，在一定温度下，电对的电极电位与氧化态和还原态的浓度有关。

当 $a_{Ox} = a_{Red} = 1 mol/L$ 时

$$\varphi_{Ox/Red} = \varphi^{\ominus}_{Ox/Red}$$

因此，标准电极电位是指在一定的温度下（通常为25℃），当 $a_{Ox} = a_{Red} = 1mol/L$ 时（若反应物有气体参加，则其分压等于100kPa）的电极电位。

电对的电位值越高，其氧化态的氧化能力越强；电对的电位值越低，其还原态的还原能力越强。常用电对的标准电极电位见附录1。

2. 条件电极电位

实际应用中，通常知道的是物质在溶液中的浓度，而不是其活度。为简化起见，常常忽略溶液中离子强度的影响，用浓度值代替活度值进行计算。但是只有在浓度极稀时，这种处理方法才是正确的，当浓度较大，尤其是高价离子参与电极反应时，或有其它强电解质存在下，计算结果就会与实际测定值发生较大偏差。因此，若以浓度代替活度，应引入相应的活度系数 γ_{Ox} 及 γ_{Red}。即

$$a_{Ox} = \gamma_{Ox}[Ox] \qquad a_{Red} = \gamma_{Red}[Red]$$

此外，当溶液中的介质不同时，氧化态、还原态还会发生某些副反应。如酸效应、沉淀反应、配位效应等而影响电极电位，所以必须考虑这些副反应的发生，引入相应的副反应系数 α_{Ox} 和 α_{Red}。

则

$$a_{Ox} = \gamma_{Ox}[Ox] = \gamma_{Ox} \frac{c_{Ox}}{\alpha_{Ox}}; \qquad a_{Red} = \gamma_{Red}[Red] = \gamma_{Red} \frac{c_{Red}}{\alpha_{Red}}$$

将上述关系代入能斯特方程式得

$$\varphi_{Ox/Red} = \varphi^{\ominus}_{Ox/Red} + \frac{0.059}{n} \lg \frac{\gamma_{Ox} \alpha_{Red} c_{Ox}}{\gamma_{Red} \alpha_{Ox} c_{Red}}$$

当 $c_{Ox} = c_{Red} = 1mol/L$ 时得

$$\varphi^{\ominus'}_{Ox/Red} = \varphi^{\ominus}_{Ox/Red} + \frac{0.059}{n} \lg \frac{\gamma_{Ox} \alpha_{Red}}{\gamma_{Red} \alpha_{Ox}} \tag{7-3}$$

$\varphi^{\ominus'}_{Ox/Red}$ 称为条件电极电位，它是在一定的介质条件下，氧化态和还原态的总浓度均为 1mol/L 时的电极电位。

条件电极电位反映了离子强度和各种副反应影响的总结果，是氧化还原电对在客观条件下的实际氧化还原能力。它在一定条件下为一常数。在进行氧化还原平衡计算时，应采用与给定介质条件相同的条件电极电位。若缺乏相同条件的 $\varphi_{Ox/Red}^{\ominus'}$ 数值，可采用介质条件相近的条件电极电位数据。对于没有相应条件电极电位的氧化还原电对，则采用标准电极电位。常用条件电极电位值查阅附录2。

【例 7-1】 已知 $\varphi_{Fe^{3+}/Fe^{2+}}^{\ominus}=0.77V$，当 $[Fe^{3+}]=1.0mol/L$，$[Fe^{2+}]=0.0001mol/L$ 时，计算该电对的电极电位。

解 根据能斯特方程式得

$$\varphi_{Fe^{3+}/Fe^{2+}}=\varphi_{Fe^{3+}/Fe^{2+}}^{\ominus}+\frac{0.059}{1}\lg\frac{[Fe^{3+}]}{[Fe^{2+}]}$$

则

$$\varphi_{Fe^{3+}/Fe^{2+}}=0.77+0.059\lg\frac{1.0}{0.0001}=1.0\ (V)$$

【例 7-2】 计算 1.0mol/L HCl 溶液中，若 $c(Ce^{4+})=0.01mol/L$，$c(Ce^{3+})=0.001mol/L$ 时，电对 Ce^{4+}/Ce^{3+} 的电极电位值。

解 已知 $c(Ce^{4+})=0.01mol/L$，$c(Ce^{3+})=0.001mol/L$
查附录1中标准电极电势表，在1.0mol/L HCl 溶液中：$\varphi_{Ce^{4+}/Ce^{3+}}^{\ominus}=1.28V$

因为

$$\varphi_{Ce^{4+}/Ce^{3+}}=\varphi_{Ce^{4+}/Ce^{3+}}^{\ominus}+\frac{0.059}{1}\lg\frac{[Ce^{4+}]}{[Ce^{3+}]}$$

所以

$$\varphi_{Ce^{4+}/Ce^{3+}}=1.28+0.059\lg\frac{0.01}{0.001}=1.34\ (V)$$

如若不考虑介质的影响，用标准电极电位计算，则

$$\varphi_{Ce^{4+}/Ce^{3+}}=\varphi_{Ce^{4+}/Ce^{3+}}^{\ominus}+\frac{0.059}{1}\lg\frac{[Ce^{4+}]}{[Ce^{3+}]}$$

所以

$$\varphi_{Ce^{4+}/Ce^{3+}}=1.61+0.059\lg\frac{0.01}{0.001}=1.67\ (V)$$

由结果看出，差异是明显的。

三、氧化还原反应进行的程度

氧化还原滴定要求氧化还原反应进行得越完全越好。反应进行的完全程度常用反应的平衡常数的大小来衡量，平衡常数可根据能斯特方程式，从有关电对的条件电位或标准电极电位求出。如氧化还原反应

$$n_2 Ox1 + n_1 Red2 = n_2 Red1 + n_1 Ox2$$

两电对的半反应的电极电位分别为

$$\varphi_1=\varphi_1^{\ominus'}+\frac{0.059}{n_1}\lg\frac{c_{Ox1}}{c_{Red1}}\ ;\ \varphi_2=\varphi_2^{\ominus'}+\frac{0.059}{n_2}\lg\frac{c_{Ox2}}{c_{Red2}}$$

当反应达到平衡时，$\varphi_1=\varphi_2$，即

$$\varphi_1^{\ominus'}+\frac{0.059}{n_1}\lg\frac{c_{Ox1}}{c_{Red1}}=\varphi_2^{\ominus'}+\frac{0.059}{n_2}\lg\frac{c_{Ox2}}{c_{Red2}}$$

整理后得

$$\varphi_1^{\ominus'}-\varphi_2^{\ominus'}=\frac{0.059}{n_1 n_2}\lg\left[\left(\frac{c_{Red1}}{c_{Ox1}}\right)\left(\frac{c_{Ox2}}{c_{Red2}}\right)\right]=\frac{0.059}{n_1 n_2}\lg K'$$

$$\lg K'=\frac{n_1 n_2(\varphi_1^{\ominus'}-\varphi_2^{\ominus'})}{0.059} \tag{7-4}$$

若设 $n_1 n_2=n$，n 为最小公倍数，则

$$\lg K' = \frac{n(\varphi_1^{\ominus'} - \varphi_2^{\ominus'})}{0.059} \tag{7-5}$$

可见，两电对的条件电位相差越大，氧化还原反应的平衡常数 K' 就越大，反应进行也越完全。对于氧化还原滴定反应，平衡常数 K' 多大或两电对的条件电位相差多大反应才算定量进行呢？可以根据式(7-5)，结合考虑分析所要求的误差求出。如当 $n_1 = n_2 = 1$ 时，氧化还原滴定反应

$$Ox1 + Red2 \Longrightarrow Red1 + Ox2$$

只有在反应完成 99.9% 以上，才满足定量分析的要求。因此在化学计量点时，要求反应产物的浓度 ≥ 99.9%，即 [Ox2] ≥ 99.9%；[Red1] ≥ 99.9%；
而剩余反应物的量 ≤ 0.1%，即 [Ox1] ≤ 0.1%；[Red2] ≤ 0.1%；

则
$$\lg K' = \lg \frac{[\text{Red1}] \cdot [\text{Ox2}]}{[\text{Ox1}][\text{Red2}]} \geq \lg \frac{99.9\% \times 99.9\%}{0.1\% \times 0.1\%} \geq \lg(10^3 \times 10^3) \geq 6 \tag{7-6}$$

所以，当分析误差 ≤ 0.1% 时，两电对最小的电位差值应为

$$n_1 = n_2 = 1 \text{ 时}, \Delta\varphi \geq \frac{0.059}{1} \times 6 = 0.35 \text{ (V)}$$

$$n_1 = n_2 = 2 \text{ 时}, \Delta\varphi \geq \frac{0.059}{2} \times 6 = 0.18 \text{ (V)}$$

$$n_1 = n_2 = 3 \text{ 时}, \Delta\varphi \geq \frac{0.059}{3} \times 6 = 0.12 \text{ (V)}$$

对称电对指氧化态和还原态的系数相同的电对，如 Fe^{3+}/Fe^{2+}、MnO_4^-/Mn^{2+} 等；而不对称电对则是指氧化态和还原态的系数不同的电对，如 $Cr_2O_7^{2-}/Cr^{3+}$、I_2/I^- 等。对 $n_1 \neq n_2$ 不对称电对的氧化还原反应如下

$$n_2 Ox1 + n_1 Red2 \Longrightarrow n_2 Red1 + n_1 Ox2$$

$$\lg K = \lg \frac{[\text{Red1}]^{n_2}[\text{Ox2}]^{n_1}}{[\text{Ox1}]^{n_2}[\text{Red2}]^{n_1}} \geq \lg(10^{3n_1} \times 10^{3n_2})$$

则
$$\lg K \geq 3(n_1 + n_2) \tag{7-7}$$

根据式(7-4)，最小电位差值应为

$$\Delta\varphi = \frac{0.059}{n_1 n_2} \lg K \geq 3(n_1 + n_2) \frac{0.059}{n_1 n_2} \tag{7-8}$$

可见，当反应类型不同时，K 值的要求也不同，实际运用中要根据反应平衡常数 K 和 $\Delta\varphi$ 的大小进行判断。一般认为两电对的条件电位之差大于 0.4V，反应平衡常数 $K \geq 10^6$，反应完全，能满足误差 <0.1% 的要求。在氧化还原滴定中往往通过选择强氧化剂作滴定剂或控制介质改变电对电位来满足这个条件。

【例 7-3】 计算 1mol/L HCl 介质中，Fe^{3+} 与 Sn^{2+} 反应的平衡常数，并判断反应能否定量进行？

解 Fe^{3+} 与 Sn^{2+} 的反应式为 $\quad 2Fe^{3+} + Sn^{2+} \Longrightarrow Sn^{4+} + 2Fe^{2+}$
查附录电极电势表可知，1mol/L HCl 介质中，两电对的电极电位值分别为

$$Fe^{3+} + e^- = Fe^{2+} \qquad \varphi_{Fe^{3+}/Fe^{2+}}^{\ominus'} = 0.68V$$

$$Sn^{4+} + 2e^- = Sn^{2+} \qquad \varphi_{Sn^{4+}/Sn^{2+}}^{\ominus'} = 0.14V$$

由于 $n_1 \neq n_2$，根据式(7-7)

$$\lg K \geq 3(n_1 + n_2)$$

得
$$\lg K \geq 9$$

根据式(7-5)反应式的平衡常数为

$$\lg K = \frac{n(\phi_1^{\ominus\prime} - \phi_2^{\ominus\prime})}{0.059} = \frac{2(0.68 - 0.14)}{0.059} = 18.31 \geqslant 9$$

所以此反应能定量进行。

四、影响氧化还原反应速度的因素

仅从有关电对的条件电位来判断氧化还原反应的方向和完全程度,只说明反应发生的可能性,无法指出反应的速度。而在滴定分析中,总是希望滴定反应能快速进行,若反应速度慢,反应就不能直接用于滴定。如 Ce^{4+} 与 H_3AsO_3 的反应

$$2Ce^{4+} + H_3AsO_3 + 2H_2O \xrightarrow{0.5\text{mol/L } H_2SO_4} 2Ce^{3+} + H_3AsO_4 + 2H^+$$

$$\varphi_{Ce^{4+}/Ce^{3+}}^{\ominus} = 1.46\text{V} \qquad \varphi_{As^{5+}/As^{3+}}^{\ominus} = 0.56\text{V}$$

计算得该反应的平衡常数为 $K' \approx 10^{30}$。若仅从平衡考虑,此常数很大,反应可以进行得很完全。实际上此反应速度极慢,若不加催化剂,反应则无法实现。因此在氧化还原滴定中,反应的速度是很关键的问题。影响氧化还原反应速度的主要因素有以下几方面。

1. 氧化剂与还原剂的性质

不同性质的氧化剂和还原剂,其反应速度相差极大,这与它们的原子结构、反应历程等诸多因素有关,情况较复杂,这里不作讨论。

2. 反应物浓度

许多氧化还原反应是分步进行的,整个反应速度由最慢的一步所决定。因此不能从总的氧化还原反应方程式来判断反应物浓度对反应速度的影响。但一般来说,增加反应物的浓度就能加快反应的速度。例如 $Cr_2O_7^{2-}$ 与 I^- 的反应

$$Cr_2O_7^{2-} + 6I^- + 14H^+ \longrightarrow 2Cr^{3+} + 3I_2 + 7H_2O \quad (慢)$$

此反应速度慢,但增大 I^- 的浓度或提高溶液酸度可加速反应。实验证明,在 H^+ 浓度为 0.4mol/L 时,KI 过量约 5 倍,放置 5min,反应即可进行完全。不过用增加反应物浓度来加快反应速度的方法只适用于滴定前一些预氧化还原处理的反应。在直接滴定时不能用此法来加快反应速度。

3. 催化反应对反应速度的影响

催化剂的使用是提高反应速度的有效方法。例如前面提到的 Ce^{4+} 与 $As(Ⅲ)$ 的反应,实际上分两步进行的

$$As(Ⅲ) \xrightarrow{Ce^{4+}(慢)} As(Ⅳ) \xrightarrow{Ce^{4+}(快)} As(Ⅴ)$$

由于前一步的影响使总的反应速度很慢,如果加入少量的 I^-,则发生如下反应

$$Ce^{4+} + I^- \longrightarrow I^0 + Ce^{3+}$$

$$2I^0 \longrightarrow I_2$$

$$I_2 + H_2O \longrightarrow HIO + H^+ + I^-$$

$$H_3AsO_3 + HIO \longrightarrow H_3AsO_4 + H^+ + I^-$$

由于所有涉及碘的反应都是快速的,少量的 I^- 起了催化剂的作用,加速了 Ce^{4+} 与 $As(Ⅲ)$ 的反应。基于此可用 As_2O_3 标定 Ce^{4+} 溶液的浓度。

又如,MnO_4^- 与 $C_2O_4^{2-}$ 的反应速度慢,但若加入 Mn^{2+} 能催化反应迅速进行。如果不加入 Mn^{2+},而利用 MnO_4^- 与 $C_2O_4^{2-}$ 发生作用后生成的微量 Mn^{2+} 作催化剂,反应也可进行。这种生成物本身引起的催化作用的反应称为自动催化反应。这类反应有一个特点,就是开始时的反应速度较慢,随着生成物逐渐增多,反应速度就逐渐加快。经一个最高点后,由

于反应的浓度愈来愈低，反应速度又逐渐降低。

4. 温度对反应速度的影响

对大多数反应来说，升高溶液的温度可以加快反应速度，通常溶液温度每增高 10℃，反应速度可增大 2～3 倍。例如在酸性溶液中 MnO_4^- 和 $C_2O_4^{2-}$ 的反应

$$2MnO_4^- + 5C_2O_4^{2-} + 16H^+ = 2Mn^{2+} + 10CO_2 + 8H_2O$$

在室温下反应速度缓慢，如果将溶液加热至 75～85℃，反应速度就大大加快，滴定便可以顺利进行。但 $K_2Cr_2O_7$ 与 KI 的反应，就不能用加热的方法来加快反应速度，因为生成的 I_2 会挥发而引起损失。又如草酸溶液加热的温度过高，时间过长，草酸分解引起的误差也会增大。有些还原性物质如 Fe^{2+}、Sn^{2+} 等也会因加热而更容易被空气中的氧所氧化。因此，对那些加热引起挥发，或加热易被空气中氧氧化的反应不能用提高温度来加速，只能寻求其它方法来提高反应速度。

5. 诱导反应对反应速度的影响

在氧化还原反应中，有些反应在一般情况下进行得非常缓慢或实际上并不发生，可是当存在另一反应的情况下，此反应就会加速进行。这种因某一氧化还原反应的发生而促进另一种氧化还原反应进行的现象，称为诱导作用，反应称为诱导反应。例如：$KMnO_4$ 氧化 Cl^- 反应速度极慢，对滴定几乎无影响。但如果溶液中同时存在 Fe^{2+} 时，MnO_4^- 与 Fe^{2+} 的反应可以加速 MnO_4^- 与 Cl^- 的反应，使测定的结果偏高。这种现象就是诱导作用，MnO_4^- 与 Fe^{2+} 的反应就是诱导反应。

由于氧化还原反应机理较为复杂，采用何种措施来加速滴定反应速度，需要综合考虑各种因素。例如高锰酸钾法滴定 $C_2O_4^{2-}$，滴定开始前，需要加入 Mn^{2+} 作为反应的催化剂，滴定反应需要在 75～85℃下进行。

思 考 题

1. 什么是条件电极电位？条件电极电位与标准电极电位有什么不同？
2. 影响条件电极电位的因素有哪些？
3. 如何确定氧化还原反应的方向？
4. 如何衡量氧化还原反应进行的程度？氧化还原反应进行的程度取决于什么？
5. 影响氧化还原反应速度的主要因素有哪些？
6. 什么是诱导反应？试以在 HCl 介质中用 $KMnO_4$ 滴定 Fe^{2+} 为例说明诱导反应对测定结果的影响。

子任务1-2 氧化还原滴定曲线的绘制及应用

【学习要点】 了解氧化还原滴定曲线绘制方法；掌握化学计量点电位和化学计量点前后电位的计算；掌握影响滴定突跃范围的因素；了解氧化还原滴定指示剂的类型和氧化还原指示剂变色原理、变色范围和变色点；掌握氧化还原指示剂的选择依据和使用方法。

一、氧化还原滴定曲线

在氧化还原滴定的过程中，反应物和生成物的浓度不断改变，使有关电对的电位也发生变化，这种电位改变的情况可以用滴定曲线来表示。滴定过程中各点的电位可用仪器方法进行测量，也可以根据能斯特公式进行计算。尤其是化学计量点的电位以及滴定突跃电位，这是选择指示剂终点的依据。

1. 滴定过程电对电位的计算

（1）化学计量点前的电位　可用被测物电对的电位计算。若被测物为 Red2，则

$$\varphi_{Ox2/Red2} = \varphi^{\ominus'}_{Ox2/Red2} + \frac{0.059}{n_2}\lg\frac{[Ox2]}{[Red2]} \tag{7-9}$$

（2）化学计量点时的电位计算　对于 $n_1 \neq n_2$ 对称电对的氧化还原反应

$$n_2 Ox1 + n_1 Red2 = n_1 Ox2 + n_2 Red1$$

两个半反应及对应的电位值为

$$Ox1 + n_1 e \Longleftrightarrow Red1 \qquad \varphi_1 = \varphi_1^{\ominus'} + \frac{0.059}{n_1}\lg\frac{[Ox1]}{[Red1]}$$

$$Ox2 + n_2 e \Longleftrightarrow Red2 \qquad \varphi_2 = \varphi_2^{\ominus'} + \frac{0.059}{n_2}\lg\frac{[Ox2]}{[Red2]}$$

达到化学计量点时，$\varphi_{sp} = \varphi_1 = \varphi_2$，将以上两式通分后相加，整理后得

$$(n_1 + n_2)\varphi_{sp} = n_1\varphi_1^{\ominus'} + n_2\varphi_2^{\ominus'} + 0.059\lg\frac{[Ox1][Ox2]}{[Red1][Red2]}$$

因为化学计量点时

$$[Ox1]/[Red2] = n_2/n_1;\quad [Ox2]/[Red1] = n_1/n_2$$

则

$$\lg\frac{[Ox1][Ox2]}{[Red1][Red2]} = 0$$

所以

$$\varphi_{sp} = \frac{n_1\varphi_1^{\ominus'} + n_2\varphi_2^{\ominus'}}{n_1 + n_2} \tag{7-10}$$

式(7-10)是 $n_1 \neq n_2$ 对称电对的氧化还原滴定化学计量点时电位的计算公式。

若 $n_1 = n_2 = 1$，则

$$\varphi_{sp} = \frac{\varphi_1^{\ominus'} + \varphi_2^{\ominus'}}{2} \tag{7-11}$$

（3）滴定突跃的计算　化学计量点后的电位可用滴定剂电对的电位计算，若滴定剂为 Ox1，则

$$\varphi_{Ox1/Red1} = \varphi^{\ominus'}_{Ox1/Red1} + \frac{0.059}{n_2}\lg\frac{[Ox1]}{[Red1]} \tag{7-12}$$

2. 实例

在酸度为 $c(H_2SO_4) = 1$ mol/L 溶液中，用 0.1000 mol/L $Ce(SO_4)_2$ 溶液作标准溶液滴 20.00 mL 0.1000 mol/L $FeSO_4$ 溶液，其滴定反应为

$$Ce^{4+} + Fe^{2+} \Longleftrightarrow Ce^{3+} + Fe^{3+}$$

① 化学计量点前　因为加入的 Ce^{4+} 几乎全部被 Fe^{2+} 还原为 Ce^{3+}，到达平衡时 $c(Ce^{4+})$ 很小，电位值不易直接求得。但如果知道了滴定的百分数，就可求得 $c(Fe^{3+})/c(Fe^{2+})$，进而计算出电位值。假设 Fe^{2+} 被滴定了 $a\%$，则按式(7-11)

$$\varphi_{Fe^{3+}/Fe^{2+}} = \varphi^{\ominus'}_{Fe^{3+}/Fe^{2+}} + 0.059\lg\frac{a}{100-a} \tag{7-13}$$

② 化学计量点　Ce^{4+} 和 Fe^{2+} 分别定量地转变为 Ce^{3+} 和 Fe^{3+}，未反应的 $c(Ce^{4+})$ 和 $c(Fe^{2+})$ 很小不能直接求得，可从式(7-11)求得

$$\varphi_{sp} = \frac{\varphi^{\ominus'}_{Fe^{3+}/Fe^{2+}} + \varphi^{\ominus'}_{Ce^{4+}/Ce^{3+}}}{2}$$

③ 化学计量点后　Fe^{2+} 几乎全部被 Ce^{4+} 氧化为 Fe^{3+}，$c(Fe^{2+})$ 很小不易直接求得，

但只要知道加入过量的 Ce^{4+} 的百分数,就可以用 $c(Ce^{4+})/c(Ce^{3+})$ 按式(7-12)计算电位值。设加入了 $b\% Ce^{4+}$,则过量的 Ce^{4+} 为 $(b-100)\%$,得

$$\varphi_{Ce^{4+}/Ce^{3+}} = \varphi^{\ominus'}_{Ce^{4+}/Ce^{3+}} + 0.059\lg\frac{b-100}{100} \tag{7-14}$$

现将不同点的电位值列于表 7-1 中,并绘出滴定曲线图 7-1。

表 7-1 电位变化

加入 Ce^{4+} 溶液体积 V/mL	Fe^{2+} 被滴定的百分率 a/%	电位 φ/V
1.00	5.0	0.60
2.00	10.0	0.62
4.00	20.0	0.64
8.00	40.0	0.67
10.00	50.0	0.68
12.00	60.0	0.69
18.00	90.0	0.74
19.80	99.0	0.80
19.98	99.9	0.86 ⎫
20.00	100.0	1.06 ⎬ 突跃范围
20.02	100.1	1.26 ⎭
22.00	110.0	1.38
30.00	150.0	1.42
40.00	200.0	1.44

以滴定剂加入的百分数为横坐标,电对的电位为纵坐标作图,可得到如图 7-1 滴定曲线。根据前面的计算可以看出,化学计量点附近电位突跃的大小取决于与两个电对的电子转移数和电位差。两个电对的条件电位差越大,滴定突跃越大。图 7-2 是以不同的氧化剂分别滴定还原剂 Fe^{2+} 时所绘成的滴定曲线。如 Ce^{4+} 滴定 Fe^{2+} 的突跃大于 $Cr_2O_7^{2-}$ 滴定 Fe^{2+};电对的电子转移数越小,滴定突跃越大。如 Ce^{4+} 滴定 Fe^{2+} 的突跃大于 MnO_4^- 滴定 Fe^{2+}。

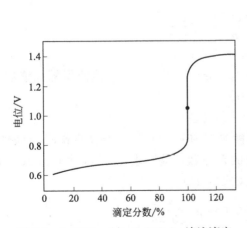

图 7-1 0.1000mol/L $Ce(SO_4)_2$ 溶液滴定 20.00mL 0.1000mol/L $FeSO_4$ 溶液滴定曲线

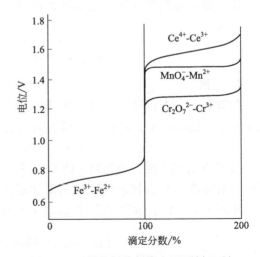

图 7-2 不同的氧化剂滴定还原剂 Fe^{2+}

对于 $n_1 = n_2 = 1$ 的氧化还原反应,化学计量点恰好处于滴定突跃的中间,在化学计量点附近滴定曲线是对称的。

对于 $n_1 \neq n_2$ 对称电对的氧化还原反应,化学计量点不在滴定突跃的中心而是偏向电子

得失较多的电对一方。不可逆电对（如 MnO_4^-/Mn^{2+}、$Cr_2O_7^{2-}/Cr^{3+}$、$S_4O_6^{2-}/S_2O_3^{2-}$）电位计算不遵从能斯特方程式，滴定曲线由实验测得。

二、氧化还原指示剂

1. 自身指示剂

有些滴定剂本身有很深的颜色，而滴定产物为无色或颜色很浅，可以滴定剂本身颜色指示滴定终点，在这种情况下，滴定时可不必另加指示剂，称为自身指示剂。例如 $KMnO_4$ 本身显紫红色，用它来滴定 Fe^{2+}、$C_2O_4^{2-}$ 溶液时，反应产物 Mn^{2+}、Fe^{3+} 等颜色很浅或是无色，滴定到化学计量点后，只要 $KMnO_4$ 稍微过量半滴就能使溶液呈现淡红色，指示滴定终点的到达。

2. 专属指示剂

这种指示剂本身并不具有氧化还原性，但能与滴定剂或被测定物质发生显色反应，而且显色反应是可逆的，因而可以指示滴定终点。这类指示剂最常用的是淀粉，如可溶性淀粉与碘溶液反应生成深蓝色化合物，因此，在碘量法中，多用淀粉溶液作指示液，淀粉被称为碘量法的专属指示剂。

3. 氧化还原指示剂

这类指示剂本身是氧化剂或还原剂，它的氧化态和还原态具有不同的颜色。在滴定过程中，指示剂由氧化态转为还原态，或由还原态转为氧化态时，溶液颜色随之发生变化，从而指示滴定终点。例如用 $K_2Cr_2O_7$ 滴定 Fe^{2+} 时，常用二苯胺磺酸钠为指示剂。二苯胺磺酸钠的还原态无色，当滴定至化学计量点时，稍过量的 $K_2Cr_2O_7$ 使二苯胺磺酸钠由还原态转变为氧化态，溶液显紫红色，因而指示滴定终点的到达。若以 $In(Ox)$ 和 $In(Red)$ 分别代表指示剂的氧化态和还原态，滴定过程中，指示剂的电极反应可用下式表示

$$In(Ox) + ne \rightleftharpoons In(Red)$$

$$\varphi = \varphi_{In}^{\ominus'} \pm \frac{0.059}{n} \lg \frac{[In(Ox)]}{[In(Red)]} \quad (7-15)$$

显然，随着滴定过程中溶液电位值的改变，$\frac{[In(Ox)]}{[In(Red)]}$ 比值也在改变，因而溶液的颜色也发生变化。我们只能在一定电位范围内看到这种颜色变化，这个范围就是指示剂变色电位范围，它相当于两种形式浓度比值从 1/10 变到 10 时的电位变化范围。即

$$\varphi = \varphi^{\ominus'} \pm \frac{0.059}{n} V \quad (7-16)$$

选择指示剂的原则是：指示剂变色点的电位应当处在滴定体系的电位突跃范围内。例如，上述 Ce^{4+} 滴定 Fe^{2+} 例子中，突跃范围为 0.86～1.26V，可选邻苯氨基苯甲酸（0.89V）或邻二氮菲亚铁（1.06V）作指示剂。表 7-2 列出了部分常用的氧化还原指示剂。

表 7-2 常用的氧化还原指示剂

指示剂	$\varphi_{In}^{\ominus'}/V$ $[H^+]=1mol/L$	颜色变化		配制方法
		还原态	氧化态	
次甲基蓝	0.53	无	蓝	0.05%水溶液
二苯胺磺酸钠	0.84	无	紫红	0.5%水溶液
邻苯氨基苯甲酸	0.89	无	紫红	0.1g 指示剂溶于 20mL5% Na_2CO_3 溶液中,用水稀释至 100mL
邻二氮菲亚铁	1.06	红	浅蓝	1.485g 邻二氮菲,0.695g $FeSO_4 \cdot 7H_2O$,用水稀释至 100mL

思 考 题

1. 如何确定对称电对氧化还原反应的化学计量点电位?
2. 氧化还原滴定曲线突跃大小与哪些因素有关?
3. 化学计量点的位置与氧化剂和还原剂的电子转移数有什么关系?
4. 简述氧化还原指示剂的变色原理。
5. 何谓专属指示剂?何谓自身指示剂?请各举一例说明。
6. 什么是氧化还原指示剂的变色点电位和变色电位范围?

子任务 1-3 常用的氧化还原滴定法

【学习要点】 掌握高锰酸钾滴定法、重铬酸钾滴定法、碘量法的原理、滴定条件、标准滴定溶液的制备方法和应用;了解其他常用氧化还原滴定法的原理和应用。

氧化还原滴定法是应用范围很广的一种滴定分析方法。它既可直接测定许多具有还原性或氧化性的物质,也可间接测定某些不具氧化还原性的物质。氧化还原滴定法可以根据待测物的性质来选择合适的滴定剂,并常根据所用滴定剂的名称来命名,如常用的有高锰酸钾法、重铬酸钾法、碘量法、铈量法、溴酸钾法等。各种方法都有其特点和应用范围,应根据实际情况正确选用。下面介绍几种常用的氧化还原滴定法。

一、高锰酸钾滴定法

1. 方法概述

$KMnO_4$ 是一种强氧化剂,它的氧化能力和还原产物与溶液的酸度有关。

在强酸性溶液中,$KMnO_4$ 与还原剂作用被还原为 Mn^{2+}

$$MnO_4^- + 8H^+ + 5e \rightleftharpoons Mn^{2+} + 4H_2O \qquad \varphi^\ominus = 1.51V$$

由于在强酸性溶液中 $KMnO_4$ 有更强的氧化性,因而高锰酸钾滴定法一般多在 0.5~1mol/L H_2SO_4 强酸性介质下使用,而不使用盐酸介质,这是由于盐酸具有还原性,能诱发一些副反应干扰滴定。硝酸由于含有氮氧化物容易产生副反应也很少采用。

在弱酸性、中性或碱性溶液中,$KMnO_4$ 被还原为 MnO_2

$$MnO_4^- + 2H_2O + 3e \rightleftharpoons MnO_2 \downarrow + 4OH^- \qquad \varphi^\ominus = 0.593V$$

由于反应产物为棕色的 MnO_2 沉淀,妨碍终点观察,所以很少使用。

在 pH>12 的强碱性溶液中用高锰酸钾氧化有机物时,由于在强碱性(大于 2mol/L NaOH)条件下的反应速度比在酸性条件下更快,所以常利用 $KMnO_4$ 在强碱性溶液中与有机物的反应来测定有机物。

$$MnO_4^- + e \rightleftharpoons MnO_4^{2-} \qquad \varphi^\ominus_{MnO_4^-/MnO_4^{2-}} = 0.564V$$

$KMnO_4$ 法有如下特点。

(1) $KMnO_4$ 氧化能力强,应用广泛,可直接或间接地测定多种无机物和有机物。如可直接滴定许多还原性物质 Fe^{2+}、$As(Ⅲ)$、$Sb(Ⅲ)$、$W(V)$、$U(Ⅳ)$、H_2O_2、$C_2O_4^{2-}$、NO_2^- 等;返滴定时可测 MnO_2、PbO_2 等物质;也可以通过 MnO_4^- 与 $C_2O_4^{2-}$ 反应间接测定一些非氧化还原物质如 Ca^{2+}、Th^{4+} 等。

(2) $KMnO_4$ 溶液呈紫红色,当试液为无色或颜色很浅时,滴定不需要外加指示剂。

(3) 由于 $KMnO_4$ 氧化能力强,因此方法的选择性欠佳,而且 $KMnO_4$ 与还原性物质的反应历程比较复杂,易发生副反应。

(4) $KMnO_4$ 标准溶液不能直接配制,且标准溶液不够稳定,不能久置,需经常标定。

2. 高锰酸钾标准滴定溶液的制备(执行 GB/T601)

市售高锰酸钾试剂常含有少量的 MnO_2 及其他杂质,使用的蒸馏水中也含有少量如尘埃、有机物等还原性物质。这些物质都能使 $KMnO_4$ 还原,因此 $KMnO_4$ 标准滴定溶液不能直接配制,必须先配成近似浓度的溶液,放置一周后滤去沉淀,然后再用基准物质标定。

标定 $KMnO_4$ 溶液的基准物很多,如 $Na_2C_2O_4$、$H_2C_2O_4 \cdot 2H_2O$、$(NH_4)_2Fe(SO_4)_2 \cdot 6H_2O$ 和纯铁丝等。其中常用的是 $Na_2C_2O_4$,这是因为它易提纯且性质稳定,不含结晶水,在 105~110℃烘至恒重,即可使用。

MnO_4^- 与 $C_2O_4^{2-}$ 的标定反应在 H_2SO_4 介质中进行,其反应如下

$$2MnO_4^- + 5C_2O_4^{2-} + 16H^+ \rightarrow 2Mn^{2+} + 10CO_2\uparrow + 8H_2O$$

此时,$KMnO_4$ 的基本单元为 $\frac{1}{5}KMnO_4$,而 $Na_2C_2O_4$ 的基本单元为 $\frac{1}{2}Na_2C_2O_4$。

为了使标定反应能定量地较快进行,标定时应注意以下滴定条件:

(1) 温度 $Na_2C_2O_4$ 溶液加热至 70~85℃再进行滴定。不能使温度超过 90℃,否则 $H_2C_2O_4$ 分解,导致标定结果偏高。

$$H_2C_2O_4 \xrightarrow{\geqslant 90℃} H_2O + CO_2\uparrow + CO\uparrow$$

(2) 酸度 溶液应保持足够大的酸度,一般控制酸度为 0.5~1mol/L。如果酸度不足,易生成 MnO_2 沉淀,酸度过高则又会使 $H_2C_2O_4$ 分解。

(3) 滴定速度 MnO_4^- 与 $C_2O_4^{2-}$ 的反应开始时速度很慢,当有 Mn^{2+} 生成之后,反应速度逐渐加快。因此,开始滴定时,应该等第一滴 $KMnO_4$ 溶液褪色后,再加第二滴。此后,因反应生成的 Mn^{2+} 有自动催化作用而加快了反应速度,随之可加快滴定速度,但不能过快,否则加入的 $KMnO_4$ 溶液会因来不及与 $C_2O_4^{2-}$ 反应,就在热的酸性溶液中分解,导致标定结果偏低。

$$4MnO_4^- + 12H^+ = 4Mn^{2+} + 6H_2O + 5O_2\uparrow$$

若滴定前加入少量的 $MnSO_4$ 为催化剂,则在滴定的最初阶段就以较快的速度进行。

(4) 滴定终点 用 $KMnO_4$ 溶液滴定至溶液呈淡粉红色 30s 不褪色即为终点。放置时间过长,空气中还原性物质能使 $KMnO_4$ 还原而褪色。

标定好的 $KMnO_4$ 溶液在放置一段时间后,若发现有 $MnO(OH)_2$ 沉淀析出,应重新过滤并标定。标定结果按下式计算

$$c\left(\frac{1}{5}KMnO_4\right) = \frac{m(Na_2C_2O_4)}{(V-V_0)M\left(\frac{1}{2}Na_2C_2O_4\right) \times 10^{-3}} \tag{7-17}$$

式中 $m(Na_2C_2O_4)$——称取 $Na_2C_2O_4$ 的质量,g;

V——滴定时消耗 $KMnO_4$ 标准滴定溶液的体积,mL;

V_0——空白试验时消耗 $KMnO_4$ 标准滴定溶液的体积,mL;

$M\left(\frac{1}{2}Na_2C_2O_4\right)$——以 $\frac{1}{2}Na_2C_2O_4$ 为基本单元的 $Na_2C_2O_4$ 摩尔质量(67.00g/mol)。

【例 7-4】 配制 1.5L $c\left(\frac{1}{5}KMnO_4\right) = 0.2$mol/L 的 $KMnO_4$ 溶液,应称取 $KMnO_4$ 多少克?配制 1L $T_{Fe^{2+}/KMnO_4} = 0.00600$g/mL 的溶液应称取 $KMnO_4$ 多少克?

解 已知 $M(KMnO_4) = 158$g/mol;$M(Fe) = 55.85$g/mol

(1) 因为 $m(KMnO_4) = c\left(\dfrac{1}{5}KMnO_4\right)V(KMnO_4)M\left(\dfrac{1}{5}KMnO_4\right)$

所以 $m(KMnO_4) = \left(1.5 \times 0.2 \times \dfrac{1}{5} \times 158\right)g = 9.5g$

答：配制 1.5L $c\left(\dfrac{1}{5}KMnO_4\right) = 0.2mol/L$ 的 $KMnO_4$ 溶液，应称取 $KMnO_4$ 9.5g。

(2) 按题意，$KMnO_4$ 与 Fe^{2+} 的反应为

$$MnO_4^- + 5Fe^{2+} + 8H^+ = Mn^{2+} + 5Fe^{3+} + 4H_2O$$

在该反应中，Fe^{2+} 的基本单元为自身，则

$$c\left(\dfrac{1}{5}KMnO_4\right) = \dfrac{T \times 1000}{M(Fe)}$$

所以 $c\left(\dfrac{1}{5}KMnO_4\right) = \dfrac{0.00600 \times 1000}{55.85 \times 1}mol/L = 0.108mol/L$

所需 $KMnO_4$ 的质量为

$$m(KMnO_4) = c\left(\dfrac{1}{5}KMnO_4\right)V(KMnO_4)M\left(\dfrac{1}{5}KMnO_4\right)$$

即 $m(KMnO_4) = 0.108 \times 1 \times \dfrac{1}{5} \times 158 g = 3.4g$

答：配制 1L $T_{Fe^{2+}/KMnO_4} = 0.00600g/mL$ 的溶液应称取 $KMnO_4$ 3.4g。

3. $KMnO_4$ 法的应用示例

(1) 直接滴定法测定 H_2O_2　在酸性溶液中 H_2O_2 被 MnO_4^- 定量氧化

$$2MnO_4^- + 5H_2O_2 + 6H^+ \rightarrow 2Mn^{2+} + 5O_2 + 8H_2O$$

此反应在室温下即可顺利进行。滴定开始时反应较慢，随着 Mn^{2+} 生成而加速，也可先加入少量 Mn^{2+} 为催化剂。

若 H_2O_2 中含有机物质，后者会消耗 $KMnO_4$，使测定结果偏高。这时，应改用碘量法或铈量法测定 H_2O_2。

(2) 间接滴定法测定 Ca^{2+}　Ca^{2+}、Th^{4+} 等在溶液中没有可变价态，通过生成草酸盐沉淀，可用高锰酸钾法间接测定。

以 Ca^{2+} 的测定为例，先沉淀为 CaC_2O_4 再经过滤、洗涤后将沉淀溶于热的稀 H_2SO_4 溶液中，最后用 $KMnO_4$ 标准溶液滴定 $H_2C_2O_4$。根据所消耗的 $KMnO_4$ 的量，间接求得 Ca^{2+} 的含量。

为了保证 Ca^{2+} 与 $C_2O_4^{2-}$ 间的 1∶1 的计量关系，以及获得颗粒较大的 CaC_2O_4 沉淀以便于过滤和洗涤，必须采取相应的措施：

① 在酸性试液中先加入过量 $(NH_4)_2C_2O_4$，后用稀氨水慢慢中和试液至甲基橙显黄色，使沉淀缓慢地生成；

② 沉淀完全后须放置陈化一段时间；

③ 用蒸馏水洗去沉淀表面吸附的 $C_2O_4^{2-}$。若在中性或弱碱性溶液中沉淀，会有部分 $Ca(OH)_2$、或碱式草酸钙生成，使测定结果偏低。为减少沉淀溶解损失，应用尽可能少的冷水洗涤沉淀。

(3) 返滴定法测定软锰矿中 MnO_2　软锰矿中 MnO_2 的测定是利用 MnO_2 与 $C_2O_4^{2-}$ 在酸性溶液中的反应，其反应式如下

$$MnO_2 + C_2O_4^{2-} + 4H^+ = Mn^{2+} + CO_2 + 2H_2O$$

加入一定量过量的 $Na_2C_2O_4$ 于磨细的矿样中,加 H_2SO_4 并加热,当样品中无棕黑色颗粒存在时,表示试样分解完全。用 $KMnO_4$ 标准溶液趁热返滴定剩余的草酸。由 $Na_2C_2O_4$ 的加入量和 $KMnO_4$ 溶液消耗量之差求出 MnO_2 的含量。

(4) 水中化学需氧量 COD_{Mn} 的测定 化学需氧量 COD 是 1L 水中还原性物质(无机的或有机的)在一定条件下被氧化时所消耗的氧含量。通常用 COD_{Mn}(O,mg/L)来表示。它是反映水体被还原性物质污染的主要指标。还原性物质包括有机物、亚硝酸盐、亚铁盐和硫化物等,但多数水受有机物污染极为普遍,因此,化学需氧量可作为有机物污染程度的指标,目前它已经成为环境监测分析的主要项目之一。

COD_{Mn} 的测定方法是:在酸性条件下,加入过量的 $KMnO_4$ 溶液,将水样中的某些有机物及还原性物质氧化,反应后在剩余的 $KMnO_4$ 中加入过量的 $Na_2C_2O_4$ 还原,再用 $KMnO_4$ 溶液回滴过量的 $Na_2C_2O_4$,从而计算出水样中所含还原性物质所消耗的 $KMnO_4$,再换算为 COD_{Mn}。测定过程所发生的有关反应如下

$$4KMnO_4 + 6H_2SO_4 + 5C \longrightarrow 2K_2SO_4 + 4MnSO_4 + 5CO_2 + 6H_2O$$
$$2MnO_4^- + 5C_2O_4^{2-} + 16H^+ \longrightarrow 2Mn^{2+} + 8H_2O + 10CO_2\uparrow$$

$KMnO_4$ 法测定的化学耗氧量 COD_{Mn} 只适用于较为清洁水样测定。

(5) 一些有机物的测定 氧化有机物的反应在碱性溶液中比在酸性溶液中快,采用加入过量 $KMnO_4$ 并加热的方法可进一步加速反应。例如测定甘油时,加入一定量过量的 $KMnO_4$ 标准溶液到含有试样的 2mol/L NaOH 溶液中,放置片刻,溶液中发生如下反应

$$H_2OHC\text{-}OHCH\text{-}COHH_2 + 14MnO_4^- + 20OH^- \longrightarrow 3CO_3^{2-} + 14MnO_4^{2-} + 14H_2O$$

待溶液中反应完全后将溶液酸化,MnO_4^{2-} 歧化成 MnO_4^- 和 MnO_2,加入过量的 $Na_2C_2O_4$ 标准溶液还原所有高价锰为 Mn^{2+}。最后再以 $KMnO_4$ 标准溶液滴定剩余的 $Na_2C_2O_4$。由两次加入的 $KMnO_4$ 量和 $Na_2C_2O_4$ 的量,计算甘油的质量分数。甲醛、甲酸、酒石酸、柠檬酸、苯酚、葡萄糖等都可按此法测定。

二、重铬酸钾法

1. 方法概述

$K_2Cr_2O_7$ 是一种常用的氧化剂之一,它具有较强的氧化性,在酸性介质中 $Cr_2O_7^{2-}$ 被还原为 Cr^{3+},其电极反应如下

$$Cr_2O_7^{2-} + 14H^+ + 6e \longrightarrow 2Cr^{3+} + 7H_2O \qquad \varphi^{\ominus}_{Cr_2O_7^{2-}/Cr^{3+}} = 1.33V$$

$K_2Cr_2O_7$ 的基本单元为 $\frac{1}{6}K_2Cr_2O_7$。

重铬酸钾的氧化能力不如高锰酸钾强,因此重铬酸钾可以测定的物质不如高锰酸钾广泛,但与高锰酸钾法相比,它有自己的优点。

(1) $K_2Cr_2O_7$ 易提纯,可以制成基准物质,在 140~150℃ 干燥 2h 后,可直接称量,配制标准溶液。$K_2Cr_2O_7$ 标准溶液相当稳定,保存在密闭容器中,浓度可长期保持不变。

(2) 室温下,当 HCl 溶液浓度低于 3mol/L 时,$Cr_2O_7^{2-}$ 不会诱导氧化 Cl^-,因此 $K_2Cr_2O_7$ 法可在盐酸介质中进行滴定。$Cr_2O_7^{2-}$ 的滴定还原产物是 Cr^{3+},呈绿色,滴定时须用指示剂指示滴定终点。常用的指示剂为二苯胺磺酸钠。

2. $K_2Cr_2O_7$ 标准滴定溶液的制备

(1) 直接配制法 $K_2Cr_2O_7$ 标准滴定溶液可用直接法配制,但在配制前应将 $K_2Cr_2O_7$ 基准试剂在 105~110℃ 温度下烘至恒重。

(2) 间接配制法(执行 GB/T 601) 若使用分析纯 $K_2Cr_2O_7$ 试剂配制标准溶液,则需

进行标定，其标定原理是：移取一定体积的 $K_2Cr_2O_7$ 溶液，加入过量的 KI 和 H_2SO_4，用已知浓度的 $Na_2S_2O_3$ 标准滴定溶液进行滴定，以淀粉指示液指示滴定终点，其反应式为：

$$Cr_2O_7^{2-} + 6I^- + 14H^+ \longrightarrow 2Cr^{3+} + 3I_2 + 7H_2O$$

$$I_2 + 2S_2O_3^{2-} \longrightarrow S_4O_6^{2-} + 2I^-$$

$K_2Cr_2O_7$ 标准溶液的浓度按下式计算

$$c\left(\frac{1}{6}K_2Cr_2O_7\right) = \frac{(V_1 - V_2)c(Na_2S_2O_3)}{V}$$

式中　$c\left(\dfrac{1}{6}K_2Cr_2O_7\right)$——重铬酸钾标准溶液的浓度，mol/L；

　　　$c(Na_2S_2O_3)$——硫代硫酸钠标准滴定溶液的浓度，mol/L；

　　　V_1——滴定时消耗硫代硫酸钠标准滴定溶液的体积，mL；

　　　V_2——空白试验消耗硫代硫酸钠标准滴定溶液的体积，mL；

　　　V——重铬酸钾标准溶液的体积，mL。

3. 重铬酸钾法的应用实例

（1）铁矿石中全铁量的测定　重铬酸钾法是测定矿石中全铁量的标准方法。根据预氧化还原方法的不同分为 $SnCl_2$-$HgCl_2$ 法和 $SnCl_2$-$TiCl_3$（无汞测定法）。

① $SnCl_2$-$HgCl_2$ 法　试样用热浓 HCl 溶解，用 $SnCl_2$ 趁热将 Fe^{3+} 还原为 Fe^{2+}。冷却后，过量的 $SnCl_2$ 用 $HgCl_2$ 氧化，再用水稀释，并加入 H_2SO_4-H_3PO_4 混合酸和二苯胺磺酸钠指示剂，立即用 $K_2Cr_2O_7$ 标准溶液滴定至溶液由浅绿（Cr^{3+} 色）变为紫红色。

用盐酸溶解时，反应为 $Fe_2O_3 + 6HCl \Longrightarrow 2FeCl_3 + 3H_2O$

滴定反应为 $Cr_2O_7^{2-} + 6Fe^{2+} + 14H^+ \Longrightarrow 2Cr^{3+} + 6Fe^{3+} + 7H_2O$

测定中加入 H_3PO_4 的目的有两个：一是降低 Fe^{3+}/Fe^{2+} 电对的电极电位，使滴定突跃范围增大让二苯胺磺酸钠变色点的电位落在滴定突跃范围之内；二是使滴定反应的产物生成无色的 $Fe(HPO_4)_2^-$，消除 Fe^{3+} 离子黄色的干扰，有利于滴定终点的观察。

② 无汞测定法　样品用酸溶解后，以 $SnCl_2$ 趁热将大部分 Fe^{3+} 还原为 Fe^{2+}，再以钨酸钠为指示剂，用 $TiCl_3$ 还原剩余的 Fe^{3+}，反应为

$$2Fe^{3+} + Sn^{2+} \longrightarrow 2Fe^{2+} + Sn^{4+}$$

$$Fe^{3+} + Ti^{3+} \longrightarrow Fe^{2+} + Ti^{4+}$$

当 Fe^{3+} 定量还原为 Fe^{2+} 之后，稍过量的 $TiCl_3$ 即可使溶液中作为指示剂的六价钨还原为蓝色的五价钨合物（俗称"钨蓝"），此时溶液呈现蓝色。然后滴入重铬酸钾溶液，使钨蓝刚好退色，或者以 Cu^{2+} 为催化剂使稍过量的 Ti^{3+} 被水中溶解的氧所氧化，从而消除少量的还原剂的影响。最后以二苯胺磺酸钠为指示剂，用重铬酸钾标准滴定溶液滴定溶液中的 Fe^{2+}，即可求出全铁含量。

（2）利用 $Cr_2O_7^{2-}$-Fe^{2+} 反应测定其他物质　$Cr_2O_7^{2-}$ 与 Fe^{2+} 的反应可逆性强，速率快，计量关系好，无副反应发生，指示剂变色明显。此反应不仅用于测铁，还可利用它间接地测定多种物质。

① 测定氧化剂　NO_3^-（或 ClO_3^-）等氧化剂被还原的反应速率较慢，测定时可加入过量的 Fe^{2+} 标准溶液与其反应

$$3Fe^{2+} + NO_3^- + 4H^+ \longrightarrow 3Fe^{3+} + NO + 2H_2O$$

待反应完全后用 $K_2Cr_2O_7$ 标准溶液返滴定剩余的 Fe^{2+}，即可求得 NO_3^- 含量。

② 测定还原剂　一些强还原剂如 Ti^{3+} 等极不稳定，易被空气中氧所氧化。为使测定准确，可将 Ti^{4+} 流经还原柱后，用盛有 Fe^{3+} 溶液的锥形瓶接收，此时发生如下反应：

$$Ti^{3+} + Fe^{3+} \longrightarrow Ti^{4+} + Fe^{2+}$$

置换出的 Fe^{2+}，再用 $K_2Cr_2O_7$ 标准溶液滴定。

③ 测定污水的化学需氧量（COD_{Cr}） $KMnO_4$ 法测定的化学需氧量（COD_{Mn}）只适用于较为清洁水样测定。若需要测定污染严重的生活污水和工业废水则需要用 $K_2Cr_2O_7$ 法。用 $K_2Cr_2O_7$ 法测定的化学需氧量用 COD_{Cr}（O，mg/L）表示。COD_{Cr} 是衡量污水被污染程度的重要指标。其测定原理如下。

水样中加入一定量的重铬酸钾标准溶液，在强酸性（H_2SO_4）条件下，以 Ag_2SO_4 为催化剂，加热回流 2h，使重铬酸钾与有机物和还原性物质充分作用。过量的重铬酸钾以试亚铁灵为指示剂，用硫酸亚铁铵标准滴定溶液返滴定，其滴定反应为

$$Cr_2O_7^{2-} + 6Fe^{2+} + 14H^+ \rightleftharpoons 2Cr^{3+} + 6Fe^{3+} + 7H_2O$$

由所消耗的硫酸亚铁铵标准滴定溶液的量及加入水样中的重铬酸钾标准溶液的量，便可以按式(7-18)计算出水样中还原性物质消耗氧的量。

$$COD_{Cr} = \frac{(V_0 - V_1)c(Fe^{2+}) \times 8.000 \times 1000}{V} \tag{7-18}$$

式中 V_0——滴定空白时消耗硫酸亚铁铵标准溶液体积，mL；

V_1——滴定水样时消耗硫酸亚铁铵标准溶液体积，mL；

V——水样体积，mL；

$c(Fe^{2+})$——硫酸亚铁铵标准溶液浓度，mol/L；

8.000——氧$\left(\frac{1}{2}O\right)$摩尔质量，g/mol。

④ 测定非氧化、还原性物质 测定 Pb^{2+}（或 Ba^{2+}）等物质时，一般先将其沉淀为 $PbCrO_4$，然后过滤沉淀，沉淀经洗涤后溶解于酸中，再以 Fe^{2+} 标准滴定溶液滴定 $Cr_2O_7^{2-}$，从而间接求出 Pb^{2+} 的含量。

三、碘量法

1. 方法概述

碘量法是利用 I_2 的氧化性和 I^- 的还原性来进行滴定的方法，其基本反应是

$$I_2 + 2e \longrightarrow 2I^-$$

固体 I_2 在水中溶解度很小（298K 时为 1.18×10^{-3} mol/L）且易于挥发，通常将 I_2 溶解于 KI 溶液中，此时它以 I_3^- 配离子形式存在，其半反应为

$$I_3^- + 2e \longrightarrow 3I^- \qquad \varphi_{I_3^-/I^-}^{\ominus} = 0.545V$$

从 $\varphi^{\ominus}$ 值可以看出，I_2 是较弱的氧化剂，能与较强的还原剂作用；I^- 是中等强度的还原剂，能与许多氧化剂作用，因此碘量法可以用直接或间接的两种方式进行。

碘量法既可测定氧化剂，又可测定还原剂。I_3^-/I^- 电对反应的可逆性好，副反应少，又有很灵敏的淀粉指示剂指示终点，因此碘量法的应用范围很广。

(1) 直接碘量法 用 I_2 配成的标准滴定溶液可以直接测定电位值比 $\varphi_{I_3^-/I^-}^{\ominus}$ 小的还原性物质，如 S^{2-}、SO_3^{2-}、Sn^{2+}、$S_2O_3^{2-}$、$As(Ⅲ)$、维生素 C 等，这种碘量法称为直接碘量法，又叫碘滴定法。直接碘量法不能在碱性溶液中进行滴定，因为碘与碱发生歧化反应。

$$I_2 + 2OH^- \longrightarrow IO^- + I^- + H_2O$$

$$3IO^- \longrightarrow IO_3^- + 2I^-$$

(2) 间接碘量法 电位值比 $\varphi_{I_3^-/I^-}^{\ominus}$ 高的氧化性物质，可在一定的条件下，用 I^- 还原，然后用 $Na_2S_2O_3$ 标准溶液滴定释放出的 I_2，这种方法称为间接碘量法，又称滴定碘法。间

接碘量法的基本反应为

$$2I^- - 2e \longrightarrow I_2$$
$$I_2 + 2S_2O_3^{2-} \longrightarrow S_4O_6^{2-} + 2I^-$$

利用这一方法可以测定很多氧化性物质，如 Cu^{2+}、$Cr_2O_7^{2-}$、IO_3^-、BrO_3^-、AsO_4^{3-}、ClO_2^-、NO_2^-、H_2O_2、MnO_4^- 和 Fe^{3+} 等。

间接碘量法多在中性或弱酸性溶液中进行，因为在碱性溶液中 I_2 与 $S_2O_3^{2-}$ 将发生如下反应

$$S_2O_3^{2-} + 4I_2 + 10OH^- \longrightarrow SO_4^{2-} + 8I^- + 5H_2O$$

同时，I_2 在碱性溶液中还会发生歧化反应

$$3I_2 + 6OH^- \longrightarrow IO_3^- + 5I^- + 3H_2O$$

在强酸性溶液中，$Na_2S_2O_3$ 溶液会发生分解反应

$$S_2O_3^{2-} + 2H^+ \longrightarrow SO_2 + S\downarrow + H_2O$$

同时，I^- 在酸性溶液中易被空气中的 O_2 氧化。

$$4I^- + 4H^+ + O_2 \longrightarrow 2I_2 + 2H_2O$$

(3) 碘量法的终点指示-淀粉指示剂液法　I_2 与淀粉呈现蓝色，其显色灵敏度除与 I_2 的浓度有关以外，还与淀粉的性质、加入的时间、温度及反应介质等条件有关。因此在使用淀粉指示液指示终点时要注意以下几点。

① 所用的淀粉必须是可溶性淀粉。

② I_3^- 与淀粉的蓝色在热溶液中会消失，因此，不能在热溶液中进行滴定。

③ 要注意反应介质的条件，淀粉在弱酸性溶液中灵敏度很高，显蓝色；当 pH<2 时，淀粉会水解成糊精，与 I_2 作用显红色；若 pH>9 时，I_2 转变为 IO^- 离子与淀粉不显色。

④ 直接碘量法用淀粉指示液指示终点时，应在滴定开始时加入。终点时，溶液由无色突变为蓝色。间接碘量法用淀粉指示液指示终点时，应等滴至 I_2 的黄色很浅时再加入淀粉指示液（若过早加入淀粉，它与 I_2 形成的蓝色配合物会吸留部分 I_2，往往易使终点提前且不明显）。终点时，溶液由蓝色转无色。

⑤ 淀粉指示液的用量一般为 2～5mL（5g/L 淀粉指示液）

(4) 碘量法的误差来源和防止措施　碘量法的误差来源于两个方面：一是 I_2 易挥发；二是在酸性溶液中 I^- 易被空气中的 O_2 氧化。为了防止 I_2 挥发和空气中氧氧化 I^-，测定时要加入过量的 KI，使 I_2 生成 I_3^- 离子，并使用碘量瓶，滴定时不要剧烈摇动，以减少 I_2 的挥发。由于 I^- 被空气氧化的反应，随光照及酸度增高而加快，因此在反应时，应将碘量瓶置于暗处；滴定前调节好酸度，析出 I_2 后立即进行滴定。此外，Cu^{2+}、NO_2^- 等离子催化空气对 I^- 离子的氧化，应设法消除干扰。

2. 碘量法标准滴定溶液的制备

碘量法中需要配制和标定 I_2 和 $Na_2S_2O_3$ 两种标准滴定溶液。

(1) $Na_2S_2O_3$ 标准滴定溶液的制备（执行 GB/T 601）　市售硫代硫酸钠（$Na_2S_2O_3 \cdot 5H_2O$）一般都含有少量杂质，因此配制 $Na_2S_2O_3$ 标准滴定溶液不能用直接法，只能用间接法。

配制好的 $Na_2S_2O_3$ 溶液在空气中不稳定，容易分解，这是由于在水中的微生物、CO_2、空气中 O_2 作用下，发生下列反应

$$Na_2S_2O_3 \xrightarrow{\text{微生物}} Na_2SO_3 + S\downarrow$$
$$3Na_2S_2O_3 + 4CO_2 + 3H_2O \longrightarrow 2NaHSO_4 + 4NaHCO_3 + S\downarrow$$
$$2Na_2S_2O_3 + O_2 \longrightarrow 2Na_2SO_4 + 2S\downarrow$$

此外，水中微量的 Cu^{2+} 或 Fe^{3+} 等也能促进 $Na_2S_2O_3$ 溶液分解，因此配制 $Na_2S_2O_3$ 溶液时，应当用新煮沸并冷却的蒸馏水，并加入少量 Na_2CO_3，使溶液呈弱碱性，以抑制细菌生长。配制好的 $Na_2S_2O_3$ 溶液应贮于棕色瓶中，于暗处放置 2 周后，过滤去沉淀，然后再标定；标定后的 $Na_2S_2O_3$ 溶液在贮存过程中如发现溶液变混浊，应重新标定或弃去重配。

标定 $Na_2S_2O_3$ 溶液的基准物质有 $K_2Cr_2O_7$、KIO_3、$KBrO_3$ 及升华 I_2 等。除 I_2 外，其它物质都需在酸性溶液中与 KI 作用析出 I_2 后，再用配制的 $Na_2S_2O_3$ 溶液滴定。若以 $K_2Cr_2O_7$ 作基准物为例，则 $K_2Cr_2O_7$ 在酸性溶液中与 I^- 发生如下反应

$$Cr_2O_7^{2-} + 6I^- + 14H^+ \longrightarrow 2Cr^{3+} + 3I_2 + 7H_2O$$

反应析出的 I_2 以淀粉为指示剂用待标定的 $Na_2S_2O_3$ 溶液滴定。

$$I_2 + 2S_2O_3^{2-} \longrightarrow 2I^- + S_4O_6^{2-}$$

用 $K_2Cr_2O_7$ 标定 $Na_2S_2O_3$ 溶液时应注意：$Cr_2O_7^{2-}$ 与 I^- 反应较慢，为加速反应，须加入过量的 KI 并提高酸度，不过酸度过高会加速空气氧化 I^-。因此，一般应控制酸度为 $0.2\sim0.4\text{mol/L}$。并在暗处放置 10min，以保证反应顺利完成。

根据称取 $K_2Cr_2O_7$ 的质量和滴定时消耗 $Na_2S_2O_3$ 标准溶液的体积，可计算出 $Na_2S_2O_3$ 标准溶液的浓度。计算公式如下

$$c(Na_2S_2O_3) = \frac{m(K_2Cr_2O_7) \times 1000}{(V - V_0) M\left(\frac{1}{6}K_2Cr_2O_7\right)} \tag{7-19}$$

式中　$m(K_2Cr_2O_7)$——$K_2Cr_2O_7$ 的质量，g；
　　　V——滴定时消耗 $Na_2S_2O_3$ 标准溶液的体积，mL；
　　　V_0——空白试验消耗 $Na_2S_2O_3$ 标准溶液的体积，mL；
　　　$M\left(\frac{1}{6}K_2Cr_2O_7\right)$——以 $\frac{1}{6}K_2Cr_2O_7$ 为基本单元的 $K_2Cr_2O_7$ 摩尔质量（49.03g/mol）。

(2) I_2 标准滴定溶液的制备（执行 GB/T 601）

① I_2 标准滴定溶液配制　用升华法制得的纯碘，可直接配制成标准溶液。但通常是用市售的碘先配成近似浓度的碘溶液，然后用基准试剂或已知准确浓度的 $Na_2S_2O_3$ 标准溶液来标定碘溶液的准确浓度。由于 I_2 难溶于水，易溶于 KI 溶液，故配制时应将 I_2、KI 与少量水一起研磨后再用水稀释，并保存在棕色试剂瓶中待标定。

② I_2 标准滴定溶液的标定　I_2 溶液可用 As_2O_3 基准物标定。As_2O_3 难溶于水，多用 NaOH 溶解，使之生成亚砷酸钠，再用 I_2 溶液滴定 AsO_3^{3-}。

$$As_2O_3 + 6NaOH \longrightarrow 2Na_3AsO_3 + 3H_2O$$
$$AsO_3^{3-} + I_2 + H_2O \longrightarrow AsO_4^{3-} + 2I^- + 2H^+$$

此反应为可逆反应，为使反应快速定量地向右进行，可加 $NaHCO_3$，以保持溶液 pH≈8。

根据称取的 As_2O_3 质量和滴定时消耗 I_2 溶液的体积，可计算出 I_2 标准溶液的浓度。计算公式如下

$$C\left(\frac{1}{2}I_2\right) = \frac{m(As_2O_3) \times 1000}{(V - V_0) M\left(\frac{1}{4}As_2O_3\right)} \tag{7-20}$$

式中　$m(As_2O_3)$——称取 As_2O_3 的质量，g；
　　　V——滴定时消耗 I_2 溶液的体积，mL；
　　　V_0——空白试验消耗 I_2 溶液的体积，mL；

$M\left(\frac{1}{4}As_2O_3\right)$——以 $\frac{1}{4}As_2O_3$ 为基本单元的 As_2O_3 摩尔质量，g/mol。

由于 As_2O_3 为剧毒物，一般常用已知浓度的 $Na_2S_2O_3$ 标准滴定溶液标定 I_2 溶液。

3. 碘量法应用实例

（1）水中溶解氧的测定　溶解于水中的氧称为溶解氧，常以 DO 表示。水中溶解氧的含量与大气压力、水的温度有密切关系，大气压力减小，溶解氧含量也减小。温度升高，溶解氧含量将显著下降。溶解氧的含量用 1L 水中溶解的氧气量（O_2，mg/L）表示。

① 测定水体溶解氧的意义　水体中溶解氧含量的多少，反映出水体受到污染的程度。清洁的地表水在正常情况下，所含溶解氧接近饱和状态。如果水中含有藻类，由于光合作用而放出氧，就可能使水中含过饱和的溶解氧。但当水体受到污染时，由于氧化污染物质需要消耗氧，水中所含的溶解氧就会减少。因此，溶解氧的测定是衡量水污染的一个重要指标。

② 水中溶解氧的测定方法　清洁的水样一般采用碘量法测定。若水样有色或含有氧化性或还原性物质、藻类、悬浮物时将干扰测定，则须采用叠氮化钠修正的碘量法或膜电极法等其它方法测定。

碘量法测定溶解氧的原理是：往水样中加入硫酸锰和碱性碘化钾溶液，使生成氢氧化亚锰沉淀。氢氧化亚锰性质极不稳定，迅速与水中溶解氧化合生成棕色锰酸锰沉淀。

$$MnSO_4 + 2NaOH \longrightarrow Mn(OH)_2\downarrow + Na_2SO_4$$
白色沉淀

$$2Mn(OH)_2 + O_2 \longrightarrow 2H_2MnO_3\downarrow$$
棕色沉淀

$$Mn(OH)_2 + H_2MnO_3 \longrightarrow MnMnO_3\downarrow + 2H_2O$$
棕色沉淀

加入硫酸酸化，使已经化合的溶解氧与溶液中所加入的 I^- 起氧化还原反应，析出与溶解氧相当量的 I_2。溶解氧越多，析出的碘也越多，溶液的颜色也就越深。

$$MnMnO_3 + 3H_2SO_4 + 2KI \longrightarrow 2MnSO_4 + K_2SO_4 + I_2 + 3H_2O$$

最后取出一定量反应完毕的水样，以淀粉为指示剂，用 $Na_2S_2O_3$ 标准溶液滴定至终点。滴定反应为

$$2Na_2S_2O_3 + I_2 \longrightarrow Na_2S_4O_6 + 2NaI$$

测定结果按下式计算

$$DO = \frac{(V_0 - V_1)c(Na_2S_2O_3) \times 8.000 \times 1000}{V_水}$$

式中　DO——水中溶解氧，mg/L；

V_1——滴定水样时消耗硫代硫酸钠标准溶液体积，mL；

$V_水$——水样体积，mL；

$c(Na_2S_2O_3)$——硫代硫酸钠标准溶液浓度，mol/L；

8.000——氧 $\left(\frac{1}{2}O\right)$ 摩尔质量，g/mol。

（2）维生素 C（VC）的测定　维生素 C 又称抗坏血酸（$C_6H_8O_6$，摩尔质量为 171.62g/mol）。由于维生素 C 分子中的烯二醇基具有还原性，所以它能被 I_2 定量地氧化成二酮基，其反应为

维生素 C 的半反应式为

$$C_6H_6O_6 + 2H^+ + 2e \longrightarrow C_6H_8O_6 \qquad \varphi^{\ominus}_{C_6H_6O_6/C_6H_8O_6} = 0.18V$$

由于维生素 C 的还原性很强，在空气中极易被氧化，尤其在碱性介质中更甚，测定时应加入 HAc 使溶液呈现弱酸性，以减少维生素 C 的副反应。

维生素 C 含量的测定方法是：准确称取含维生素 C 试样，溶解在新煮沸且冷却的蒸馏水中，以 HAc 酸化，加入淀粉指示剂，迅速用 I_2 标准溶液滴定至终点（呈现稳定的蓝色）。

维生素 C 在空气中易被氧化，所以在 HAc 酸化后应立即滴定。由于蒸馏水中溶解有氧，因此蒸馏水必须事先煮沸，否则会使测定结果偏低。如果试液中有能被 I_2 直接氧化的物质存在，则对测定有干扰。

（3）铜合金中 Cu 含量的测定——间接碘量法 将铜合金（黄铜或青铜）试样溶于 HCl + H_2O_2 溶液中，加热分解除去 H_2O_2。在弱酸性溶液中，Cu^{2+} 与过量 KI 作用，定量释出 I_2。释出的 I_2 再用 $Na_2S_2O_3$ 标准滴定溶液滴定。反应如下

$$Cu + 2HCl + H_2O_2 \longrightarrow CuCl_2 + 2H_2O$$

$$2Cu^{2+} + 4I^- \longrightarrow 2CuI\downarrow + I_2$$

$$I_2 + 2S_2O_3^{2-} \longrightarrow 2I^- + S_4O_6^{2-}$$

加入过量 KI，Cu^{2+} 的还原可趋于完全。由于 CuI 沉淀强烈地吸附 I_2，使测定结果偏低。故在滴定近终点时，应加入适量 KSCN，使 CuI（$K_{sp} = 1.1 \times 10^{-12}$）转化为溶解度更小的 CuSCN（$K_{sp} = 4.8 \times 10^{-15}$），转化过程中释放出 I_2。

$$CuI + SCN^- \longrightarrow CuSCN\downarrow + I^-$$

测定过程中要注意：

① SCN^- 只能在近终点时加入，否则会直接还原 Cu^{2+}，使结果偏低。

② 溶液的 pH 应控制在 3.3～4.0 范围。若 pH < 4，则 Cu^{2+} 水解使反应不完全，结果偏低；酸度过高，则 I^- 被空气氧化为 I_2（Cu^{2+} 催化此反应），使结果偏高。

③ 合金中的杂质 As、Sb 在溶样时氧化为 As(Ⅴ)、Sb(Ⅴ)，当酸度过大时，As(Ⅴ)、Sb(Ⅴ) 能与 I^- 作用析出 I_2，干扰测定。控制适宜的酸度可消除其干扰。

④ Fe^{3+} 能氧化 I^- 而析出 I_2，可用 NH_4HF_2 掩蔽（生成 FeF_6^{3-}）。这里 NH_4HF_2 又是缓冲剂，可使溶液的 pH 保持在 3.3～4.0。

⑤ 淀粉指示液应在近终点时加入，过早加入会影响终点观察。

（4）直接碘量法测定海波（$Na_2S_2O_3$）的含量 $Na_2S_2O_3$ 俗称大苏打或海波，是无色透明的单斜晶体，易溶于水，水溶液呈弱碱性反应，有还原作用，可用作定影剂、去氯剂和分析试剂。

$Na_2S_2O_3$ 的含量可在 pH = 5 的 HAc-NaAc 缓冲溶液存在下，用 I_2 标准滴定溶液直接滴定测得。样品中可能存在的杂质（亚硫酸钠）的干扰，可借加入甲醛来消除。分析结果按下式计算

$$w(Na_2S_2O_3 \cdot 5H_2O) = \frac{c\left(\frac{1}{2}I_2\right)V(I_2)M(Na_2S_2O_3 \cdot 5H_2O)}{m_S \times 1000} \qquad (7-21)$$

式中 $c\left(\frac{1}{2}I_2\right)$——以 $\left(\frac{1}{2}I_2\right)$ 为基本单元时 I_2 标准滴定溶液的浓度，mol/L；

$V(I_2)$——滴定时消耗 I_2 标准滴定溶液的体积，mL；

$M(Na_2S_2O_3 \cdot 5H_2O)$——以 $Na_2S_2O_3 \cdot 5H_2O$ 为基本单元时 $Na_2S_2O_3 \cdot 5H_2O$ 的摩尔质量，g/mol；

m_S——样品的质量,g。

四、其他氧化还原滴定法简介

1. 硫酸铈法

（1）方法原理　$Ce(SO_4)_2$是强氧化剂,其氧化性与$KMnO_4$差不多,凡$KMnO_4$能够测定的物质几乎都能用铈量法测定。在酸性溶液中,Ce^{4+}与还原剂作用被还原为Ce^{3+}。其半反应为

$$Ce^{4+} + e \Longrightarrow Ce^{3+} \qquad \varphi^{\ominus}_{Ce^{4+}/Ce^{3+}} = 1.61V$$

Ce^{4+}/Ce^{3+}电对的电极电位值与酸性介质的种类和浓度有关。由于在$HClO_4$中不形成配合物,所以在$HClO_4$介质中,Ce^{4+}/Ce^{3+}的电极电位值最高,因此应用也较多。

（2）方法特点

① $Ce(SO_4)_2$标准溶液可以用提纯的$Ce(SO_4)_2 \cdot 2(NH_4)_2SO_4 \cdot 2H_2O$（该物质易提纯）配制,不必进行标定,溶液很稳定,放置较长时间或加热煮沸也不分解。

② $Ce(SO_4)_2$不会使HCl氧化,可在HCl溶液中直接用Ce^{4+}标准滴定溶液滴定还原剂。

③ Ce^{4+}还原为Ce^{3+}时,没有中间价态的产物,反应简单,副反应少。

④ $Ce(SO_4)_2$溶液为橙黄色,而Ce^{3+}无色,一般采用邻二氮菲-Fe(Ⅱ)作指示剂,终点变色敏锐。

⑤ Ce^{4+}在酸度较低的溶液中易水解,所以Ce^{4+}不适宜在碱性或中性溶液中滴定。

（3）硫酸铈法的应用　可用硫酸铈滴定法测定的物质有$Fe(CN)_6^{4-}$、NO_2^-、Sn等。由于铈盐价格高,实际工作中应用不多。

2. 溴酸钾法

$KBrO_3$是一种强氧化剂,在酸性溶液中,其电对的半反应式为

$$BrO_3^- + 6H^+ + 6e \longrightarrow Br^- + 3H_2O \qquad \varphi^{\ominus}_{BrO_3^-/Br^-} = 1.44V$$

$KBrO_3$容易提纯,在180℃烘干后,可以直接配制成标准溶液,在酸性溶液中,直接滴定一些还原性物质,如As(Ⅲ)、Sb(Ⅲ)、Sn^{2+}、联氨（N_2H_4）等。

由于$KBrO_3$本身与还原剂反应速度慢,实际上常是在$KBrO_3$标准溶液中加入过量KBr,当溶液酸化时,BrO_3^-即氧化Br^-析出Br_2。

$$BrO_3^- + 5Br^- + 6H^+ + 6e \longrightarrow 3Br_2 + 3H_2O$$

定量析出的Br_2与待测还原性物质反应,反应达化学计量点后,稍过量的Br_2可使指示剂（如甲基橙或甲基红）变色,从而指示终点。

溴酸钾法常与碘量法配合使用,即在酸性溶液中,加入一定量过量的$KBrO_3$-KBr标准溶液,与被测物反应完全后,过量的Br_2与加入的KI反应,析出I_2,再以淀粉为指示剂,用$Na_2S_2O_3$标准滴定溶液滴定之。

$$Br_2(过量) + 2I^- \longrightarrow 2Br^- + I_2$$
$$I_2 + 2S_2O_3^{2-} \longrightarrow 2I^- + S_4O_6^{2-}$$

这种间接溴酸钾法在有机物分析中应用较多。特别是利用Br_2的取代反应可测定许多芳香化合物,例如苯酚的测定就是利用苯酚与溴的反应

$$\text{C}_6\text{H}_5\text{OH} + 3Br_2 \longrightarrow \text{C}_6\text{H}_2\text{Br}_3\text{OH} \downarrow + 3H^+ + 3Br^-$$

待反应完全后，使剩余的 Br_2 与过量的 KI 作用，析出相当量的 I_2，再用 $Na_2S_2O_3$ 标准溶液进行滴定。从加入的 $KBrO_3$-KBr 标准溶液的量中减去剩余量，即可计算出试样中苯酚含量。应用相同的方法还可测定甲酚、间苯二酚及苯胺等。

思 考 题

1. 高锰酸钾法应在什么介质中进行？
2. 铁的测定中，用 $SnCl_2$ 还原 Fe^{3+} 为什么要在热溶液中进行，而在加 $HgCl_2$ 除去过量的 $SnCl_2$ 时反而要等溶液冷却后再加？
3. 用 $K_2Cr_2O_7$ 标准溶液滴定 Fe^{2+} 时，为什么要加入 H_3PO_4？
4. 为什么碘量法不适宜在高酸度或高碱度介质中进行？
5. 碘量法的主要误差来源是什么？有哪些防止措施？
6. 直接碘量法和间接碘量法中，淀粉指示液的加入时间和终点颜色变化有何不同？
7. 如何配制 $KMnO_4$、$K_2Cr_2O_7$、$Na_2S_2O_3$、I_2 标准滴定溶液？

任务 2　工业废水的采样

职业功能	工作任务	参照材料	工作地点	成果表现形式	备注
采样	1. 能模拟完成工业废水的现场采样 2. 能规范填写采样记录表	水质采样 样品的保管和技术管理规定（HJ 493—2009）	生产现场	采样记录表	1. 录像演示企业工业废水的采样操作 2. 网络查阅参照材料

任务 3　高锰酸钾标准溶液的制备

职业功能	工作任务	参照材料	工作地点	成果表现形式	备注
检测准备	1. 规范完成高锰酸钾溶液（0.1mol/L）的配制与标定 2. 完成高锰酸钾标准溶液（0.1mol/L）标定的原始记录表	化学试剂标准溶液的制备（GB/T 601）	实验室	高锰酸钾标准溶液标定的原始记录表	1. 本项目中化学耗氧量的测定和项目 8 中过氧化氢含量的测定都要用到高锰酸钾溶液，因此，配制的量要够这两个项目用 2. 选用棕色、磨口试剂瓶盛装标准溶液，用密封条密封瓶口，并在阴暗处存放标准溶液

子任务 3-1　高锰酸钾（0.1mol/L）标准溶液的配制

一、检测准备

1. 准备药品、试剂

（1）污水试样。

（2）$KMnO_4$ 固体（分析纯）。

（3）$Na_2C_2O_4$ 固体（分析纯，基准物）：在 105～110℃烘干至恒重后装入称量瓶中，放置在干燥器内备用。

（4）硫酸溶液（8+92）500mL：浓硫酸与实验用水的体积比为 8∶92。以配制 500mL 溶液为例，操作如下：量取 40mL 浓硫酸慢慢加入到盛有 460mL 实验用水的耐热玻璃烧杯中，边加入浓硫酸边充分搅拌均匀，混匀后，冷却，备用。

(5) 基准物质 $Na_2C_2O_4$：在 105～110℃烘干至恒重。

2. 准备仪器

常用滴定分析玻璃仪器、电子天平、托盘天平、电热恒温干燥箱、G_4 微孔玻璃漏斗、水浴锅等。

二、操作流程

$\frac{1}{5}KMnO_4$（0.1mol/L）溶液的配制：称取 3.3g 高锰酸钾（分析纯），溶于 1050mL 水中。缓缓煮沸 15min 冷却，于暗处放置两周，用已处理过的 4 号玻璃滤坩过滤，贮存于棕色瓶中。玻璃滤坩的处理是指玻璃滤坩在同样浓度的高锰酸钾溶液中缓缓煮沸 5min。

子任务 3-2　高锰酸钾（0.1mol/L）标准溶液的标定

一、标定原理

采用 $Na_2C_2O_4$ 在酸性溶液中标定 $KMnO_4$ 溶液。

$KMnO_4$ 标准溶液用还原剂作基准物来标定。$H_2C_2O_4 \cdot 2H_2O$、$(NH_4)_2C_2O_4$、$Na_2C_2O_4$、As_2O_3 及铁丝等都可以作基准物。其中 $Na_2C_2O_4$ 不含结晶水，容易精制，是最常用的基准物。$KMnO_4$ 在强酸性条件下，可以获得 5 个电子还原成为 Mn^{2+}，利用其氧化，在 H_2SO_4 介质中可以与基准物 $Na_2C_2O_4$ 发生反应，以 $KMnO_4$ 为自身指示剂。其反应式为

$$2MnO_4^- + 5C_2O_4^{2-} + 16H^+ = 10CO_2 + 2Mn^{2+} + 8H_2O$$

根据基准 $Na_2C_2O_4$ 的质量及所用 $KMnO_4$ 溶液的体积，计算 $KMnO_4$ 标准溶液的浓度。

二、操作流程

称取 0.25g 于 105～110℃电烘箱中干燥至恒重的工作基准试剂草酸钠，溶于 100mL 硫酸溶液（8+92）中，用配制好的高锰酸钾溶液滴定，近终点时加热至约 65℃，继续滴定至溶液呈粉红色，并保持 30s，同时做空白实验。

高锰酸钾标准滴定溶液的浓度 $c\left(\frac{1}{5}KMnO_4\right)$，单位为摩尔每升（mol/L），按下式计算

$$c\left(\frac{1}{5}KMnO_4\right) = \frac{m \times 1000}{(V_1 - V_2)M}$$

式中　m——草酸钠的质量，单位为 g；

　　　V_1——实际消耗高锰酸钾溶液的体积，单位为 mL；

　　　V_2——空白试验消耗高锰酸钾溶液的体积，单位为 mL；

　　　M　草酸钠的摩尔质量，单位为 g/mol，$M\left(\frac{1}{2}Na_2C_2O_4\right) = 66.999$。

子任务 3-3　高锰酸钾（0.01mol/L）标准溶液的原始记录表（表 7-3）

表 7-3　高锰酸钾标准溶液标定的原始记录表

项目	次数	1	2	3	4	备用
基准物的称量	m(倾样前)/g					
	m(倾样后)/g					
	$m(Na_2C_2O_4)$/g					

续表

次数 项目	1	2	3	4	备用
滴定管初读数/mL					
滴定管终读数/mL					
滴定消耗 $KMnO_4$ 体积/mL					
体积校正值/mL					
溶液温度/℃					
温度补正值					
溶液温度校正值/mL					
实际消耗 $KMnO_4$ 体积 V_1/mL					
V_2(空白)/mL					
c/(mol/L)					
$\bar{c}$/(mol/L)					
相对极差/%					
相对误差/%					
判定结果有/无效					

任务4　工业废水中化学需氧量的测定

职业功能	工作任务	参照材料	工作地点	成果表现形式	备注
检测与测定	1. 准确稀释高锰酸钾(0.1mol/L)标准溶液10倍,稀释后的标准溶液用做测定化学耗氧量 2. 完成水中耗氧量的测定操作流程 3. 完成化学耗氧量测定的原始记表	工业循环冷却水中化学需氧量(COD)的测定(GB/T 15456)	实验室	化学耗氧量测定的原始记录表	

子任务4-1　工业废水中化学需氧量测定的操作流程

一、测定原理

化学需氧量是指在规定的条件下,用氧化剂处理水样时,与消耗的氧化剂相当的量。高锰酸钾在酸性溶液中呈较强的氧化性,在一定条件下使水样中还原性物质氧化,高锰酸钾还原为锰离子。过量的高锰酸钾通过草酸测得。

$$MnO_4^- + 8H^+ + 5e = Mn^{2+} + 4H_2O$$

$$2MnO_4^- + 5C_2O_4^{2-} + 16H^+ = 2Mn^{2+} + 10CO_2\uparrow + 8H_2O$$

以高锰酸钾自身做指示剂。

二、试剂

(1) 硫酸银饱和溶液：取适量硫酸银溶于水并用玻璃棒充分搅拌,边搅拌边加硫酸银直至溶液析出硫酸银颗粒呈饱和溶液。

(2) 硫酸溶液：1+3(浓硫酸与实验用水的体积比为1∶3)。

(3) 草酸钠标准溶液：$c\left(\frac{1}{2}Na_2C_2O_4\right)$ 约为 0.01mol/L。

称取约 0.67g 草酸钠基准物，用少量水溶解，移至 1000mL 容量瓶中，稀释至刻度，摇匀。

(4) 高锰酸钾标准溶液：$c\left(\frac{1}{5}KMnO_4\right)$ 约为 0.01mol/L。

三、操作流程

移取 25～100mL 现场水样于锥形瓶中，加 50mL 水、5mL 硫酸溶液、5～10 滴硫酸银饱和溶液，然后再移取 10.00mL 高锰酸钾标准滴定溶液。在电炉上慢慢加热至沸腾后，再煮沸 5min。水样应为粉红色或红色。若为无色，则再加 10.00mL 高锰酸钾标准滴定溶液；或者减少取样量，按上述过程重新煮沸 5min。冷却至 60～80℃，用移液管加 10.00mL 草酸钠标准溶液，溶液应呈无色，若呈红色，则再加 10.00mL 草酸钠标准溶液。用高锰酸钾标准滴定溶液滴至粉红色为终点。同时作空白试验。

水样中化学需氧量（COD）（以 O_2 计）以质量浓度 ρ 计，单位为 mg/L，按下式计算

$$\rho = \frac{(V_1-V_0)cM/4}{V} \times 10^3$$

式中 V_1——实际消耗的高锰酸钾标准滴定溶液的体积，mL；

V_0——空白试验消耗的高锰酸钾标准滴定溶液的体积，mL；

c——高锰酸钾标准滴定溶液的浓度，mol/L；

V——水样的体积，mL；

M——氧气（O_2）的摩尔质量，g/mol，$M=32.00$。

子任务 4-2　工业废水中化学需氧量的原始记录表（表 7-4）

表 7-4　工业废水中化学需氧量的原始记录表

项目 \ 次数	1	2	3	备用
移取水样体积/mL				
滴定管初读数/mL				
滴定管终读数/mL				
滴定管消耗 $KMnO_4$ 的体积/mL				
体积校正值				
溶液温度/℃				
温度补正值/(mL/L)				
溶液温度校正值/mL				
实际消耗 $KMnO_4$ 体积 V_1/mL				
V_0（空白）/mL				
$c\left(\frac{1}{2}Na_2C_2O_4\right)$/(mol/L)				
相对极差/%				
相对误差/%				
判定结果有效/无效				

任务5　工业废水的质量检验结果报告单

产品型号	罐号	数量（　　）	取样时间	采用标准
				GB18918

检验内容						
基本控制项目	指标				检验结果	单项判定
	一级标准		二级	三级		
	A级	B级				
化学需氧量(COD)≤/(mg/L)	50	60	100	120		
生化需氧量(BOD)≤/(mg/L)	10	20	30	60		
石油类	1	3	5	15		
……						
检验结论					年　月　日	
备注						

检验员：　　　　　　　　　　　　　　审核：

【项目考核】

附表　工业废水中化学耗氧量质量检测的评分细则

序号	作业项目	考核内容	配分	操作要求	考核记录	扣分说明	扣分	得分
1	基准物及试样的称量(8.5分)	称量操作	1	1. 检查天平水平 2. 清扫天平 3. 敲样动作正确		每错一项扣0.5分,扣完为止		
		基准物称量范围	7	1. 在规定量±5%～±10%内 2. 称量范围最多不超过±10%		每错一个扣1分,扣完为止 每错一个扣2分,扣完为止		
		结束工作	0.5	1. 复原天平 2. 放回凳子		每错一项扣0.5分,扣完为止		
2	试液配制(3分)	容量瓶洗涤	0.5	洗涤干净		洗涤不干净,扣0.5分		
		容量瓶试漏	0.5	正确试漏		不试漏,扣0.5分		
		定量转移	0.5	转移动作规范		转移动作不规范扣1分		
		定容	1.5	1. 三分之二处水平摇动 2. 准确稀释至刻线 3. 摇匀动作正确		每错一项扣0.5分,扣完为止		
3	移取溶液(4.5分)	移液管洗涤	0.5	洗涤干净		洗涤不干净,扣0.5分		
		移液管润洗	1	润洗方法正确		从容量瓶或原瓶中直接移取溶液扣1分		
		吸溶液	1	1. 不吸空 2. 不重吸		每错一次扣1分,扣完为止		

续表

序号	作业项目	考核内容	配分	操作要求	考核记录	扣分说明	扣分	得分
3	移取溶液 (4.5分)	调刻线	1	1. 调刻线前擦干外壁 2. 调节液面操作熟练		每错一项扣 0.5 分,扣完为止		
		放溶液	1	1. 移液管竖直 2. 移液管尖靠壁 3. 放液后停留约 15s		每错一项扣 0.5 分,扣完为止		
4	托盘天平使用 (0.5分)	称量	0.5	称量操作规范		操作不规范扣 0.5 分,扣完为止		
5	滴定操作 (3.5分)	滴定管的洗涤	0.5	洗涤干净		洗涤不干净,扣 0.5 分		
		滴定管的试漏	0.5	正确试漏		不试漏,扣 0.5 分		
		滴定管的润洗	0.5	润洗方法正确		润洗方法不正确扣 0.5 分		
		滴定操作	2	1. 滴定速度适当 2. 终点控制熟练		每错一项扣 1 分,扣完为止		
6	滴定终点 (4分)	标定终点 粉红色	4	终点判断正确		每错一个扣 1 分,扣完为止		
		测定终点 粉红色		终点判断正确				
7	空白试验 (1分)	空白试验测定规范	1	按照规范要求完成空白试验		测定不规范扣 1 分,扣完为止		
8	读数 (2分)	读数	2	读数正确		以读数差在 0.02mL 为正确,每错一个扣 1 分,扣完为止		
9	原始数据记录 (2分)	原始数据记录	2	1. 原始数据记录不用其它纸张记录 2. 原始数据及时记录 3. 正确进行滴定管体积校正(现场裁判应核对校正体积校正值)		每错一个扣 1 分,扣完为止		
10	文明操作结束工作 (1分)	物品摆放仪器洗涤"三废"处理	1	1. 仪器摆放整齐 2. 废纸/废液不乱扔乱倒 3. 结束后清洗仪器		每错一项扣 0.5 分,扣完为止		
11	数据记录及处理 (6分)	记录	1	1. 规范改正数据 2. 不缺项		每错一个扣 0.5 分,扣完为止		
		计算	3	计算过程及结果正确(由于第一次错误影响到其他不再扣分)		每错一个扣 0.5 分,扣完为止		
		有效数字保留	2	有效数字位数保留正确或修约正确		每错一个扣 0.5 分,扣完为止		

续表

序号	作业项目	考核内容	配分	操作要求	考核记录	扣分说明	扣分	得分
12	标定结果（35分）	精密度	20	相对极差≤0.10%		扣0分		
				0.10%＜相对极差≤0.20%		扣4分		
				0.20%＜相对极差≤0.30%		扣8分		
				0.30%＜相对极差≤0.40%		扣12分		
				0.40%＜相对极差≤0.50%		扣16分		
				相对极差＞0.50%		扣20分		
		准确度	15	|相对误差|≤0.10%		扣0分		
				0.10%＜|相对误差|≤0.20%		扣3分		
				0.20%＜|相对误差|≤0.30%		扣6分		
				0.30%＜|相对误差|≤0.40%		扣9分		
				0.40%＜|相对误差|≤0.50%		扣12分		
				|相对误差|＞0.50%		扣15分		
13	测定结果（30分）	精密度	15	相对极差≤0.10%		扣0分		
				0.10%＜相对极差≤0.20%		扣3分		
				0.20%＜相对极差≤0.30%		扣6分		
				0.30%＜相对极差≤0.40%		扣9分		
				0.40%＜相对极差≤0.50%		扣12分		
				相对极差＞0.50%		扣15分		
		准确度	15	|相对误差|≤0.10%		扣0分		
				0.10%＜|相对误差|≤0.20%		扣3分		
				0.20%＜|相对误差|≤0.30%		扣6分		
				0.30%＜|相对误差|≤0.40%		扣9分		
				0.40%＜|相对误差|≤0.50%		扣12分		
				|相对误差|＞0.50%		扣15分		

阅读材料 7-1

最早的氧化还原滴定法

氧化还原滴定法始于18世纪末，在其发展过程中滴定仪器也不断得到改进。特别是有了适宜的指示剂以后，在十九世纪这种滴定方法才占了重要地位。

舍勒于1774年发现了氯气，以后氯气应用到纺织工业中代替了日晒漂白法。而其漂白质量好坏，与次氯酸盐的浓度大小有直接关系，需要测定次氯酸盐溶液浓度的滴定法。1795年法国人德克劳西以靛蓝的硫酸溶液滴定次氯酸，至溶液颜色变绿为止，成为最早的氧化还原滴定法。以后在1826年比拉狄厄（H. dela Billardi-ere）制得碘化钠，以淀粉为指示剂，用于次氯酸钙滴定，开创了碘量法的应用和研究。从此这种分析方法得到发展和完善。

19世纪40年代以来又发展出高锰酸钾氧化还原滴定法、重铬酸钾滴定法等多种利用氧化还原反应和特定指示剂相结合的滴定方法，使容量分析迅速得到发展。

阅读材料 7-2

生物化学需氧量

生化需氧量是指水中可以被分解的有机物质，在有氧的条件下，由于微生物的作用，被完全氧化分解时，所需要的溶解氧量。常用 BOD 表示，单位为 mg/L。

各类有机物在微生物作用下，可以逐步氧化分解成无机物，这种作用过程称为生物氧化。自然界的微生物，其中包括细菌，它们有分解氧化有机物的巨大能力。这些细菌将有机物作为它们的食料，通过自身的生命活动，把一部分被吸收的有机物裂化成简单的无机物，并释放出能量供细菌生长、活动所需；另一部分有机物转化为细胞原生质，供细菌本身生长和繁殖的需要。

细菌从有机物的氧化反应中获得能量，称为呼吸作用。根据细菌呼吸时对氧的需要情况，可分为好氧细菌和厌氧细菌。好氧细菌是指在生活时需要氧的细菌；厌氧细菌是指在缺氧条件下才能生存的细菌。

当天然水被含有机物的生活污水和工业废水污染后，好氧细菌就利用水中的溶解氧进行好氧分解。若水体被污染得不严重，也就是说有机物的量不多，而水中的溶解氧来得及补充，那么好氧氧化过程将顺利进行下去，直到有机物完全无机化，水体恢复到原来的清洁程度。这一过程称为水体的自净作用。若水体被严重污染，即水体含有较多的有机物质时，好氧分解消耗的溶解氧量较大，而水体又无法及时补充溶解氧，水中的溶解氧就会减少，甚至完全消失。这时，厌氧菌开始起作用，厌氧细菌的分解产物导致水体腐败发臭，造成水体更加严重的污染。

水中有机物含量越多，生物氧化过程中消耗氧的数量就越多，生化需氧量也就越高。由于微生物的活动与温度有关，所以测定生化需氧量时必须规定一个温度，目前国内外一般以 20℃ 作为测定的标准温度。在该温度下，一般有机物需要 20 天左右的时间，才能基本上完成碳化阶段，将有机物转化为二氧化碳、水和氨。目前，规定在 20℃ 温度下，培养 5 天作为测定生化需氧量的标准条件，这时测得的生化需氧量称为 5 日生化需氧量，用 BOD_5 表示。

生化需氧量是水质评价和水质监测中最重要的控制参数之一。根据它的大小，可以估计废水的浓淡程度，以研究适当的处理方法。

生化需氧量的测定原理是：取原水样或经过适当稀释的水样，使其中含有足够量的溶解氧。将上述水样分取两瓶，一瓶立即测定溶解氧的含量；将另一瓶放入 20℃ 培养箱内，培养 5 天后再测定其溶解氧含量，两者之差即为五日生化需氧量 BOD_5。

摘自刘秀英主编．环境监测．北京：高等教育出版社，1995．

【职业技能鉴定模拟题（七）】

一、单选题

1.（   ）是标定硫代硫酸钠标准溶液较为常用的基准物。
A. 升华碘　　　　　B. KIO_3　　　　　C. $K_2Cr_2O_7$　　　　　D. $KBrO_3$

2. 用草酸钠作基准物标定高锰酸钾标准溶液时，开始反应速度慢，稍后，反应速度明显加快，这是（　　）起催化作用。
A. H^+　　　　　B. MnO_4^-　　　　　C. Mn^{2+}　　　　　D. CO_2

3. 用基准物 $Na_2C_2O_4$ 标定配制好的 $KMnO_4$ 溶液，其终点颜色是（　　）。
A. 蓝色　　　　　B. 亮绿色　　　　　C. 紫色变为纯蓝色　　　　　D. 粉红色

4. 用 $Na_2C_2O_4$ 标定高锰酸钾时，刚开始时褪色较慢，但之后褪色变快的原因是（　　）。
A. 温度过低　　　　　　　　　　　B. 反应进行后，温度升高
C. Mn^{2+} 催化作用　　　　　　　D. 高锰酸钾浓度变小

5. 在酸性介质中，用 $KMnO_4$ 溶液滴定草酸盐溶液，滴定应（　　）。
A. 在室温下进行　　　　　　　　　B. 将溶液煮沸后即进行
C. 将溶液煮沸，冷至85℃进行　　　D. 将溶液加热到75～85℃时进行
E. 将溶液加热至60℃时进行

6. $KMnO_4$ 滴定所需的介质是（　　）。
A. 硫酸　　　　　B. 盐酸　　　　　C. 磷酸　　　　　D. 硝酸

7. 淀粉是一种（　　）指示剂。
A. 自身　　　　　B. 氧化还原型　　　　　C. 专属　　　　　D. 金属

8. 标定 I_2 标准溶液的基准物是（　　）。
A. As_2O_3　　　　　B. $K_2Cr_2O_7$　　　　　C. Na_2CO_3　　　　　D. $H_2C_2O_4$

9. 对高锰酸钾滴定法，下列说法错误的是（　　）。
A. 可在盐酸介质中进行滴定　　　　B. 直接法可测定还原性物质
C. 标准滴定溶液用标定法制备　　　D. 在硫酸介质中进行滴定

二、多选题

1. 被高锰酸钾溶液污染的滴定管可用（　　）溶液洗涤。
A. 铬酸洗液　　　　B. 碳酸钠　　　　C. 草酸　　　　D. 硫酸亚铁

2. 在酸性介质中，以 $KMnO_4$ 溶液滴定草酸盐时，对滴定速度的要求错误的是（　　）。
A. 滴定开始时速度要快　　　　　　B. 开始时缓慢进行，以后逐渐加快
C. 开始时快，以后逐渐缓慢　　　　D. 始终缓慢进行

3. 对于间接碘量法测定还原性物质，下列说法正确的有（　　）。
A. 被滴定的溶液应为中性或微酸性
B. 被滴定的溶液中应有适当过量的 KI
C. 近终点时加入指示剂，滴定终点时被滴定的溶液的蓝色刚好消失
D. 滴定速度可适当加快，摇动被滴定的溶液也应同时加剧
E. 被滴定的溶液中存在的 Cu^{2+} 对测定无影响

4. 在碘量法中为了减少 I_2 的挥发，常采用的措施有（　　）。
A. 使用碘量瓶　　　　　　　　　　B. 溶液酸度控制在 pH>8
C. 适当加热增加 I_2 的溶解度，减少挥发　　D. 加入过量 KI

5. 重铬酸钾法与高锰酸钾法相比，其优点有（　　）。
A. 应用范围广　　　　　　　　　　B. $K_2Cr_2O_7$ 溶液稳定
C. $K_2Cr_2O_7$ 无公害　　　　　　 D. $K_2Cr_2O_7$ 易于提纯
E. 在稀盐酸溶液中，不受 Cl^- 影响

三、判断题

（　　）1. 配制好的 $KMnO_4$ 溶液要盛放在棕色瓶中保护，如果没有棕色瓶应放在避光处保存。

(　)2. 在滴定时，$KMnO_4$ 溶液要放在碱式滴定管中。

(　)3. 用 $Na_2C_2O_4$ 标定 $KMnO_4$，需加热到 70~80℃，在 HCl 介质中进行。

(　)4. 用高锰酸钾法测定 H_2O_2 时，需通过加热来加速反应。

(　)5. 由于 $KMnO_4$ 性质稳定，可作基准物直接配制成标准溶液。

(　)6. 提高反应溶液的温度能提高氧化还原反应的速度，因此，在酸性溶液中用 $KMnO_4$ 滴定 $C_2O_4^{2-}$ 时，必须加热至沸腾才能保证正常滴定。

(　)7. 溶液酸度越高，$KMnO_4$ 氧化能力越强，与 $Na_2C_2O_4$ 反应越完全，所以用 $Na_2C_2O_4$ 标定 $KMnO_4$ 时，溶液酸度越高越好。

项目 8

工业过氧化氢含量的质量检测

【任务引导】

<table>
<tr><td rowspan="8">任务要求</td><td>提出任务</td><td colspan="7">盐化工厂每天生产数吨工业过氧化氢,该产品须由检验员检测其检验项目质量是否达"工业过氧化氢 GB/T 1616"的要求。检验员承担过氧化氢产品技术指标的检测任务</td></tr>
<tr><td rowspan="7">明确任务</td><td colspan="7">测定出工业过氧化氢的质量检验结果报告单中过氧化氢(H_2O_2)的质量分数
某公司工业过氧化氢的质量检验结果报告单</td></tr>
<tr>
<td>产品型号</td><td>罐号</td><td>数量（　）</td><td colspan="2">取样时间</td><td colspan="2">采用标准</td>
</tr>
<tr>
<td></td><td></td><td></td><td colspan="2"></td><td colspan="2">GB/T 1616—2014</td>
</tr>
<tr><td colspan="7">检测内容</td></tr>
<tr>
<td rowspan="2">检验项目</td><td colspan="6">指　标</td>
</tr>
<tr>
<td colspan="2">27.5%过氧化氢</td><td rowspan="2">35%</td><td rowspan="2">50%</td><td rowspan="2">60%</td><td rowspan="2">70%</td>
</tr>
</table>

<table>
<tr><th>检验项目</th><th>一等品</th><th>合格品</th><th>35%</th><th>50%</th><th>60%</th><th>70%</th><th>检验结果</th><th>单项判定</th></tr>
<tr><td>过氧化氢(H_2O_2)含量(质量分数)≥/%</td><td>27.5</td><td>27.5</td><td>35.0</td><td>50.0</td><td>60.0</td><td>70.0</td><td></td><td></td></tr>
<tr><td>游离酸(以 H_2SO_4 计)含量(质量分数)≤/%</td><td>0.040</td><td>0.050</td><td>0.040</td><td>0.040</td><td>0.040</td><td>0.050</td><td></td><td></td></tr>
<tr><td>不挥发物含量(质量分数)≤/%</td><td>0.06</td><td>0.10</td><td>0.08</td><td>0.08</td><td>0.06</td><td>0.06</td><td></td><td></td></tr>
<tr><td>稳定度 s≥/%</td><td>97.0</td><td>90.0</td><td>97.0</td><td>97.0</td><td>97.0</td><td>97.0</td><td></td><td></td></tr>
<tr><td>总碳(以 C 计)含量(质量分数)≤/%</td><td>0.030</td><td>0.040</td><td>0.025</td><td>0.035</td><td>0.045</td><td>0.050</td><td></td><td></td></tr>
<tr><td>硝酸盐(以 NO_3 计)含量(质量分数)≤/%</td><td>0.020</td><td>0.020</td><td>0.020</td><td>0.025</td><td>0.028</td><td>0.030</td><td></td><td></td></tr>
<tr><td>检验结论</td><td colspan="8">　　　　　　　　　　　　　　　年　　　月　　　日</td></tr>
<tr><td>备注</td><td colspan="8"></td></tr>
<tr><td colspan="9">检验员：　　　　　　　　　　　　　　　　　　审核：</td></tr>
</table>

项目目标	能力目标	1. 能按检测标准要求规范完成操作规程 2. 能按要求正确填写过氧化氢采样记录表、高锰酸钾标准溶液标定的原始记录表、H_2O_2 含量测定的原始记录表、工业过氧化氢质量检验结果报告单中 H_2O_2 质量分数测定的检测项目 3. 能分析检验误差的产生原因，并能正确修正

续表

项目目标	知识目标	1. 掌握任务2中的检测原理 2. 完成【职业技能鉴定模拟题(八)】
	素质目标	1. 认真负责,实事求是,坚持原则,一丝不苟地依据标准进行检验和判定 2. 具有较强的颜色分辨能力 3. 具有一定的交流沟通能力,能描述操作过程中出现的疑难问题
任务流程及能力目标	任务1	1. 能按照检测标准要求完成实验室瓶装采样,正确填写采样记录表 2. 能模拟完成过氧化氢的企业现场采样,模拟填写企业现场采样原始记录表
	任务2	1. 检测准备。能按照检测标准要求准备好采样所需的药品、仪器 2. 检测分析。能按照"化学试剂 标准滴定溶液的制备GB/T 601"的要求规范完成高锰酸钾标准溶液的制备 3. 数据处理。能按要求正确、及时填写高锰酸钾标准溶液标定的原始记录表 4. 能正确处理操作过程中所用仪器设备的一般故障及突发安全事故
	任务3	1. 检测准备。能按照检测标准要求准备好采样所需的药品、仪器 2. 检测分析。能按照"工业过氧化氢GB/T 1616"的要求规范完成H_2O_2含量的测定操作流程 3. 数据处理。能按要求正确、及时填写H_2O_2含量测定的原始记录表
	任务4	1. 能规范填写质检报告单 2. 能分析产生不合格品的原因。能审核自己的原始记录表,内容包括:(1)填写内容是否与原始记录相符;(2)检验依据是否适用;(3)环境条件是否满足要求;(4)结论的判定是否正确 3. 整理实验台,维护、保养所用仪器设备
参照资料	参照教材	1. 顾明华主编. 无机物定量分析基础. 北京:化学工业出版社,2002 2. 薛华等编著. 分析化学(第二版). 北京:清华大学出版社,1997 3. 刘珍主编. 化验员读本(第四版). 北京:化学工业出版社,2004 4. 中国石油化工集团公司职业技能鉴定指导中心编. 化工分析工. 北京:中国石化出版社,2006 5. "化学检验工、化工分析工(高级)"职业资格技能鉴定题库
	检测标准	1. 化工产品采样总则 GB/T 6678 2. 液体化工产品采样通则 GB/T 6680 3. 化学试剂 标准滴定溶液的制备 GB/T 601 4. 工业过氧化氢 GB/T 1616 5. 化学试剂 试验方法中所用制剂及制品的制备 GB/T 603
项目考核		1. 实事求是完成项目考核中的考核评分细则 2. 能分析考核细则中扣分项目出现的原因,并能找出修正的方法
课外任务		通过网络查阅:工业硫化钠 GB 10500
任务拓展		实验设计:工业硫化钠中Na_2S含量的测定 设计要点提示:(1)所用仪器设备、药品;(2)操作规程;(3)原始记录表;(4)质检报告单;(5)注意事项

任务1 工业过氧化氢的采样

职业功能	工作任务	参照材料	工作地点	成果表现形式	备注
采样	1. 模拟完成企业生产现场采样操作 2. 模拟完成企业现场采样记录表 3. 完成实验室中瓶装或桶装采样操作 4. 完成实验室采样记录表	1. 化工产品采样总则 GB/T 6678 2. 液体化工产品采样通则 GB/T 6680	1. 企业生产现场 2. 实验室	采样记录表	1. 录像演示企业现场采样 2. 采集好的试样保存在清洁、干燥的硬质玻璃瓶或聚乙烯瓶中

子任务 1-1 采样操作

一、准备采样工具
胶皮手套，采样瓶（或采样罐），采样管，洁净干燥的玻璃瓶或聚乙烯塑料制成的容器。

二、企业现场操作流程

1. 从固定采样口采样
在立式贮罐侧壁安装上、中、下采样口并配上阀门。当贮罐装满物料时，从各采样口分别采得部位样品。由于截面一样，所以按等体积混合三个部位样品成为平均样品。如罐内液面高度达不到上部或中部采样口时，建议按下列方法采得样品：如果上部采样口比中部采样口更接近液面，则从中部采样口采 $\frac{2}{3}$ 样品，而从下部采样口采 $\frac{1}{3}$ 样品。如果中部采样口比上部采样口更接近液面，从中部采样口采 $\frac{1}{2}$ 样品，从下部采样口采 $\frac{1}{2}$ 样品。如果液面低于中部采样口，则从下部采样口采全部样品。如贮罐无采样口而只有一个排料口，则先把物料混匀，再从排料口采样。

2. 从顶部进口采样
把采样瓶或采样罐从顶部进口放入，降到所需位置，分别采上、中、下部位样品，等体积混合均匀样品或采全液位样品。

3. 卧式圆柱形贮罐采样
在卧式贮罐一端安装上、中、下采样管，外配阀门。采样管伸进罐内一定深度，管壁上钻直径 2~3mm 的均匀小孔。当罐装满物料时，从各采样口采上、中、下部位样品并按一定比例（参见表 8-1）混合成半均样品。当罐内液面低于满罐时液面，建议根据表 8-1 所示的液体深度用采样瓶、罐、金属采样管等从顶部进口放入，降到表 8-1 上规定的采样液面位置采得上、中、下部位样品，按表 8-1 所示比例混合成为半均样品。

表 8-1 卧式圆柱形贮罐采样部位和比例

液体深度 （直径百分比）	采样液位（离底直径百分比）			混合样品时相应的比例		
	上	中	下	上	中	下
100	80	50	20	3	4	3
90	75	50	20	3	4	3
80	70	50	20	2	5	3
70		50	20		6	4
60		50	20		5	5
50		50	20		4	6
40		40	20			10
30			15			10
20			10			10
10			5			10

当贮罐没有安装上、中、下采样管时，也可以从顶部进口采得全液位样品。贮罐采样要防止静电危险，罐顶部要安装牢固的平台和梯子。

子任务1-2 采样记录表

_____采样记录表

样品名称:
采样时间:
采样地点:
采样数量:
样品编号:
采样方法:
备注: 如: 1. 场名、场址、电话等资料 2. 样品名称,来源,培育时间 3. 现场记录或其他有关事项

采样人签名:　　　　　　时间:

任务2 准备高锰酸钾（0.1mol/L）标准溶液

职业功能	工作任务	参照材料	工作地点	成果表现形式	备注
检测准备	准备好项目7任务3中已经标定好的高锰酸钾（0.1mol/L）标准溶液	化学试剂标准滴定溶液的制备（GB/T 601）	实验室	项目7任务2中的高锰酸钾标准溶液标定的原始记录表	

任务3 H_2O_2含量的测定

职业功能	工作任务	参照材料	工作地点	成果表现形式	备注
检测与测定	1. 完成过氧化氢中H_2O_2含量的操作流程 2. 完成H_2O_2含量测定的原始记录表	工业过氧化氢 GB/T 1616—2014	实验室	H_2O_2含量测定的原始记录表	试验过程中的过氧化氢样品、发烟硫酸具有强氧化性、腐蚀性,操作者应佩戴橡胶手套和护目镜小心操作!若不小心溅到皮肤上应立即用大量水冲洗,严重者立即治疗

子任务3-1 H_2O_2含量测定的操作流程

一、检测原理

在酸性介质中,过氧化氢与高锰酸钾发生氧化还原反应。根据高锰酸钾标准滴定溶液的消耗量,计算过氧化氢的含量。

在强酸性条件下,$KMnO_4$与H_2O_2进行如下反应

$$2KMnO_4 + 5H_2O_2 + 3H_2SO_4 = 2MnSO_4 + K_2SO_4 + 5O_2\uparrow + 8H_2O$$

$KMnO_4$自身作指示剂。

二、试剂

(1) 硫酸溶液：1+15（浓硫酸与实验用水的体积比为1∶15）。

(2) 高锰酸钾标准溶液：$c\left(\dfrac{1}{5}KMnO_4\right)$ 约为 0.1mol/L。

(3) 不含氧的实验三级水。

三、操作流程

27.5%～35%的过氧化氢试样的称取：用 10～25mL 的滴瓶以减量法称取约 0.16g 试样，精确至 0.0002g，置于已加有 100mL 硫酸溶液的 250mL 锥形瓶中。

50%～70%的过氧化氢试样的称取：称取约 0.8～0.9g 试样，精确至 0.0002g，置于 250mL（V_0）容量瓶中用水稀释至刻度，摇匀。用移液管移取 25mL（V_1）稀释后的溶液置于已加有 100mL 硫酸溶液的 250mL 锥形瓶中。

测定：用高锰酸钾标准滴定溶液滴定至溶液呈粉红色，并在 30s 内不消失即为终点。

27.5%～35%的过氧化氢含量以过氧化氢（H_2O_2）的质量分数 w_1 计，按照式(8-1)计算

$$w_1 = \dfrac{VcM \times 10^{-3}}{m} \times 100\% \tag{8-1}$$

50%～70%的过氧化氢含量以过氧化氢（H_2O_2）的质量分数 w_1 计，按照式(8-2)计算

$$w_1 = \dfrac{VcM \times 10^{-3}}{m(V_1/V_0)} \times 100\% \tag{8-2}$$

式中　V——实际消耗的高锰酸钾标准滴定溶液的体积，mL；

　　　c——高锰酸钾标准滴定溶液的浓度，mL；

　　　M——过氧化氢 $\left(\dfrac{1}{2}H_2O_2\right)$ 的摩尔质量（$M=17.01$），g/mol；

　　　m——试样的质量的数值，g；

　　　V_1——移取 50%～70%的过氧化氢试样稀释后的试验溶液的体积，mL；

　　　V_0——50%～70%的过氧化氢试样稀释后的试验溶液的体积，mL。

子任务3-2　H_2O_2 含量测定的原始记录表（表8-2）

表8-2　H_2O_2 含量测定的原始记录表

项目		次数 1	2	3	备用
过氧化氢试样的质量	m(倾样前)/g				
	m(倾样后)/g				
	m(过氧化氢)/g				
滴定管初读数/mL					
滴定管终读数/mL					
滴定消耗高锰酸钾/mL					
体积校正值/mL					
溶液温度/℃					
温度补正值/(mL/L)					
溶液温度校正值/mL					

续表

项目 \ 次数	1	2	3	备用
实际消耗高锰酸钾体积 V/mL				
$c\left(\dfrac{1}{5}KMnO_4\right)/(mol/L)$				
$w(H_2O_2)/(g/L)$				
$\overline{w}(H_2O_2)/(g/L)$				
相对极差/%				
相对误差/%				
判定结果有效/无效				

任务4 过氧化氢的质量检验结果报告单

产品型号	罐号	数量（　）	取样时间	采用标准 GB/T 1616

检测内容								
检验项目	指　标						检验结果	单项判定
	27.5%过氧化氢		35%	50%	60%	70%		
	一等品	合格品						
过氧化氢（H_2O_2）质量分数≥/%	27.5	27.5	35.0	50.0	60.0	70.0		
游离酸(以 H_2SO_4 计)质量分数≤/%	0.040	0.050	0.040	0.040	0.040	0.050		
不挥发物质量分数≤/%	0.06	0.10	0.08	0.08	0.06	0.06		
……								
检验结论	年　　　月　　　日							
备注								

检验员：　　　　　　　　　　　　　　审核：

【项目考核】

附表　工业过氧化氢含量质量检测的评分细则

序号	作业项目	考核内容	配分	操作要求	考核记录	扣分说明	扣分	得分
1	试样的称量（10分）	称量操作	2	1. 检查天平水平 2. 清扫天平 3. 敲样动作正确		每错一项扣1分,扣完为止		
		称量范围	7	1. 在规定量±5%~±10%内		每错一个扣1分,扣完为止		
				2. 称量范围最多不超过±10%		每错一个扣2分,扣完为止		
		结束工作	1	1. 复原天平 2. 放回凳子		每错一项扣0.5分,扣完为止		

续表

序号	作业项目	考核内容	配分	操作要求	考核记录	扣分说明	扣分	得分
2	试液配制（5分）	容量瓶洗涤	0.5	洗涤干净		洗涤不干净，扣0.5分		
		容量瓶试漏	0.5	正确试漏		不试漏，扣0.5分		
		定量转移	1	转移动作规范		转移动作不规范扣1分		
		定容	3	1. 三分之二处水平摇动 2. 准确稀释至刻线 3. 摇匀动作正确		每错一项扣1分，扣完为止		
3	移取溶液（5分）	移液管洗涤	0.5	洗涤干净		洗涤不干净，扣0.5分		
		移液管润洗	1	润洗方法正确		从容量瓶或原瓶中直接移取溶液扣1分		
		吸溶液	1	1. 不吸空 2. 不重吸		每错一次扣1分，扣完为止		
		调刻线	1	1. 调刻线前擦干外壁 2. 调节液面操作熟练		每错一项扣0.5分，扣完为止		
		放溶液	2	1. 移液管竖直 2. 移液管尖靠壁 3. 放液后停留约15s		每错一项扣1分，扣完为止		
4	滴定操作（5分）	滴定管的洗涤	1	洗涤干净		洗涤不干净，扣1分		
		滴定管的试漏	1	正确试漏		不试漏，扣1分		
		滴定管的润洗	0.5	润洗方法正确		润洗方法不正确扣0.5分		
		滴定操作	2	1. 滴定速度适当 2. 终点控制熟练		每错一项扣1分，扣完为止		
5	滴定终点（4分）	测定终点 粉红色	4	终点判断正确		每错一个扣1分，扣完为止		
6	读数（2分）	读数	2	读数正确		以读数差在0.02mL为正确，每错一个扣1分，扣完为止		
7	原始数据记录（2分）	原始数据记录	2	1. 原始数据记录不用其它纸张记录 2. 原始数据及时记录 3. 正确进行滴定管体积校正（现场裁判应核对校正体积校正值）		每错一个扣1分，扣完为止		
8	文明操作结束工作（1分）	物品摆放 仪器洗涤 "三废"处理	1	1. 仪器摆放整齐 2. 废纸/废液不乱扔乱倒 3. 结束后清洗仪器		每错一项扣0.5分，扣完为止		

续表

序号	作业项目	考核内容	配分	操作要求	考核记录	扣分说明	扣分	得分
9	重大失误（本项最多扣10分）			称量操作		称量失败，每重称一次倒扣2分		
				试液配制		溶液配制失误，重新配制的，每次倒扣5分		
				滴定操作		重新滴定，每次倒扣5分		
				数据处理		篡改测量数据（如伪造、凑数据等）的，总分以0分计		
10	数据记录及处理（6分）	记录	1	1. 规范改正数据 2. 不缺项		每错一个扣0.5分，扣完为止		
		计算	3	计算过程及结果正确（由于第一次错误影响到其他不再扣分）		每错一个扣0.5分，扣完为止		
		有效数字保留	2	有效数字位数保留正确或修约正确		每错一个扣0.5分，扣完为止		
11	测定结果（60分）	精密度	30	相对极差≤0.10%		扣0分		
				0.10%＜相对极差≤0.20%		扣6分		
				0.20%＜相对极差≤0.30%		扣12分		
				0.30%＜相对极差≤0.40%		扣18分		
				0.40%＜相对极差≤0.50%		扣24分		
				相对极差＞0.50%		扣30分		
		准确度	30	|相对误差|≤0.10%		扣0分		
				0.10%＜|相对误差|≤0.20%		扣6分		
				0.20%＜|相对误差|≤0.30%		扣12分		
				0.30%＜|相对误差|≤0.40%		扣18分		
				0.40%＜|相对误差|≤0.50%		扣24分		
				|相对误差|＞0.50%		扣30分		

阅读材料 8-1

韦氏法测定动物油脂中的碘值

有机化合物的分子中含有碳-碳双键或碳-碳三键的属于不饱和化合物。含碳-碳双键的称为烯基化合物。有机化合物分子中的烯基具有较高的反应活性，容易发生亲电加成反应。通常用碘值来表示烯基化合物的不饱和度。

碘值是油脂的特征常数和衡量油脂质量的主要指标。所谓碘值是指在规定条件下，每100g试样在反应中所加碘的克数。它是用以表示物质不饱和度的一种量度。

测定动物油脂中的碘值常用氯化碘加成法。氯化碘加成法也称韦氏法，其原理为过量的氯化碘溶液和不饱和化合物分子中的双键进行定量的加成反应

$$\mathrm{\backslash C{=}C/ + ICl \longrightarrow \backslash C{-}C/\ (I)(Cl)}$$

反应完全后，加入碘化钾溶液与剩余的氯化碘作用析出碘，析出的碘，以淀粉作指示剂，用硫代硫酸钠标准溶液滴定。反应为

$$ICl + KI \longrightarrow I_2 + KCl$$
$$I_2 + 2Na_2S_2O_3 \longrightarrow 2NaI + Na_2S_4O_6$$

为了获得符合要求的结果，测定时应同时做空白实验。

【职业技能鉴定模拟题（八）】

一、单选题

1. 在碘量法中，淀粉是专属指示剂，当溶液呈蓝色时，这是（　　）。
 A. 碘的颜色
 B. I^-的颜色
 C. 游离碘与淀粉生成物的颜色
 D. I^-与淀粉生成物的颜色

2. 配制I_2标准溶液时，是将I_2溶解在（　　）中。
 A. 水　　　　B. KI溶液　　　　C. HCl溶液　　　　D. KOH溶液

3. 用$K_2Cr_2O_7$法测定Fe^{2+}，可选用下列哪种指示剂？
 A. 甲基红-溴甲酚绿
 B. 二苯胺磺酸钠
 C. 铬黑T
 D. 自身指示剂

4. 在间接碘法测定中，下列操作正确的是（　　）。
 A. 边滴定边快速摇动
 B. 加入过量KI，并在室温和避免阳光直射的条件下滴定
 C. 在70～80℃恒温条件下滴定
 D. 滴定一开始就加入淀粉指示剂

5. 间接碘量法测定水中Cu^{2+}含量，介质的pH值应控制在（　　）。
 A. 强酸性　　　B. 弱酸性　　　C. 弱碱性　　　D. 强碱性

6. 在间接碘量法中，滴定终点的颜色变化是（　　）。
 A. 蓝色恰好消失
 B. 出现蓝色
 C. 出现浅黄色
 D. 黄色恰好消失

7. 重铬酸钾法测定铁时，加入硫磷酸的作用主要是（　　）。
 A. 降低Fe^{3+}浓度
 B. 增加酸度
 C. 防止沉淀
 D. 变色明显

8. 用$KMnO_4$法测定Fe^{2+}，可选用下列哪种指示剂（　　）。
 A. 甲基红-溴甲酚绿
 B. 二苯胺磺酸钠
 C. 铬黑T
 D. 自身指示剂

9. 间接碘量法（即滴定碘法）中加入淀粉指示剂的适宜时间是（　　）。
 A. 滴定开始时
 B. 滴定至近终点，溶液呈稻草黄色时

C. 滴定至 I_3^- 的红棕色褪尽，溶液呈无色时

D. 在标准溶液滴定了近 50％时

E. 在标准溶液滴定了 50％后

10. 以 0.01mol/L $K_2Cr_2O_7$ 溶液滴定 25.00mL Fe^{3+} 溶液耗去 $K_2Cr_2O_7$ 25.00mL，每 mL Fe^{3+} 溶液含 Fe（M_{Fe}＝55.85g/mol）（　　）mg。

A. 3.351　　　　B. 0.3351　　　　C. 0.5585　　　　D. 1.676

11. 当增加反应酸度时，氧化剂的电极电位会增大的是（　　）。

A. Fe^{3+}　　　B. I_2　　　　C. $K_2Cr_2O_7$　　　　D. Cu^{2+}

12. 下列测定中，需要加热的有（　　）。

A. $KMnO_4$ 溶液滴定 H_2O_2　　　　B. $KMnO_4$ 溶液滴定 $H_2C_2O_4$

C. 银量法测定水中氯　　　　　　　D. 碘量法测定 $CuSO_4$

13. 碘量法测定 $CuSO_4$ 含量，试样溶液中加入过量的 KI，下列叙述其作用错误的是（　　）。

A. 还原 Cu^{2+} 为 Cu^+　　　　B. 防止 I_2 挥发

C. 与 Cu^+ 形成 CuI 沉淀　　　D. 把 $CuSO_4$ 还原成单质 Cu

14. 间接碘法要求在中性或弱酸性介质中进行测定，若酸度高，将会（　　）。

A. 反应不定量　　　　　　　　B. I_2 易挥发

C. 终点不明显　　　　　　　　D. I^- 被氧化，$Na_2S_2O_3$ 被分解

15. 在 Sn^{2+}、Fe^{3+} 的混合溶液中，欲使 Sn^{2+} 氧化为 Sn^{4+} 而 Fe^{2+} 不被氧化，应选择的氧化剂是（　　）。

A. KIO_3　　　B. H_2O_2　　　　C. $HgCl_2$　　　　D. SO_3^{2-}

16. 以 $K_2Cr_2O_7$ 法测定铁矿石中铁含量时，用 0.02mol/L $K_2Cr_2O_7$ 滴定。设试样含铁以 Fe_2O_3（其摩尔质量为 150.7g/mol）计约为 50％，则试样称取量应为（　　）。

A. 0.1g 左右　　　B. 0.2g 左右　　　C. 1g 左右　　　D. 0.35g 左右

二、多选题

1. 被高锰酸钾溶液污染的滴定管可用（　　）溶液洗涤。

A. 铬酸洗液　　　B. 碳酸钠　　　　C. 草酸　　　　D. 硫酸亚铁

2. 碘量法中使用碘量瓶的目的是（　　）。

A. 防止碘的挥发　　　　　　　B. 防止溶液与空气的接触

C. 提高测定的灵敏度　　　　　D. 防止溶液溅出

3. 配制 $Na_2S_2O_3$ 标准溶液时，应用新煮沸的冷却蒸馏水并加入少量的 Na_2CO_3，其目的是（　　）。

A. 防止 $Na_2S_2O_3$ 氧化　　　　B. 增加 $Na_2S_2O_3$ 溶解度

C. 驱除 CO_2　　　　　　　　D. 易于过滤

E. 杀死微生物

4. 间接碘量法分析过程中加入 KI 和少量 HCl 的目的是（　　）。

A. 防止碘的挥发　　　　　　　B. 加快反应速度

C. 增加碘在溶液中的溶解度　　D. 防止碘在碱性溶液中发生歧化反应

5. 在酸性溶液中 $KBrO_3$ 与过量的 KI 反应，达到平衡时溶液中的（　　）。

A. 两电对 BrO_3^-/Br^- 与 $I_2/2I^-$ 的电位相等

B. 反应产物 I_2 与 KBr 的物质的量相等

C. 溶液中已无 BrO_3^- 存在

D. 反应中消耗的 $KBrO_3$ 的物质的量与产物 I_2 的物质的量之比为 1∶3

6. 为下例①～④滴定选择合适的指示剂（　　）。
①以 Ce^{4+} 滴定 Fe^{2+}；②以 $KBrO_3$ 标定 $Na_2S_2O_3$；③以 $KMnO_4$ 滴定 $H_2C_2O_4$；④以 I_2 滴定维生素 C

A. 淀粉　　　　B. 甲基橙　　　　C. 二苯胺磺酸钠　　　D. 自身指示剂

7. $Na_2S_2O_3$ 溶液不稳定的原因是（　　）。
A. 诱导作用　　B. 还原性杂质的作用　　C. H_2CO_3 的作用　　D. 空气的氧化作用

8. 在碘量法中为了减少 I_2 的挥发，常采用的措施有（　　）。
A. 使用碘量瓶
B. 溶液酸度控制在 pH>8
C. 适当加热增加 I_2 的溶解度，减少挥发
D. 加入过量 KI

9. 在碘量法中为了减少 I_2 的挥发，常采用的措施有（　　）。
A. 使用碘量瓶
B. 溶液酸度控制在 pH>8
C. 适当加热增加 I_2 的溶解度，减少挥发
D. 加入过量 KI

10. 在酸性介质中，以 $KMnO_4$ 溶液滴定草酸盐时，对滴定速度的要求错误的是（　　）。
A. 滴定开始时速度要快　　　　　　B. 开始时缓慢进行，以后逐渐加快
C. 开始时快，以后逐渐缓慢　　　　D. 始终缓慢进行

11. 对于间接碘量法测定还原性物质，下列说法正确的有（　　）。
A. 被滴定的溶液应为中性或微酸性
B. 被滴定的溶液中应有适当过量的 KI
C. 近终点时加入指示剂，滴定终点时被滴定的溶液的蓝色刚好消失
D. 滴定速度可适当加快，摇动被滴定的溶液也应同时加剧
E. 被滴定的溶液中存在的 Cu^{2+} 对测定无影响

三、判断题

（　）1. 配制 I_2 溶液时要滴加 KI。
（　）2. 配制好的 $Na_2S_2O_3$ 标准溶液应立即用基准物质标定。
（　）3. 由于 $K_2Cr_2O_7$ 容易提纯，干燥后可作为基准物质直接配制标准溶液，不必标定。
（　）4. $\varphi_{Cu^{2+}/Cu^{+}}=0.17V$，$\varphi_{I_2/I^{-}}=0.535V$，因此 Cu^{2+} 不能氧化 I^{-}。
（　）5. 标定 I_2 溶液时，既可以用 $Na_2S_2O_3$ 滴定 I_2 溶液，也可以用 I_2 滴定 $Na_2S_2O_3$ 溶液，且都采用淀粉指示剂。这两种情况下加入淀粉指示剂的时间是相同的。
（　）6. 配好 $Na_2S_2O_3$ 标准滴定溶液后煮沸约 10min。其作用主要是除去 CO_2 和杀死微生物，促进 $Na_2S_2O_3$ 标准滴定溶液趋于稳定。
（　）7. 间接碘量法加入 KI 一定要过量，淀粉指示剂要在接近终点时加入。
（　）8. 使用直接碘量法滴定时，淀粉指示剂应在近终点时加入；使用间接碘量法滴定时，淀粉指示剂应在滴定开始时加入。
（　）9. 碘法测铜，加入 KI 起三作用：还原剂、沉淀剂和配位剂。
（　）10. 淀粉为指示剂时，直接碘量法的终点是从蓝色变为无色，间接碘量法是由无色变为蓝色。
（　）11. $K_2Cr_2O_7$ 标准溶液滴定 Fe^{2+} 既能在硫酸介质中进行，又能在盐酸介质中进行。

项目 9

工业盐中氯离子的质量检测

【任务引导】

任务要求	提出任务	在盐化工企业,每天要用数吨的工业盐(或称原盐)做原料,工业盐的技术指标的检测结果直接影响工业盐价格的判定,同时还能影响到要求完成产品质量等。因此,工业盐的质量检测在生产中至关重要。检验员甲承担着原盐的质量检测任务。根据"工业盐 GB/T 5462"中要求,要测定出氯化钠的含量,依据"制盐工业通用试验方法 氯离子的测定 GB/T 13025.5"的要求完成完成氯离子含量的测定						
	明确任务	测定出工业盐质量检测报告单中氯离子含量的质量分数 某有限公司工业盐的质量检测报告单						

产品型号	罐号	数量( )	取样时间	采用标准
				GB/T 5462

检测内容								
指标	日晒工业盐			精致工业盐			检测结果	单项判定
	优级	一级	二级	优级	一级	二级		
Cl^-含量(质量分数)/%	34.00~47.00			>47.00				
氯化钠含量(质量分数)≥/%	96.00	94.50	92.00	99.10	98.50	97.50		
水分含量(质量分数)≤/%	3.00	4.10	6.00	0.30	0.50	0.80		
水不溶物含量(质量分数)≤/%	0.20	0.30	0.40	0.05	0.10	0.20		
钙镁离子含量(质量分数)≤/%	0.30	0.40	0.60	0.25	0.40	0.60		
硫酸根离子含量(质量分数)≤/%	0.05	0.70	1.00	0.30	0.50	0.90		

检测结论	年 月 日
备注	
检验员:	审核:

项目目标	能力目标	1. 能按检测标准要求规范完成操作流程 2. 能按要求正确填写工业盐采样记录表、硝酸银标准溶液标定的原始记录表、氯离子含量测定的原始记录表、工业盐的质量检验结果报告单中氯离子质量分数的检测项目 3. 能分析原始记录表中误差产生的原因,并能正确修正

续表

项目目标	知识目标	1. 完成任务1中【学习要点】要求中应达到的学习目标 2. 完成【职业技能鉴定模拟题（九）】
	素质目标	1. 认真负责，实事求是，坚持原则，一丝不苟地依据标准进行检验和判定 2. 具有较强的颜色分辨能力 3. 具有一定的交流沟通能力，能描述操作过程中遇到的疑难问题
明确任务	任务1	沉淀滴定法主要介绍银量法，主要学习内容：(1)银量法主要用于测定 Cl^-、Br^-、I^-、Ag^+、CN^-、SCN^- 等离子及含卤素的有机化合物；(2)根据所采用的指示剂不同，银量法分为莫尔法、佛尔哈德法和法扬司法。完成【学习要点】中要求的学习目标。
	任务2	1. 能按照检测标准中要求完成实验室工业盐的采样和制样，并能及时、规范填写采样记录表 2. 能按照检测标准中要求模拟完成企业生产现场工业盐的采样和制样，并能模拟填写采样记录表
	任务3	1. 能按照"试剂标准溶液的制备 GB/T 601"的要求规范完成硝酸银标准溶液制备的操作流程 2. 能按要求正确、及时填写硝酸银标准溶液标定的原始记录表
	任务4	1. 检测准备。能按照检测标准要求准备好采样所需的药品、仪器 2. 检测分析。能按照"制盐工业通用试验方法 氯离子的测定 GB/T 13025.5"的要求规范完成氯离子含量测定操作流程 3. 数据处理。能按要求正确、及时填写原盐中氯离子含量测定的原始记录表
	任务5	1. 能规范填写质检报告单 2. 能分析产生不合格品的原因。能审核自己的原始记录表，内容包括：(1)填写内容是否与原始记录相符；(2)检验依据是否适用；(3)环境条件是否满足要求；(4)结论的判定是否正确 3. 整理实验台，维护、保养所用仪器设备
参照资料	参照教材	1. 武汉大学主编. 分析化学. 第四版. 北京：高等教育出版社，1998 2. 于世林、苗凤琴编. 分析化学. 北京：化学工业出版社，2001 3. 刘珍主编. 化验员读本(上册)第四版. 北京：化学工业出版社出版，2004 4. 刘世纯等编. 分析化验工. 北京：化学工业出版社，2004 5. "化学检验工、化工分析工(高级)"职业资格技能鉴定题库
	检测标准	1. 制盐工业主要产品取样方法 GB/T 8618 2. 化学试剂标准溶液的制备 GB/T 601 3. 工业盐 GB/T 5462 4. 制盐工业通用试验方法 氯离子的测定 GB/T 13025.5
项目考核		1. 实事求是完成考核评分细则 2. 能分析评分细则中扣分原因，并能正确处理或修正
课外任务		通过网络查阅资料：工业循环冷却水和锅炉用水中氯离子的测定 GB/T 15453
任务拓展		实验设计：工业循环冷却水中氯离子含量的测定 设计要点提示：(1)所用仪器设备、药品；(2)操作规程；(3)原始记录表；(4)质检报告单；(5)注意事项

任务1　沉淀滴定法的应用

本次任务学习的沉淀滴定法主要讨论银量法。

（1）根据滴定方式的不同，银量法可分为直接法和间接法。直接法是用 $AgNO_3$ 标准溶液直接滴定待测组分的方法。间接法是先于待测试液中加入一定量的 $AgNO_3$ 标准溶液，再用 NH_4SCN 标准溶液来滴定剩余的 $AgNO_3$ 溶液的方法。

（2）根据确定滴定终点所采用的指示剂不同，银量法分为莫尔法（Mohr method）、佛尔哈德法（Volhard method）和法扬司法（Fajans method）。

子任务1-1 沉淀滴定法的原理

【学习要点】 了解沉淀滴定法对沉淀反应的要求；了解银量法的特点、测定对象；掌握沉淀滴定法的原理。

一、沉淀反应的条件

沉淀滴定法是以沉淀反应为基础的一种滴定分析方法。虽然沉淀反应很多，但是能用于滴定分析的沉淀反应必须符合下列几个条件：

(1) 沉淀反应必须迅速，并按一定的化学计量关系进行。
(2) 生成的沉淀应具有恒定的组成，而且溶解度必须很小。
(3) 有确定化学计量点的简单方法。
(4) 沉淀的吸附现象不影响滴定终点的确定。

由于上述条件的限制，能用于沉淀滴定法的反应并不多，目前有实用价值的主要是形成难溶性银盐的反应，例如

$$Ag^+ + Cl^- =\!\!=\!\!= AgCl \downarrow \text{（白色）}$$
$$Ag^+ + SCN^- =\!\!=\!\!= AgSCN \downarrow \text{（白色）}$$

这种利用生成难溶银盐反应进行沉淀滴定的方法称为银量法。银量法主要用于测定Cl^-、Br^-、I^-、Ag^+、CN^-、SCN^-等离子及含卤素的有机化合物。

除银量法外，沉淀滴定法中还有利用其它沉淀反应的方法，例如：$K_4[Fe(CN)_6]$与Zn^{2+}、四苯硼酸钠与K^+形成沉淀的反应。

$$2K_4[Fe(CN)_6] + 3Zn^{2+} =\!\!=\!\!= K_2Zn_3[Fe(CN)_6]_2 \downarrow + 6K^+$$
$$NaB(C_6H_5)_4 + K^+ =\!\!=\!\!= KB(C_6H_5)_4 \downarrow + Na^+$$

都可用于沉淀滴定法。

二、沉淀滴定中的溶度积

1. 根据溶度积原理判断溶液中沉淀生成和溶解的条件

(1) 当溶液中离子浓度乘积等于该温度下化合物溶度积时，该溶液为饱和溶液。
(2) 当溶液中离子浓度乘积大于该温度下化合物溶度积时，将会生成沉淀。
(3) 当溶液中离子浓度乘积小于该温度下化合物溶度积时，溶液是未饱和溶液，若有沉淀存在将会溶解。

2. 分步沉淀

几种离子混合溶液中加入一种沉淀剂，各种离子按一定顺序沉淀析出，成为分析沉淀或分步沉淀。各种离子沉淀顺序和第二沉淀离子什么时候开始沉淀，都可以从它们溶度积常数得到。

例如，在Cl^-和CrO_4^{2-}离子混合溶液中，若两种离子浓度都是0.10mol/L，逐滴加入$AgNO_3$溶液，根据溶度积原理，出现$AgCl$沉淀和Ag_2CrO_4沉淀所需的$[Ag^+]$分别如下。

出现$AgCl$沉淀

$$[Ag^+] = \frac{K_{SP}(AgCl)}{[Cl^-]} = \frac{1.8 \times 10^{-10}}{0.10} = 1.8 \times 10^{-9} \text{mol/L}$$

出现Ag_2CrO_4沉淀

$$[Ag^+] = \sqrt{\frac{K_{SP}(AgCrO_4)}{[CrO_4^{2-}]}} = \sqrt{\frac{2.0 \times 10^{-12}}{0.10}} = 4.5 \times 10^{-6} \text{mol/L}$$

从上面分析可知沉淀 Cl^- 需要的 $[Ag^+]$ 比沉淀 CrO_4^{2-} 需要的 $[Ag^+]$ 浓度要小，因此 Cl^- 首先沉淀。

当 Ag^+ 浓度浓度达到 $4.5×10^{-6}$ mol/L 时，Ag_2CrO_4 沉淀出现，这时溶液中 Cl^- 浓度为

$$[Cl^-]=\frac{K_{SP}(AgCl)}{[Ag^+]}=\frac{1.8×10^{-10}}{4.5×10^{-10}}=4.0×10^{-5} \text{mol/L}$$

因此，当第二离子开始沉淀时，未生成沉淀的 Cl^- 仅为

$$\frac{4.0×10^{-5}}{0.10}×100\%=0.040\%$$

可见 Ag_2CrO_4 沉淀时，Cl^- 已几乎完全沉淀。

从以上分析可知，适当的选择沉淀剂和沉淀条件，可以分步沉淀滴定混合离子溶液。

思 考 题

1. 什么叫沉淀滴定法？用于沉淀滴定的反应必须符合哪些条件？
2. 何谓银量法？银量法主要用于测定哪些物质？
3. 判断溶液中沉淀生成和溶解的条件是什么？

子任务1-2　常用的银量法

【学习要点】　掌握莫尔法、佛尔哈德法、法扬司法三种滴定法的终点确定的方法原理、滴定条件、应用范围和有关计算。

根据所采用的指示剂不同，按照创立者的名字命名，分为莫尔法、佛尔哈德法和法扬司法。

一、莫尔法——铬酸钾作指示剂法

莫尔法是以 K_2CrO_4 为指示剂，在中性或弱碱性介质中用 $AgNO_3$ 标准溶液测定卤素混合物含量的方法。

1. 指示剂的作用原理

以测定 Cl^- 为例，K_2CrO_4 作指示剂，用 $AgNO_3$ 标准溶液滴定，其反应为

$$Ag^+ + Cl^- \Longrightarrow AgCl\downarrow \text{（白色）}$$

$$2Ag^+ + CrO_4^{2-} \Longrightarrow Ag_2CrO_4\downarrow \text{（砖红色）}$$

这个方法的依据是多级沉淀原理，由于 $AgCl$ 的溶解度比 Ag_2CrO_4 的溶解度小，因此在用 $AgNO_3$ 标准溶液滴定时，$AgCl$ 先析出沉淀，当滴定剂 Ag^+ 与 Cl^- 达到化学计量点时，微过量的 Ag^+ 与 CrO_4^{2-} 反应析出砖红色的 Ag_2CrO_4 沉淀，指示滴定终点的到达。

2. 滴定条件

（1）指示剂作用量　用 $AgNO_3$ 标准溶液滴定 Cl^-、指示剂 K_2CrO_4 的用量对于终点指示有较大的影响，CrO_4^{2-} 浓度过高或过低，Ag_2CrO_4 沉淀的析出就会过早或过迟，就会产生一定的终点误差。因此要求 Ag_2CrO_4 沉淀应该恰好在滴定反应的化学计量点时出现。化学计量点时 $[Ag^+]$ 为

$$[Ag^+]=[Cl^-]=\sqrt{K_{SP,AgCl}}=\sqrt{3.2×10^{-10}} \text{mol/L}=1.8×10^{-5} \text{mol/L}$$

若此时恰有 Ag_2CrO_4 沉淀，则

$$[CrO_4^{2-}]=\frac{K_{SP,Ag_2CrO_4}}{[Ag^+]^2}=5.0×10^{-12}/(1.8×10^{-5})^2 \text{mol/L}=1.5×10^{-2} \text{mol/L}$$

在滴定时，由于 K_2CrO_4 显黄色，当其浓度较高时颜色较深，不易判断砖红色的出现。为了能观察到明显的终点，指示剂的浓度以略低一些为好。实验证明，滴定溶液中 $c(K_2CrO_4)$ 为 $5×10^{-3}$ mol/L 是确定滴定终点的适宜浓度。

显然，K_2CrO_4 浓度降低后，要使 Ag_2CrO_4 析出沉淀，必须多加些 $AgNO_3$ 标准溶液，这时滴定剂就过量了，终点将在化学计量点后出现，但由于产生的终点误差一般都小于 0.1%，不会影响分析结果的准确度。但是如果溶液较稀，如用 0.01000 mol/L $AgNO_3$ 标准溶液滴定 0.01000 mol/L Cl^- 溶液，滴定误差可达 0.6%，影响分析结果的准确度，应做指示剂空白试验进行校正。

(2) 滴定时的酸度　在酸性溶液中，CrO_4^{2-} 有如下反应

$$2CrO_4^{2-} + 2H^+ \rightleftharpoons 2HCrO_4^- \rightleftharpoons Cr_2O_7^{2-} + H_2O$$

因而降低了 CrO_4^{2-} 的浓度，使 Ag_2CrO_4 沉淀出现过迟，甚至不会沉淀。

在强碱性溶液中，会有棕黑色 Ag_2O 沉淀析出

$$2Ag^+ + 2OH^- \rightleftharpoons Ag_2O\downarrow + H_2O$$

因此，莫尔法只能在中性或弱碱性（pH=6.5~10.5）溶液中进行。若溶液酸性太强，可用 $Na_2B_4O_7·10H_2O$ 或 $NaHCO_3$ 中和；若溶液碱性太强，可用稀 HNO_3 溶液中和；而在有 NH_4^+ 存在时，滴定的 pH 范围应控制在 6.5~7.2 之间。

3. 应用范围

莫尔法主要用于测定 Cl^-、Br^- 和 Ag^+，如氯化物、溴化物纯度测定以及天然水中氯含量的测定。当试样中 Cl^- 和 Br^- 共存时，测得的结果是它们的总量。若测定 Ag^+，应采用返滴定法，即向 Ag^+ 的试液中加入过量的 NaCl 标准溶液，然后再用 $AgNO_3$ 标准溶液滴定剩余的 Cl^-（若直接滴定，先生成的 Ag_2CrO_4 转化为 AgCl 的速度缓慢，滴定终点难以确定）。莫尔法不宜测定 I^- 和 SCN^-，因为滴定生成的 AgI 和 AgSCN 沉淀表面会强烈吸附 I^- 和 SCN^-，使滴定终点过早出现，造成较大的滴定误差。

莫尔法的选择性较差，凡能与 CrO_4^{2-} 或 Ag^+ 生成沉淀的阳、阴离子均干扰滴定。前者如 Ba^{2+}、Pb^{2+}、Hg^{2+} 等；后者如 SO_3^{2-}、PO_4^{3-}、AsO_4^{3-}、S^{2-}、$C_2O_4^{2-}$ 等。

二、佛尔哈德法——铁铵矾作指示剂法

佛尔哈德法是在酸性介质中，以铁铵矾 $[NH_4Fe(SO_4)_2·12H_2O]$ 作指示剂来确定滴定终点的一种银量法。根据滴定方式不同，佛尔哈德法分为直接滴定法和返滴定法两种。

1. 直接滴定法测定 Ag^+

在含有 Ag^+ 的 HNO_3 介质中，以铁铵矾作指示剂，用 NH_4SCN 标准溶液直接滴定，当滴定到化学计量点时，微过量的 SCN^- 与 Fe^{3+} 结合生成红色的 $[FeSCN]^{2+}$ 即为滴定终点。其反应是

$$Ag^+ + SCN^- \rightleftharpoons AgSCN\downarrow（白色）\quad K_{Sp,AgSCN}=2.0×10^{-12}$$
$$Fe^{3+} + SCN^- \rightleftharpoons [FeSCN]^{2+}（红色）\quad K=200$$

由于指示剂中的 Fe^{3+} 在中性或碱性溶液中将形成 $Fe(OH)^{2+}$、$Fe(OH)_2^+$、……等深色配合物，碱度再大，还会产生 $Fe(OH)_3$ 沉淀，因此滴定应在酸性（0.3~1 mol/L）溶液中进行。用 NH_4SCN 溶液滴定 Ag^+ 溶液时，生成的 AgSCN 沉淀能吸附溶液中的 Ag^+，使 Ag^+ 浓度降低，以致红色的出现略早于化学计量点。因此在滴定过程中需剧烈摇动，使被吸附的 Ag^+ 释放出来。

此法的优点在于可用来直接测定 Ag^+，并可在酸性溶液中进行滴定。

2. 返滴定法测定卤素离子

佛尔哈德法测定卤素离子（如 Cl^-、Br^-、I^- 和 SCN^-）时应采用返滴定法。即在酸性（HNO_3 介质）待测溶液中，先加入已知过量的 $AgNO_3$ 标准溶液，再用铁铵矾作指示剂，用 NH_4SCN 标准溶液回滴剩余的 Ag^+（HNO_3 介质）。反应如下。

$$Ag^+ + Cl^- \Longleftrightarrow AgCl\downarrow（白色）$$
（过量）
$$Ag^+ + SCN^- \Longleftrightarrow AgSCN\downarrow（白色）$$
（剩余量）

终点指示反应 $\quad Fe^{3+} + SCN^- \Longleftrightarrow [FeSCN]^{2+}$（红色）

用佛尔哈德法测定 Cl^-，滴定到临近终点时，经摇动后形成的红色会褪去，这是因为 AgSCN 的溶解度小于 AgCl 的溶解度，加入的 NH_4SCN 将与 AgCl 发生沉淀转化反应

$$AgCl + SCN^- \Longleftrightarrow AgSCN\downarrow + Cl^-$$

沉淀的转化速率较慢，滴加 NH_4SCN 形成的红色随着溶液的摇动而消失。这种转化作用将继续进行到 Cl^- 与 SCN^- 浓度之间建立一定的平衡关系，才会出现持久的红色，无疑滴定已多消耗了 NH_4SCN 标准滴定溶液。为了避免上述现象的发生，常采用以下措施。

(1) 试液中加入一定过量的 $AgNO_3$ 标准溶液之后，将溶液煮沸，使 AgCl 沉淀凝聚，以减少 AgCl 沉淀对 Ag^+ 的吸附。滤去沉淀，并用稀 HNO_3 充分洗涤沉淀，然后用 NH_4SCN 标准滴定溶液回滴滤液中的过量 Ag^+。

(2) 在滴入 NH_4SCN 标准溶液之前，加入有机溶剂硝基苯或邻苯二甲酸二丁酯或 1,2-二氯乙烷。用力摇动后，有机溶剂将 AgCl 沉淀包住，使 AgCl 沉淀与外部溶液隔离，阻止 AgCl 沉淀与 NH_4SCN 发生转化反应。此法方便，但硝基苯有毒。

(3) 提高 Fe^{3+} 的浓度以减小终点时 SCN^- 的浓度，从而减小上述误差。实验证明，一般溶液中 $c(Fe^{3+}) = 0.2 mol/L$ 时，终点误差将小于 0.1%。

佛尔哈德法在测定 Br^-、I^- 和 SCN^- 时，滴定终点十分明显，不会发生沉淀转化，因此不必采取上述措施。但是在测定碘化物时，必须加入过量 $AgNO_3$ 溶液之后再加入铁铵矾指示剂，以免 I^- 对 Fe^{3+} 的还原作用而造成误差。强氧化剂和氮的氧化物以及铜盐、汞盐都与 SCN^- 作用，因而干扰测定，必须预先除去。

三、法扬司法——吸附指示剂法

1. 吸附指示剂的作用原理

吸附指示剂是一类有机染料，它的阴离子在溶液中易被带正电荷的胶状沉淀吸附，吸附后结构改变，从而引起颜色的变化，指示滴定终点的到达。

现以 $AgNO_3$ 标准溶液滴定 Cl^- 为例，说明指示剂荧光黄的作用原理。

荧光黄是一种有机弱酸，用 HFI 表示，在水溶液中可离解为荧光黄阴离子 FI^-，呈黄绿色：

$$HFI \Longleftrightarrow FI^- + H^+$$

在化学计量点前，生成的 AgCl 沉淀在过量的 Cl^- 溶液中，AgCl 沉淀吸附 Cl^- 而带负电荷，形成的 (AgCl)·Cl^- 不吸附指示剂阴离子 FI^-，溶液呈黄绿色。到达化学计量点时，微过量的 $AgNO_3$ 可使 AgCl 沉淀吸附 Ag^+ 形成 (AgCl)·Ag^+ 而带正电荷，此带正电荷的 (AgCl)·Ag^+ 吸附荧光黄阴离子 FI^-，结构发生变化呈现粉红色，使整个溶液由黄绿色变成粉红色，指示终点的到达。

$$(AgCl)\cdot Ag^+ + FI^- \xrightarrow{吸附} (AgCl)\cdot Ag\cdot FI$$
（黄绿色）　　　（粉红色）

2. 使用吸附指示剂的注意事项

（1）**保持沉淀呈胶体状态**　由于吸附指示剂的颜色变化发生在沉淀微粒表面上，因此，应尽可能使卤化银沉淀呈胶体状态，具有较大的表面积。为此，在滴定前应将溶液稀释，并加糊精或淀粉等高分子化合物作为保护剂，以防止卤化银沉淀凝聚。

（2）**控制溶液酸度**　常用的吸附指示剂大多是有机弱酸，而起指示剂作用的是它们的阴离子。酸度大时，H^+与指示剂阴离子结合成不被吸附的指示剂分子，无法指示终点。酸度的大小与指示剂的离解常数有关，离解常数大，酸度可以大些。例如荧光黄其$pK_a \approx 7$，适用于$pH=7\sim10$的条件下进行滴定，若$pH<7$荧光黄主要以HFI形式存在，不被吸附。

（3）**避免强光照射**　卤化银沉淀对光敏感，易分解析出银使沉淀变为灰黑色，影响滴定终点的观察，因此在滴定过程中应避免强光照射。

（4）**吸附指示剂的选择**　沉淀胶体微粒对指示剂离子的吸附能力，应略小于对待测离子的吸附能力，否则指示剂将在化学计量点前变色。但不能太小，否则终点出现过迟。卤化银对卤化物和几种吸附指示剂的吸附能力的次序如下

$$I^- > SCN^- > Br^- > 曙红 > Cl^- > 荧光黄$$

因此，滴定Cl^-不能选曙红，而应选荧光黄。表9-1中列出了几种常用的吸附指示剂及其应用。

表9-1　常用吸附指示剂及其应用

指示剂	被测离子	滴定剂	滴定条件	终点颜色变化
荧光黄	Cl^-、Br^-、I^-	$AgNO_3$	pH 7～10	黄绿→粉红
二氯荧光	Cl^-、Br^-、I^-	$AgNO_3$	pH 4～10	黄绿→红
曙红	Br^-、SCN^-	$AgNO_3$	pH 2～10	橙黄→红紫
溴酚蓝	生物碱盐类	$AgNO_3$	弱酸性	黄绿→灰紫
甲基紫	Ag^+	NaCl	酸性溶液	黄红→红紫

3. 应用范围

法扬司法可用于测定Cl^-、Br^-、I^-和SCN^-及生物碱盐类（如盐酸麻黄碱）等。测定Cl^-常用荧光黄或二氯荧光黄作指示剂，而测定Br^-、I^-和SCN^-常用曙红作指示剂。此法终点明显，方法简便，但反应条件要求较严，应注意溶液的酸度、浓度及胶体的保护等。

思　考　题

1. 莫尔法中K_2CrO_4指示剂用量对分析结果有何影响？
2. 为什么莫尔法只能在中性或弱碱性溶液中进行，而佛尔哈德法只能在酸性溶液中进行？
3. 法扬司法使用吸附指示剂时，应注意哪些问题？
4. 用银量法测定下列试样中Cl^-含量时，应选用何种方法确定终点较为合适？
　　（1）KCl　　（2）NH_4Cl　　（3）$Na_3PO_4 + NaCl$
5. 在下列情况下，分析结果是偏低还是偏高，还是没影响？为什么？
　　（1）pH=4时，用莫尔法测定Cl^-。
　　（2）莫尔法测定Cl^-时，指示剂K_2CrO_4溶液浓度过稀。
　　（3）佛尔哈德法测定Cl^-时，未加硝基苯。

(4) 佛尔哈德法测定 I^- 时，先加入铁铵矾指示剂，再加入过量 $AgNO_3$ 标准溶液。
(5) 法扬司法测定 Cl^- 时，用曙红作指示剂。

任务 2　工业盐的采样

职业功能	工作任务	参照材料	工作地点	成果表现形式
采样	完成实验室中袋装样品采样及采样记录表	制盐工业主要产品取样方法 GB/T 8618	实验室	采样记录表

任务 3　硝酸银标准溶液的制备

职业功能	工作任务	参照材料	工作地点	成果表现形式	备注
检测准备	1. 配制出某体积、某浓度的硝酸银溶液 2. 标定出所配制的硝酸银标准溶液的浓度	化学试剂标准滴定溶液的制备（GB/T 601）	实验室	硝酸银标准溶液的原始记录表	保存好标准溶液，下次任务用

子任务 3-1　硝酸银（0.1mol/L）标准溶液的配制

一、检测准备

1. 药品、试剂

（1）固体 $AgNO_3$（分析纯）。

（2）去离子水。

2. 仪器

常用滴定分析玻璃仪器、电子天平、托盘天平、电热恒温干燥箱等。

二、操作流程

$AgNO_3$ 溶液 $c(AgNO_3)=0.1mol/L$ 的配制：称取 17.5g $AgNO_3$，溶于 1000mL 水中，摇匀。溶液贮存于棕色瓶中。

子任务 3-2　硝酸银（0.1mol/L）标准溶液的标定

一、标定原理

$AgNO_3$ 标准滴定溶液可用基准物 $AgNO_3$ 直接配制。但对于一般市售 $AgNO_3$，常因含有 Ag、Ag_2O、有机物和铵盐等杂质，故需用基准物标定。

标定 $AgNO_3$ 溶液的基准物质多用 NaCl，K_2CrO_4 作指示剂。反应式为

$$NaCl + AgNO_3 \longrightarrow AgCl\downarrow（白色）+ NaNO_3$$
$$K_2CrO_4 + 2AgNO_3 \longrightarrow Ag_2CrO_4\downarrow（砖红色）+ 2KNO_3$$

当反应达化学计量点，Cl^- 定量沉淀为 AgCl 后，利用微过量的 Ag^+ 与 CrO_4^{2-} 生成砖红色 Ag_2CrO_4 沉淀，指示滴定终点。因此注意以下两点。

(1) K_2CrO_4 溶液浓度至关重要，一般以 $5×10^{-3}$ mol/L 为宜。

(2) 滴定反应必须在中性或弱碱性溶液中进行，最适宜的酸度为 pH=6.5~10.5。

二、试剂

(1) 基准物 NaCl：于 500~600℃灼烧至恒重。

(2) 荧光素指示液（5g/L）：称取 0.5g 荧光素（荧光红或荧光黄），溶于乙醇（95%），用乙醇（95%）稀释至 100mL。

(3) 淀粉溶液（10g/L）：称取 1g 淀粉，加 5mL 水使其成糊状，在搅拌下将糊状物加到 90mL 沸腾的水中，煮沸 1~2min，冷却，稀释至 100mL。使用期为 2 周。

三、操作流程

称取 0.2g 于 500~600℃灼烧至质量恒定的基准物 NaCl，称准至 0.0002g。溶于 70mL 水中，加 10mL 淀粉溶液，在摇动下用配好的硝酸银（0.1mol/L）溶液避光滴定，近终点时，加入 3 滴荧光黄指示液，继续滴定至乳液呈粉红色。

计算公式如下

$$c(AgNO_3) = \frac{m}{V(AgNO_3)M(NaCl)} \times 1000$$

式中　$c(AgNO_3)$——$AgNO_3$ 标准滴定溶液的浓度，mol/L；

$V(AgNO_3)$——实际消耗 $AgNO_3$ 标准滴定溶液的体积，mL；

m——基准物质氯化钠的质量，g；

$M(NaCl)$——NaCl 的摩尔质量，58.44g/mol。

子任务 3-3　硝酸银标准溶液的原始记录表（表 9-2）

表 9-2　硝酸银（0.1mol/L）标准溶液的原始记录表

项目	次数	1	2	3	4	备用
基准物称量	m(倾样前)/g					
	m(倾样后)/g					
	m(氯化钠)/g					
滴定管初读数/mL						
滴定管终读数/mL						
滴定消耗硝酸银体积/mL						
体积校正值/mL						
溶液温度/℃						
温度补正值/(mL/L)						
溶液温度校正值/mL						
实际消耗硝酸银体积 V/mL						
$c(AgNO_3)$/(mol/L)						
$\bar{c}(AgNO_3)$/(mol/L)						
相对极差/%						
相对误差/%						
判定结果有效/无效						

任务4 氯离子含量的测定

职业功能	工作任务	参照材料	工作地点	成果表现形式	备注
检测与测定	1. 完成氯离子含量的测定操作 2. 完成氯离子含量测定的原始记录表	制盐工业通用试验方法　氯离子的测定 GB/T 13025.5	实验室	氯离子含量测定的原始记录表	用上次任务标定好的硝酸银标准溶液

子任务4-1 氯离子含量测定的操作流程

一、检测准备

1. 准备药品、试剂

（1）硝酸银（0.1mol/L）标准滴定溶液。

（2）铬酸钾指示剂：称取10g铬酸钾，溶于100mL水中，搅拌下滴加硝酸银溶液至呈现红棕色沉淀，过滤后使用。

（3）工业盐或者食用盐。

2. 仪器设备

一般实验室用仪器。

二、测定原理

样品溶液调至中性，铬酸钾作指示剂，用硝酸银标准溶液滴定，测定氯离子的含量。反应式为

$$NaCl + AgNO_3 = AgCl\downarrow（白色）+ NaNO_3$$

$$K_2CrO_4 + 2AgNO_3 = Ag_2CrO_4\downarrow（砖红色）+ 2KNO_3$$

当反应达化学计量点，Cl^-定量沉淀为AgCl后，利用微过量的Ag^+与CrO_4^{2-}生成砖红色Ag_2CrO_4沉淀，指示滴定终点。

三、测定流程

1. 配样

称取25g粉碎至2mm以下的均匀样品，称准至0.001g，置于400mL烧杯中，加200mL水，加热近沸至样品全部溶解，冷却后移入500mL容量瓶，加水稀释至刻度摇匀（必要时过滤）。当试样中待测离子含量过高时可适当稀释后再测定。

2. 测定

取上述一定体积的上述配样的试样溶液（含氯离子85mg以下）于150mL烧杯中，加4滴铬酸钾指示剂，搅拌下用硝酸银标准滴定溶液滴定，直至悬浊液中出现稳定的橘红色为终点，同时做空白试验。在测定氯离子含量较高的样品时，应对玻璃量器和环境温度变化对结果的影响进行校正。

注：滴定时应一面滴加硝酸银溶液，一面摇动锥形瓶，以防止生成的AgCl沉淀聚集成团，使其中包含的氯离子不易与硝酸银接触；也防止由于局部Ag^+过高，生成$AgCrO_4$沉淀使终点过早到达。

试样中氯离子含量以质量分数w计，按下式计算

$$w=\frac{(V_1-V_0)c(\text{AgNO}_3)\times 35.453}{m\times 1000}\times 100\%$$

式中 V_1——实际消耗 $AgNO_3$ 标准滴定溶液的体积，mL；

　　　V_0——空白试验消耗 $AgNO_3$ 标准滴定溶液的体积，mL；

$c(AgNO_3)$——$AgNO_3$ 标准滴定溶液的浓度，mol/L；

　　35.453——氯离子的摩尔质量，g/mol；

　　　m——所取试样质量，g；

　　1000——单位换算系数。

子任务 4-2　氯离子含量测定的原始记录表（表 9-3）

表 9-3　工业盐中氯离子含量测定的原始记录表

项目 \ 次数	1	2	3	备用
移取试液体积/mL				
试样的质量/g				
滴定管初读数/mL				
滴定管终读数/mL				
滴定消耗硝酸银的体积/mL				
体积校正值/mL				
溶液温度/℃				
温度补正值/(mL/L)				
溶液温度校正值/mL				
实际消耗 $AgNO_3$ 体积 V_1/mL				
V_0(空白)/mL				
$c(AgNO_3)$/(mol/L)				
$w(Cl^-)$/(g/L)				
$\overline{w}(Cl^-)$/(g/L)				
相对极差/%				
相对误差/%				
判断结果有效/无效				

任务 5　工业盐的质量检验结果报告单

产品型号	罐号	数量(　)	取样时间	采用标准
				GB/T 5462
检测内容				
指标	日晒工业盐			精制工业盐			检测结果	单项判定
	优级	一级	二级	优级	一级	二级		
Cl^- 质量分数/%	34.00～47.00			>47.00				
氯化钠质量分数≥/%	96.00	94.50	92.00	99.10	98.50	97.50		

项目9 工业盐中氯离子的质量检测

续表

指标	日晒工业盐			精制工业盐			检测结果	单项判定
	优级	一级	二级	优级	一级	二级		
水分质量分数≤/%	3.00	4.10	6.00	0.30	0.50	0.80		
……								
检测结论							年 月 日	
备注								

检验员： 　　　　　　　　　　　审核：

【项目考核】

附表　工业盐中氯离子含量质量检测的评分细则

序号	作业项目	考核内容	配分	操作要求	考核记录	扣分说明	扣分	得分
1	基准物及试样的称量（8.5分）	称量操作	1	1. 检查天平水平 2. 清扫天平 3. 敲样动作正确		每错一项扣0.5分，扣完为止		
		基准物称量范围	7	1. 在规定量±5%～±10%内 2. 称量范围最多不超±10%		每错一个扣1分，扣完为止 每错一个扣2分，扣完为止		
		结束工作	0.5	1. 复原天平 2. 放回凳子		每错一项扣0.5分，扣完为止		
2	试液配制（3分）	容量瓶洗涤	0.5	洗涤干净		洗涤不干净，扣0.5分		
		容量瓶试漏	0.5	正确试漏		不试漏，扣0.5分		
		定量转移	0.5	转移动作规范		转移动作不规范扣1分		
		定容	1.5	1. 三分之二处水平摇动 2. 准确稀释至刻线 3. 摇匀动作正确		每错一项扣0.5分，扣完为止		
3	移取溶液（4.5分）	移液管洗涤	0.5	洗涤干净		洗涤不干净，扣0.5分		
		移液管润洗	1	润洗方法正确		从容量瓶或原瓶中直接移取溶液扣1分		
		吸溶液	1	1. 不吸空 2. 不重吸		每错一次扣1分，扣完为止		
		调刻线	1	1. 调刻线前擦干外壁 2. 调节液面操作熟练		每错一项扣0.5分，扣完为止		
		放溶液	1	1. 移液管竖直 2. 移液管尖靠壁 3. 放液后停留约15s		每错一项扣0.5分，扣完为止		

续表

序号	作业项目	考核内容	配分	操作要求	考核记录	扣分说明	扣分	得分
4	托盘天平使用(0.5分)	称量	0.5	称量操作规范		操作不规范扣0.5分,扣完为止		
5	滴定操作(3.5分)	滴定管的洗涤	0.5	洗涤干净		洗涤不干净,扣0.5分		
		滴定管的试漏	0.5	正确试漏		不试漏,扣0.5分		
		滴定管的润洗	0.5	润洗方法正确		润洗方法不正确扣0.5分		
		滴定操作	2	1. 滴定速度适当 2. 终点控制熟练		每错一项扣1分,扣完为止		
6	滴定终点(4分)	标定终点 粉红色	4	终点判断正确		每错一个扣1分,扣完为止		
		测定终点 橘红色		终点判断正确				
7	空白试验(1分)	空白试验测定规范	1	按照规范要求完成空白试验		测定不规范扣1分,扣完为止		
8	读数(2分)	读数	2	读数正确		以读数差在0.02mL为正确,每错一个扣1分,扣完为止		
9	原始数据记录(2分)	原始数据记录	2	1. 原始数据记录不用其它纸张记录 2. 原始数据及时记录 3. 正确进行滴定管体积校正(现场裁判应核对校正体积校正值)		每错一个扣1分,扣完为止		
10	文明操作结束工作(1分)	物品摆放仪器洗涤"三废"处理	1	1. 仪器摆放整齐 2. 废纸/废液不乱扔乱倒 3. 结束后清洗仪器		每错一项扣0.5分,扣完为止		
11	重大失误(本项最多扣10分)			基准物的称量		称量失败,每重称一次倒扣2分		
				试液配制		溶液配制失误,重新配制的,每次倒扣5分		
				滴定操作		重新滴定,每次倒扣5分		
						篡改测量数据(如伪造、凑数据等)的,总分以0分计		
12	数据记录及处理(6分)	记录	1	1. 规范改正数据 2. 不缺项		每错一个扣0.5分,扣完为止		
		计算	3	计算过程及结果正确(由于第一次错误影响到其他不再扣分)		每错一个扣0.5分,扣完为止		
		有效数字保留	2	有效数字位数保留正确或修约正确		每错一个扣0.5分,扣完为止		

续表

序号	作业项目	考核内容	配分	操作要求	考核记录	扣分说明	扣分	得分
13	标定结果（35分）	精密度	20	相对极差≤0.10%		扣0分		
				0.10%＜相对极差≤0.20%		扣4分		
				0.20%＜相对极差≤0.30%		扣8分		
				0.30%＜相对极差≤0.40%		扣12分		
				0.40%＜相对极差≤0.50%		扣16分		
				相对极差＞0.50%		扣20分		
		准确度	15	|相对误差|≤0.10%		扣0分		
				0.10%＜|相对误差|≤0.20%		扣3分		
				0.20%＜|相对误差|≤0.30%		扣6分		
				0.30%＜|相对误差|≤0.40%		扣9分		
				0.40%＜|相对误差|≤0.50%		扣12分		
				|相对误差|＞0.50%		扣15分		
14	测定结果（30分）	精密度	15	相对极差≤0.10%		扣0分		
				0.10%＜相对极差≤0.20%		扣3分		
				0.20%＜相对极差≤0.30%		扣6分		
				0.30%＜相对极差≤0.40%		扣9分		
				0.40%＜相对极差≤0.50%		扣12分		
				相对极差＞0.50%		扣15分		
		准确度	15	|相对误差|≤0.10%		扣0分		
				0.10%＜|相对误差|≤0.20%		扣3分		
				0.20%＜|相对误差|≤0.30%		扣6分		
				0.30%＜|相对误差|≤0.40%		扣9分		
				0.40%＜|相对误差|≤0.50%		扣12分		
				|相对误差|＞0.50%		扣15分		

阅读材料 9-1

盖吕萨克的银量法（Gay-Lussac 法）

Gay-Lussac 法又叫等浊滴定法和浊度法，是一百多年前由 Josephlouis GayLussac（1718～1850年，法国人）提出用氯化物来测定银的方法。它对测定银、氯和以纯金属氯化物形式进行分析的一些金属的原子量有着持久的意义，至今某些国家的造币厂仍用此法测定银。

这种方法确定终点不需要指示剂。其原理是：以硝酸银滴定氯化钠至化学计量点时，溶液是氯化银的饱和溶液并含有相同浓度的银离子和氯离子。如果在上层清液中加入少量的氯离子或银离子，由于生成氯化银沉淀而使清液变为浑浊，这是因为两种离子不管哪一种过量都会降低氯化银的溶解度。在化学计量点时的试样上层清液中加入稍过量的银离子所得到的浊度是与加入同样过量的氯离子所得到的浊度相等。如果氯离子还过量，那么在试样上层清液中加入银离子所造成的浊度比加入过量的氯离子所造成的浊度要深得多；同样如果滴定过程中硝酸银已加得过量，将会看到相反的效果。因此在应用这种方法时在接近化学计量点时抽取两份上层清液，分别用硝酸银和氯化物试验。如果发现浊度不相等，继续用硝酸银或氯化物滴定到浊度相等为止。

【职业技能鉴定模拟题（九）】

一、单选题

1. 有关影响沉淀完全的因素叙述错误的是（　　）。
A. 利用同离子效应，可使被测组分沉淀更完全
B. 异离子效应的存在，使被测组分沉淀完全
C. 配合效应的存在，将使被测离子沉淀不完全
D. 温度升高，会增加沉淀的溶解损失

2. 在下列杂质离子存在下，以 Ba^{2+} 沉淀 SO_4^{2-} 时，沉淀首先吸附（　　）。
A. Fe^{3+}　　　　B. Cl^-　　　　C. Ba^{2+}　　　　D. NO_3^-

3. 莫尔法采用 $AgNO_3$ 标准溶液测定 Cl^- 时，其滴定条件是（　　）。
A. pH=2.0～4.0　B. pH=6.5～10.5　C. pH=4.0～6.5　D. pH=10.0～12.0

4. 用莫尔法测定纯碱中的氯化钠，应选择的指示剂是（　　）。
A. $K_2Cr_2O_7$　　B. K_2CrO_4　　C. KNO_3　　D. $KClO_3$

5. 采用佛尔哈德法测定水中 Ag^+ 含量时，终点颜色为（　　）。
A. 红色　　　　B. 纯蓝色　　　　C. 黄绿色　　　　D. 蓝紫色

6. 以铁铵矾为指示剂，用硫氰酸铵标准滴定溶液滴定银离子时，应在下列何种条件下进行（　　）。
A. 酸性　　　　B. 弱酸性　　　　C. 碱性　　　　D. 弱碱性

7. 佛尔哈德法的指示剂是（　　），滴定剂是（　　）。
A. 硫氰酸钾　　B. 甲基橙　　C. 铁铵矾　　D. 铬酸钾

8. 基准物质 NaCl 在使用前预处理方法为（　　），再放于干燥器中冷却至室温。
A. 在 140～150℃ 烘干至恒重　　　　B. 在 270～300℃ 灼烧至恒重
C. 在 105～110℃ 烘干至恒重　　　　D. 在 500～600℃ 灼烧至恒重

9. 用佛尔哈德法测定 Cl^- 时，如果不加硝基苯（或邻苯二甲酸二丁酯），会使分析结果（　　）。

A. 偏高 B. 偏低
C. 无影响 D. 可能偏高也可能偏低
10. 用氯化钠基准试剂标定 $AgNO_3$ 溶液浓度时，溶液酸度过大，会使标定结果（　　）。
A. 偏高　　　　　B. 偏低　　　　　C. 不影响　　　　　D. 难以确定其影响
11. 下列测定过程中，哪些必须用力振荡锥形瓶（　　）。
A. 莫尔法测定水中氯 B. 间接碘量法测定 Cu^{2+} 浓度
C. 酸碱滴定法测定工业硫酸浓度 D. 配位滴定法测定硬度
12. 下列说法正确的是（　　）。
A. 莫尔法能测定 Cl^-、I^-、Ag^+
B. 佛尔哈德法能测定的离子有 Cl^-、Br^-、I^-、SCN^-、Ag^+
C. 佛尔哈德法只能测定的离子有 Cl^-、Br^-、I^-、SCN^-
D. 沉淀滴定中吸附指示剂的选择，要求沉淀胶体微粒对指示剂的吸附能力应略大于对待测离子的吸附能力
13. 利用莫尔法测定 Cl^- 含量时，要求介质的 pH 值在 6.5～10.5 之间，若酸度过高，则（　　）。
A. AgCl 沉淀不完全 B. AgCl 沉淀吸附 Cl^- 能力增强
C. Ag_2CrO_4 沉淀不易形成 D. 形成 Ag_2O 沉淀
14. 佛尔哈德法返滴定测 I^- 时，指示剂必须在加入过量的 $AgNO_3$ 溶液后才能加入，这是因为（　　）。
A. AgI 对指示剂的吸附性强 B. AgI 对 I^- 的吸附强
C. Fe^{3+} 氧化 I^- D. 终点提前出现
15. 下列关于吸附指示剂说法错误的是（　　）。
A. 吸附指示剂是一种有机染料
B. 吸附指示剂能用于沉淀滴定法中的法扬司法
C. 吸附指示剂指示终点是由于指示剂结构发生了改变
D. 吸附指示剂本身不具有颜色

二、多选题
1. 应用莫尔法滴定时酸度条件是（　　）。
A. 酸性　　　　　B. 弱酸性　　　　　C. 中性　　　　　D. 弱碱性
2. 在下列滴定方法中，沉淀滴定采用的方法是（　　）。
A. 莫尔法　　　　　B. 碘量法　　　　　C. 佛尔哈德法　　　　　D. 高锰酸钾法
3. 下列叙述中，沉淀滴定反应必须符合的条件是（　　）。
A. 沉淀反应要迅速、定量的完成 B. 沉淀的溶解度要不受外界条件的影响
C. 沉淀不应有显著的吸附现象产生 D. 要有确定滴定反应终点的方法
E. 沉淀滴定反应产物要有颜色
4. 莫尔法测定溶液中氯离子，属于（　　）法。
A. 容量分析　　　　　B. 滴定分析　　　　　C. 沉淀滴定　　　　　D. 配位滴定
E. 银量法

三、判断题
（　）1. 佛尔哈德法是以 NH_4CNS 为标准滴定溶液，铁铵矾为指示剂，在稀硝酸溶液中进行滴定。
（　）2. 沉淀称量法中的称量式必须具有确定的化学组成。

(　　) 3. 沉淀称量法测定中，要求沉淀式和称量式相同。

(　　) 4. 用佛尔哈德法测定 Ag^+，滴定时必须剧烈摇动。用返滴定法测定 Cl^- 时，也应该剧烈摇动。

(　　) 5. 可以将 $AgNO_3$ 溶液放入碱式滴定管进行滴定操作。

(　　) 6. 法扬司法中，为使沉淀具有较强吸附能力，通常加入适量糊精或淀粉使沉淀处于胶体状。

(　　) 7. 根据同离子效应，可加入大量沉淀剂以降低沉淀在水中的溶解度。

项目 10

食品添加剂硫酸钠的质量检测

【任务引导】

<table>
<tr><td rowspan="3">任务要求</td><td>提出任务</td><td colspan="5">食品安全是事关每个家庭、每个人的重大基本民生问题。食品添加剂硫酸钠须由检验员对其质量指标进行检测分析,判断是否达到"食品添加剂硫酸钠 GB 29209"的要求。因此,质检工作被称为工业生产的"眼睛",在工业生产中起着"把关"的作用</td></tr>
<tr><td rowspan="2">明确任务</td><td colspan="5">测定出食品添加剂硫酸钠质量检验结果报告单中硫酸钠的含量
某有限公司食品添加剂硫酸钠的质量检验结果报告单</td></tr>
<tr><td colspan="5">

取样时间	罐号	批量（ ）	样本量(g)	采用标准
				GB 29209
检测内容					
项目		指标	检测结果	单项判定
硫酸钠(Na_2SO_4)含量(质量分数)/%		99.0~100.5		
铅(Pd)含量/(mg/kg)	≤	2		
锡(Se)含量/(mg/kg)	≤	30		
砷(As)含量/(mg/kg)	≤	3		
干燥减量(质量分数)/%	无水硫酸钠 ≤	1.0		
	十水合硫酸钠	51.0~57.0		
检测结论				年　月　日
备注				
检验员：			审核：	

</td></tr>
<tr><td rowspan="3">项目目标</td><td>能力目标</td><td colspan="5">1. 能按检测标准要求规范完成硫酸钠测定的操作流程
2. 能正确处理数据结果,能完成质检报告单的填写
3. 能分析检验误差的产生原因,并能正确修正</td></tr>
<tr><td>知识目标</td><td colspan="5">1. 理解重量分析法的原理知识
2. 掌握【职业技能鉴定模拟题（十）】</td></tr>
<tr><td>素质目标</td><td colspan="5">1. 认真负责,实事求是,坚持原则,一丝不苟地依据标准进行检验和判定
2. 具有较强的颜色辨别能力,具有良好的专业语言表达能力、人际沟通能力和团结协作的精神
3. 能遵守操作规程、劳动纪律,形成良好的实验室"8S管理"安全意识</td></tr>
</table>

续表

任务流程及能力目标	任务1	完成学习要点要求的学习目标
	任务2	1. 按照标准"化工产品采样总则 GB/T 6678"和"固体化工产品采样通则 GB/T 6679"要求,规范完成实验室中袋装样品的采样 2. 能正确填写采样记录表
	任务3	1. 能按照标准"化学试剂试验方法中所用制剂及制品的制备 GB/T 603"要求,规范完成试剂、指示剂等溶液的配制。 2. 能按照标准"食品添加剂硫酸钠 GB 29209"要求,规范完成硫酸钠含量测定的操作 3. 能出具合格的硫酸钠含量的原始记录表
	任务4	1. 能规范填写质检报告单 2. 能分析产生不合格品的原因。能审核原始记录表内容,主要包括:①填写内容是否与原始记录相符;②检验依据是否适用;③环境条件是否满足要求;④结论的判定是否正确。 3. 整理实验台,维护、保养所用仪器设备
课外任务		网络查阅:制盐工业通用试验方法 硫酸根的测定 GB/T 13025.8 实验设计:工业盐中硫酸根的测定 设计要点提示:(1)所用仪器设备、药品;(2)操作规程;(3)原始记录表;(4)质检报告单;(5)注意事项

任务1 重量分析法的应用

重量分析法也称称量分析法,一般是将被测组分从试样中分离出来,转化为一定称量形式后,进行称量,由称得的物质的质量计算被测组分的含量。由于被测组分的性质不同,采用的处理方法也不同,主要分为3种方法:沉淀法、气化法和电解法。本项目重点介绍沉淀重量法。

子任务1-1 重量分析法的分类和特点

【学习要点】 了解重量分析法的分类和方法特点;理解沉淀形式和称量形式的意义,掌握沉淀重量法对沉淀形式和称量形式的要求;掌握选择沉淀剂的原则。

一、重量分析法的分类和特点

1. 沉淀法

沉淀法是重量分析法中的主要方法,这种方法是利用试剂与待测组分生成溶解度很小的沉淀,经过滤、洗涤、烘干或灼烧成为组成一定的物质,然后称其质量,再计算待测组分的含量。例如,测定试样中 SO_4^{2-} 含量时,在试液中加入过量 $BaCl_2$ 溶液,使 SO_4^{2-} 完全生成难溶的 $BaSO_4$ 沉淀,经过滤、洗涤、烘干、灼烧后,称量 $BaSO_4$ 的质量,再计算试样中 SO_4^{2-} 的含量。

2. 气化法(又称挥发法)

利用物质的挥发性质,通过加热或其它方法使试样中的待测组分挥发逸出,然后根据试样质量的减少,计算该组分的含量;或者用吸收剂吸收逸出的组分,根据吸收剂质量的增加计算该组分的含量。例如,测定氯化钡晶体($BaCl_2 \cdot 2H_2O$)中结晶水的含量,可将一定质量的氯化钡试样加热,使水分逸出,根据氯化钡质量的减轻称出试样中水分的含量。也可以用吸湿剂(高氯酸镁)吸收逸出的水分,根据吸湿剂质量的增加来计算水分的含量。

3. 电解法

利用电解的方法使待测金属离子在电极上还原析出,然后称量,根据电极增加的质量,求得其含量。

重量分析法是经典的化学分析法,它通过直接称量得到分析结果,不需要从容量器皿中引入许多数据,也不需要标准试样或基准物质作比较。对高含量组分的测定,重量分析比较准确,一般测定的相对误差不大于 0.1%。对高含量的硅、磷、钨、镍、稀土元素等试样的精确分析,至今仍常使用重量分析方法。但重量分析法的不足之处是操作较繁琐,耗时多,不适于生产中的控制分析;对低含量组分的测定误差较大。

二、沉淀重量法对沉淀形式和称量形式的要求

利用沉淀重量法进行分析时,首先将试样分解为试液,然后加入适当的沉淀剂使其与被测组分发生沉淀反应,并以"沉淀形"沉淀出来。沉淀经过过滤、洗涤,在适当的温度下烘干或灼烧,转化为"称量形",再进行称量。根据称量形的化学式计算被测组分在试样中的含量。"沉淀形"和"称量形"可能相同,也可能不同,例如

$$Ba^{2+} \xrightarrow{沉淀} BaSO_4 \xrightarrow{灼烧} BaSO_4$$

被测组分　　沉淀形　　称量形

$$Fe^{3+} \xrightarrow{沉淀} Fe(OH)_3 \xrightarrow{灼烧} Fe_2O_3$$

被测组分　　沉淀形　　称量形

在重量分析法中,为获得准确的分析结果,沉淀形和称量形必须满足以下要求。

1. 对沉淀形的要求

(1) 沉淀要完全,沉淀的溶解度要小,要求测定过程中沉淀的溶解损失不应超过分析天平的称量误差。一般要求溶解损失应小于 0.1mg。例如,测定 Ca^{2+} 时,以形成 $CaSO_4$ 和 CaC_2O_4 两种沉淀形式作比较,$CaSO_4$ 的溶解度较大($K_{SP}=2.45\times10^{-5}$)、CaC_2O_4 的溶解度小($K_{SP}=1.78\times10^{-9}$)。显然,用 $(NH_4)_2C_2O_4$ 作沉淀剂比用硫酸作沉淀剂沉淀的更完全。

(2) 沉淀必须纯净,并易于过滤和洗涤。沉淀纯净是获得准确分析结果的重要因素之一。颗粒较大的晶体沉淀(如 $MgNH_4PO_4 \cdot 6H_2O$)其表面积较小,吸附杂质的机会较少,因此沉淀较纯净,易于过滤和洗涤。颗粒细小的晶形沉淀(如 CaC_2O_4、$BaSO_4$),由于某种原因其比表面积大,吸附杂质多,洗涤次数也相应增多。非晶形沉淀[如 $Al(OH)_3$、$Fe(OH)_3$]体积庞大疏松、吸附杂质较多,过滤费时且不易洗净。对于这类沉淀,必须选择适当的沉淀条件以满足对沉淀形式的要求。

(3) 沉淀形应易于转化为称量形。沉淀经烘干、灼烧时,应易于转化为称量形式。例如 Al^{3+} 的测定,若沉淀为 8-羟基喹啉铝[$Al(C_9H_6NO)_3$],在 130℃烘干后即可称量;而沉淀为 $Al(OH)_3$,则必须在 1200℃灼烧才能转变为无吸湿性的 Al_2O_3 后,方可称量。因此,测定 Al^{3+} 时选用前法比后法好。

2. 对称量形的要求

(1) 称量式的组成必须与化学式相符,这是定量计算的基本依据。例如测定 PO_4^{3-},可以形成磷钼酸铵沉淀,但组成不固定,无法利用它作为测定 PO_4^{3-} 的称量形。若采用磷钼酸喹啉法测定 PO_4^{3-},则可得到组成与化学式相符的称量式。

(2) 称量式要有足够的稳定性,不易吸收空气中的 CO_2、H_2O。例如测定 Ca^{2+} 时,若

将 Ca^{2+} 沉淀为 $CaC_2O_4 \cdot H_2O$，灼烧后得到 CaO，易吸收空气中 H_2O 和 CO_2，因此，CaO 不宜作为称量形式。

（3）称量式的摩尔质量尽可能大，这样可增大称量形的质量，以减小称量误差。例如在铝的测定中，分别用 Al_2O_3 和 8-羟基喹啉铝［$Al(C_9H_6NO)_3$］两种称量式进行测定，若被测组分 Al 的质量为 0.1000g，则可分别得到 0.1888g Al_2O_3 和 1.7040g $Al(C_9H_6NO)_3$。两种称量式由称量误差所引起的相对误差分别为±1％和±0.1％。显然，以 $Al(C_9H_6NO)_3$ 作为称量形比用 Al_2O_3 作为称量式测定 Al 的准确度高。

三、沉淀剂的选择

根据上述对沉淀形和称量形的要求，选择沉淀剂时应考虑如下几点。

1. 选用具有较好选择性的沉淀剂

所选的沉淀剂只能和待测组分生成沉淀，而与试液中的其它组分不起作用。例如：丁二酮肟和 H_2S 都可以沉淀 Ni^{2+}，但在测定 Ni^{2+} 时常选用前者。又如沉淀钴离子时，选用在盐酸溶液中与钴有特效反应的苦杏仁酸作沉淀剂，这时即使有钛、铁、钡、铝、铬等十几种离子存在，也不发生干扰。

2. 选用能与待测离子生成溶解度最小的沉淀的沉淀剂

所选的沉淀剂应能使待测组分沉淀完全。例如：生成难溶的钡的化合物有 $BaCO_3$、$BaCrO_4$、BaC_2O_4 和 $BaSO_4$。根据其溶解度可知，$BaSO_4$ 溶解度最小。因此以 $BaSO_4$ 的形式沉淀 Ba^{2+} 比生成其它难溶化合物好。

3. 尽可能选用易挥发或经灼烧易除去的沉淀剂

沉淀中带有的沉淀剂即便未洗净，也可以借烘干或灼烧而除去。一些铵盐和有机沉淀剂都能满足这项要求。例如：用氯化物沉淀 Fe^{3+} 时，选用氨水而不用 NaOH 作沉淀剂。

4. 选用溶解度较大的沉淀剂

用此类沉淀剂可以减少沉淀对沉淀剂的吸附作用。例如：利用生成难溶钡化合物沉淀 SO_4^{2-} 时，应选 $BaCl_2$ 作沉淀剂，而不用 $Ba(NO_3)_2$。因为 $Ba(NO_3)_2$ 的溶解度比 $BaCl_2$ 小，$BaSO_4$ 吸附 $Ba(NO_3)_2$ 比吸附 $BaCl_2$ 严重。

思 考 题

1. 重量分析有几种方法？各自的特点是什么？
2. 沉淀形与称量形有何区别？试举例说明。
3. 重量分析中对沉淀形与称量形各有什么要求？
4. 如何选择沉淀剂？

子任务 1-2　沉淀的形成及应用

【学习要点】　了解影响沉淀溶解度的因素。了解沉淀的类型和形成过程，掌握影响沉淀纯净的因素和提高沉淀纯度的措施。熟练掌握晶形沉淀和无定形沉淀的沉淀条件，熟练掌握沉淀过滤、洗涤和灼烧的原则及方法。掌握换算因数的概念和计算方法，掌握重量分析结果计算。

重量分析中，通常要求被测组分在溶液中的溶解量不超过称量误差（即 0.2mg），此时即可认为沉淀已完全。但很多沉淀不能满足此要求。因此必须了解影响沉淀溶解度的因素，以便控制沉淀反应的条件，使沉淀达到重量分析的要求。

一、影响沉淀溶解度的因素

影响沉淀溶解度的因素很多,如同离子效应、盐效应、酸效应、配位效应等。此外,温度、介质、沉淀结构和颗粒大小等对沉淀的溶解度也有影响。现分别进行讨论。

1. 同离子效应

组成沉淀晶体的离子称为构晶离子。当沉淀反应达到平衡后,如果向溶液中加入适当过量的含有某一构晶离子的试剂或溶液,则沉淀的溶解度减小,这种现象称为同离子效应。

例如:25℃时,$BaSO_4$ 在水中的溶解度为

$$s=[Ba^{2+}]=[SO_4^{2-}]=\sqrt{K_{SP}}=\sqrt{6\times10^{-10}}=2.4\times10^{-5}\,mol/L$$

如果使溶液中的 $[SO_4^{2-}]$ 增至 $0.10mol/L$,此时 $BaSO_4$ 的溶解度为

$$s=[Ba^{2+}]=K_{SP}/[SO_4^{2-}]=(6\times10^{-10}/0.10)mol/L=6\times10^{-9}\,mol/L$$

即 $BaSO_4$ 的溶解度减少至万分之一。

因此,在实际分析中,常加入过量沉淀剂,利用同离子效应,使被测组分沉淀完全。但沉淀剂过量太多,可能引起盐效应、酸效应及配位效应等副反应,反而使沉淀的溶解度增大。一般情况下,沉淀剂过量 50%~100% 是合适的,如果沉淀剂是不易挥发的,则以过量 20%~30% 为宜。

2. 盐效应

沉淀反应达到平衡时,由于强电解质的存在或加入其它强电解质,使沉淀的溶解度增大,这种现象称为盐效应。例如:$AgCl$、$BaSO_4$ 在 KNO_3 溶液中的溶解度比在纯水中大,而且溶解度随 KNO_3 浓度增大而增大,因此,利用同离子效应降低沉淀的溶解度时,应考虑盐效应的影响,即沉淀剂不能过量太多。

应该指出,如果沉淀本身的溶解度很小,一般来讲,盐效应的影响很小,可以不予考虑。只有当沉淀的溶解度比较大,而且溶液的离子强度很高时,才考虑盐效应的影响。

3. 酸效应

溶液酸度对沉淀溶解度的影响,称为酸效应。酸效应对于不同类型沉淀的影响情况不一样,若沉淀是强酸盐(如 $BaSO_4$、$AgCl$ 等)其溶解度受酸度影响不大,但对弱酸盐(如 CaC_2O_4、ZnS 等)影响就较大。如 CaC_2O_4 沉淀,在酸性较强的溶液中,由于生成了 $HC_2O_4^-$ 和 $H_2C_2O_4$ 而溶解,则酸效应影响就很显著。

为了防止沉淀溶解损失,对于弱酸盐沉淀,如碳酸盐、草酸盐、磷酸盐等,通常应在较低的酸度下进行沉淀。如果沉淀本身是弱酸,如硅酸($SiO_2 \cdot nH_2O$)、钨酸($WO_3 \cdot nH_2O$)等,易溶于碱,则应在强酸性介质中进行沉淀。如果沉淀是强酸盐如 $AgCl$ 等,在酸性溶液中进行沉淀时,溶液的酸度对沉淀的溶解度影响不大。对于硫酸盐沉淀,例如 $BaSO_4$、$SrSO_4$ 等,由于 H_2SO_4 的 K_{a_2} 不大,当溶液的酸度太高时,沉淀的溶解度也随之增大。

4. 配位效应

进行沉淀反应时,若溶液中存在能与构晶离子生成可溶性配合物的配位剂,则可使沉淀溶解度增大,这种现象称为配位效应。

配位剂主要来自两方面,一是沉淀剂本身就是配位剂,二是加入的其它试剂。

例如:用 Cl^- 沉淀 Ag^+ 时,得到 $AgCl$ 白色沉淀,若向此溶液加入氨水,则因 NH_3 配位形成 $[Ag(NH_3)_2]^+$,使 $AgCl$ 的溶解度增大,甚至全部溶解。如果在沉淀 Ag^+ 时,加入过量的 Cl^-,则 Cl^- 能与 $AgCl$ 沉淀进一步形成 $AgCl_2^-$ 和 $AgCl_3^{2-}$ 等配离子,也使 $AgCl$ 沉淀逐渐溶解。这时 Cl^- 沉淀剂本身就是配位剂。由此可见,在用沉淀剂进行沉淀时,应严格控制沉淀剂的用量,同时注意外加试剂的影响。

配位效应使沉淀的溶解度增大的程度与沉淀的溶度积、配位剂的浓度和形成配合物的稳定常数有关。沉淀的溶度积越大，配位剂的浓度越大，形成的配合物越稳定，沉淀就越容易溶解。

综上所述，在实际工作中应根据具体情况来考虑哪种效应是主要的。对无配位反应的强酸盐沉淀，主要考虑同离子效应和盐效应，对弱酸盐或难溶盐的沉淀，多数情况主要考虑酸效应。对于有配位反应且沉淀的溶度积又较大，易形成稳定配合物时，应主要考虑配位效应。

5. 其它影响因素

除上述因素外，温度和其它溶剂的存在，沉淀颗粒大小和结构等，都对沉淀的溶解度的影响。

（1）温度的影响　沉淀的溶解一般是吸热过程，其溶解度随温度升高而增大。

（2）溶剂的影响　无机物沉淀大部分是离子型晶体，它们在有机溶剂中的溶解度一般比在纯水中要小，所以对于溶解度较大的沉淀，常在水溶液中加入乙醇、丙酮等有机溶剂，以降低其溶解度。

（3）沉淀颗粒大小和结构的影响　同一种沉淀，在质量相同时，颗粒越小，其总表面积越大，溶解度越大。所以，在实际分析中，要尽量创造条件以利于形成大颗粒晶体。

二、影响沉淀纯度的因素

研究沉淀的类型和沉淀的形成过程，主要是为了选择适宜的沉淀条件，以获得纯净且易于分离和洗涤的沉淀。

（一）沉淀的类型

沉淀按其物理性质的不同，可粗略地分为晶形沉淀和无定形沉淀两大类。

1. 晶形沉淀

晶形沉淀是指具有一定形状的晶体，其内部排列规则有序，颗粒直径为 $0.1 \sim 1 \mu m$。这类沉淀的特点是：结构紧密，具有明显的晶面，沉淀所占体积小、沾污少、易沉降、易过滤和洗涤。例如：$MgNH_4PO_4$、$BaSO_4$ 等典型的晶形沉淀。

2. 无定形沉淀

无定形沉淀是指无晶体结构特征的一类沉淀。如 $Fe_2O_3 \cdot nH_2O$，$P_2O_3 \cdot nH_2O$ 是典型的无定形沉淀。无定形沉淀是由许多聚集在一起的微小颗粒（直径小于 $0.02\mu m$）组成的，内部排列杂乱无章、结构疏松、体积庞大、吸附杂质多，不能很好地沉降，无明显的晶面，难于过滤和洗涤。它与晶形沉淀的主要差别在于颗粒大小不同。

介于晶形沉淀与无定形沉淀之间，颗粒直径在 $0.02 \sim 0.1 \mu m$ 的沉淀如 $AgCl$ 称为凝乳状沉淀，其性质也介于两者之间。

在沉淀过程中，究竟生成的沉淀属于哪一种类型，主要取决于沉淀本身的性质和沉淀的条件。

（二）沉淀形成过程

沉淀的形成是一个复杂的过程，一般来讲，沉淀的形成要经过晶核形成和晶核长大两个过程，简单表示如下

1. 晶核的形成

将沉淀剂加入待测组分的试液中，溶液是过饱和状态时，构晶离子由于静电作用而形成微小的晶核。晶核的形成可以分为均相成核和异相成核。

均相成核是指在饱和溶液中构晶离子通过缔合作用，自发地形成晶核的过程。不同的沉淀，组成晶核的离子数目不同。例如：$BaSO_4$ 的晶核由 8 个构晶离子组成，Ag_2CrO_4 的晶核由 6 个构晶离子组成。

异相成核是指在过饱和溶液中，构晶离子在外来固体微粒的诱导下，聚合在固体微粒周围形成晶核的过程。溶液中的"晶核"数目取决于溶液中混入固体微粒的数目。随着构晶离子浓度的增加，晶体将成长的大一些。

当溶液的相对过饱和程度较大时，异相成核与均相成核同时作用，形成的晶核数目多，沉淀颗粒小。

2. 晶形沉淀和无定形沉淀的生成

晶核形成时，溶液中的构晶离子向晶核表面扩散，并沉积在晶核上，晶核逐渐长大形成沉淀微粒。在沉淀过程中，由构晶离子聚集成晶核的速度称为聚集速度；构晶离子按一定晶格定向排列的速度称为定向速度。如果定向速度大于聚集速度较多，溶液中最初生成的晶核不很多，有更多的离子以晶核为中心，并有足够的时间依次定向排列长大，形成颗粒较大的晶形沉淀。反之聚集速度大于定向速度，则很多离子聚集成大量晶核，溶液中没有更多的离子定向排列到晶核上，于是沉淀就迅速聚集成许多微小的颗粒，因而得到无定形沉淀。

定向速度主要取决于沉淀物质的本性，极性较强的物质，如 $BaSO_4$、$MgNH_4PO_4$ 和 CaC_2O_4 等，一般具有较大的定向速度，易形成晶形沉淀。$AgCl$ 的极性较弱，逐步生成凝乳状沉淀。氢氧化物，特别是高价金属离子的氢氧化物，如 $Fe(OH)_3$、$Al(OH)_3$ 等，由于含有大量水分子，阻碍离子的定向排列，一般生成无定形胶状沉淀。

聚集速度不仅与物质的性质有关，同时主要由沉淀的条件决定，其中最重要的是溶液中生成沉淀时的相对过饱和度。聚集速度与溶液的相对过饱和度成正比，溶液相对过饱和度越大，聚集速度越大，晶核生成多，易形成无定形沉淀。反之，溶液相对过饱和度小，聚集速度小，晶核生成少，有利于生成颗粒较大的晶形沉淀。因此，通过控制溶液的相对过饱和度，可以改变形成沉淀颗粒的大小，有可能改变沉淀的类型。

（三）影响沉淀纯度的因素

在重量分析中，要求获得的沉淀是纯净的。但是，沉淀从溶液中析出时，总会或多或少地夹杂溶液中的其它组分。因此必须了解影响沉淀纯度的各种因素，找出减少杂质混入的方法，以获得符合重量分析要求的沉淀。

影响沉淀纯度的主要因素有共沉淀现象和继沉淀现象。

1. 共沉淀

当沉淀从溶液中析出时，溶液中的某些可溶性组分也同时沉淀下来的现象称为共沉淀。共沉淀是引起沉淀不纯的主要原因，也是重量分析误差的主要来源之一。共沉淀现象主要有以下三类。

（1）表面吸附　由于沉淀表面离子电荷的作用力未达到平衡，因而产生自由静电力场。由于沉淀表面静电引力作用吸引了溶液中带相反电荷的离子，使沉淀微粒带有电荷，形成吸附层。带电荷的微粒又吸引溶液中带相反电荷的离子，构成电中性的分子。因此，沉淀表面吸附了杂质分子。例如：加过量 $BaCl_2$ 到 H_2SO_4 的溶液中，生成 $BaSO_4$ 晶体沉淀。沉淀表面上的 SO_4^{2-} 由于静电引力强烈地吸引溶液中的 Ba^{2+}，形成第一吸附层，使沉淀表面带正电荷。然后它又吸引溶液中带负电荷的离子，如 Cl^-，构成电中性的双电层，如图 10-1 所示。双电层能随颗粒一起下沉,因而使沉淀被污染。

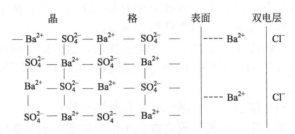

图 10-1　晶体表面吸附示意图

显然,沉淀的总表面积越大,吸附杂质就越多;溶液中杂质离子的浓度越高,价态越高,越易被吸附。由于吸附作用是一个放热反应,所以升高溶液的温度,可减少杂质的吸附。

（2）吸留和包藏　吸留是被吸附的杂质机械地嵌入沉淀中。包藏常指母液机械地包藏在沉淀中。这些现象的发生,是由于沉淀剂加入太快,使沉淀急速生长,沉淀表面吸附的杂质来不及离开就被随后生成的沉淀所覆盖,使杂质离子或母液被吸留或包藏在沉淀内部。这类共沉淀不能用洗涤的方法将杂质除去,可以借改变沉淀条件或重结晶的方法来减免。

（3）混晶　当溶液杂质离子与构晶离子半径相近,晶体结构相同时,杂质离子将进入晶核排列中形成混晶。例如 Pb^{2+} 和 Ba^{2+} 半径相近,电荷相同,在用 H_2SO_4 沉淀 Ba^{2+} 时,Pb^{2+} 能够取代 $BaSO_4$ 中的 Ba^{2+} 进入晶核形成 $PbSO_4$ 与 $BaSO_4$ 的混晶共沉淀。又如 AgCl 和 AgBr、$MgNH_4PO_4 \cdot 6H_2O$ 和 $MgNH_4AsO_4$ 等都易形成混晶。为了减免混晶的生成,最好在沉淀前先将杂质分离出去。

2. 继沉淀

在沉淀析出后,当沉淀与母液一起放置时,溶液中某些杂质离子可能慢慢地沉积到原沉淀上,放置时间越长,杂质析出的量越多,这种现象称为继沉淀。例如:Mg^{2+} 存在时以 $(NH_4)_2C_2O_4$ 沉淀 Ca^{2+},Mg^{2+} 易形成稳定的草酸盐过饱和溶液而不立即析出。如果把形成 CaC_2O_4 沉淀过滤,则发现沉淀表面上吸附有少量镁。若将含有 Mg^{2+} 的母液与 CaC_2O_4 沉淀一起放置一段时间,则 MgC_2O_4 沉淀的量将会增多。

由继沉淀引入杂质的量比共沉淀要多,且随沉淀在溶液中放置时间的延长而增多。因此为防止继沉淀的发生,某些沉淀的陈化时间不宜过长。

（四）减少沉淀沾污的方法

为了提高沉淀的纯度,可采用下列措施。

1. 采用适当的分析程序

当试液中含有几种组分时,首先应沉淀低含量组分,再沉淀高含量组分。反之,由于大量沉淀析出,会使部分低含量组分掺入沉淀,产生测定误差。

2. 降低易被吸附杂质离子的浓度

对于易被吸附的杂质离子,可采用适当的掩蔽方法或改变杂质离子价态来降低其浓度。例如:将 SO_4^{2-} 沉淀为 $BaSO_4$ 时,Fe^{3+} 易被吸附,可把 Fe^{3+} 还原为不易被吸附的 Fe^{2+} 或加酒石酸、EDTA 等,使 Fe^{3+} 生成稳定的配离子,以减小沉淀对 Fe^{3+} 的吸附。

3. 选择沉淀条件

沉淀条件包括溶液浓度、温度、试剂的加入次序和速度,陈化与否等,对不同类型的沉淀,应选用不同的沉淀条件,以获得符合重量分析要求的沉淀。

4. 再沉淀

必要时将沉淀过滤、洗涤、溶解后,再进行一次沉淀。再沉淀时,溶液中杂质的量大为降低,共沉淀和继沉淀现象自然减小。

5. 选择适当的洗涤液洗涤沉淀

吸附作用是可逆过程,用适当的洗涤液通过洗涤交换的方法,可洗去沉淀表面吸附的杂质离子。例如:$Fe(OH)_3$ 吸附 Mg^{2+},用 NH_4NO_3 稀溶液洗涤时,被吸附在表面的 Mg^{2+} 与洗涤液的 NH_4^+ 发生交换,吸附在沉淀表面的 NH_4^+,可在燃烧沉淀时分解除去。

为了提高洗涤沉淀的效率,同体积的洗涤液应尽可能分多次洗涤,通常称为"少量多次"的洗涤原则。

6. 选择合适的沉淀剂

无机沉淀剂选择性差,易形成胶状沉淀,吸附杂质多,难于过滤和洗涤。有机沉淀剂选择性高,常能形成结构较好的晶形沉淀,吸附杂质少,易于过滤和洗涤。因此,在可能的情况下,尽量选择有机试剂做沉淀剂。

三、沉淀的条件和称量形的获得

在重量分析中,为了获得准确的分析结果,要求沉淀完全、纯净、易于过滤和洗涤,并减小沉淀的溶解损失。因此,对于不同类型的沉淀,应当选用不同的沉淀条件。

1. 晶形沉淀

为了形成颗粒较大的晶形沉淀,采取以下沉淀条件。

(1) 在适当稀、热溶液中进行 在稀、热溶液中进行沉淀,可使溶液中相对过饱和度保持较低,以利于生成晶形沉淀。同时也有利于得到纯净的沉淀。对于溶解度较大的沉淀,溶液不能太稀,否则沉淀溶解损失较多,影响结果的准确度。在沉淀完全后,应将溶液冷却后再进行过滤。

(2) 快搅慢加 在不断搅拌的同时缓慢滴加沉淀剂,可使沉淀剂迅速扩散,防止局部相对过饱和度过大而产生大量小晶粒。

(3) 陈化 陈化是指沉淀完全后,将沉淀连同母液放置一段时间,使小晶粒变为大晶粒,不纯净的沉淀转变为纯净沉淀的过程。因为在同样条件下,小晶粒的溶解度比大晶粒大。在同一溶液中,对大晶粒为饱和溶液时,对小晶粒则为未饱和,小晶粒就要溶解。这样,溶液中的构晶离子就在大晶粒上沉积,直至达到饱和。这时,小晶粒又为未饱和,又要溶解。如此反复进行,小晶粒逐渐消失,大晶粒不断长大。

陈化过程不仅能使晶粒变大,而且能使沉淀变得更纯净。

加热和搅拌可以缩短陈化时间。但是陈化作用对伴随有混晶共沉淀的沉淀,不一定能提高纯度,对伴随有继沉淀的沉淀,不仅不能提高纯度,有时反而会降低纯度。

2. 无定形沉淀

无定形沉淀的特点是结构疏松,比表面大,吸附杂质多,溶解度小,易形成胶体,不易过滤和洗涤。对于这类沉淀关键问题是创造适宜的沉淀条件来改善沉淀的结构,使之不致形成胶体,并且有较紧密的结构,便于过滤和减小杂质吸附。因此,无定形沉淀的沉淀条件如下。

(1) 在较浓的溶液中进行沉淀 在浓溶液中进行沉淀,离子水化程度小,结构较紧密,体积较小,容易过滤和洗涤。但在浓溶液中,杂质的浓度也比较高,沉淀吸附杂质的量也较多。因此,在沉淀完毕后,应立即加入热水稀释搅拌,使被吸附的杂质离子转移到溶液中。

(2) 在热溶液中及电解质存在下进行沉淀 在热溶液中进行沉淀可防止生成胶体,并减少杂质的吸附。电解质的存在，可促使带电荷的胶体粒子相互凝聚沉降，加快沉降速度，因此，电解质一般选用易挥发性的铵盐如 NH_4NO_3 或 NH_4Cl 等，它们在灼烧时均可挥发除去。有时在溶液中加入与胶体带相反电荷的另一种胶体来代替电解质，可使被测组分沉淀完全。例如测定 SiO_2 时，加入带正电荷的动物胶与带负电荷的硅酸胶体凝聚而沉降下来。

(3) 趁热过滤洗涤，不需陈化　沉淀完毕后，趁热过滤，不要陈化，因为沉淀放置后逐渐失去水分，聚集得更为紧密，使吸附的杂质更难洗去。

洗涤无定形沉淀时，一般选用热、稀的电解质溶液作洗涤液，主要是防止沉淀重新变为胶体难于过滤和洗涤，常用的洗涤液有 NH_4NO_3、NH_4Cl 或氨水。

无定形沉淀吸附杂质较严重，一次沉淀很难保证纯净，必要时进行再沉淀。

3. 均匀沉淀法

为改善沉淀条件，避免因加入沉淀剂所引起的溶液局部相对过饱和的现象发生，采用均匀沉淀法。这种方法是通过某一化学反应，使沉淀剂从溶液中缓慢地、均匀地产生出来，使沉淀在整个溶液中缓慢地、均匀地析出，获得颗粒较大、结构紧密、纯净、易于过滤和洗涤的沉淀。例如：沉淀 Ca^{2+} 时，如果直接加入 $(NH_4)_2C_2O_4$、尽管按晶形沉淀条件进行沉淀，仍得到颗粒细小的 CaC_2O_4 沉淀。若在含有 Ca^{2+} 的溶液中，以 HCl 酸化后，加入 $(NH_4)_2C_2O_4$，溶液中主要存在的是 $HC_2O_4^-$ 和 $H_2C_2O_4$，此时，向溶液中加入尿素并加热至使 90℃，尿素逐渐水解产生 NH_3。

$$CO(NH_2)_2 + H_2O \rightleftharpoons 2NH_3 + CO_2 \uparrow$$

水解产生的 NH_3 均匀地分布在溶液的各个部分，溶液的酸度逐渐降低，$C_2O_4^{2-}$ 浓度渐渐增大，CaC_2O_4 则均匀而缓慢地析出形成颗粒较大的晶形沉淀。

均匀沉淀法还可以利用有机化合物的水解（如酯类水解）、配合物的分解、氧化还原反应等方式进行，如表 10-1 所示。

表 10-1　某些均匀沉淀法的应用

沉淀剂	加入试剂	反应	被测组分
OH^-	尿素	$CO(NH_2)_2 + H_2O = CO_2 + 2NH_3$	Al^{3+}、Fe^{3+}、Bi^{3+}
	六次甲基四胺	$(CH_2)_6N_4 + 6H_2O = 6HCHO + 4NH_3$	Th^{4+}
PO_4^{3-}	磷酸三甲酯	$(CH_3)_3PO_4 + 3H_2O = 3CH_3OH + H_3PO_4$	Zr^{4+}、Hf^{4+}
S^{2-}	硫代乙酰胺	$CH_3CSNH_2 + H_2O = CH_3CONH_2 + H_2S$	金属离子
SO_4^{2-}	硫酸二甲酯	$(CH_3)_2SO_4 + 2H_2O = 2CH_3OH + SO_4^{2-} + 2H^+$	Ba^{2+}、Sr^{2+}、Pb^{2+}
$C_2O_4^{2-}$	草酸二甲酯	$(CH_3)_2C_2O_4 + 2H_2O = 2CH_3OH + H_2C_2O_4$	Ca^{2+}、Th^{4+}、稀土
Ba^{2+}	Ba-EDTA	$BaY^{2-} + 4H^+ = H_4Y + Ba^{2+}$	SO_4^{2-}

4. 称量形的获得

沉淀完毕后，还需经过滤、洗涤、烘干或灼烧，最后得到符合要求的称量形。

(1) 沉淀的过滤和洗涤　沉淀常用定量滤纸（也称无灰滤纸）或玻璃砂芯坩埚过滤。对于需灼烧的沉淀，应根据沉淀的性状选用紧密程度不同的滤纸。一般无定形沉淀如 $Al(OH)_3$、$Fe(OH)_3$ 等，选用疏松的快速滤纸，粗粒的晶形沉淀如 $MgNH_4PO_4 \cdot 6H_2O$ 等选用较紧密的中速滤纸，颗粒较小的晶形沉淀如 $BaSO_4$ 等，选用紧密的慢速滤纸。

对于只需烘干即可作为称量形的沉淀，应选用玻璃砂芯坩埚过滤。

洗涤沉淀是为了洗去沉淀表面吸附的杂质和混杂在沉淀中的母液。洗涤时要尽量减小沉淀的溶解损失和避免形成胶体。因此，需选择合适的洗液。选择洗涤液的原则是：对于溶解度很小，又不易形成胶体的沉淀，可用蒸馏水洗涤。对于溶解度较大的晶形沉淀，可用沉淀剂的稀溶液洗涤，但沉淀剂必须在烘干或灼烧时易挥发或易分解除去，例如用 $(NH_4)_2C_2O_4$ 稀溶液洗涤 CaC_2O_4 沉淀。对于溶解度较小而又能形成胶体的沉淀，应用易挥发的电解质稀溶液洗涤，例如用 NH_4NO_3 稀溶液洗涤 $Fe(OH)_3$ 沉淀。

用热洗涤液洗涤，则过滤较快，且能防止形成胶体，但溶解度随温度升高而增大较快的沉淀不能用热洗涤液洗涤。

洗涤必须连续进行，一次完成，不能将沉淀放置太久，尤其是一些非晶形沉淀，放置凝聚后，不易洗净。

洗涤沉淀时，即要将沉淀洗净，又不能增加沉淀的溶解损失。同体积的洗涤液，采用"少量多次""尽量沥干"的洗涤原则，用适当少的洗涤液，分多次洗涤，每次加洗涤液前，使前次洗涤液尽量流尽，这样可以提高洗涤效果。

在沉淀的过滤和洗涤操作中，为缩短分析时间和提高洗涤效率，都应采用倾泻法。

(2) 沉淀的烘干和灼烧　沉淀的烘干或灼烧是为了除去沉淀中的水分和挥发性物质，并转化为组成固定的称量形。烘干或灼烧的温度和时间，随沉淀的性质而定。

灼烧温度一般在 800℃ 以上，常用瓷坩埚盛放沉淀。若需用氢氟酸处理沉淀，则应用铂坩埚。灼烧沉淀前，应用滤纸包好沉淀，放入已灼烧至质量恒定的瓷坩埚中，先加热烘干、炭化后再进行灼烧。

沉淀经烘干或灼烧至质量恒定后，由其质量即可计算测定结果。

四、重量分析法结果计算

1. 重量分析中的换算因数

重量分析中，当最后称量形与被测组分形式一致时，计算其分析结果就比较简单了。例如，测定要求计算 SiO_2 的含量，重量分析最后称量形也是 SiO_2，其分析结果按下式计算

$$w(SiO_2) = \frac{m(SiO_2)}{m_s} \times 100\%$$

式中，$w(SiO_2)$ 为 SiO_2 的质量分数（数值以%表示）；$m(SiO_2)$ 为 SiO_2 沉淀质量，g；m_s 为试样质量，g。

如果最后称量形与被测组分形式不一致时，分析结果就要进行适当的换算。如测定钡时，得到 $BaSO_4$ 沉淀 0.5051g，可按下列方法换算成被测组分钡的质量。

$$BaSO_4 \longrightarrow Ba$$
$$233.4 \qquad 137.4$$
$$0.5051g \qquad m(Ba)$$

$$m(Ba) = 0.5051 \times 137.4/233.4 = 0.2973 \text{ (g)}$$

即

$$m(Ba) = m(BaSO_4) \frac{M(Ba)}{M(BaSO_4)}$$

式中，$m(BaSO_4)$ 为称量形 $BaSO_4$ 的质量，g；$\frac{M(Ba)}{M(BaSO_4)}$ 是将 $BaSO_4$ 的质量换算成 Ba 的质量的分式，此分式是一个常数，与试样质量无关。这一比值通常称为换算因数或化学因数（即欲测组分的摩尔质量与称量形的摩尔质量之比，常用 F 表示）。将称量形的质量换算成所要测定组分的质量后，即可按前面计算 SiO_2 分析结果的方法进行计算。

求算换算因数时，一定要注意使分子和分母所含被测组分的原子或分子数目相等，所以在待测组分的摩尔质量和称量形摩尔质量之前有时需要乘以适当的系数。分析化学手册中可

查到常见物质的换算因数。表10-2列出几种常见物质的换算因数。

表10-2　几种常见物质的换算因数

被测组分	沉淀形	称量形	换算因数
Fe	$Fe_2O_3 \cdot nH_2O$	Fe_2O_3	$2M(Fe)/M(Fe_2O_3)=0.6994$
Fe_3O_4	$Fe_2O_3 \cdot nH_2O$	Fe_2O_3	$2M(Fe_3O_4)/3M(Fe_2O_3)=0.9666$
P	$MgNH_4PO_4 \cdot 6H_2O$	$Mg_2P_2O_7$	$2M(P)/M(Mg_2P_2O_7)=0.2783$
P_2O_5	$MgNH_4PO_4 \cdot 6H_2O$	$Mg_2P_2O_7$	$M(P_2O_5)/M(Mg_2P_2O_7)=0.6377$
MgO	$MgNH_4PO_4 \cdot 6H_2O$	$Mg_2P_2O_7$	$2M(MgO)/M(Mg_2P_2O_7)=0.3621$
S	$BaSO_4$	$BaSO_4$	$M(S)/M(BaSO_4)=0.1374$

2. 结果计算示例

【例10-1】用$BaSO_4$重量法测定黄铁矿中硫的含量时，称取试样0.1819g，最后得到$BaSO_4$沉淀0.4821g，计算试样中硫的质量分数。

解 沉淀形为$BaSO_4$，称量形也是$BaSO_4$，但被测组分是S，所以必须把称量组分利用换算因数换算为被测组分，才能算出被测组分的含量。已知$BaSO_4$相对分子质量为233.4；S相对原子质量为32.06。

因为
$$w_S = \frac{m_B}{m_S} \times 100\% = \frac{m(BaSO_4)\frac{M(S)}{M(BaSO_4)}}{m_S} \times 100\%$$

所以
$$w_S = \frac{0.4821 \times 32.06/233.4}{0.1819} \times 100\% = 36.41\%$$

答：该试样中硫的质量分数为36.41%。

【例10-2】测定磁铁矿（不纯的Fe_3O_4）中铁的含量时，称取试样0.1666g，经溶解、氧化，使Fe^{3+}沉淀为$Fe(OH)_3$，灼烧后得Fe_2O_3质量为0.1370g，计算试样中：(1) Fe的质量分数；(2) Fe_3O_4的质量分数。

解 (1) 已知：$M(Fe) = 55.85$g/mol；$M(Fe_3O_4) = 231.5$g/mol；$M(Fe_2O_3) = 159.7$g/mol

因为
$$w(Fe) = \frac{m(Fe)}{m_S} \times 100\% = \frac{m(Fe_2O_3) \times \frac{2M(Fe)}{M(Fe_2O_3)}}{m_S} \times 100\%$$

所以
$$w_{Fe} = \frac{0.1370 \times 2 \times 55.85/159.7}{0.1666} \times 100\% = 57.52\%$$

答：该磁铁矿试样中Fe的质量分数为57.52%。

(2) 按题意

因为
$$w(Fe_3O_4) = \frac{m(Fe_3O_4)}{m_S} \times 100\% = \frac{m(Fe_2O_3) \times \frac{2M(Fe_3O_4)}{3M(Fe_2O_3)}}{m_S} \times 100\%$$

所以
$$w(Fe_3O_4) = \frac{0.1370 \times \frac{2 \times 231.5}{3 \times 159.7}}{0.1666} \times 100\% = 79.47\%$$

答：该磁铁矿试样中Fe_3O_4的质量分数为79.47%

【例10-3】分析某一化学纯$AlPO_4$的试样，得到0.1126g $Mg_2P_2O_7$，问可以得到多少Al_2O_3？

解 已知 $M(Mg_2P_2O_7)=222.6\text{g/mol}$；$M(Al_2O_3)=102.0\text{g/mol}$

按题意 $\qquad Mg_2P_2O_7 \sim 2P \sim 2Al \sim Al_2O_3$

因此 $\qquad m(Al_2O_3)=m(MgP_2O_7)\times\dfrac{M(Al_2O_3)}{M(MgP_2O_7)}$

所以 $\qquad m(Al_2O_3)=0.1126\times\dfrac{102.0}{222.6}=0.05160\text{ (g)}$

答：该 $AlPO_4$ 试样可得 $0.05160\text{g }Al_2O_3$。

【例 10-4】 铵离子可用 H_2PtCl_6 沉淀为 $(NH_4)_2PtCl_6$，再灼烧为金属 Pt 后称量，反应式如下

$$(NH_4)_2PtCl_6 = Pt + 2NH_4Cl + 2Cl_2\uparrow$$

若分析得到 0.1032g Pt，求试样中含 NH_3 的质量（g）？

解 已知 $M(NH_3)=17.03\text{g/mol}$；$M(Pt)=195.1\text{g/mol}$。

按题意 $\qquad (NH_4)_2PtCl_6 \sim Pt \sim 2NH_3$

因此 $\qquad m(NH_3)=m_{Pt}\dfrac{2M(NH_3)}{M(Pt)}$

所以 $\qquad m(NH_3)=0.1032\times\dfrac{2\times17.03}{195.1}=0.01802\text{ (g)}$

答：该试样中含 NH_3 的质量为 0.01802g。

思 考 题

1. 影响溶解度的因素有哪些？哪些因素可以使溶解度增大？哪些因素又能使溶解度减小？
2. 晶形沉淀的生成与否，对重量分析有什么影响？
3. 共沉淀现象是怎样发生的？如何减少共沉淀现象？
4. 陈化的作用是什么？如何缩短陈化的时间？
5. 什么叫均匀沉淀法？优点是什么？试举例说明。
6. "少量多次"的洗涤方法有什么优点？为什么？
7. 为什么在灼烧沉淀前要将滤纸灰化？
8. 计算下列换算因数。

    (1) 从 $BaSO_4$ 质量计算 S 的质量；
    (2) 从 $PbCrO_4$ 的质量计算 Cr_2O_3 质量；
    (3) 从 $(NH_4)_3PO_4\cdot12MoO_3$ 的质量计算 $Ca_3(PO_4)_2$ 的质量；
    (4) 从 $Mg_2P_2O_7$ 的质量计算 $MgSO_4\cdot7H_2O$ 的质量。

9. 重量法测定 $BaCl_2\cdot H_2O$ 中钡的含量，纯度约 90%，要求得到 0.5g $BaSO_4$，问应称试样多少克？

任务 2 硫酸钠的采样

职业功能	工作任务	参照材料	工作地点	成果表现形式	备注
采样	1. 完成实验室中袋装样品的采样的操作 2. 完成采样记录表	1. 化工产品采样总则 GB/T 6678 2. 固体化工产品采样通则 GB/T 6679	实验室	采样记录表	安全防护

安全防护：硫酸钠对眼睛和皮肤有刺激作用，基本无毒。受高热分解产生有毒的硫化物毒气。

防护：①工作时，避免吸入、食入、沾污皮肤，应戴防护口罩、护目镜、橡胶手套及穿防护服；②工作完毕用肥皂和清水洗手。

应急处理：①皮肤接触：用大量流动清水冲洗。②食入：用水清洗口腔，饮用牛奶或蛋清，若感觉不适，就医。③眼睛接触：立即提起眼睑，用大量流动清水或生理盐水彻底冲洗至少15分钟，若感觉不适，就医。④吸入：迅速脱离现场至空气新鲜处，保持呼吸道通畅，若呼吸困难，就医。

子任务2-1　采样操作

一、采样工具

取样钻、铲子、分样板、干燥洁净的磨口广口瓶。

二、操作流程

采集袋装小颗粒装硫酸钠样品时，通常采用取样钻。将取样钻由袋口的一角沿对角线插入袋内的1/3～3/4处，旋转180°后抽出，刮出钻槽中物料作为一个子样，采取的多份子样混合，以四分法缩分得采集样品，直到获得所需的样品量为止。

子任务2-2　采样记录表

_____采样记录表

样品名称：
采样时间：
采样地点：
采样数量：
样品编号：
采样方法：
备注： 如： 1. 场名、场址、电话等资料 2. 样品名称，来源，培育时间 3. 现场记录或其他有关事项

采样人签名：　　　　　　　　　　　　　时间：

任务3　硫酸钠含量的测定

职业功能	工作任务	参照材料	工作地点	成果表现形式	备注
检测与测定	1. 完成硫酸钠含量测定的操作 2. 完成硫酸钠含量的原始记录表	食品添加剂硫酸钠 GB 29209	实验室	硫酸钠含量的原始记录表	使用盐酸和硝酸银的安全防护见项目一和项目九

子任务 3-1 硫酸钠含量测定的操作流程

一、检测原理

用水溶解试样,在酸性条件下加入氯化钡,与试液中的硫酸根离子生成硫酸钡沉淀,经过滤、洗涤、干燥、灰化、灼烧后称量计算含量。

二、检测准备

1. 准备药品、试剂

(1) 盐酸溶液 (1+1):取相同体积的浓盐酸(分析纯)和去离子水混合均匀。

(2) 硝酸银溶液 (20g/L):称取20g硝酸银,溶解于水中,稀释至1000mL,储存于棕色瓶中。

(3) 氯化钡溶液 (122g/L):称取122g氯化钡,溶解于水中,稀释至1000mL,储存于试剂瓶中。

2. 准备仪器

(1) 电热恒温干燥箱:105℃±2℃。

(2) 高温炉:能控制温度在800℃±25℃。

(3) 电子天平:精度0.0001g。

三、操作流程

称取约5g于105℃±2℃下干燥4h后的试样,精确至0.0002g,置于250mL烧杯中,加热溶解。过滤到500mL容量瓶中,用水洗涤至无硫酸根离子为止(用氯化钡溶液检验)。冷却,用水稀释至刻度,摇匀。用移液管移取25mL试样溶液置于500mL烧杯中,加入5mL盐酸溶液,270mL水,加热至微沸。在搅拌下滴加10mL氯化钡溶液,时间约需1.5min。继续搅拌并微沸2~3min,然后盖上表面皿,保持微沸5min。再把烧杯放到沸水浴上保持2h。将烧杯冷却至室温,用慢速定量滤纸过滤。用温水洗涤沉淀至无氯离子为止(取5mL洗涤液,加5mL硝酸银溶液混匀,放置5min不出现浑浊)。将沉淀连同滤纸转移至已于800℃±25℃下灼烧至质量恒定的瓷坩埚中,低温灰化,在800℃±25℃灼烧至质量恒定。

硫酸钠(Na_2SO_4)含量的质量分数 w,按下式计算

$$w = \frac{(m_1 - m_2) \times 0.6086}{m} \times 100\%$$

式中 m_1——灼烧后硫酸钡及瓷坩埚的质量的数值,g;

m_2——瓷坩埚的质量的数值,g;

m——试样的质量的数值,g;

0.6086——硫酸钡换算为硫酸钠的系数。

子任务 3-2 硫酸钠含量测定的原始记录表(表10-3)

表10-3 硫酸钠含量的测定的原始记录表

项目		次数	1	2	备用
试样的称量	坩埚+试样的质量/g				
	坩埚的质量/g				
	m(试样)/g				

续表

项目 \ 次数	1	2	备用
$w/\%$			
$\overline{w}/\%$			
绝对差值/%			
相对误差/%			
判定结果有效/无效			

任务4　硫酸钠质量检验结果报告单

产品型号	罐号	取样时间	样本量（　）	采用标准
				GB 29209

检测内容			
项目	指标	检测结果	单项判定
硫酸钠(Na_2SO_4)含量(质量分数)/%	99.0～100.5		
铅(Pd)含量/(mg/kg)　≤	2		
锡(Se)含量/(mg/kg)　≤	30		
砷(As)含量/(mg/kg)　≤	3		
干燥减量(质量分数)/% 　无水硫酸钠　≤	1.0		
十水合硫酸钠	51.0～57.0		
检测结论			年　月　日
备注			

检验员：　　　　　　　　　　　　审核：

【项目考核】

附表　硫酸钠含量测定的评分细则

序号	考核内容	考核要点	配分	评分标准	得分	备注
1	任务准备	药品、试剂准备	2	1. 药品等级不符合要求扣1分 2. 未按照标准要求配制指示剂、试剂扣1分		
		仪器准备	3	1. 仪器设备准备不全扣1分 2. 不会检测仪器设备是否合格扣1分 3. 不能规范使用仪器设备扣1分		
2	试样的称量	称量操作	3	1. 未检查电子天平水平扣1分 2. 未清扫托盘至干净扣1分 3. 敲样动作不正确，称量过程中天平门没关闭扣1分		
		结束工作	2	1. 未复原天平扣1分 2. 未放回凳子，未填写使用记录表扣1分		
3	托盘天平或电子台秤	使用	1	称量操作不规范扣1分		

续表

序号	考核内容	考核要点	配分	评分标准	得分	备注
4	技能操作	洗涤	1	玻璃仪器洗涤不干净扣1分		
		过滤操作	2	方法不正确扣2分		
		氯化钡检验	2	检验操作不正确扣2分		
		硝酸银检验	2	检验操作不正确扣2分		
		加热操作	4	1. 高温炉使用不正确扣2分		
				2. 试样转移到瓷坩埚中操作不正确扣2分		
		低温灰化	15	1. 灰化操作不规范扣2分		
				2. 灰化不充分扣13分		
5	原始数据记录	原始数据	2	1. 原始数据记录用其他纸张记录扣1分		
				2. 原始数据要不及时记录扣1分		
6	文明操作,结束工作	摆放、洗涤、"三废"处理	3	1. 仪器摆放不整齐扣1分		
				2. 废纸、废液、废固未按要求分类倾倒,而是乱扔乱倒扣1分		
				3. 结束后清洗仪器不干净扣1分		
7	数据记录及处理	记录	2	1. 填写或者改正数据不规范,每项扣1分		
				2. 有缺项每项扣1分		
		计算	3	计算不正确,每项扣1分		
		有效数字	3	有效数字位数保留或修约不正确,每项扣1分		
8	结果判定	绝对差值	45	1. 符合要求范围不扣分		
				2. 不符合要求范围查找误差产生的原因并修正,否则扣45分		
9	整理工作	现场清理	5	1. 所用仪器设备用完没归位扣1分		
				2. "三废"处理不正确扣2分		
				3. 未填写实验室安全隐患排查表扣1分		
	合计		100			

得分总计:
日期:

阅读材料 10-1

电重量分析法

重量法除了有沉淀法、气化法外,还有另外一种方法,即电解分析法(electrolytic analysis),也称电重量法。

电重量法是将被测试液置于电解装置中进行电解,使被测离子在电极上以金属或其他形式析出,由电极所增加的质量求算出其含量的方法。例如,在盛有硫酸铜溶液的烧杯中浸入两个铂电极,加上足够大的直流电压,进行电解。此时,阳极上有氧气析出;阴极上有铜析出。其电极反应如下。

阴极反应 $\qquad Cu^{2+} + 2e \rightleftharpoons Cu \downarrow$

阳极反应 $\qquad 2H_2O \rightleftharpoons 4H^+ + O_2 \uparrow + 4e$

通过称量阴极上析出铜的质量，就可以对硫酸铜溶液中铜含量进行测定。

电重量法优点是，准确度高，可对高含量物质进行分析测定。不足之处是不能对微量物质进行分析，而且费时，目前逐渐被库仑分析所替代。

阅读材料 10-2

用于沉淀阴离子的有机沉淀剂

1. 用于沉淀 NO_3^-、ReO_4^-、F^- 等的沉淀剂

（1）硝酸试剂　溶于有机试剂和稀醋酸，不溶于水，黄色；用于 NO_3^-、ReO_4^-、BF_4^- 的重量法测定。也能沉淀：ClO_4^-、Br^-、I^-、ClO_3^-、SCN^-、$C_2O_4^{2-}$ 等。

（2）亚甲蓝　与 BF^- 形成带色配合物，后者在用 CH_2Cl_2 萃取之后能被测量，此试剂也能沉淀许多其它离子。

2. 用于沉淀 SO_4^{2-}、WO_4^{2-}、磷钼酸或硅钼酸的沉淀剂

联苯胺可供 SO_4^{2-} 的重量法测定之用，WO_4^{2-}、MoO_4^{2-}、PO_4^{3-}、磷钼酸铵等也能被沉淀。另外，4-氨基-4-氯代联苯是沉淀 SO_4^{2-} 的最好的试剂，而 1-氨基-4-(对-氨基苯)-萘是沉淀 WO_4^{2-} 的最好试剂，因为没有 MoO_4^{2-} 的共沉淀。

【职业技能鉴定模拟题（十）】

一、单选题

1. 用沉淀称量法测定硫酸根含量时，如果称量式是 $BaSO_4$，换算因数是（　　）（相对分子质量）。
   A. 0.1710　　　B. 0.4116　　　C. 0.5220　　　D. 0.6201

2. 以 SO_4^{2-} 沉淀 Ba^{2+} 时，加入适量过量的 SO_4^{2-} 可以使 Ba^{2+} 离子沉淀更完全。这是利用（　　）。
   A. 同离子效应　　B. 酸效应　　C. 配位效应　　D. 异离子效应

3. 下列叙述中，哪一种情况适于沉淀 $BaSO_4$（　　）。
   A. 在较浓的溶液中进行沉淀　　　　B. 在热溶液中及电解质存在的条件下沉淀
   C. 进行陈化　　　　　　　　　　　D. 趁热过滤、洗涤、不必陈化

4. 如果吸附的杂质和沉淀具有相同的晶格，这就形成（　　）。
   A. 后沉淀　　　B. 机械吸留　　　C. 包藏　　　D. 混晶

5. 下列各条件中（　　）违反了非晶形沉淀的沉淀条件。
   A. 沉淀反应易在较浓溶液中进行　　B. 应在不断搅拌下迅速加沉淀剂
   C. 沉淀反应宜在热溶液中进行　　　D. 沉淀宜放置过夜，使沉淀陈化

6. 下列各条件中（　　）是晶形沉淀所要求的沉淀条件。
   A. 沉淀作用在较浓溶液中进行　　　B. 在不断搅拌下加入沉淀剂
   C. 沉淀在冷溶液中进行　　　　　　D. 沉淀后立即过滤

7. 有利于减少吸附和吸留的杂质，使晶形沉淀更纯净的是（　　）。
   A. 沉淀时温度应稍高　　　　　　　B. 沉淀时在较浓的溶液中进行
   C. 沉淀时加入适量电解质　　　　　D. 沉淀完全后进行一定时间的陈化

8. 需要烘干的沉淀用（　　）过滤。
   A. 定性滤纸　　B. 定量滤纸　　C. 玻璃砂芯漏斗　　D. 分液漏斗

9. 过滤 $BaSO_4$ 沉淀应选用（　　）。

A. 快速滤纸　　　　B. 中速滤纸　　　　C. 慢速滤纸　　　　D. 4#玻璃砂芯坩埚

10. 过滤大颗粒晶体沉淀应选用（　　）。
A. 快速滤纸　　　　B. 中速滤纸　　　　C. 慢速滤纸　　　　D. 4#玻璃砂芯坩埚

二、多选题

1. 下列（　　）不是重量分析对量称形式的要求。
A. 性质要稳定增长　　　　　　　　B. 颗粒要粗大
C. 相对分子质量要大　　　　　　　D. 表面积要大

2. 在进行沉淀的操作中，属于形成晶形沉淀的操作有（　　）。
A. 在稀的和热的溶液中进行沉淀
B. 在热的和浓的溶液中进行沉淀
C. 在不断搅拌下向试液逐滴加入沉淀剂
D. 沉淀剂一次加入试液中
E. 对生成的沉淀进行水浴加热或存放

3. 下列关于沉淀吸附的一般规律，（　　）为正确的。
A. 离子价数高的比低的易吸附
B. 离子浓度愈大愈易被吸附
C. 沉淀颗粒愈大，吸附能力愈强
D. 能与构晶离子生成难溶盐沉淀的离子，优先被吸附
E. 温度愈高，愈有利于吸附

4. 用重量法测定 $C_2O_4^{2-}$ 含量，在 CaC_2O_4 沉淀中有少量草酸镁（MgC_2O_4）沉淀，会对测定结果有何影响（　　）。
A. 产生正误差　　B. 产生负误差　　C. 降低准确度　　D. 对结果无影响

5. 沉淀完全后进行陈化是为了（　　）。
A. 使无定形沉淀转化为晶形沉淀　　　B. 使沉淀更为纯净
C. 加速沉淀作用　　　　　　　　　　D. 使沉淀颗粒变大

6. 在称量分析中，称量形式应具备的条件是（　　）。
A. 摩尔质量大　　　　　　　　　　　B. 组成与化学式相符
C. 不受空气中 O_2、CO_2 及水的影响　D. 与沉淀形式组成一致

三、判断题

（　）1. 无定形沉淀要在较浓的热溶液中进行沉淀，加入沉淀剂速度适当快。
（　）2. 共沉淀引入的杂质量，随陈化时间的增大而增多。
（　）3. 由于混晶而带入沉淀中的杂质通过洗涤是不能除掉的。
（　）4. 沉淀 $BaSO_4$ 应在热溶液中进行，然后趁热过滤。
（　）5. 用洗涤液洗涤沉淀时，要少量、多次，为保证 $BaSO_4$ 沉淀的溶解损失不超过 0.1%，洗涤沉淀每次用 15～20mL 洗涤液。
（　）6. 重量分析中使用的"无灰滤纸"，指每张滤纸的灰分重量小于 0.2mg。
（　）7. 重量分析中当沉淀从溶液中析出时，其他某些组分被被测组分的沉淀带下来而混入沉淀之中这种现象称后沉淀现象。
（　）8. 重量分析中对形成胶体的溶液进行沉淀时，可放置一段时间，以促使胶体微粒的胶凝，然后再过滤。

附录

附录 1　标准电极电位（18～25℃）

半反应	$\varphi^{\ominus}/V$	半反应	$\varphi^{\ominus}/V$
$F_2(气)+2H^++2e \rightleftharpoons 2HF$	3.06	$HClO+H^++2e \rightleftharpoons Cl^-+H_2O$	1.49
$O_3+2H^++2e \rightleftharpoons O_2+2H_2O$	2.07	$ClO_3^-+6H^++5e \rightleftharpoons 1/2Cl_2+3H_2O$	1.47
$S_2O_8^{2-}+2e \rightleftharpoons 2SO_4^{2-}$	2.01	$PbO_2(固)+4H^++2e \rightleftharpoons Pb^{2+}+2H_2O$	1.455
$H_2O_2+2H^++2e \rightleftharpoons 2H_2O$	1.77	$HIO+H^++e \rightleftharpoons 1/2I_2+H_2O$	1.45
$MnO_4^-+4H^++3e \rightleftharpoons MnO_2(固)+2H_2O$	1.695	$ClO_3^-+6H^++6e \rightleftharpoons Cl^-+3H_2O$	1.45
$PbO_2(固)+SO_4^{2-}+4H^++2e \rightleftharpoons PbSO_4(固)+2H_2O$	1.685	$BrO_3^-+6H^++6e \rightleftharpoons Br^-+3H_2O$	1.44
$HClO_2+H^++e \rightleftharpoons HClO+H_2O$	1.64	$Au(Ⅲ)+2e \rightleftharpoons Au(Ⅰ)$	1.41
$HClO+H^++e \rightleftharpoons 1/2Cl_2+H_2O$	1.63	$Cl_2(气)+2e \rightleftharpoons 2Cl^-$	1.3595
$Ce^{4+}+e \rightleftharpoons Ce^{3+}$	1.61	$ClO_4^-+8H^++7e \rightleftharpoons 1/2Cl_2+4H_2O$	1.34
$H_5IO_6+H^++2e \rightleftharpoons IO_3^-+3H_2O$	1.60	$Cr_2O_7^{2-}+14H^++6e \rightleftharpoons 2Cr^{3+}+7H_2O$	1.33
$HBrO+H^++e \rightleftharpoons 1/2Br_2+H_2O$	1.59	$MnO_2(固)+4H^++2e \rightleftharpoons Mn^{2+}+2H_2O$	1.23
$BrO_3^-+6H^++5e \rightleftharpoons 1/2Br_2+3H_2O$	1.52	$O_2(气)+4H^++4e \rightleftharpoons 2H_2O$	1.229
$MnO_4^-+8H^++5e \rightleftharpoons Mn^{2+}+4H_2O$	1.51	$ClO_4^-+2H^++2e \rightleftharpoons ClO_3^-+H_2O$	1.19
$Au(Ⅲ)+3e \rightleftharpoons Au$	1.50	$2SO_2(水)+2H^++4e \rightleftharpoons S_2O_3^{2-}+H_2O$	0.40
$Fe^{3+}+e \rightleftharpoons Fe^{2+}$	0.771	$Fe(CN)_6^{3-}+e \rightleftharpoons Fe(CN)_6^{4-}$	0.36
$BrO^-+H_2O+2e \rightleftharpoons Br^-+2OH^-$	0.76	$Cu^{2+}+2e \rightleftharpoons Cu$	0.337
$O_2(气)+2H^++2e \rightleftharpoons H_2O_2$	0.682	$VO^{2+}+2H^++2e \rightleftharpoons V^{3+}+H_2O$	0.337
$AsO_2^-+2H_2O+3e \rightleftharpoons As+4OH^-$	0.68	$2HgCl_2+2e \rightleftharpoons Hg_2Cl_2(固)+2Cl^-$	0.63
$Br_2(水)+2e \rightleftharpoons 2Br^-$	1.087	$Hg_2SO_4(固)+2e \rightleftharpoons 2Hg+SO_4^{2-}$	0.6151
$NO_2+H^++e \rightleftharpoons HNO_2$	1.07	$MnO_4^-+2H_2O+3e \rightleftharpoons MnO_2+4OH^-$	0.588
$Br_3^-+2e \rightleftharpoons 3Br^-$	1.05	$MnO_4^-+e \rightleftharpoons MnO_4^{2-}$	0.564
$HNO_2+H^++e \rightleftharpoons NO(气)+H_2O$	1.00	$H_3AsO_4+2H^++2e \rightleftharpoons HAsO_2+2H_2O$	0.559
$VO_2^++2H^++e \rightleftharpoons VO^{2+}+H_2O$	1.00	$I_3^-+2e \rightleftharpoons 3I^-$	0.545
$HIO+H^++2e \rightleftharpoons I^-+H_2O$	0.99	$I_2(固)+2e \rightleftharpoons 2I^-$	0.5345
$NO_3^-+3H^++2e \rightleftharpoons HNO_2+H_2O$	0.94	$Mo(Ⅵ)+e \rightleftharpoons Mo(Ⅴ)$	0.53
$ClO^-+H_2O+2e \rightleftharpoons Cl^-+2OH^-$	0.89	$Cu^++e \rightleftharpoons Cu$	0.52
$H_2O_2+2e \rightleftharpoons 2OH^-$	0.88	$4SO_2(水)+4H^++6e \rightleftharpoons S_4O_6^{2-}+2H_2O$	0.51
$Cu^{2+}+I^-+e \rightleftharpoons CuI(固)$	0.86	$HgCl_4^{2-}+2e \rightleftharpoons Hg+4Cl^-$	0.48
$Hg^{2+}+2e \rightleftharpoons Hg$	0.845	$As+3H^++3e \rightleftharpoons AsH_3$	−0.38
$NO_3^-+2H^++e \rightleftharpoons NO_2+H_2O$	0.80	$Se+2H^++2e \rightleftharpoons H_2Se$	−0.40
$Ag^++e \rightleftharpoons Ag$	0.7995	$Cd^{2+}+2e \rightleftharpoons Cd$	−0.403
$Hg_2^{2+}+2e \rightleftharpoons 2Hg$	0.793	$Cr^{3+}+e \rightleftharpoons Cr^{2+}$	−>0.41
$S_4O_6^{2-}+2e \rightleftharpoons 2S_2O_3^{2-}$	0.08	$Fe^{2+}+2e \rightleftharpoons Fe$	−0.440
$AgBr(固)+e \rightleftharpoons Ag+Br^-$	0.071	$S+2e \rightleftharpoons S^{2-}$	−0.48
$2H^++2e \rightleftharpoons H_2$	0.000	$2CO_2+2H^++2e \rightleftharpoons H_2C_2O_4$	−0.49

续表

半反应	$\varphi^{\ominus}/V$	半反应	$\varphi^{\ominus}/V$
$O_2+H_2O+2e \Longrightarrow HO_2^-+OH^-$	-0.067	$H_3PO_3+2H^++2e \Longrightarrow H_3PO_2+H_2O$	-0.50
$IO_3^-+6H^++5e \Longrightarrow 1/2I_2+3H_2O$	1.20	$Sb+3H^++3e \Longrightarrow SbH_3$	-0.51
$BiO^++2H^++3e \Longrightarrow Bi+H_2O$	0.32	$TiOCl^++2H^++3Cl^-+e \Longrightarrow TiCl_4^-+H_2O$	-0.09
$Hg_2Cl_2(固)+2e \Longrightarrow 2Hg+2Cl^-$	0.2676	$Pb^{2+}+2e \Longrightarrow Pb$	-0.126
$HAsO_2+3H^++3e \Longrightarrow As+2H_2O$	0.248	$Sn^{2+}+2e \Longrightarrow Sn$	-0.136
$AgCl(固)+e \Longrightarrow Ag+Cl^-$	0.2223	$AgI(固)+e \Longrightarrow Ag+I^-$	-0.152
$SbO^++2H^++3e \Longrightarrow Sb+H_2O$	0.212	$Ni^{2+}+2e \Longrightarrow Ni$	-0.246
$SO_4^{2-}+4H^++2e \Longrightarrow SO_2(水)+H_2O$	0.17	$H_3PO_4+2H^++2e \Longrightarrow H_3PO_3+H_2O$	-0.276
$Cu^{2+}+e \Longrightarrow Cu^-$	0.519	$Mn^{2+}+2e \Longrightarrow Mn$	-1.182
$Sn^{4+}+2e \Longrightarrow Sn^{2+}$	0.154	$CNO^-+H_2O+2e \Longrightarrow Cn^-+2OH^-$	-0.97
$S+2H^++2e \Longrightarrow H_2S(气)$	0.141	$Co^{2+}+2e \Longrightarrow Co$	-0.277
$Hg_2Br_2+2e \Longrightarrow 2Hg+2Br^-$	0.1395	$Tl^++e \Longrightarrow Tl$	-0.336
$TiO^{2+}+2H^++e \Longrightarrow Ti^{3+}+H_2O$	0.1	$In^{3+}+3e \Longrightarrow In$	-0.345
$Ag_2S(固)+2e \Longrightarrow 2Ag+S^{2-}$	-0.69	$PbSO_4(固)+2e \Longrightarrow Pb+SO_4^{2-}$	0.3553
$Zn^{2+}+2e \Longrightarrow Zn$	-0.763	$SeO_3^{2-}+3H_2O+4e \Longrightarrow Se+6OH^-$	-0.366
$2H_2O+2e \Longrightarrow H_2+2OH^-$	-8.28	$Sr^{2+}+2e \Longrightarrow Sr$	-2.89
$Cr^{2+}+2e \Longrightarrow Cr$	-0.91	$Ba^{2+}+2e \Longrightarrow Ba$	-2.90
$HSnO_2^-+H_2O+2e \Longrightarrow Sn^-+3OH^-$	->0.91	$K^++e \Longrightarrow K$	-2.925
$Se+2e \Longrightarrow Se^{2-}$	-0.92	$Li^++e \Longrightarrow Li$	-3.042
$Sn(OH)_6^{2-}+2e \Longrightarrow HSnO_2^-+H_2O+3OH^-$	-0.93		

附录2 一些氧化还原电对的条件电极电位

半反应	$\varphi^{\ominus'}/V$	介质
$Ag(Ⅱ)+e \Longrightarrow Ag^+$	1.927	$4mol \cdot L^{-1}HNO_3$
$Ce(Ⅳ)+e \Longrightarrow Ce(Ⅲ)$	1.74 1.61 1.44 1.28	$1mol \cdot L^{-1}HClO_4$ $1mol \cdot L^{-1}HNO_3$ $0.5mol \cdot L^{-1}H_2SO_4$ $1mol \cdot L^{-1}HCl$
$Co^{3+}+e \Longrightarrow Co^{2+}$	1.84	$3mol \cdot L^{-1}HNO_3$
$[Co(en)_3]^{3+}+e \Longrightarrow [Co(en)_3]^{2+}$	-0.20	$0.1mol \cdot L^{-1}KNO_3+0.1mol \cdot L^{-1}en$
$Cr(Ⅲ)+e \Longrightarrow Cr(Ⅱ)$	-0.40	$5mol \cdot L^{-1}HCl$
$Cr_2O_7^{2-}+14H^++6e \Longrightarrow 2Cr^{3+}+7H_2O$	1.000 1.030 1.080 1.050 1.150	$1mol \cdot L^{-1}HCl$ $1mol \cdot L^{-1}HClO_4$ $3mol \cdot L^{-1}HCl$ $2mol \cdot L^{-1}HCl$ $4mol \cdot L^{-1}H_2SO_4$
$CrO_4^{2-}+2H_2O+3e \Longrightarrow CrO_2^-+4OH^-$	-0.120	$1mol \cdot L^{-1}NaOH$
$Fe(Ⅲ)+e \Longrightarrow Fe^{2+}$	0.767 0.71 0.68 0.68 0.46	$1mol \cdot L^{-1}HClO_4$ $0.5mol \cdot L^{-1}HCl$ $1mol \cdot L^{-1}H_2SO_4$ $1mol \cdot L^{-1}HCl$ $2mol \cdot L^{-1}H_3PO_4$

续表

半反应	$\varphi^{\ominus\prime}/V$	介质
$H_5AsO_4+2H^++2e\Longrightarrow H_5AsO_5+H_2O$	0.557	$1mol\cdot L^{-1}HCl$
$H_2SO_4+4H^++4e\Longrightarrow S+3H_2O$	0.557	$1mol\cdot L^{-1}HClO_4$
$Fe(EDTA)^-+e\Longrightarrow Fe(EDTA)^{2-}$	0.12	$0.1mol\cdot L^{-1}EDTA(pH=4\sim 6)$
$[Fe(CN)_6]^{3-}+e\Longrightarrow [Fe(CN)_6]^{4-}$	0.48	$0.01mol\cdot L^{-1}HCl$
	0.56	$0.1mol\cdot L^{-1}HCl$
	0.71	$1mol\cdot L^{-1}HCl$
	0.72	$1mol\cdot L^{-1}HClO_4$
$Fe_3O_4^{2-}+2H_2O_2+3e\Longrightarrow FeO_2^-+4OH^-$	0.55	$10mol\cdot L^{-1}NaOH$
$I_2(水)+2e\Longrightarrow 2I^-$	0.6276	$0.5mol\cdot L^{-1}H_2SO_4$
$I_3^-+2e\Longrightarrow 3I^-$	0.5446	$0.5mol\cdot L^{-1}H_2SO_4$
$MnO_4^-+8H^++5e\Longrightarrow Mn^{2+}+4H_2O$	1.450	$1mol\cdot L^{-1}HClO_4$
	1.27	$8mol\cdot L^{-1}H_3PO_4$
$SnCl_6^{2-}+2e\Longrightarrow SnCl_4^{2-}+2Cl^-$	0.140	$1mol\cdot L^{-1}HCl$
$Sn^{2+}+2e\Longrightarrow Sn$	-0.160	$1mol\cdot L^{-1}HClO_4$
$Sb(V)+2e\Longrightarrow Sb(III)$	0.750	$3.5mol\cdot L^{-1}HCl$
$[Sb(OH)_6]^-+2e\Longrightarrow SbO_2^-+2OH^-+2H_2O$	-0.428	$3mol\cdot L^{-1}NaOH$
$SbO_2^-+2H_2O+3e\Longrightarrow Sb+4OH^-$	-0.675	$10mol\cdot L^{-1}KOH$
$Ti(IV)+e\Longrightarrow Ti(III)$	-0.01	$0.2mol\cdot L^{-1}H_2SO_4$
	0.12	$2mol\cdot L^{-1}H_2SO_4$
	-0.04	$1mol\cdot L^{-1}HCl$
	0.10	$3mol\cdot L^{-1}HCl$
	-0.05	$1mol\cdot L^{-1}H_3PO_4$
$Pb(II)+2e\Longrightarrow Pb$	-0.320	$1mol\cdot L^{-1}NaAc$
	-0.140	$1mol\cdot L^{-1}HClO_4$

附录3 职业技能鉴定模拟题参考答案

【职业技能鉴定模拟题(一)】

一、单选题

1. D 2. B 3. C 4. D 5. C 6. D 7. C 8. B 9. D 10. B

二、多选题

1. AD 2. CD 3. AC 4. ABD 5. ABC 6. AD 7. ABCD 8. AB 9. BD 10. ABD

三、判断题

1. × 2. √ 3. × 4. × 5. √ 6. √ 7. √ 8. √ 9. × 10. √

【职业技能鉴定模拟题(二)】

一、单选题

1. D 2. B 3. C 4. A 5. ABD 6. A 7. B 8. CABD 9. A 10. B 11. D

二、多选题

1. BD 2. BCD 3. ABD 4. ACD 5. BC 6. ABD 7. BC 8. AC 9. ABCD 10. BCD

三、判断题

1. × 2. √ 3. × 4. × 5. √ 6. × 7. √ 8. × 9. √ 10. × 11. ×

12. ×　13. √　14. √　15. √　16. ×　17. √　18. ×

【职业技能鉴定模拟题（三）】

一、单选题

1. B　2. A　3. C　4. B　5. C　6. B　7. A　8. A　9. D　10. B

二、多选题

1. ACD　2. ABC　3. BD　4. AD　5. AC　6. AB　7. BCD　8. BD　9. ABC　10. BCD

三、判断题

1. √　2. √　3. ×　4. ×　5. √　6. ×　7. √　8. √　9. ×　10. √

【职业技能鉴定模拟题（四）】

一、单选题

1. A　2. C　3. C　4. A　5. C　6. B　7. A　8. B　9. C　10. C

二、多选题

1. BD　2. AB　3. ABC　4. ABC　5. ACDEGH　6. CD　7. AB　8. ACD　9. ACD　10. BCD

三、判断题

1. ×　2. √　3. ×　4. ×　5. √　6. ×　7. √　8. ×　9. √　10. ×

【职业技能鉴定模拟题（五）】

一、单选题

1. D　2. C　3. D　4. C　5. A　6. A　7. B　8. D　9. C　10. C

二、多选题

1. BC　2. AC　3. ACD　4. CD　5. BCE

三、判断题

1. √　2. ×　3. ×　4. ×　5. √　6. ×　7. ×　8. ×　9. √　10. ×　11. ×　12. √

【职业技能鉴定模拟题（六）】

一、单选题

1. C　2. D　3. B　4. D　5. C　6. D　7. D　8. D　9. A　10. B　11. B　12. B

二、多选题

1. BCE　2. CD　3. AC　4. AD　5. ABC　6. ABD　7. BCE　8. BC　9. ABCD

三、判断题

1. ×　2. ×　3. ×　4. ×　5. √　6. √　7. √　8. √　9. ×　10. ×　11. ×

【职业技能鉴定模拟题（七）】

一、单选题

1. C　2. C　3. D　4. C　5. D　6. A　7. A　8. A　9. A

二、多选题

1. CD　2. ACD　3. AB　4. AB　5. BD

三、判断题

1. √　2. ×　3. ×　4. ×　5. ×　6. ×　7. ×

【职业技能鉴定模拟题（八）】

一、单选题

1. C　2. B　3. B　4. B　5. B　6. A　7. B　8. D　9. B　10. A　11. C　12. B　13. D　14. D　15. C　16. D

二、多选题

1. CD 2. AB 3. CE 4. ABCD 5. AD 6. CBDA 7. BCD 8. AD 9. AB 10. ACD 11. AB

三、判断题

1. √ 2. × 3. √ 4. × 5. × 6. √ 7. √ 8. × 9. √ 10. × 11. √

【职业技能鉴定模拟题（九）】

一、单选题

1. B 2. C 3. B 4. B 5. A 6. A 7. CA 8. D 9. B 10. B 11. A 12. B 13. C 14. C 15. D

二、多选题

1. CD 2. AC 3. AD 4. BCE

三、判断题

1. √ 2. √ 3. × 4. × 5. × 6. √ 7. ×

【职业技能鉴定模拟题（十）】

一、单选题

1. B 2. A 3. C 4. D 5. D 6. B 7. D 8. C 9. C 10. A

二、多选题

1. BD 2. ACE 3. ABD 4. BC 5. BD 6. ABC

三、判断题

1. √ 2. × 3. √ 4. × 5. √ 6. √ 7. × 8. ×

参考文献

[1] 顾明华主编. 无机物定量分析基础. 北京：化学工业出版社，2002.
[2] 邓勃主编. 分析化学辞典. 北京：化学工业出版社，2003.
[3] 彭崇慧等编. 定量化学分析简明教程. 北京：北京大学出版社，1997.
[4] 刘珍主编. 化验员读本. 第四版. 北京：化学工业出版社，2004.
[5] 中国石油化工集团公司职业技能鉴定指导中心编. 化工分析工. 北京：中国石化出版社，2006.
[6] 武汉大学主编. 分析化学. 第四版. 北京：高等教育出版社，2000.
[7] 刘志广主编. 分析化学学习指导. 大连：大连理工大学出版社，2002.
[8] 薛华等编著. 分析化学. 第2版. 北京：清华大学出版社，1997.
[9] 王令今等编著. 分析化学计算基础. 北京：化学工业出版社，2002.
[10] 于世林、苗凤琴编. 分析化学. 北京：化学工业出版社，2001.
[11] 刘世纯等编. 分析化验工. 北京：化学工业出版社，2004.
[12] 华东理工大学、成都科技大学化学教研组编. 分析化学. 第4版. 北京：高等教育出版社，1994.